高职高专系列教材

U0809320

煤层气开发
技术知识与操作

蓝富华　张亚莉　主编

中国石化出版社

内 容 提 要

本书是以满足煤层气抽采技术专业学生进行工学结合的现场教学需要而编写。全书共分成7个学习情境和53个学习项目。7个学习情境包括：煤层气地质分析技术知识，煤层气排采技术知识，煤层气集输技术知识，煤层气采输自动化控制技术知识，煤层气安全生产，煤层气排采操作，煤层气集输操作。

本书所涉及的煤层气开发技术知识和操作技能，由于和生产现场紧密结合，既可以作为煤层气抽采技术专业学生工学结合现场教学和顶岗实习的教材，也可以作为煤层气企业员工的培训教材和煤层气专业技术人员参考用书。

图书在版编目(CIP)数据

煤层气开发技术知识与操作/蓝富华,张亚莉主编.
—北京:中国石化出版社,2014.3(2025.6重印)
高职高专系列教材
ISBN 978-7-5114-2683-3

Ⅰ.①煤… Ⅱ.①蓝… ②张… Ⅲ.①煤层—地下气化煤气—资源开发—高等职业教育—教材 Ⅳ.①P618.11

中国版本图书馆CIP数据核字(2014)第033768号

中国石化出版社出版发行
地址:北京市东城区安定门外大街58号
邮编:100011 电话:(010)57512500
发行部电话:(010)57512575
http://www.sinopec-press.com
E-mail:press@sinopec.com
北京科信印刷有限公司印刷
全国各地新华书店经销
*
787毫米×1092毫米 16开本 23.5印张 600千字
2014年3月第1版 2025年6月第2次印刷
定价:45.00元

前　言

2009年以来，渤海石油职业学院对华北油田及国内其他煤层气开发企业进行了广泛调研，了解到国家煤层气产业发展对高技能专门人才的迫切需求，决定开办煤层气相关高职专业，经河北省教育厅审批、教育部备案，2010年煤层气抽采技术专业开始招生。如何办好这一新型专业，学院与华北油田山西煤层气勘探开发分公司主要领导商定，双方建立战略合作伙伴关系，共建煤层气相关专业，按照工学结合的现场教学模式培养人才，并确定该专业为学院重点建设的特色专业，经向华北油田公司申报，《煤层气抽采技术专业开发》立项为华北油田公司重点研究项目，并获得立项批准，2011年，该项目又获得中国石油学会立项批准。

在实施工学结合的现场教学时，学校教室与煤层气生产现场相互融合，我们把这种合作方式叫作“气田课堂、学做合一”的人才培养模式。它共分为四个阶段，第一学期为第一阶段，在学校学习公共基础课程；第二、第三学期为第二阶段，全部到煤层气生产教学基地进行“学中做”、“做中学”；第四、第五学期为第三阶段，学生回到学校系统学习煤层气相关专业知识和操作技能；第六学期为第四阶段，学生再次回到煤层气生产单位进行顶岗实习。

根据培养方案和煤层气抽采技术专业现场教学的需要，我们组织编写了《煤层气开发技术知识与操作》一书，以满足工学结合的现场教学需要。该书根据煤层气行业发展所需要的岗位知识、操作技能和素质，力求突出技术性、应用性、针对性和煤层气行业职业特色，以“理论知识够用”为原则，确定本书所涉及的专业理论知识和操作技能。

本书由华北油田山西煤层气勘探开发分公司与渤海石油职业学院合作编写。由于编写人员水平有限，书中难免存在不完善之处，希望读者多提宝贵意见。

《煤层气开发技术知识与操作》

编　委　会

目　　录

学习情境一 煤层气地质分析技术知识

煤层气地质分析技术知识是研究煤层气排采最基础的一部分内容。这部分内容全面展示了煤层气未来发展的趋势，煤层气的基本性质，煤层气排水采气机理以及煤层气井的增产措施等。学习好该部分知识可以更好地理解煤层气排采工作的重要性。同时，为开展其他相关煤层气开发方面工作打下良好的基础。

项目一 煤层气地质技术员的岗位职责

一、岗位责任制

(1)负责作业区地质资料录取管理工作。

(2)负责建立健全各项地质资料台账。

(3)负责每天日报表、单井综合日报的审核及上报。

(4)组织功图、液面资料的录取和化验工作，每天给资料室和测试班下发当天工作任务，并督促各项任务完成。

(5)负责落实技术研究所下达的各项临时工作任务，并及时向技术研究所汇报落实结果。

(6)负责作业区作业井作业前后资料录取、核实工作。

(7)每天向作业区值班领导汇报排采井变化情况、作业井情况。

(8)负责排采井研究工作，按照旬分析、月总结的要求及时对排采效果进行全面分析，及时掌握排采井生产动态，对产量变化原因进行分析，提出措施建议，并及时向作业区主管领导汇报。

(9)负责检查各采气班组、测试班资料录取工作，解决资料录取过程中存在的问题。

(10)每月对各班组资料录取全、准率进行检查和评比，按照作业区《资料录取工作管理规定》公平打分，每月30日将评比结果报作业区主管领导。

(11)负责资料室、测试班的安全生产管理工作。

(12)负责资料室、测试班的人员管理。

二、交接班制度

1. 接班准备

(1)接班人员必须提前10分钟到达本岗位。

(2)上岗前必须按规定穿戴好劳保用品，做好上岗准备。

(3)接班前由班组长召开班前会，并进行考勤。

2. 交班准备

(1)当班人员必须在规定的记录本上填写好设备运行生产等情况，并要求字迹清楚，记录齐全。

(2)必须将工具、仪表、备品备件和有关资料如数按规定位置摆放整齐。

(3)做好岗位辖区内文明卫生工作。

(4)做好设备维护和生产准备工作，为下一班生产创造条件。

3. 交接班内容

(1)上一班的生产工艺和工作程序以及生产(工作)任务完成情况。

(2)对下一班的工作要求及具体技术措施。

(3)生产工具、备品备件所处状态、数量以及设备运转和使用情况。

(4)本班人员的出勤情况和未出勤原因。

(5)安全生产的要求和措施，是否发生事故，发生事故的原因和处理情况。

(6)各级领导对安全生产、设备维护的要求和有关通知。

(7)生产、设备维护的原始记录和注意事项。

交接班记录如表1－1所示。

表1－1　交接班记录表

年　　月　　日

班　次	检查时间	检查内容	查出问题及处理情况	交接班人意见
8：00～16：00				交班：　　接班：
16：00～24：00				交班：　　接班：
0：00～8：00				交班：　　接班：

三、HSE职责

(1)贯彻执行国家有关法律法规、规定及相关标准，执行上级的HSE管理规定及其要求，对本岗位的安全生产负直接责任。

(2)必须正确使用、佩戴好安全防护用品，熟练掌握HSE事故预案和故障排除方法，及时消除故障隐患，自己不能消除的立即向上级主管部门汇报。

(3)注意用电安全，下班时一定要关闭各项用电设备电源，以免引起火灾，殃及各类资料安全。

(4)做好各类原始资料分类、归档及管理工作，决不允许到处堆放，以免腐蚀、虫蛀或丢失。

(5)积极参加安全活动、安全培训、应急演练，牢固树立“安全第一”思想，能熟练掌握使用安全防护和消防设施。

(6)正确分析、判断和处理各种事故苗头，把事故消灭在萌芽状态。在发生事故时，及时如实地向上级报告，按事故预案正确处理，并保护现场，做好详细记录。

(7)注意资料保管，不得将资料随意丢弃和外传，时刻做好保密工作。

(8)有权制止、纠正他人的不安全行为，有权拒绝执行违章作业的指令。

(9)完成领导交办的其他工作。

项目二　煤层气的基本认识

煤层气(俗称瓦斯)是优质清洁能源。我国埋深2000m浅层的煤层气地质资源量约为

$36.81\times10^{12}m^3$，居世界第三位。2010 年我国煤矿瓦斯抽采利用量大幅上升，2010 年煤矿瓦斯抽采量 $75\times10^8m^3$、利用量 $23\times10^8m^3$，分别比 2005 年增长 226% 和 283%，发展前景依然巨大。

煤层气利用范围不断拓展，广泛应用于城市民用、汽车燃料、工业燃料、瓦斯发电等领域，煤矿瓦斯用户超过 189 万户，煤层气燃料汽车 6000 余辆，瓦斯发电装机容量超过 75×10^4kW，实施煤矿瓦斯回收利用 CDM 项目 60 余项。低浓度瓦斯发电开始推广，风排瓦斯利用示范项目已经启动。“十一五”期间，累计利用煤层气 $95\times10^8m^3$，相当于节约标准煤 11.5Mt，减排二氧化碳 142.5Mt。

国家能源局正式发布的《煤层气(煤矿瓦斯)开发利用“十二五”规划》(以下简称《规划》)明确提出，2015 年，煤层气产量达到 $300\times10^8m^3$，其中地面开发 $160\times10^8m^3$，新增煤层气探明地质储量 $1\times10^{12}m^3$，建成沁水盆地、鄂尔多斯盆地东缘两大煤层气产业化基地。

一、开发煤层气的意义

(1)煤层气是一种新型洁净能源，其开发利用可在一定程度上弥补常规油气资源的不足。在我国，无论是工业用气还是民用气都有广阔市场。丰富的煤层气资源量与广阔的市场是煤层气开发的前提。

(2)减轻矿井灾害程度和降低矿井生产成本。长期以来煤矿瓦斯一直是影响煤矿安全生产的主要灾害，瓦斯突出和瓦斯爆炸不仅造成重大人员伤亡事故，同时也给煤矿企业带来巨大经济损失。煤层气地面开发抽出贮存在煤层中的部分瓦斯后，可有效地降低煤矿瓦斯灾害程度，减少矿井安全防治工程投入，降低矿井生产成本。

(3)减少温室气体排放，保护大气环境。甲烷是大气中主要的温室气体之一，对红外线的吸收能力极强，其温室效应是二氧化碳的 20 多倍。煤矿开采过程中甲烷的排放量即占所有化石燃料排放量的一半。因此，煤层气的开发利用可有效地降低温室效应。

二、煤层气的主要用途

1. 民用

煤层气民用是高浓度煤层气利用的主要方式。煤层气作为民用燃气主要集中在矿区或离矿区距离较近的城镇，一般通过短距离管道供应附近用户，也有的通过 CNG 运输槽车向远距离居民用户供应。大部分矿井提供的瓦斯气热值接近天然气，可供居民炊事、采暖及公用事业用气，而平均价格低于天然气价格。

2. 发电

煤层气发电是煤层气利用的另一个主要领域。截至 2009 年 7 月，国家电网公司经营区域内，已有山西、辽宁、安徽、重庆、黑龙江、四川、江西、陕西、河南、宁夏等 10 个省(市、区)拥有煤层气发电，装机 570 台，总装机容量 484MW。

3. 工业燃料

煤层气热值与天然气基本相当，燃烧后很洁净，是上好的工业燃料，如煤层气用于耐火材料煅烧可将温度提升到 1800℃，在不增加成本的前提下，可生产出更优质的产品。

4. 汽车燃料

地面抽采的高浓度煤层气经压缩装瓶后，供出租车、城市公交车使用。

5. 煤层气液化

煤层气液化是指煤层气经净化、提纯后，在一定的温度压力下，从气态变成液态的工艺。若采用深冷精馏的方法，可把浓度为 35% ~50% 的矿井瓦斯提纯液化为浓度为 99.8%

的 LNG(液化天然气)。煤层气液化后，体积将缩小 600 倍，可大大降低运输成本。液化煤层气业务逐渐成为了煤层利用项目的新宠。

三、国外煤层气勘探开发现状

煤层气既是常规油气资源的接替产品，又是一种优质、高效、洁净、环保、经济的绿色能源，为非常规天然气，其规模和经济价值直到 20 世纪 80 年代初期才被国际上真正认识到，并被世界各国视为紧缺的战略性矿产。世界煤层气储量约占世界天然气储量的 30% 以上，世界上已发现的 26 个最大的天然气田($>2830\times10^8m^3$)中，就有 16 个是煤层气田，其煤层气储量占天然气储量的 77%，位居世界前五位的特大气田均为煤层气田。世界主要产煤国都十分重视开发煤层气。煤层气开发已成为世界各国发展新能源的新趋势。

目前，世界上有 74 个国家富存煤层气资源，根据国际能源署(IEA)估计，全世界煤层气资源量可达 $268\times10^{12}m^3$，90% 的煤层气资源分布在 12 个主要产煤国，其中俄罗斯、加拿大、中国、美国和澳大利亚等国的煤层气资源量均超过 $10\times10^{12}m^3$。主要产煤国的煤层气资源如表 1－2 所示。

表 1－2　主要产煤国的煤层气资源

国　家	煤层气资源量/$10^{12}m^3$	国　家	煤层气资源量/$10^{12}m^3$
俄罗斯	17～80	波兰	2.8
加拿大	17～92	英国	2.6
中国	36.8	乌克兰	2
美国	21.2	哈萨克斯坦	1.1
澳大利亚	8～14	印度	1.0
德国	2.8	南非	1.0

四、我国煤层气勘探开发现状

我国煤层气资源量约占世界总量($268\times10^{12}m^3$)的 13.7%，仅次于俄罗斯和加拿大，居第三位。对于我国煤层气可采资源量，根据美国成熟地区煤层气采收率估计，一般煤层气资源的可采系数在 10%～50% 左右，中值为 30%，据此推算我国煤层气可采资源量超过 $10\times10^{12}m^3$。截止 2009 年底，我国探明煤层气地质储量约为 $2004\times10^8m^3$，煤层气累计探明率达到 5.4%。其中，中联煤层气公司为 $513.98\times10^8m^3$，中石油为 $917.47\times10^8m^3$，两者合计占 71.4%。

(一)我国煤层气资源分布

我国煤层气资源共划分为四个大区，分别为东部、中部、西部、南方等大区。四个大区煤层气资源地质资源量与可采资源量如图 1－1 所示，其中东部区是我国煤层气资源最丰富的大区。

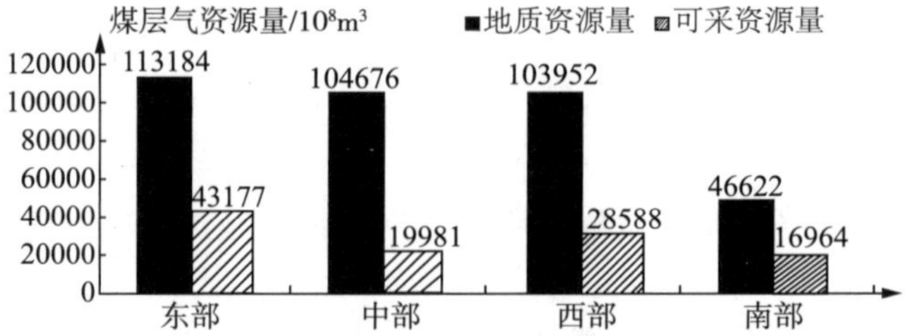

图 1－1　我国四大煤层气分区资源地质储量与可采储量

（二）我国煤层气资源特点

我国煤层气资源的特点是资源总量丰富，地域分布广，埋深比较适中，煤田地质构造复杂，总体上具有低压、低渗和低饱和度的特征。

1. 煤层气资源总量丰富，分布比较分散但又相对集中

据煤层气资源评价，我国埋深2000m浅层的煤层气地质资源量约$36.8\times10^{12}m^3$，广泛分布在我国不同的含煤盆地中，中东部地区煤层气资源占总量的59%，其中，鄂尔多斯和沁水盆地是煤层气资源量最大的两大盆地，两者资源量超过$10\times10^{12}m^3$。

2. 埋深合适，有利于煤层气资源开发

我国68%的煤层气资源量分布在埋深小于1500m的范围内，其中埋深小于1000m的煤层气资源量占煤层气地质资源量的39%。根据美国煤层气开发经验，埋深在1000m浅层的煤层气资源开发具有较好的经济效益。我国煤层气资源埋深合适，有利于煤层气资源的开发。

3. 煤田地质构造复杂，但含气量较高

我国地壳运动具有多旋回性和复杂性，造成煤层及煤层气分布在区域、地质时代的不均一性，特别是由于成煤构造前景不同、后期构造破坏的强度和范围不同、区域的热史影响不同，使得煤层气的储层条件产生了区域地质和微观结构组成上的强烈不均一性。

(1)东北赋煤区：部分上覆地层厚度较大或煤层气封盖条件较好，有利于煤层气开发。

(2)华北赋煤区：吕梁山以西的鄂尔多斯盆地东缘及吕梁山与太行山之间的山西断隆(包括沁水盆地)，构造条件有利于煤层气开发；太行山以东华北盆地，煤层气开发困难。

(3)西北赋煤区：西北塔里木陆块、准噶尔及伊犁盆地，煤层气开发条件较好。

(4)华南赋煤区：煤层气资源开发条件较复杂。

(5)滇藏赋煤区：煤层气保存的构造条件差。

4. 高阶煤和低阶煤占主导，高阶煤可产气

我国煤层气主要赋存在低阶煤和高阶煤中。根据美国煤层气理论，中阶煤是最有利的煤层气开发目标区，但我国的勘探实践表明，为美国理论所否定的高阶煤区恰恰是目前最活跃的勘探区，并取得了产气突破。低阶煤的煤层气资源在我国占的比例最大，但按现有的理论和技术，其开发的难度也最大。

5. 煤层具有渗透率低、压力小、低饱和的特征

低渗、低压和低饱和是我国煤层气藏的又一个较为显著的特征，为煤层气资源的开发带来了很大的难度。煤层气的开发成败受多种因素影响，而地质因素的优劣是诸多因素中的核心因素，其中煤层的渗透率是开发煤层气的关键因素。我国许多煤田和矿区的煤层受构造运动的影响，煤层气含量不稳定，特别是煤层渗透率太低，这是影响煤层气开发的最不利的因素。我国煤层气含气饱和度比较低，一部分含煤盆地煤层气储层含气饱和度低于70%，影响了煤层气的开发。因此，我国煤层气由于渗透率低、压力小、饱和度低，使得气源补充量少、产量低，而且衰减快。

项目三　煤层气的基本成分及其性质

一、煤层气的基本成分

煤层气，是指赋存在煤层中以甲烷为主要成分、以吸附在煤基颗粒表面为主并部分游离

于煤孔隙中或溶解于煤层水中的烃类气体。其成分以甲烷为主，故常称为煤层甲烷。

在煤炭工业界，通常将涌入煤矿巷道内的煤层气称之为煤矿瓦斯(gassy)，其气体组分除煤层气组分外，还有煤矿巷道内气体的成分，如氮气(N_2)、二氧化碳(CO_2)等空气组分以及一氧化碳(CO)、二氧化硫(SO_2)等采矿活动所产生的气体组分。在煤层气地质学中，主要针对狭义煤层气讨论，所有的煤层气含量、煤层气资源量均指甲烷(CH_4，包括重烃)的量。

二、煤层气的基本性质

煤层气的成分以甲烷为主，含量一般在80%以上，重烃含量一般较低，还有少量的N_2、CO_2、H_2、CO、SO_2、H_2S以及氦、氖、氩、氪、氙等惰性气体及有害气体。

1. 煤层气分子的大小和相对分子质量

煤层气分子的大小介于0.32~0.55 nm之间，多为近似值，如表1-3所示。分子的偏心度或非均质度即偏心因子，甲烷最小(只有0.008)，分子平均自由程(气体分子运动过程中与其他分子两次碰撞之间的距离)约为其分子平均直径的200倍。其相对分子质量由组成煤层气的各种分子的百分含量累加而成，称为表观相对分子质量。

表1-3　煤中吸附介质分子直径、沸点和分子自由程(0℃，0.101325 MPa)

吸附介质	CH_4	H_2O	N_2	CO_2	C_2H_5	H_2S	H_2
相对分子质量	16.042	18.011	28.013	44.010	30.070	34.070	2.016
分子直径/nm	16.042	18.011	28.013	44.010	30.070	34.070	2.016
临界温度/℃	-82.57	374.1	-126.2	31.06	32.37	100.39	239.9
平均自由程/nm	53.0		74.6	83.9			
动力黏度/10^{-5} Pa·s	1.084		1.765	1.466			
偏心因子	0.008	0.344	0.040	0.255			
沸点/℃	-161.49	100.00	-195.80	-78.50	-88.60	-60.30	-252.70
液态密度/(g/cm^3)	0.425	0.998		0.777			
绝对密度/(kg/cm^3)(15.5℃)	0.677	1	1.182	1.858	1.269	1.48	
相对密度/(kg/cm^3)(15.5℃)	0.554		0.967	1.519	1.038	1.178	0.069
热值/(kJ/m^3)	37.62		不可燃	不可燃	65.9	23.73	12.07
溶解系数/[$m^3(m^3 \cdot atm)$]	0.033		0.016	0.87	0.047	2.58	

2. 煤层气的密度

煤层气密度是指标准状态下(1atm，0℃)单位体积煤层气的质量，单位为kg/m^3。

煤层气在地下的密度随相对分子质量和压力增大而增大、随温度的升高而减小。

煤层气的相对密度，是在标准状态下(1atm，0℃)煤层气密度与空气密度的比值。

3. 煤层气的黏度

黏度是流体运动时其内部质点沿接触面相对运动、产生内摩擦力以阻抗流体变形的性质。常用动力黏度系数即流体内摩擦切应力与切应变率的比值来表示，其单位泊(P)。煤层气的黏度很小，在地表常压、20℃时，甲烷的动力黏度系数为1.08×10^{-5} MPa·s。表示黏度的参数还有运动黏度系数(即动力黏度与密度的比值，单位：cm^2/s)和相对黏度(即液体的绝对黏度与水的绝对黏度的比值)。

煤层气的黏度与气体的组成、温度、压力等条件有关，在正常压力下黏度随温度的升高而变大，这与分子运动加速、气体分子碰撞次数增加有关，而随相对分子质量增大而变小。在较高压力下，煤层气的黏度随压力增加而增长、随温度的升高而减小、随相对分子质量的增大而增大。

4. 煤层气的临界点

(1)临界温度

是指气相纯物质维持液相的最高温度，高于这一温度气体即不能用简单升高压力的办法(不降低温度)使之转化为液体。

(2)临界压力

是指气、液两相共存的最高压力，即在临界温度时气体凝析所需的压力。

(3)超临界状态

高于临界温度，无论压力多大气体均不会液化；高于临界压力，不管温度多少，液态和气态也能同时存在。只有温度和压力均超过临界温度和临界压力时，才称为超临界状态。

地层条件下，煤层甲烷超临界吸附的现象是存在的。但只有当煤层甲烷压力(气压)超过4.60 MPa才真正出现超临界流体。实际上，在我国煤矿瓦斯实测压力中超过此压力的矿井是比较少的。但对于原位且处于封闭系统的煤储层而言，储层中水压等于气压，只要煤层埋深超过500 m煤层甲烷就可能成为临界流体。

上面所述临界温度和临界压力是对单一气体组分而言的。在自然条件下，煤层气通常是多种组分气体的混合物。混和气体的临界温度高于其最低沸点组分的临界温度、低于最高沸点的临界温度，等于组成混合体的各个组分的绝对临界温度与相应的体积分数的乘积之和。相应地也可以计算出混合气体的临界压力。这种计算出来的临界温度和临界压力叫做混合气体的拟临界温度、拟临界压力。

5. 煤层气的溶解度

煤层气能不同程度地溶解于煤储层的地下水中，不同的气体溶解度差别很大。在20℃、1atm下，单位体积水中溶解的气体体积称为溶解度(m^3气/m^3水)，溶解度同气体压力的比值称为溶解系数[$m^3/(m^3 \cdot atm)$]。温度对溶解度的影响较复杂，温度<80℃时，随温度升高溶解度降低；温度>80℃时，溶解度随温度升高而增加，如图1-2所示。甲烷溶解度随压力的增加而增加，低压时呈线性关系，高压时(>10 MPa)呈曲线关系，甲烷溶解度随矿化度的增加而减少，所以在高温高压的地下水中溶解气明显增加，如图1-3所示。如果煤层水被CO_2饱和时，则甲烷在水中的溶解度会明显增大。

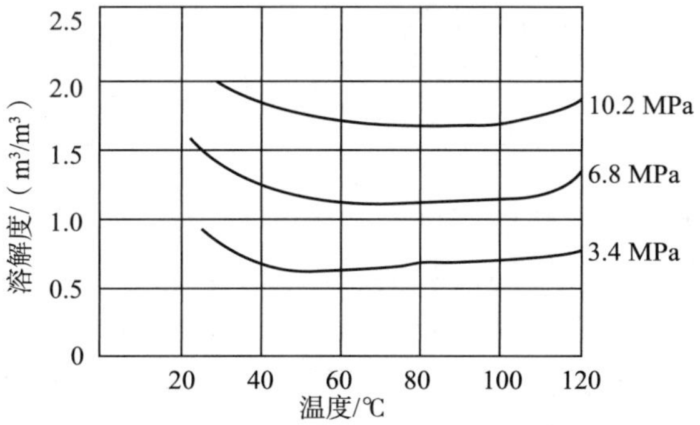

图1-2　甲烷在水中的溶解度与温度的关系

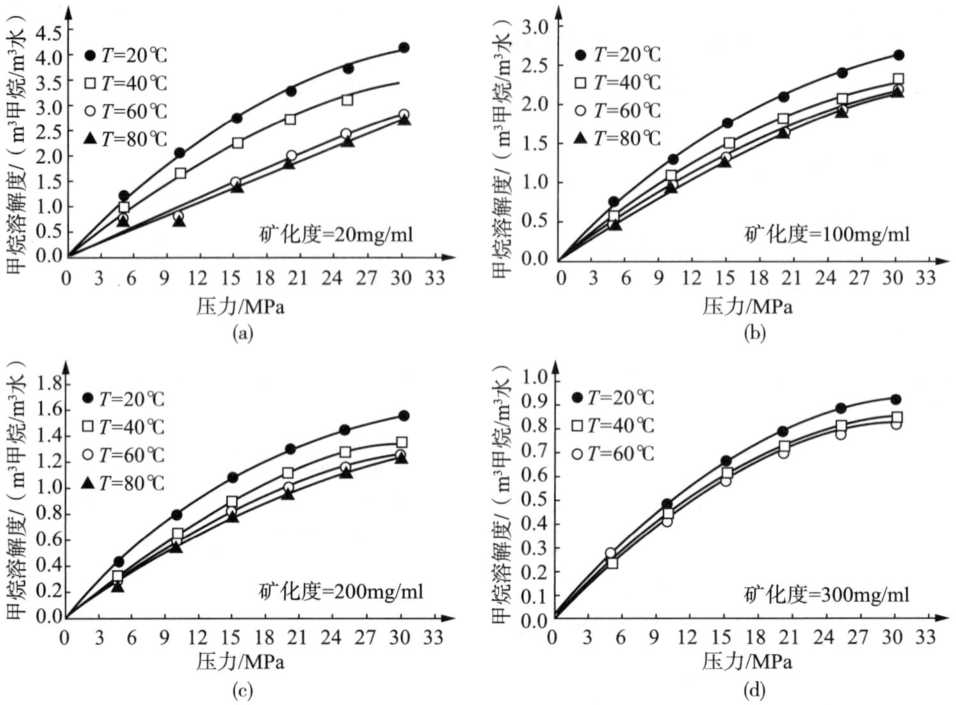

图 1－3　不同温度、不同矿化度条件下的甲烷溶解度与压力的关系

6. 主要气体组分的性质

煤层气成分的物理性质如表 1－4 所示。甲烷为无色、无味、无臭、无毒气体，但煤储层中往往含有少量其他芳香族碳氢气体，因此常常伴着一些苹果香味。在大气压力为 0.101325 MPa、温度 0℃的标准状态下，甲烷的相对分子质量为 16.043，分子大小约为 0.33～0.42 nm；其密度为 0.677 kg/m³，相对密度为 0.554（比空气轻），当空气中混有 5.3%～16.0%浓度的甲烷时遇火即可燃烧或爆炸；动力黏度为 1.084×10^{-5} Pa·s；临界温度为 －82.57℃，临界压力为 4.604 MPa；热值约为 37.62 kJ/m³。

表 1－4　煤层气成分的物理性质

气体	CH_4	CO	CO_2	H_2S	SO_2	NO	H_2
味	无	微有甜	略带酸味	臭味	酸味硫黄味	有刺激味	无
色	无	无	无	无	无	褐红色	无
相对密度	0.554	0.97	1.52	1.19	2.2	1.57	0.07
水溶型	难溶	微溶	易溶	易溶	易溶	极易溶	微溶
爆炸性	5.3～16	12.5～75	不爆	4.3～45.5			4～74.2
毒性	无	有	无	有	有	有	无

氮气是一种无色、无臭、无味的气体，微溶于水，0℃时 1mL 水仅能溶解 0.023mL 氮气。在 1atm、15.50℃时，其密度为 1.182 kg/m³，相对密度为 0.967。

二氧化碳为无色、无臭、略具酸味气体。在大气压力为 0.101325MPa、温度为 0℃的标准状态下，二氧化碳的相对分子质量为 44.010，分子大小约为 0.33～0.47nm，密度为 1.858 kg/m³，相对密度为 1.519（比空气重），突然喷出可使人窒息；其动力黏度为 1.466×10^{-5} Pa·s；其临界温度为 31.06℃、临界压力为 7.384MPa。

项目四　煤层气的产出机理

煤层是煤层气的源岩，煤在演化和变质过程中产生大量的气体，一部分气体保留在煤层中，煤层中的孔隙和裂隙为煤层气的赋存提供了空间，同时也为其运移提供了通道，因此煤层又是煤层气的储集层。可见，煤层气是一种自储自生的非常规天然气。煤层的孔隙特征、渗流能力、吸附能力等与常规天然气储层相比有其自身的特殊性，因此首先要弄清煤气储层特征和煤层储集、运移和产出机理。

一、煤层气的储层特征

煤层气是在煤化作用过程中形成的保存在煤层中的碳氢化合物，因此煤层是煤层气的源岩，又是煤层气的储集层。它不但具有容纳气体的能力，还具有允许气体流动的能力，与常规的油气储层不同，只有全面了解煤层作为储集层时所表现的特殊性，才能更进一步研究煤层气的赋存、聚集以及煤层气的产出机理。

1. 煤的孔隙类型

因受沉积物组成、煤化作用和后期构造运动的影响，煤层中的孔隙可分为原生孔隙、次生孔隙和裂缝三大类。

在沉积时形成沉积物细粒之间的孔隙为原生粒间孔隙，这类孔隙随着煤化作用的加深不断减少，在煤级较高的煤中基本消失，其直径为 $1\times10^2\sim1\times10^5\mu m$，分布有规律。在煤化过程中形成的孔隙称为次生孔隙，直径一般约 $1\times10^3\mu m$，形状为圆形、椭圆形或水滴形，其分布无规律，多成群出现。第三种孔隙为裂缝，包括煤化作用裂隙和构造裂隙。

2. 煤的孔隙系统

煤中的孔隙大小相差极大，大者可至数微米级的裂隙，小的连氮分子也无法通过。根据煤的孔隙直径大小，煤孔隙分为微孔（$d<10nm$）、小孔（$d=100\sim1000nm$）和大孔（$d>1000nm$）。煤的孔隙结构分基质孔隙和裂缝孔隙，构成煤的双重孔隙系统。煤有许多裂缝，按倾角大体分为两类，一是垂直或近于垂直煤层层面，即所谓的割理。割理的间距和方位一般是均匀的。根据形态和特征将割理分为面割理和端割理，较发育、延伸远、连续性好的为面割理，端割理一般连续性差，并在面割理处终止，如图 1－4 和图 1－5 所示。

图 1－4　实际煤样的剖面图

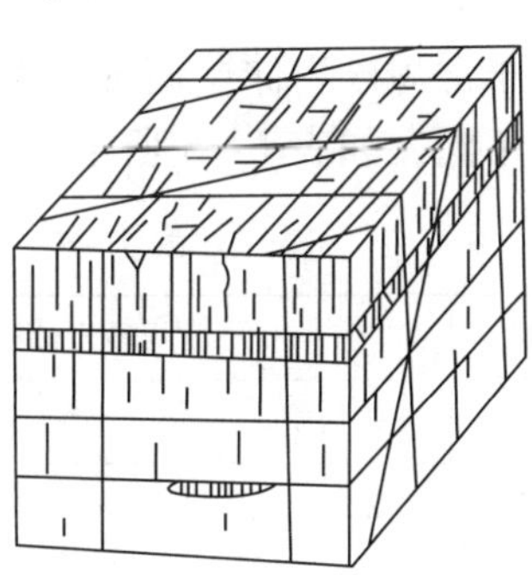

图 1－5　割理和裂缝分布图

割理将煤体切割成许多块体（称为基质块体或基岩块体）。煤化作用使煤体产生内部裂缝，对煤的储集性能至关重要。煤在后期变化中较易沿这种裂缝发生变化，裂缝不仅是储气空间，同时又可以使基质孔隙连通，增强储集层的渗透性，煤层甲烷开发前期进行的改造措施对煤体的裂缝生成更具影响力。基质块体中有发育孔洞孔隙。虽然煤中孔隙度很小，但由于煤层甲烷是煤本身在热演化过程中生成的，生成量也很大，只要有较高的压力，就可保存相当数量的甲烷。煤层气主要以吸附状态存在。

3. 煤层的渗透性

煤层的渗透性通常较小，在一般情况下，煤层渗透率随压力(或深度)的增加而减少。当煤层压力递减时，煤中割理宽度变小，而随着煤中气体的解吸和排出，导致煤基块收缩，割理宽度变大，这说明煤的渗透性随着开采时间延长有逐渐变好的趋势。距气井越远，渗透率的变化越小。煤的割理越发育，则束缚水饱和度越低，气体相对渗透率就越高。煤层的渗透率与煤的变质程度、煤岩组分和煤的灰分有密切关系。低变质的褐煤、长焰煤和气煤孔隙度大、孔隙喉道粗，具有较低的排驱压力，其渗透率最高；中等变质的肥煤和焦煤的渗透率次之；中、高变质的瘦煤至无烟煤渗透率较低。煤中惰质组(特别是胞腔未被充填的结构丝质体)含量越高、灰分越低，则煤层渗透率越高，反之越低。煤的渗透率各向异性十分明显，因为煤层中渗透率在很大程度上受裂隙控制。在裂缝发育且延伸较长的方向，煤往往具有较高的渗透率，这一方向的渗透率要比其垂直方向高出几倍甚至一个数量级。另外，煤层渗透率对应力最为敏感，煤层渗透率随着有效应力增大而减小。

4. 煤的内表面积

煤是一种孔隙度低但较小孔隙极发育的储集体，内表面积非常大，1g 煤的内表面积可达 100 ~ 400m^2。煤的内表面积大小与变质程度有关，与小孔和微孔的发育程度关系密切。由于煤具有较大的内表面积，因此有利于天然气在煤储集层中的聚集。

任何固体表面从某种程度上看都是粗糙的。如肉眼观察很平坦的面，在显微镜下观测时则显示出凹凸不平的特征。也就是说，随观测分辨能力的提高，更深一级的粗糙面将被揭示，所以固体的绝对表面是测不准的。为解决这一难题，工业上多采用人为规定的标准，即将在一定分辨能力下测得的表面积作为该固体表面积的近似值，这一表面积称为比表面积。最常用测定比表面积的方法是浸润热法，该方法基于任何物理吸附都是放热反应的基本原理。

通常固体的比表面积用单位体积内的总面积或单位质量总面积来表示。煤的比表面积非常大，采用 CO_2 做介质测得煤的比表面积大体为 100 ~ 400m^2/g，这也正是对煤层气有着强烈吸附能力的原因。

总之，对于常规砂岩储层而言，煤储集层是一种特殊的储集层。煤储集层与常规砂岩储层相比有诸多不同，如表 1 – 5 所示。

表 1 – 5　砂岩储层与煤储层特征对比

序号	对比项目	常规砂岩储层	煤层储层
1	储层岩性	矿物质	有机质
2	生气能力	无	有
3	储气机理	常规天然气通过构造圈闭或岩性圈闭聚集，自由气储存在孔隙介质中	煤层气通过煤系地层吸附储气，气体以吸附为主，有少量的自由气
4	孔隙大小	大小不等	多为中孔(2 ~ 3nm)和微孔(<2nm)
5	孔隙结构	单孔或双孔结构，裂隙、溶洞、断层等代表天然裂隙系统，且为随机分布	割理把煤体分割为割理系统和基质系统，割理代表煤的裂隙系统，且分布均匀

续表

序号	对比项目	常规砂岩储层	煤层储层
6	开采、运移机理	由压力梯度引起的层流流动，一般服从达西定律，只要生产压差大于启动压差即可采气，紊流发生在钻孔附近	煤层气通过排水排砂降压，使储层压力低于解吸压力，通过解吸扩散，渗流采气，在基质系统中发生由浓度梯度引起的扩散流动，在割理系统中发生由压力梯度引起的渗流流动
7	储量估算	可用孔隙体积法	孔隙体积法不适用
8	井孔稳定性	一般井孔较稳定	由于煤被割理分割和煤强度较弱以及煤较脆，井孔易坍塌
9	生产特性	产气率开始时最大，随时间逐渐降低，初期很少或没有水产出，气/水产率随时间下降	产气率随时间增加直至达到最大值，然后降低，初期产出的主要是水，气/水产率随时间增加
10	储层中的水	推进气的产生，无需先排水	阻碍气的产出，要先排水
11	机械特性	胶结好、较致密，弹性模量比煤高，泊松比比煤低	易碎，弹性模量比砂、页岩低，泊松比比砂、页岩高
12	压裂	低渗透储层才需压裂，易产生新裂缝，处理压力相对较低	一般要压裂，压裂后使原有裂隙变宽，处理压力高，压裂漏液损失量大
13	井间干扰	邻井注水可保持压力，达到稳产	通过邻井排水加速压力均匀下降，产出更多的气
14	泥浆、水泥对储层的侵害	相对弱	严重，应尽量避免

二、煤层气储集机理

煤层对煤层气的容纳能力远远超过自身基质孔隙和裂隙体积，所以煤层气必定以不同于天然气的状态赋存，目前关于煤层气赋存状态比较一致的认识是：它以吸附态、游离态和溶解态储集在煤储层中，吸附气可占煤层气总量的70%～95%，其中游离气约占总量的10%～20%，溶解气所占比例极小，煤层气的主要成分为甲烷，含有少量的CO_2、N_2和重烃类。

1. 溶解储集机理

煤层气储层多是含饱水的，在一定压力下必定有一部分煤层气溶解于煤层的地下水中，称为溶解气，其溶解度可用亨利定律描述，即：

$$p_b = K_c C_b$$

式中：p_b——溶质在液体上方的蒸气平衡分压，Pa；

C_b——气体在水中的溶解度，mol/m^3；

K_c——亨利常数。

在不同温度、压力和含盐度条件下，CH_4在水中溶解系数不同。该定律表明，在一定温度下气体在液体中的溶解度与压力成正比。亨利常数取决于气体的成分与温度，同一气体在不同温度下和不同气体在同一温度下，亨利常数都是不相同的。温度越高溶解度越小，水的矿化度越低，煤层气的溶解度越低。

2. 游离态储集机理

煤的孔隙或裂缝中有一部分自由气体，称为游离气体，可以自由运移，可用常规气田方法进行研究。这种赋存状态的气体符合气体状态方程，气体是容易被压缩的流体，对于理想气体，在等温条件下，其密度与压力成正比。

3. 吸附气储集机理

煤层中煤层气的含量远远超过其自身孔隙的容积，用溶解态和游离态难以解释这一现象，因此必定存在其他赋存状态，即吸附态。所谓的吸附，是指气体以凝聚态或类液态被多孔介质所容纳的一种过程。因为煤体具有较大的比面积和对气体的亲和能力，所以煤是一种优良的天然吸附剂，这是煤层气与常规储气机理不同的物理基础。煤吸附作用实际是固体与气体的一种表面作用，是由于煤体表面的分子存在多余的自由引力场。当瓦斯分子碰到煤体表面时，其中一部分将被吸附并与煤体表面颗粒结合为煤体的一部分，同时释放吸附热，被吸附的瓦斯分子在热运动和振动的作用下，增加动能足以克服煤体表面引力场的引力作用时，才能重新回到游离状态的瓦斯分子群体中，这一过程称为解吸。

三、煤层气运移及产出机理

1. 煤层气的解吸机理

在自然界的原始状态下，煤层中的气体以承压状态存在，气体处于平衡状态，当煤层瓦斯抽放或开采时，由于破坏了原始的平衡状态，引起了煤层中的气体流动，煤中气体穿过煤层孔隙介质的流动可描述为三个互相制约的过程，如图 1－6 所示。

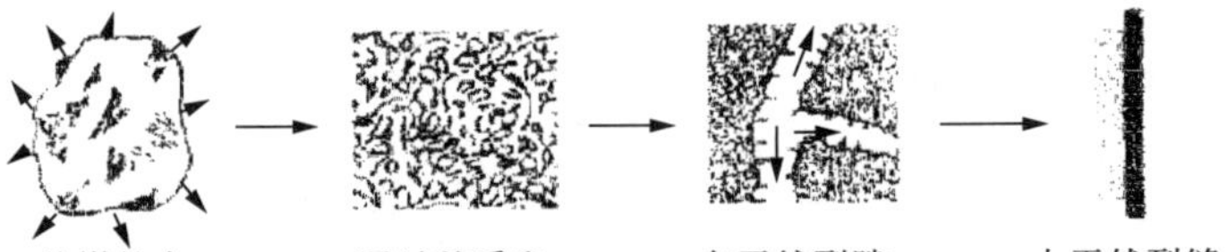

图 1－6　煤层甲烷产出运移机理

煤层瓦斯中吸附状态约占 90% 以上。基质块微孔的表面积又占煤层总面积的 97% 以上。可见，在煤层气开采时，使吸附瓦斯解吸尤为重要。由于煤对气体的吸附属于物理吸附，具有可逆性，即吸附与解吸作用的平衡。所以当压力降低时，原来的平衡被打破，吸附在煤基质微孔隙内表面上的气体就会解吸下来，重新回到微孔隙空间成为气态的自由气体，以达到新的平衡。

当然，实际情况下，煤层中的煤层气何时开始解吸，还与煤储层的含气饱和度有关。如果煤储层的含气性达到饱和程度，即在等温吸附曲线，对应初始储层压力下的煤层气含量点落在曲线上时，只要压力一降低，煤层气就开始解吸。如果煤储层含气性未达到饱和程度，即对应初始储层压力下的煤层气含量点位于曲线下方，显示煤层气含量小于对应储层压力下的最大吸附气量时，尽管压力降低，煤层气也不会马上解吸。直到储层压力降到某一压力，即等温吸附曲线上与该气体含量数值大小相同的那一点所对应的储层压力时，煤层气才会解吸，该压力称为临界解吸压力，如图1－7所示。

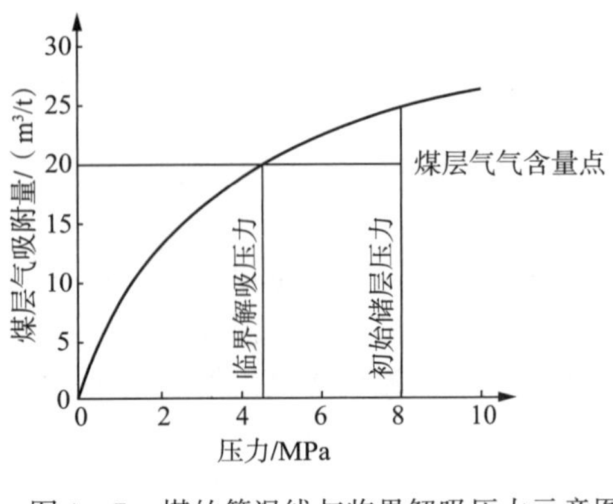

图 1－7　煤的等温线与临界解吸压力示意图

临界解吸压力和储层压力的比值直观表示

为煤层气排水降压的难易程度，临界解吸压力和储层压力的比值越大，煤层气井产气越容易，在煤储层含气处于饱和的情况下，临界解吸压力与储层压力相同，解吸过程快慢可用解吸时间来度量。所谓解吸时间，是指总的吸附气体的63.2%释放出来所需要的时间，解吸时间是煤层气解吸后扩散特征的重要参数，它表明煤层气早期产量达到高峰的速度。

2. 煤层气的扩散机理

一般认为煤层气在煤层基质孔隙中的运移方式主要是扩散作用。所谓扩散是流体分子在浓度梯度驱动下由高浓度区向低浓度区随机流动的过程。例如，吸附态的分子通过与其他分子的碰撞获得足够的能量，从吸附态脱离，进入自由状态。在从吸附态到自由态的持续变化中，分子向低浓度方向移动。体积扩散主要是分子与分子之间的相互作用，包括不同分子的混合物的扩散。在表面扩散中，质量传递是经过吸附态流体运移进行的，没有自由态的质量传递。甲烷分子在煤基质块中的扩散过程如图1-8所示。

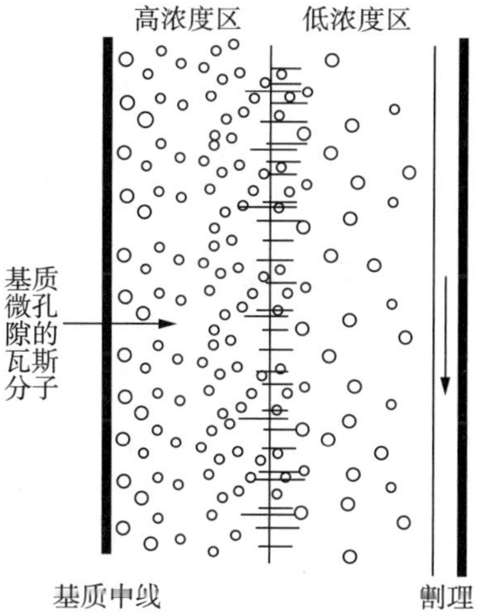

图1-8　基质内煤层甲烷扩散示意图

采掘活动及抽放孔或开采井进入煤层，使得内部平衡被破坏，形成压力差和浓度差。煤层内瓦斯的渗流和扩散运动得以进行。但是由于扩散运动是一个十分缓慢的过程，开采初期，流出的瓦斯主要是煤裂缝内的游离瓦斯。基质块内的瓦斯来不及扩散到裂缝，此阶段是煤层双重介质内渗流流动第一阶段。第二阶段是过渡阶段，靠近煤壁基质中瓦斯扩散涌出至煤壁处，同时裂缝内瓦斯流出后逐渐形成从外到内的浓度差。裂缝浓度低于基质块浓度，瓦斯在这种浓度差作用下，从基质块向裂缝扩散，同时使基质块内固有瓦斯扩散外溢，使浓度降低。第三阶段，瓦斯已从基质块扩散运移至裂缝，基质块内瓦斯压力降低，吸附于基质块微孔表面的瓦斯解吸。基质和裂缝压力同时下降。吸附于基质块微孔内壁上的瓦斯随压力下降不断解吸经扩散作用运移到裂缝，流出煤壁，直至吸附瓦斯不断解吸，同一煤层区域瓦斯流出压力下降。这个阶段是随时间而连续发生的。

3. 煤层气的渗流机理

煤层气在煤储层中流动的主要通道是煤中割理、裂缝。在压力梯度的驱动下，煤层气沿压力降低的方向作层流流动，其流动规律符合达西定律。煤裂缝中除了煤层气外，还存在水，即气水两相共存，它们以各自独立的相态混相流动。气和水在煤储层的流速与各自的有效渗透率成正比。煤层气由基质流入生产井分三个阶段。

(1)单相水流阶段

储层压力未降到临界解吸压力之前，煤层气尚未开始解吸，气井井筒附近压力不断下降，只有水产生，称为单相流阶段。

(2)非饱和单相流阶段

当井筒压力进一步下降，有一定数量的煤层气从煤基质块微孔隙表面解吸，在浓度梯度的驱动下向煤中裂缝系统扩散，开始在裂缝系统中形成气泡，阻碍水的流动，水的相对渗透率下降。但此时气体不能流动，而且无论是在煤基质块孔隙中还是煤的裂隙中，气泡都是孤立的，没有互相连接。在这一阶段，虽然出现气水两相，但是只有水相是可以流动的。

(3)气水两相流阶段

随着井筒压力进一步降低，有更多的煤层气解吸出来，并扩散到煤的裂缝系统中。此时，水中含气已达饱和，气泡互相连接，形成连续流动，气的相对渗透率大于零。随着煤储层压力下降和水饱和度降低，水的相对渗透率不断减小，气的相对渗透率逐渐增大，气产量亦随之增加。在这一阶段，在煤的裂缝系统中形成气水两相达西流动。

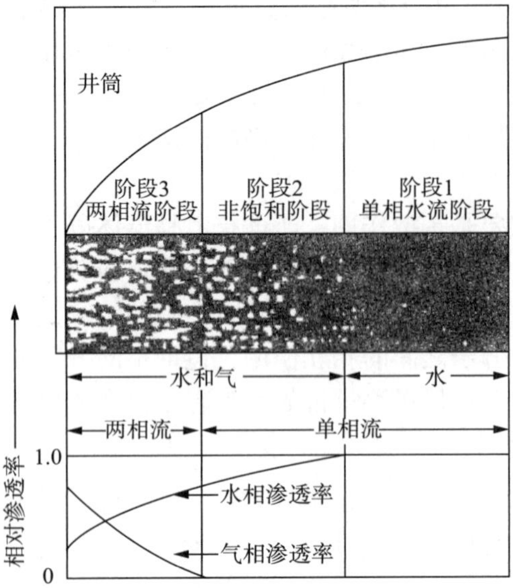

图 1 －9　煤层气产出的三个阶段

上述三个阶段是连续的过程，随着时间的推移，由井筒沿径向逐渐周围的煤层推进，这是一个递进的过程。脱水降压时间越长，受影响的面积越大，煤层气解吸和排泄的面积也越大。煤层气产量呈负的下降曲线，即早期产量逐渐增加，通常 3 ~5 年达到最高产量，然后逐渐下降而持续很长时间，开采期可达 10 多年至 20 年不等，甚至有开采 30 多年仍产气的井。对应煤层气的开采机理，煤层气井生产也有三个生产阶段，如图 1 －9 所示。

项目五　煤层气的开发

任务一　煤层气开发井网

煤层气开发与常规天然气开发有很大差别。一般情况下，煤层是被水饱和的，为了使储层压力低于解吸压力以使气体解吸，必须排水。井距是控制排水降压以利于煤层气解吸的主要因素之一。合理设计单井控制面积，有利于获得最佳生产能力。改善井网类型、调整单井控制面积可提高煤层气的采收率，提高经济效益。为此，国内外做了大量的试验，把煤层气做为一种能源有计划地进行勘探、开发和利用，且已形成了一套完整技术。在生产实践中，对井网类型和优选井距等方面，作了深入研究。

一、煤层气开发井网类型

煤层中的割理分为端割理和面割理，通常面割理方向渗透性好，端割理方向渗透性受到限制，从而导致整个储层的渗透性也是非均质的。可以利用非均质地层井间干扰现象，采取适当的布井方式，来提高单井产量。煤层气布井方式分为矩形井网、棱形井网、“W”形井网以及单井排采等。在美国的黑勇盆地，对一煤层组上部测试揭示了其渗透率的非均质条件，大约为 16∶1，面割理方向渗透性好。按 16∶1 的非均质储层条件，以 4 ×1 矩形井网开采比正方形井网更有利于采气，5 年间累计采气量从 $3.08\times10^6m^3$ 增加至 $3.56\times10^6m^3$，15 年间累计采气量从 $6.25\times10^6m^3$ 增加至 $8.04\times10^6m^3$，如图 1 －10 所示。虽然产量增加不大，但明显地降低了煤层气的成本，提高了经济效益。

二、煤层气开发井距

优化煤层气开发必须设计合理的井距，单井控制面积的大小直接影响着产气高峰出现的早晚和成本的高低。

给定不同的渗透率参数，可得到单井控制面积和累积产量、产气率之间的关系，如图1－11～图1－14所示。

图1－11和图1－12分别表示渗透率 $k=5\times10^{-3}\mu m^2$ 和 $k=20\times10^{-3}\mu m^2$ 时四种单井控制面积的产量的变化，图1－13和图1－14分别表示渗透率 $k=5\times10^{-3}\mu m^2$ 和 $k=20\times10^{-3}\mu m^2$ 时四种单井控制面积的累积产量的变化。

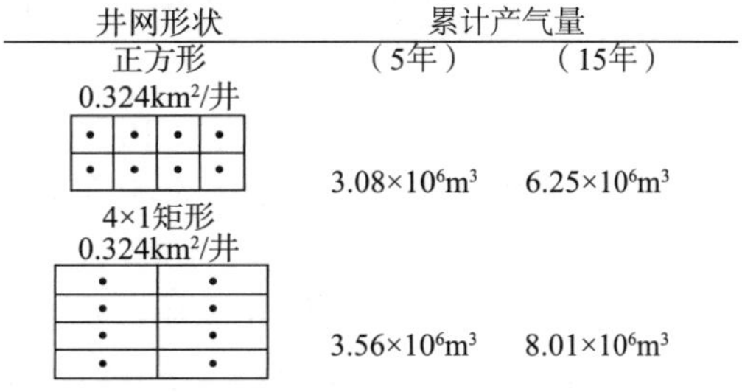

图1－10　井网形状与产量关系

显然，优化单井控制面积对于能否经济开采起着关键作用。考虑煤层气开发各方面投资的经济因素，最高产气量和累积产气量是开发煤层优化单井控制面积的依据，如果按高峰量来优化单井面积，由图1－11～图1－14可以分别看出煤层渗透率为 $k=5\times10^{-3}\mu m^2$ 的最佳单井控制面积为0.08km²。煤层渗透率为 $k=20\times10^{-3}\mu m^2$ 时最佳单井控制面积为0.324 km²。给定时间的累计产气量可做为井网最佳布井方案的依据。

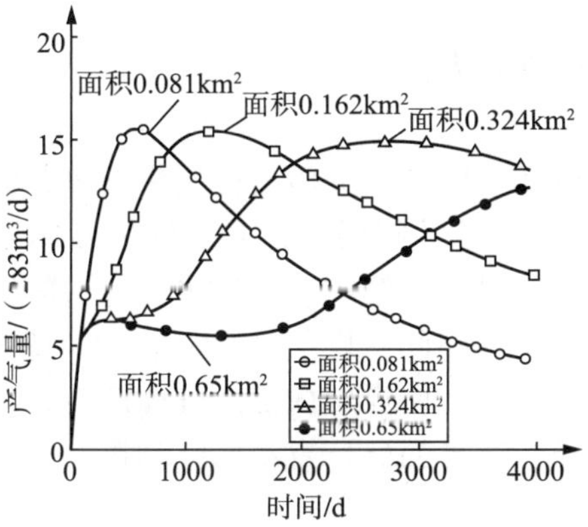

图1－11　控制面积的优化选择($k=5\times10^{-3}\mu m^2$)

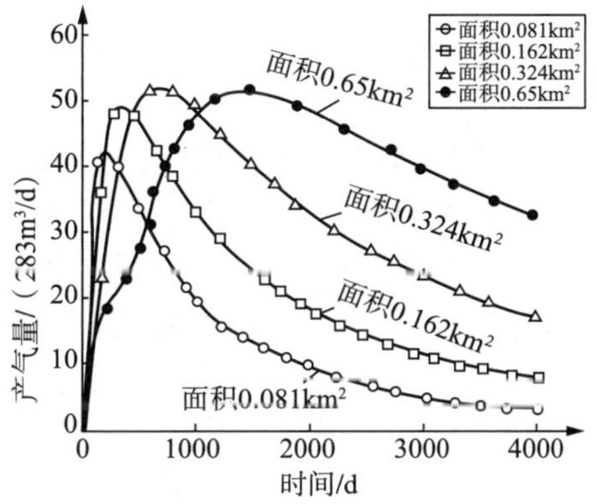

图1－12　控制面积的优化选择($k=20\times10^{-3}\mu m^2$)

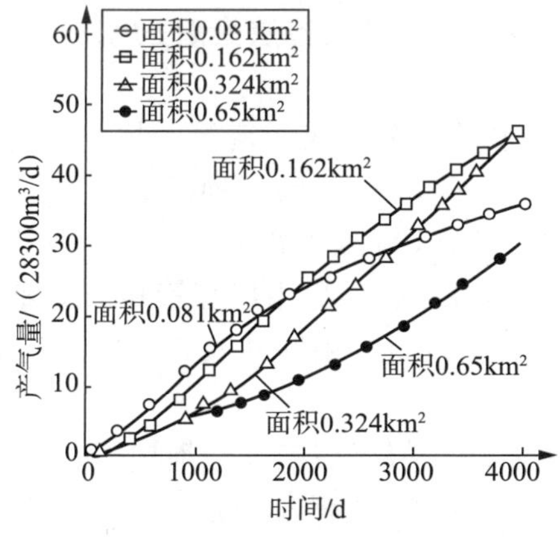

图1－13　控制面积的优化选择($k=5\times10^{-3}\mu m^2$)

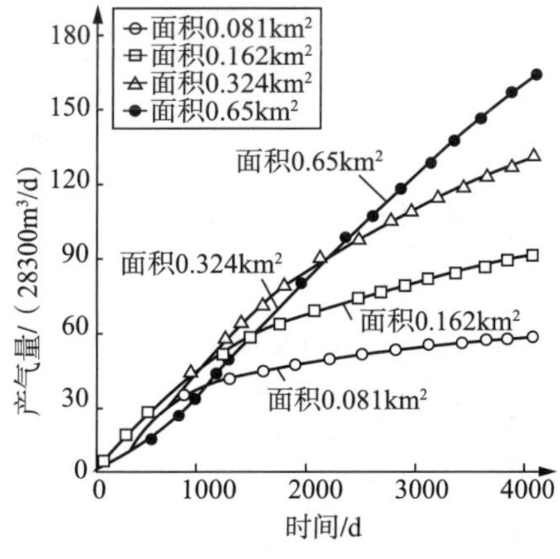

图1－14　控制面积的优化选择($k=20\times10^{-3}\mu m^2$)

三、煤层气开发井距与水力压裂的关系

在上一部分中提到用 4 × 1 矩形井网采气时，对 0.081km^2、0.162km^2、0.324km^2、0.65km^2 的不同单井控制面积进行试验时，认为 0.162 ~0.324km^2 的单井控制面积最佳。

单井控制面积的大小和煤层渗透率有密切关系。随着渗透率增大，单井控制面积可适当增大，现在常利用先进的压裂技术，取得较大的压裂裂缝半长，连通高导流能力的流动通道。因此优化单井控制面积还与现有的工艺水平有关，即与压裂缝半长有关。

所以，正确选择单井控制面积，可以提高单井产量，最佳单井控制面积取决于煤层渗透率和压裂类型：

(1)对于高渗透率煤层($>10\times10^{-3}\mu m^2$)，试验表明，用水基压裂液压裂时，采用 0.162km^2 单井控制面积在第三年就能达到生产高峰；而采用 0.324km^2 单井控制面积则几乎在第 7 年才能达到生产高峰，10 年能采气 $1.426\times10^6m^3$。

(2)对于低渗透率煤层($>10\times10^{-3}\mu m^2$)，由于渗透率低，脱水能力下降，因而最佳单井控制面积相对小些，产气高峰值到达比较晚，0.162 ~0.324km^2 单井控制面积比较适宜。

综上所述，井网类型与煤层非均质有关，一般面割理方向的渗透率大于端割理方向的渗透率，即一般采用矩形井网，长边为面割理方向，短边为端割理方向。

单井控制面积的大小与煤层渗透率有关，渗透率越大，单井控制面积越大，即井距越大。单井控制面积也与压裂人工裂缝长度有关，人工裂缝越长，单井控制面积越大。

任务二　完井及井身结构

煤层和砂岩储层的最大区别是气体存储和产出机理不同。常规砂岩储层中气体存储在孔隙空间，通过孔隙和孔隙喉道流入水力裂缝和井筒。对煤层储层，大多数气体吸附在煤表面，为了采出这些气体，必须降低储层压力，使气体从煤基质解吸、扩散进入煤层的割理系统。然后，气体通过煤层割理系统进入水力裂缝和井筒。因此，煤层气常常需要独特的完井技术和强化措施以便在井筒和储层间建立有效的联络通道，使煤层内部的气体解吸并流向井筒，以获得工业性产气量。煤层气井完井方法的选择、效果的好坏直接影响到煤层气的后期排采。

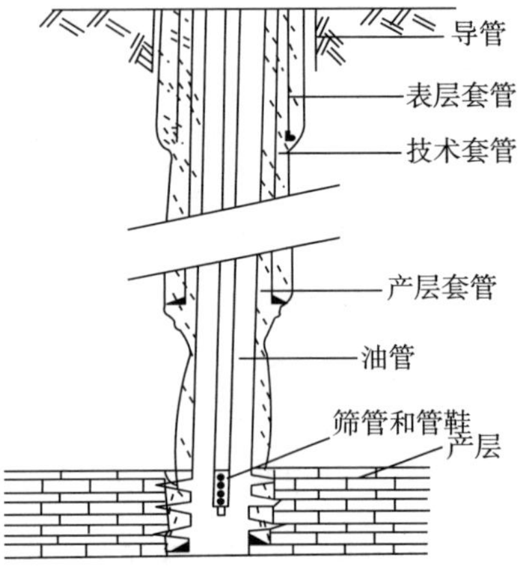

图 1－15　井身结构

一、煤层气井井身结构

井身结构是指一口井下入套管的层次、尺寸、深度，各层套管相应的钻头尺寸以及各层套管的水泥返高，如图 1－15 所示。

井孔中下入的套管可分为表层套管、技术套管(或中层套管)和产层套管(或生产套管)三种类型。

(1)表层套管：用以封隔上部松软的易塌、易漏地层，安装井口，控制井喷，支撑中层套管和产层套管。

(2)技术套管：用以封隔用钻井液难以控制的复杂地层，保证顺利钻井。

(3)产层套管：用以将产层与其他地层以及不同压力的产层分隔开，形成煤层气流通通道，保证长期生产，满足开采和储层压裂的要求。

表层套管的下入深度要足以消除钻进问题，但不能将表层套管或中层套管下过打算完井的目标煤层段。

井身结构图包括以下几项数据：地面海拔和补心海拔(钻井时转盘中方补心的海拔)；钻井日期(开钻和完钻日期)；产煤层气气层段；钻头程序；套管程序；完钻井深及射孔完成井的水泥塞深度；水泥返高及试压情况；油管规格及下入深度；煤层气井完成方法；其他情况(井下有无落物等)。而井身结构的确定主要需考虑以下几个方面的因素。

1. 钻头程序和套管程序

从井身结构图上可以看到，由上到下的井身是一个由大变小的台阶形状，这是因为每下入一层套管后，就要换一个小于套管内径的钻头往下钻，钻到一定深度，又要下入一层比这个钻头直径小的套管，这样就形成了台阶形状，这种依次变更钻头的顺序称为钻头程序。钻头程序表示方法举例如下：如某口井的钻头程序是 445mm × 311mm × 215mm，就表示先用 ϕ445mm 的钻头开钻，打到一定深度后换成 ϕ311mm 的钻头往下打，打到一定深度后又换成 ϕ215mm 的钻头打到完钻。井越深，钻头程序越多。套管程序的表示方法与上述相同。如某口井的套管程序是 339. 7mm × 244. 5mm × 177. 8 mm，就表示先下一层 ϕ339. 7mm 的表层套管，再下一层 ϕ244. 5mm 的技术套管，最后下一层 ϕ177. 8mm 的油层套管。井越深，套管程序越多。

2. 油管

油管是垂直悬挂在井里的钢制空心管柱，每根长 8 ~ 10m，由丝扣连接。油管的作用有：

(1)将煤层产出的水从井底输送到井口。由于油管的横截面积比油、套管环形空间的横截面积小得多，在相同的产气量下，油管中的水流速度比油、套环空中的水流速度高，携带井内积液和煤粉的能力强，能保持井底在较清洁的状态下采气。

(2)压井、洗井、酸化压裂等井下作业都要通过油管进行。

(3)油管在采气过程中被腐蚀、磨损，影响正常工作时可以更换。或者为了增加携带积液的能力，也可以把大直径油管换成小直径油管。

油管一般下到煤层中部，但对裸眼完井，只能下到套管鞋，以防油管在裸眼中被煤层垮塌物卡住。

油管挂(又称锥管挂)是金属制成的带有外密封圈的空心锥体，坐在大四通内，并将油、套管的环形空间密封起来。

筛管由油管钻孔制成，每根长 3 ~ 10m，钻孔孔径 10 ~ 12mm，钻孔孔眼的总面积要求大于油管的横截面积，以增加气流通道，弥补油管鞋入放口处过小对产量的影响。

油管鞋接在油管最下部，是一个内径小于井底压力计直径的短节，防止测压时压力计或其他入井工具掉落井内。

3. 确定井身结构的原则和依据

(1)能有效地保护煤层，降低钻井液对不同压力梯度煤层的伤害；

(2)能有效地避免钻井液过分漏失、高压井喷、井壁坍塌和卡钻等复杂情况的发生，为安全钻进创造条件；

(3)下套管过程中，不会因井内钻井液液柱压力和地层压力之差产生压差卡钻。

最终，煤层气井的井身结构的确定，主要取决于完井方式。不同的完井方式，井身结构也不相同。而完井方式的选择，必须考虑煤层气的储层特性和地质条件变化。

二、煤层气井完井

煤层气井完井是指煤层气井与煤层的连通方式，以及为实现特定连通方式所采用的井身结构、井口装置和有关的技术措施。这一流程采用的是常规油气井完井的原理和技术，并针对煤储层的特性加以改进的方法，对最终煤层气的生产开发至关重要。完井过程中有时可能会造成对煤层的损害，使渗透率降低。因此，在选择煤层气井的完井方法时必须最大限度地保护煤层，防止对目标煤层造成伤害，减少煤层流入井筒的阻力。此外，还必须满足以下三点要求：有效地封隔煤层气和含水层，防止水淹煤层及煤层气与水相互窜通；克服井塌，保障煤层气井长期稳产，延长其寿命；可以实施排水降压、压裂等特殊作业，便于修井。

煤层气井的完井目的有以下几点。

(1)使井筒与煤层的天然裂隙和裂隙系统有效的连通，这种连通常用裸眼完井、套管射孔或割缝来实现，且往往要进行强化处理。

(2)有效地封堵出水地层和不同压力体系的煤层，有利于增产措施和采气作业。

(3)降低钻井污染，提高产气量。钻井作业产生的钻井污染可导致近井地带气、水流动受到限制，为连通钻井与原始储层，必须消除这种流动限制，通过消除或绕过污染可以克服钻井污染问题。

(4)防止井壁坍塌和煤层出砂，保障煤层气井的采气作业和长期生产。

(5)降低成本。为确保煤层气井的经济开发，完井作业简便易行，施工时间短、成本低、经济效益高。

目前，已用于煤层气井的完井方法可归纳为三大类，如表1－6所示。完井方式的选择主要依据目标层煤岩的地质环境、储层自身的特性和所要开采层所能满足作业的条件，如埋深、井壁稳定性、水文地质、地层压力、开采方式和投入产出比等。

表1－6　煤层气井的完井方法

裸眼完井						套管完井		套管－裸眼完井
裸眼			洞穴			射孔	割缝	
裸眼	砾石充填	筛管	自然造穴	动力造穴	水力切割	层间射孔	喷射开槽	

(一)裸眼完井

裸眼完井是套管下至生产层顶部进行固井，生产层段裸露的完井方法。井身结构如图1－16所示。

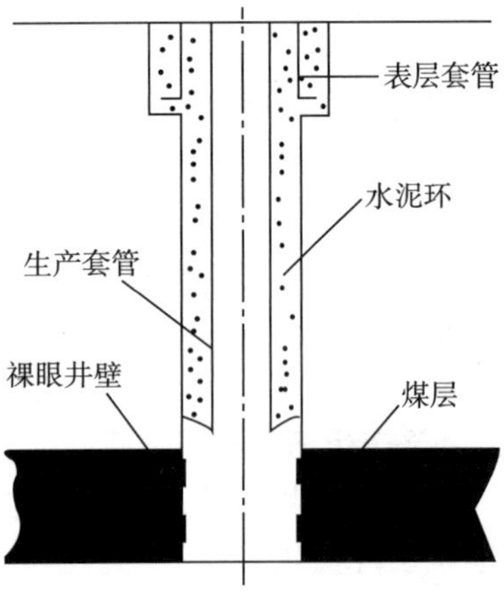

图1－16　裸眼完井

裸眼完井适用于地层岩性必须完整、井壁不会坍塌且岩层不会脱落。这种完井方式生产层裸露面积大，气、水流入井内的阻力小。根据钻开生产层和下入套管的时间先后，裸眼完井又分为先期裸眼完井和后期裸眼完井。

1. 先期裸眼完井

先期裸眼完井是指钻头钻至煤层顶部时，先下入产层套管固井，然后换小尺寸的钻头，用符合打开煤层条件的优质钻井液打开煤层裸眼完成的完井方法。

(1)使用条件

① 煤层埋藏深度较浅，厚度适中(5～10m)，渗透率大于$1\times10^{-3}\mu m^2$，含气量大于$10m^3/t$煤，裂隙系统发育，煤层均质性较好、稳定。

② 顶板岩性稳定、致密，不易垮塌，顶底板不出水。

③ 对煤层不进行大规模的改造，目的煤层为单一煤层或可视为单一煤层。

④ 能卡准煤层深度，准确地在煤层顶部下入套管。

(2)井身结构

将套管鞋下入顶板内，套管鞋与煤层的距离不要大于2m，越靠近煤层越好。一般采用以下两种井身结构。

用ϕ224.5mm的钻头钻至煤层顶部，下入ϕ177.8mm的套管并固井，水泥浆返至地面。然后用ϕ152.4mm的钻头钻至完钻井深完井。这种井身结构一般用于煤层产出水较大的煤层气生产井。

用ϕ215.9mm的钻头钻至煤层顶部，下入ϕ139.7mm的套管并固井，水泥浆返至地面。然后用ϕ105mm的钻头钻至完钻井深完井。这种井身结构一般用于煤层气资料井或探井。

(3)技术要求

由于采用这种完井方法一般不再进行其他增产作业，因此保护煤层、降低对煤层的伤害是这种完井方法必须重点解决的问题。具体技术要求有以下几个方面。

① 以煤储层压力为依据，调整完井液密度，平衡煤储层压力钻井。

② 必须按保护煤层对完井液的要求，调整完井液的各项性能，最好采用煤层水或者与煤层水理化性能相近的活性水作为完井液。

③ 技术套管尺寸，必须以采气作业所需安装的井下设备对井筒大小的要求为依据，以保证完井以后的后期施工能顺利进行。

④ 技术套管固井质量合格。

(4)先期裸眼完井效果分析。

① 先期裸眼完井的优点

简化了井身结构和套管程序；由于完井井段为单一煤层，有利于实施对煤层的保护，同时避免了固井、射孔和压裂作业对煤层的伤害；完井施工工艺简单，节约了固井、射孔和压裂作业费用，完井成本低。

② 先期裸眼完井的局限性

井筒稳定性差，不利于修井、后期强化增产和分层开采这几个方面。在采气过程中对煤粉的控制和清除比较困难。

2. 后期裸眼完井

后期裸眼完井是指先打开储集层，后将产层套管下入煤层顶部固井。

(1)使用条件

后期裸眼完井除要求具备先期裸眼完井条件外，主要适用于对煤层深度掌握不够准确的煤层气井。

(2)井身结构

将技术套管鞋下入顶板内，套管鞋与煤层的距离不要大于2m，越靠近煤层越好。一般采用以下井身结构。

用ϕ215.9mm的钻头钻完全部设计井深，将底部带有分级箍和管外封隔器(水泥伞)的ϕ139.7mm的技术套管下至煤层顶部2m并固井；也可用砂或其他类似充填材料将井筒回填至技术套管鞋的位置再固井，然后再洗出充填物让煤层裸露。

(3) 技术要求

由于采用这种完井方法一般不再进行其他增产作业，因此保护煤层、降低对煤层的伤害是这种完井方法必须重点解决的问题。具体技术要求与先期裸眼完井基本相同。但是若煤储层压力较高，采用这种完井方法时，下套管和固井注水泥均需有可靠的防喷措施。一般不提倡使用后期裸眼完井。

(4) 后期裸眼完井效果分析

① 后期裸眼完井的优点

降低了固井作业对煤层的伤害，同时也避免了射孔和压裂作业对煤层的伤害；完井施工工艺比射孔完井简单，节约了固井、射孔和压裂作业费用，完井成本较低。

② 后期裸眼完井的局限性

井筒稳定性差，不利于修井、后期强化增产和分层开采；在采气过程中对煤粉的控制和清除比较困难；与先期裸眼完井比较，完井作业实施煤层保护的难度较大。

3. 砾石充填完井

对于胶结疏松出煤粉严重的煤层，一般采用砾石充填完井，充填在井底的砾石层起着滤砂器的作用，它只允许流体通过，而不允许煤层煤粉通过，井身结构如图 1-17 所示。

4. 筛管完井

筛管完井是指在钻穿煤层后，把带筛管的套管柱下入煤层部位，然后注水泥封隔煤层顶部以上的环形空间完井。筛管完井有时也叫衬管完井。

(1) 使用条件

① 煤层埋藏深度较浅，厚度适中，渗透率大于 $1\times10^{-3}\mu m^2$，含气量大于 $10m^3/t$ 煤，裂隙系统发育，煤层均质性和稳定性较差。

② 顶板岩性稳定、致密，不易垮塌，顶底板不出水。

③ 对煤层不进行大规模的改造，目的煤层为单一煤层或多煤层不要求分层开采。

(2) 井身结构

井身结构如图 1-18 所示。

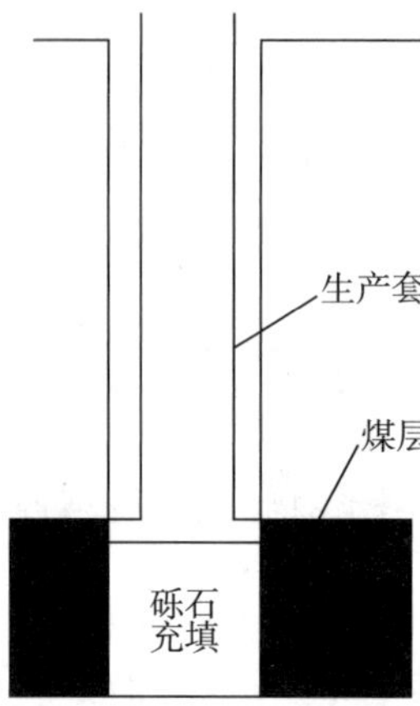

图 1-17 砾石充填完井

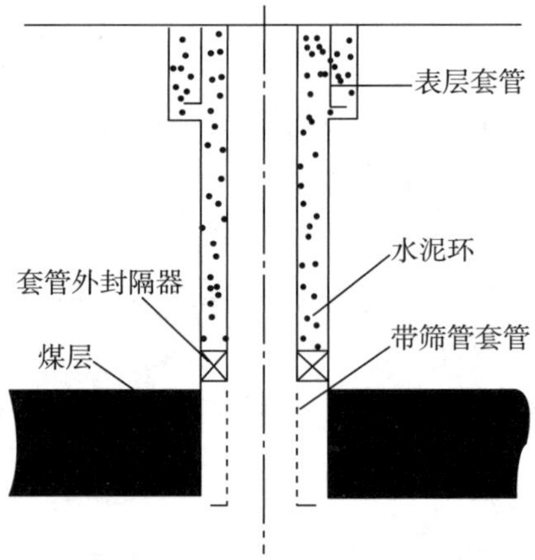

图 1-18 筛管完井

用 $\phi215.9mm$ 的钻头钻完全部设计井深。套管柱结构为 $\phi139.7mm$ 套管 + 分级注水泥接头 + 管外封隔器(或水泥伞) + 筛管 + $\phi139.7mm$ 的套管 30 ~ 50m。筛管下在煤层部位，长度根据煤层厚度确定，筛管以下 30 ~ 50m 套管作为井底口袋，用于安装采气用的井下设备。

(3)技术要求

由于采用这种完井方法一般不再进行其他增产作业，因此，保护煤层、降低对煤层的伤害是这种完井方法必须重点解决的问题。具体技术要求包括以下几方面。

① 以煤储层压力为依据，调整完井液密度，平衡煤储层压力钻井。

② 必须按保护煤层对钻井液的要求，调整完井液的各项性能，最好采用煤层水或者与煤层水理化性能相近的活性水作为完井液。

③ 分级箍、管外封隔器(或水泥伞)工作可靠，套管固井质量合格。

④ 若煤储层压力较高，下套管和固井注水泥均需有可靠的防喷措施。

⑤ 筛管的筛眼主要有圆形和割缝两种。圆形筛眼的主要参数是 ϕ2 ~ 12mm，密度 60 ~ 120 孔/m，作螺旋状分布。割缝筛眼可按圆形筛眼每米筛管的孔眼面积确定其缝长和缝宽，同样作螺旋状分布。

⑥ 生产套管和筛管尺寸，必须以采气作业所需安装的井下设备对井筒大小的要求为依据，以保证完井以后的后期施工能顺利进行。

(4)筛管完井效果分析

① 筛管完井的优点

避免了固井作业、射孔和压裂作业对煤层的伤害；节约了固井、射孔和压裂作业费用，完井成本较低；井筒稳定性较好，有利于修井，便于清除井筒内的煤粉。

② 筛管完井的局限性

完井工艺相对复杂，与先期裸眼完井比较，完井作业实施煤层保护的难度较大等。

(二)射孔完井

射孔完井又分套管射孔完井和尾管射孔完井。

1. 套管射孔完井

套管射孔完井是指钻完全部井深，下套管、固井并将煤层用水泥封住后，用射孔器射穿套管、水泥环和部分煤层，构成煤层与井筒的连通通道，套管射孔完井对多数煤层气井都适用，是目前国内外广泛使用的完井技术。

套管射孔完井的井身结构如图 1 – 19 所示。一般采用 ϕ215. 9mm 的钻头钻至煤层底部以下 30 ~ 50m，下入 ϕ139. 7mm 或更大的生产套管。

(1)完井技术要求

① 对完井液的要求

完井液尽可能采用与煤层水理化性质相近的活性水钻完全部井身；如井下情况异常需要用钻井液钻进时，钻井液要严格按保护煤层的要求控制好固相含量(特别是微颗粒和胶体颗粒的含量)和滤失量；尽量避免使用高聚物和能与煤层水发生化学反应的钻井液处理剂。

② 对生产套管的要求

套管串中要有短套管，便于用磁定位测井校正射孔深度。短套管的下入深度在煤层顶界 5 ~ 10m 的范围内；套管接箍、扶正器及套管其他附件应尽量避开煤层；阻流环应安装在对应煤层底界以下，距煤层底界的距离不小于 20m；套管鞋距井底的距离不小于 1m，一般不大于 3m；

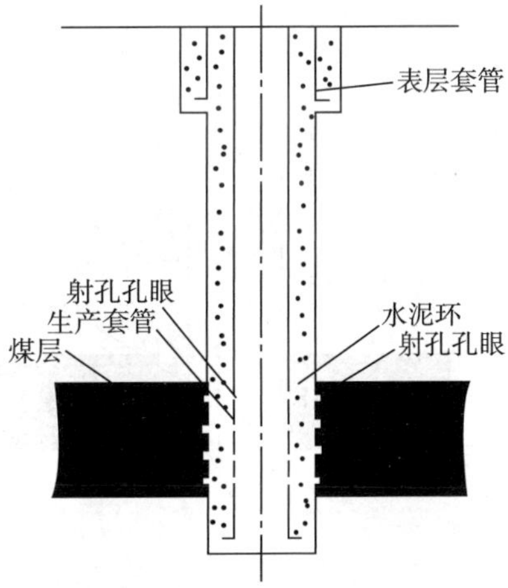

图 1 – 19　套管射孔完井

阻流环以下套管内水泥塞高度不低于 20m。

③ 对水泥浆和固井质量的要求

水泥最好采用油井水泥。严格控制水泥浆的失水量，一般不得超过 200mL，水泥石的高压强度要达到 14MPa 以上；采用前述三种固井方法固井时，水泥至少要返至煤层顶部 200m 以上才为固井质量合格。

④ 井筒与煤层的连通技术要求

井筒与煤层的连通方法一般仍采用常规油气井的连通方法，即用射孔枪射孔，射孔孔径 10～15mm；孔眼的短轴与长轴之比不小于 0.8；孔眼轨迹须沿套管表面螺旋分布，在任一横截面上只能最多有一个孔眼；孔眼密度为 15～25 孔/m；孔眼除有效穿透套管和水泥环外，还要尽可能穿透煤层伤害区，进入无伤害区。

为了降低射孔作业对煤层的伤害，煤层气井还常用水力喷砂割槽的方法建立井筒与煤层的连通通道。即用水和砂的混合液，通过 3.175～6.350mm 的喷嘴以高速砂液切割套管和水泥环。美国黑勇士盆地的实践证明这种方法可显著地降低射孔作业对煤层的伤害，同时有利于压裂作业和压裂液的返排。

(2)套管射孔完井技术的效果分析

① 套管射孔完井技术的优点

对地层条件没有限制，适用范围广。层间封隔好，便于分层进行后期作业。有利于水力压裂和采气作业。井筒稳定，寿命长，便于修井，为长期生产创造了条件。

② 套管射孔完井技术的局限性

对煤层伤害环节多、完井作业对煤层伤害大等。

2. 尾管射孔完井

尾管射孔完井是指将技术套管下至煤层顶部并固井，然后再钻完全部井深，下入尾管并悬挂在技术套管上，用射孔器射穿尾管、水泥环和部分煤层，构成煤层与井筒的连通通道。

尾管射孔完井对多数煤层气井都适用。但这种完井方法的完井工艺比射孔完井复杂，其完井效果与套管射孔完井相同。除较深煤层气井外，一般不采用尾管射孔完井技术。

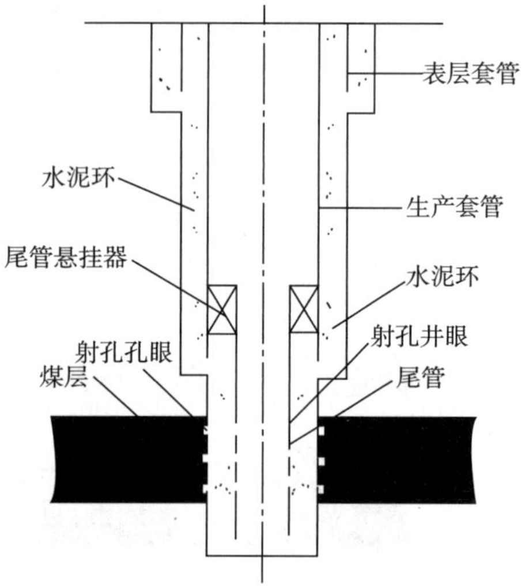

图 1－20　尾管射孔完井

尾管射孔完井的井身结构如图 1－20 所示。常用 ϕ244.5mm 的钻头钻至煤层顶部，下入 ϕ177.8mm 的技术套管并固井。然后用 ϕ152.4mm～ϕ165.1mm 的钻头钻至煤层底部以下 30～50m 完钻，再下入 ϕ139.7mm 的生产尾管并固井。

(1)尾管射孔完井的技术要求

① 对尾管悬挂器，要求悬挂负荷能力为尾管的 1.5 倍以上。悬挂器倒扣装置工作可靠，操作方便。悬挂器各密封件性能良好，注水泥作业能顺利进行。

② 对尾管串，要求尾管与技术套管重复段长不少于 50m。

③ 对尾管注水泥，要求水泥浆的失水量应小于 100mL，尾管注水泥完毕应及时冲洗悬挂器以上井筒的水泥浆，防止送入钻具被卡。尾管注水泥尽可能采用卸压候凝。其他技术要求与套管射孔完井相同。

(2)尾管射孔完井技术的效果分析

① 尾管射孔完井技术的优点

与套管射孔完井比较可节约套管和水泥，且便于钻穿煤层时对煤层采取保护措施。其他优点与套管射孔完井相同。

② 尾管射孔完井技术的局限性

其完井工艺比套管射孔完井更复杂，其他局限性与套管射孔完井同。

(三)套管－裸眼混合完井

在多煤层的煤层气井内，底部煤层或煤组采用裸眼完井，其上的煤层采用套管完井的混合完井方式，如图1－21所示。此方法适用于煤层间距差异较大的多煤层煤层气开发。其优点是可以提高产能、降低成本，缺点是施工工艺比较复杂。

完井技术主要采用动态裸眼完井技术和下套管射孔完井。完井的决策是很重要的，在钻井之前的设计中必须充分考虑底层条件，否则，会加大完井的作业成本，并给完井作业造成很大的困难，严重的还会造成井的报废。

国内主要还是套管射孔完井，然后压裂。

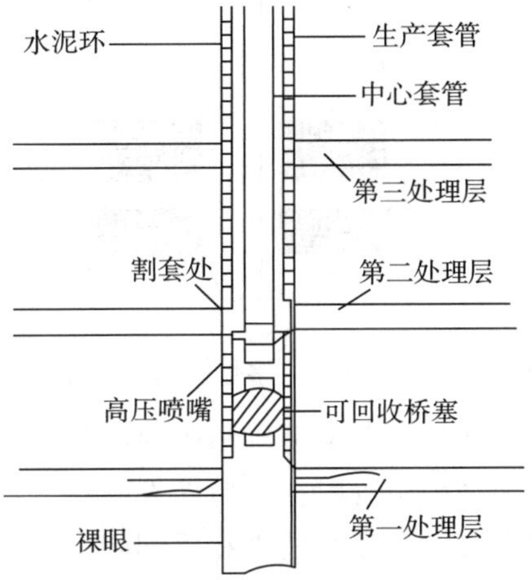

图1－21　使用可回收桥塞的套管－裸眼完井

(四)多煤层完井

根据煤层的数量来分有单煤层组完井的井身结构和多煤层组完井的井身结构。前面介绍的几种完井技术主要考虑的是单煤层完井。一般在煤层薄、层数多、埋藏浅、地层压力小的情况下，常采用多煤层组完井技术。

单煤层组裸眼完井：将 ϕ19.3cm 套管下至91.5m处并固井，利用气雾钻 ϕ16.5cm 井眼，往煤层井段泵入砂子，将套管下至煤层上方并固井，再水力压裂煤层，井身结构如图1－22所示。多煤层组裸眼完井其井身结构如图1－23所示。

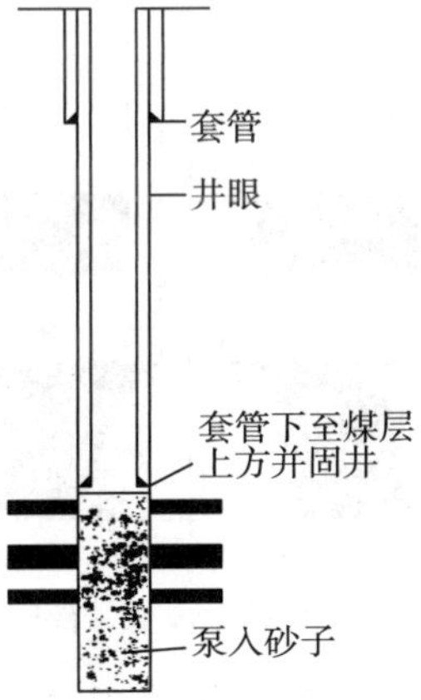

图1－22　单煤层组裸眼完井

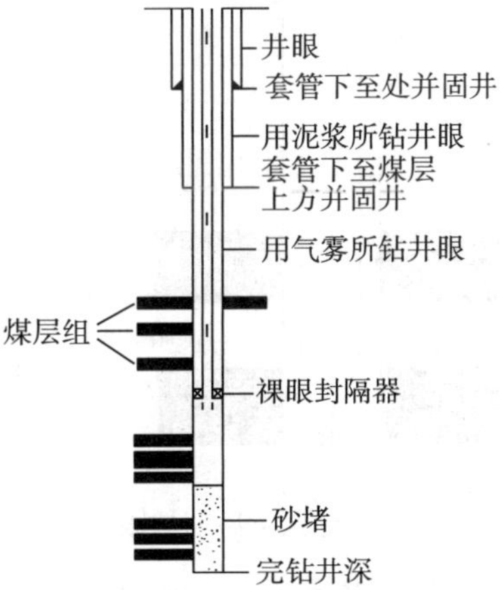

图1－23　多煤层组裸眼完井

多煤层完井技术是在单煤层完井技术的基础上，根据全井各煤层的特点和上下围岩的性质，有针对性地选择套管射孔完井、套管射孔＋裸眼完井、套管射孔＋裸眼洞穴完井等几种完井技术。一般来说，上部煤层通常采用套管射孔完井，下部煤层选用裸眼完井或裸眼洞穴完井，但更常用的是套管射孔完井。

1. 多煤层套管射孔完井技术

井身结构如图 1－24 所示，完井技术要求与单煤层套管射孔完井技术相同。

2. 多煤层套管射孔和裸眼完井技术

最下部煤层适合于裸眼完井条件时，可采用多煤层套管射孔和裸眼完井技术，当采用套管射孔和先期裸眼完井技术时，井身结构如图 1－25 所示。

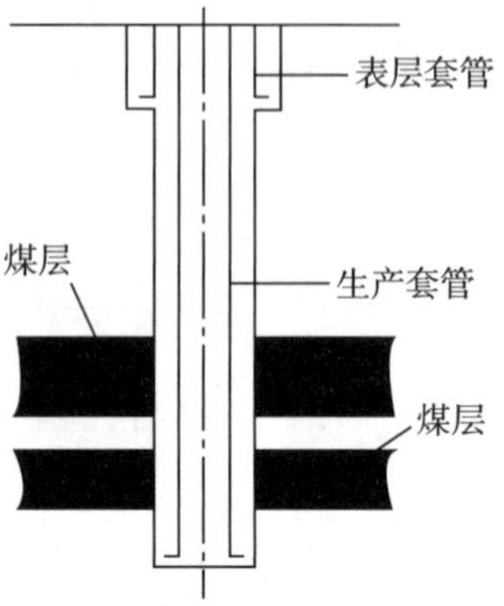

图 1－24　多煤层套管射孔完井

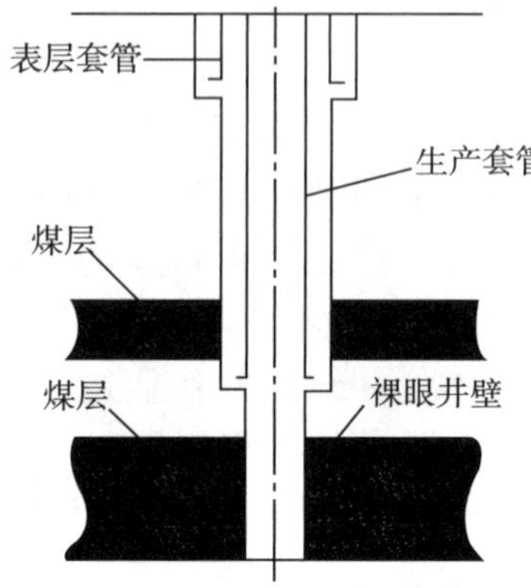

图 1－25　套管射孔＋先期裸眼完井

完井技术要求分别与单煤层射孔完井技术和先期裸眼完井技术相同。

当采用套管射孔＋后期裸眼完井技术时，井身结构如图 1－26 所示。完井技术要求分别与单煤层射孔完井技术和后期裸眼完井技术相同。

3. 多煤层套管射孔和裸眼洞穴完井技术

最下部煤层适合于裸眼洞穴完井条件时，可采用多煤层套管射孔和裸眼洞穴完井技术。井身结构如图 1－27 所示。完井技术要求分别与单煤层射孔完井和裸眼洞穴完井技术相同。

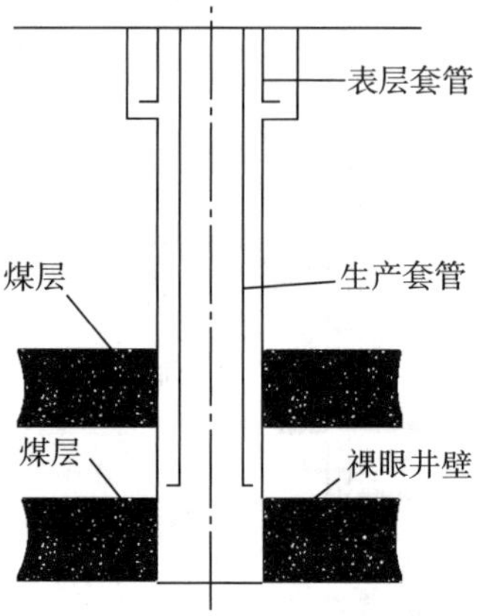

图 1－26　套管射孔＋后期裸眼完井

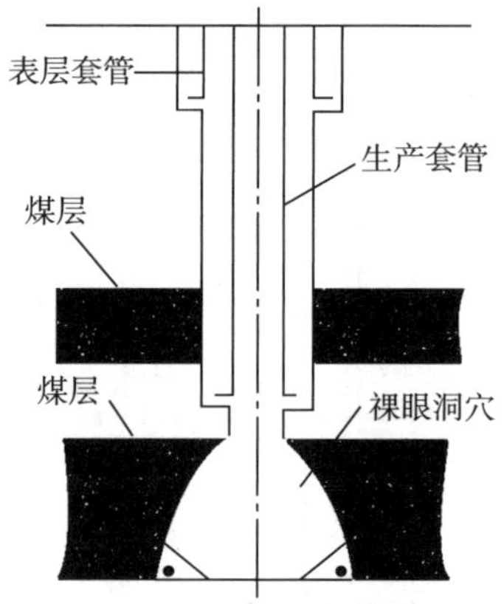

图 1－27　多煤层套管孔＋裸眼洞穴完井

多煤层组裸眼洞穴完井、多煤层组套管射孔完井，其井身结构分别如图 1－28 和图 1－29所示。

在钻遇复杂的地层条件时，可以采用特殊的井身结构。如煤层气井在钻遇砾石带时，为防止井壁坍塌、钻井液漏失和钻井方向偏移，采用的方法是钻成一定直径的井眼，同时下入直径稍小的套管，如图1－30(a)所示；又如有时会钻遇采空区，此时应采用空气继续钻进至采空区下方数米处，下入套管，并在采空区上方安放管外封隔器或类似装置固定套管，然后沿套管底部泵注水泥以封隔采空区，最后钻掉套管内的水泥塞，重新恢复钻进，如图1－30(b)所示。

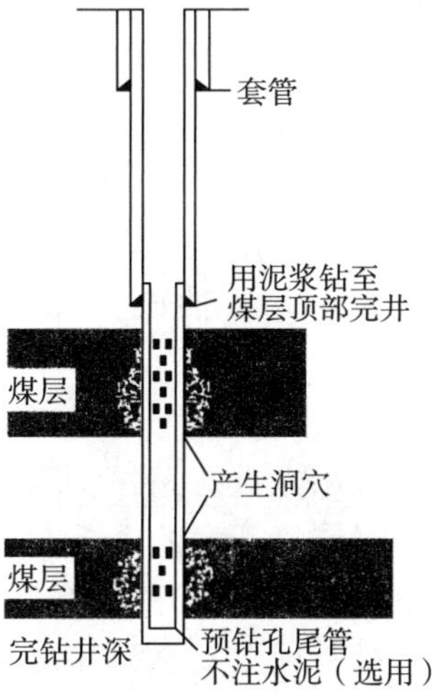

图1－28　多煤层组裸眼洞穴完井

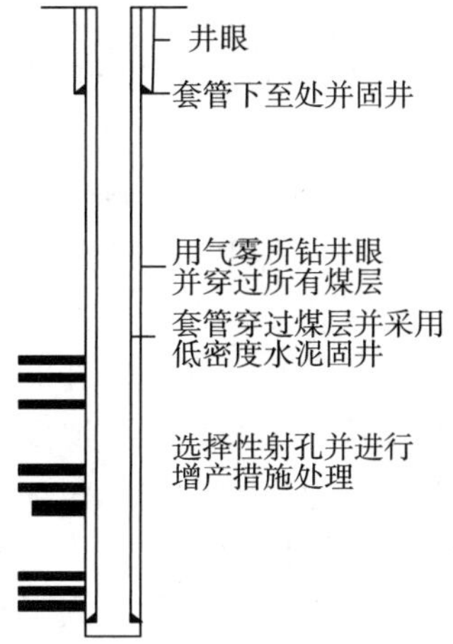

图1－29　多煤层组套管射孔完井

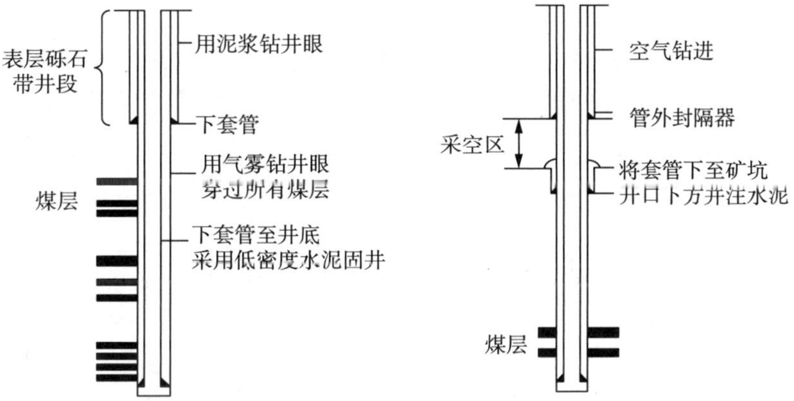

(a) 钻遇表层砾石带　　(b) 钻遇采空区

图1－30　特殊完井

煤层气井的另一个特点，是在最下面的目的层之下再钻一个“井底口袋”。“井底口袋”的深度大约在30～60m之间，直径为20cm。利用这个“口袋”可放入人工举升设备(安放排水泵等)，以加速井底压力下降到煤层解吸的临界值。此外，这个“口袋”也便于聚集回流到井筒中的煤屑，这样做可以提高排水效率和增大气体产量。

总之，煤层气井的井孔设计要因地制宜，既要考虑地层条件，又要考虑储层条件，力图保证井壁的稳定性，避免储层伤害。利用降压排采是煤层气井井孔设计的关键因素。井径大小常常与井孔类型有关，而井身结构往往与完井方法有关。应综合考虑，设计出经济、简便、有效的井孔，以最大限度地满足钻井的目的要求，现阶段大多数都采用多煤层组完井技术。

项目六　煤层气井排采工艺

煤层气排采又称排水采气。根据煤层甲烷赋存产出特点，施行人工升举方法，将水从井内排出，使煤储层压力降低到煤层甲烷临界解吸压力值以下，形成煤层气连续流动过程。实现井间干扰、恰当控制排液速度、降低井底流压、防止岩屑煤粉危害等是煤层气井排水采气应采取的重要措施。

煤层气产出的先决条件是降压解吸，煤层气开采工艺是：排水—降压—采气。

煤层气开发主要有三种开发方式：地面垂直井开发、井下抽放、采空区地面垂直井采气。

地面垂直井开发通常是在煤矿区外的区段进行的。煤层气开发或在未来 10 ~ 15 年后才采煤的地区用地面垂直井预抽。由于地面垂直井开发是采用先进的完井、压裂等技术处理的开发方式，能够形成工业化开采的规模和经济效益，是煤层气开发的主要方式。

井下抽放是一种最简单的开发方式，是抽排煤层甲烷气的一种开发方式。这种方式投资少，见效快，对解决煤矿安全问题起到了显著的作用，是一种以安全为开发目的的主要开发方式。这种方式已为广大煤矿业主所接受，并有许多矿区已具有完备的抽放系统和抽放方法。因此，井下抽放是一种很好的开发方式，尤其是对那些不易进行地面垂直井开发的矿区。

采空区地面垂直井采气是通过采煤前施工地面垂直井，对非采气层和含水层进行套管固井和在采气层段采用筛管完井或裸眼完井技术，充分利用采煤后造成冒落带、裂缝带所构成的采空区(Gob)，实现造缝、降低液面和卸压过程，以达到任何水力压裂都无法达到的效果，使煤层气以工业性气流产出，从而获得采气收益和解决煤矿安全。

任务一　煤层气井常用术语

1. 吨煤含气量

在标准温度和标准压力条件下每吨煤中所含甲烷气体体积。

2. 含气饱和度

含气饱和度等于实测含气量与原始地层压力在吸附等温曲线上所对应的理论含气量的比值。

3. 地层压力

煤储层孔隙内流体所承受的原始压力。

4. 井底流压

它表示流体从地层流到井底后剩余的压力。

5. 解吸压力

在煤层降压过程中，气体开始从煤基质表面解吸时所对应的压力值。实际生产中煤层气井出现气流、气泡时对应的井底流压值可近似看作该井的解吸压力。

6. 套压

油套环空中的气体压力。

7. 地解压差

指煤层原始地层压力与解吸压力的差值。

8. 煤没度

生产煤层段的顶界与环空动液面顶界的高度差。

9. 沉没度

指从抽油泵固定阀到煤层气井动液面之间的距离，即泵沉没在动液面以下的深度。

10. 单位涌水量

在自然状态下单位时间内水位每下降一米时煤层气井的出水量。它是衡量煤层出水能力的重要指标。

11. 产气量

单位时间内从煤层气井产出的气态物质的数量，常用单位为 m^3/d。

12. 排水量

单位时间内从煤层气井排出的液态水的数量，常用单位为 m^3/d。

任务二　煤层气井排水采气机理

煤层气井的采气方式由石油天然气井的生产工艺演变而来，但因储层类型不同，煤层气井的采气机理完全不同于石油天然气井，煤层气井的产气都是一个相当复杂的过程，因此，煤层气井的采气过程和机理研究必须采用系统的、动态的观点，分析整个系统在不同时间和不同情况的排水过程和甲烷生产过程。

煤层气井的生产是通过抽排煤储层的承压水，降低煤储层压力，促使煤储层中吸附的甲烷解吸的全过程。即通过排水降压，使得吸附态甲烷解吸为大量游离态甲烷并运移至井口。这是目前唯一可以用的方法，因此，通过抽排地层中的承压水，暂时、相对地降低煤储层压力是煤层气井采气的关键。

煤层段地层含水为承压水。煤层气井排采前，井中液面的高度即为煤层中地下水的水头高度，此时不存在压力差，地下水系统基本平衡，没有地下水的流动。当煤层气井开始排采后，井筒中的液面下降，在煤层气井筒和煤层中形成压力差，地下水从压力高的地方流向压力低的地方，因此煤层中的地下水就源源不断地流向井筒中，使得煤层中的压力不断下降，并逐渐向远方扩展，最终在以井筒为中心的煤层段形成一个水头压降漏斗，并随着抽水的延续该压降漏斗不断扩大和加深。当煤层的出水量和井口产水相平衡时，形成稳定的压力降落漏斗，降落漏斗不再继续延伸和扩大，煤层各点储层压力也就不能得以进一步降低，解吸停止，产气也就终止。

一、煤层气单井的排采机理

在地层稳定、地质条件简单的地区，煤层气井的排采可以看作是对承压含水层的抽水过程。根据水流的状态和压力降落漏斗随时间延续的发展趋势，可以将煤层气单井的排采状况分为以下几种情况。

1. 形成稳定的压力降落漏斗

(1)煤层存在补给边界

压力降落漏斗随着排采的继续在煤层中不断扩展，当其遇到张性断层(在地质力学中，按照断裂结构面的力学性质划分的一种断层形式)时，若该断层与地表水或其他地下水层相沟通，则这些水系的水就会通过断层补给煤层。当补给量与抽出量相当时，压力降落漏斗达到稳定，煤层甲烷解吸停止，如图1－31所示。

(2)煤层存在越流补给

此种情况下煤层的顶板或底板为弱透水层，且其相邻的地层为含水层。煤层中压力的降低使得临近含水层中的地下水通过顶板或底板补给煤层。煤层压力降落漏斗的扩大使得补给量不断增加，当补给量与抽出量相当时，降落漏斗达到稳定，不再扩展，煤层甲烷解吸停止，如图1－32所示。

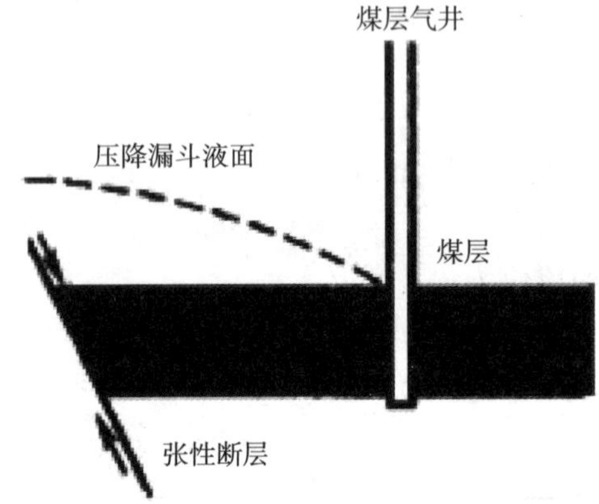

图1－31　煤层存在补给边界

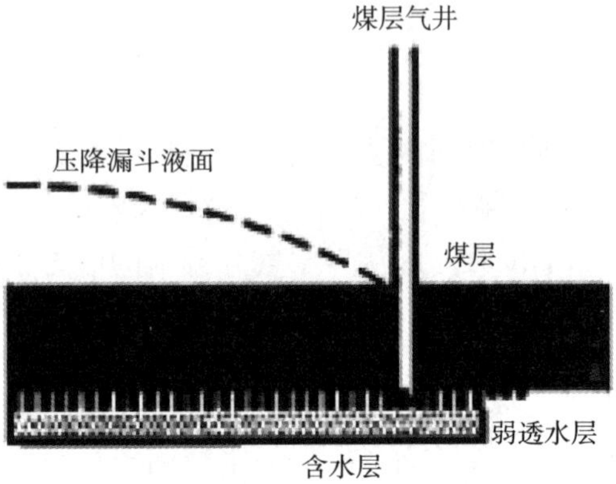

图1－32　煤层存在越流补给

2. 降落漏斗不断扩展

此种情况下煤层的一侧或多侧存在隔水边界(如逆断层、推覆断层等)，降落漏斗发展至该隔水边界时，由于隔水边界无法补给或补给量小于抽出量，此时隔水边界方向的降落漏斗不再向远处发展，但迅速加深，使该处的煤层压力快速下降，甲烷大量释放，井口表现产气量大增。直至该处的煤层压力降低，导致越流补给或其他方向的煤层水补给增强到补给量和抽出量相等时，地层压力趋于稳定。若煤层周围都为隔水边界且无越流补给，煤层压力将最终接近井底压力，整个系统压力平衡，如图1－33所示。

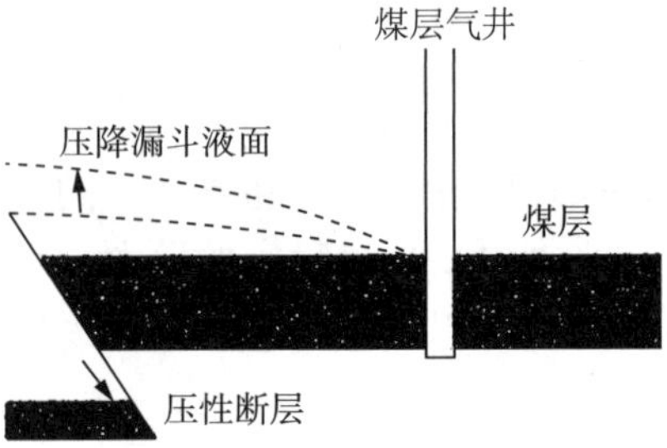

图1－33　降落漏斗不断扩展

3. 降落漏斗不断扩展，但扩展趋于稳定

此种情况下的地层条件是煤层无越流补给，且煤层水平无限延伸(附近无补给边界或给水边界)。大多数的煤层气井属于这种情况。此种情况下，随着抽水的延续，煤层中的压力降落漏斗不断扩大和加深，但其扩展速度变慢，逐渐趋于稳定。

(1)初期定流量排水阶段

煤层气井抽排初期，抽出的水量依泵的排量而定，此时抽出的水量是一定的，但井中的液面不断下降，这在物理因素上是由于压力降落漏斗的扩大，使得汇水面积增加而引起的。因此，此阶段煤层压力降落漏斗的变化也逐渐增大，但增大的速度逐渐变缓。煤层气井井口表现为产水量稳定，产气量逐渐增加。

(2)定降深排水阶段

煤层气井中的液面是不能无限下降的，当液面降低到接近抽排煤层时，降深就无法再继续下去，此时煤层气井进入定降深排采阶段。由定流量阶段转入定降深阶段的时间主要取决于煤层的渗透系数和井壁的污染程度，渗透性差、井壁污染严重的煤层气井排采开始后很快进入定降深排水阶段。此阶段井口产水量逐渐降低，产气量由于降落漏斗的缓慢发展仍在继续，但煤层甲烷释放速度缓慢，产气量小，且逐渐降低。

此阶段由于降落漏斗的扩展，汇水面积不断增大，使得漏斗远处平缓，即只有井口附近的煤层压力降幅较大，而远离井口的大部分煤层的压力降幅较小。由于煤层降压初期的压降引起的甲烷解吸量远小于后期相同压降所引起的甲烷解吸量，因此该阶段虽然井口仍然产气，但大部分煤层的甲烷并没有被解吸出来，且存在解吸逐渐减缓的趋势。

在实际具体情况中，各单井的情况可能相对复杂。空间上的地层形式可能是上述几种情形的组合。如一侧为补给边界，另一侧为无补给水平无限延伸的煤层；一侧为补给边界，另一侧为隔水边界等形式。在时间上，随着抽水的延续，煤层压力逐渐降低，其与邻近含水层的压力差逐渐增大，原本隔水的断层可能发展成为弱透水断层或透水断层，原本无补给的邻近含水层也可能形成越流补给(隔水和透水、有或无越流补给都是相对的)。煤层的压力降低是一个动态的过程，系统中的各项条件和因素都可能随时间的变化而发生变化。

二、煤层气井群的排采机理

煤层气井的商业生产是利用井群抽水降压，而不是单独的一口或几口井来降压的。一定范围内的两口或两口以上抽水生产井称为井群。当井群中的井与井之间的距离小于各井的影响半径时，彼此之间的流量和降深都要发生干扰。在承压含水层中，地下水的流动方程是线性的，可以直接运用叠加原理，即当两口井的降落漏斗随抽水的延续不断扩展至两个压力降落漏斗相互交接、重叠时，重叠处的压力降等于两个降落漏斗所形成的压力降之和，如图 1－34所示。此时，井间干扰对煤层气井的排采具有促进作用。

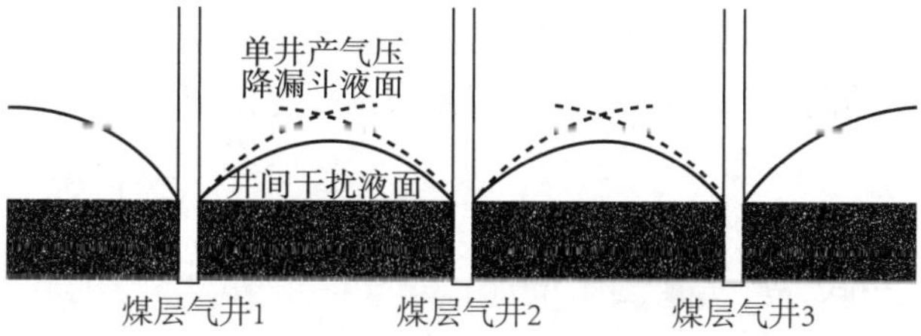

图 1－34　井群开采造成井间干扰时的液面情况

1. 产气速度

煤层气井两井间的煤层压力降幅由于压降的叠加而成倍增加，因此相对于单井来说，单位时间内的压力下降幅度大，煤层甲烷的解吸速度快，井口表现为一定时间内产出的甲烷气量多，即产气量高。

2. 总产气量

当两个降落漏斗相接时，双方就相当于分别遇到了前述的隔水边界。此时随着抽水的延续，压力降落漏斗不再在水平方向上扩大，而是在垂直方向上加深，最终使得两井间的煤层压力可以降低到很低的程度。这将使得两井间范围内煤层中的大部分甲烷都解吸出来，使煤层气井的总产气量增大。

当一口井的周围都存在抽水井时，其各个方向上的煤层压力都能得到充分的降低，该井控制范围内的煤层甲烷也才能最大限度地解吸出来。有关井群排采机理虽然以单井排采机理为基础，但要比单井排采复杂得多，有待在今后的实践中进一步研究。

总之，在煤层地下水的运动过程中，只要存在压力差，就会引起整个系统的变化，直至压力趋于平衡为止。只有结合煤层气井的排采历史，通过系统全面的分析，才能真正了解煤层气井的排水采气情况，从而作出正确的解释和决策。

任务三 煤层气单井运行管理

煤层气排采经过长时间的摸索，目前在沁水地区已总结出宝贵的经验，煤层气排采各阶段必须以控制井底流压为核心。将煤层气排采分为五个阶段：排水阶段、憋压阶段、控压产气阶段、稳产阶段、衰竭阶段，如图 1－35 所示。根据这五个阶段制定了适合本地区的单井生产运行管理方法。

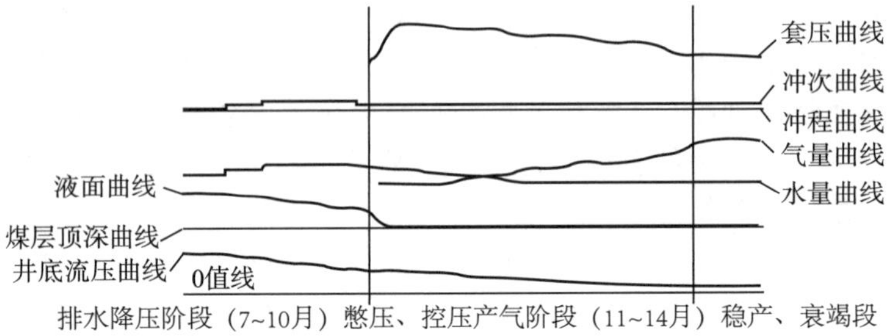

图 1－35 煤层气直井开发规律曲线

一、排水降压阶段

1. 排采机理

(1) 井筒压力大于临界解吸压力，单相水流；

(2) 随着井筒压力降低，压力不断向距离远的方向扩展；

(3) 随着井底压力下降，生产压差增大，地层供液能力增加。

2. 产出特点

(1) 产水为主(水＋少量灰)；

(2) 随着井底流压降低，产水量逐步增加；

(3) 随着强度提高，产水量增加。

3. 控制要点

(1) 投产初期 10～20 天调整工作制度，使得单井水能力与降液速度匹配；

(2) 制定适合本地区的降液速度，要点是稳定连续；

(3) 井底压力接近解吸压力时，降液速度变慢，适当延长排水期。

难点：根据降液速度预测地层出水，控制排水量；资料录取方面要求液面折算流压精度、实测水量精度。

二、憋压、控压产气阶段

1. 排采机理

(1) 非饱和气流阶段：水与不连续甲烷气体混合流动(水＋较多灰)，解吸气量难以形成稳定气流；

(2) 气水两相流阶段：连续甲烷气体与水混合流动，解吸扩展范围逐步扩大，解吸气量逐步增大。

2. 产出特点

(1) 气水同时产出，放压初期水质变差；

(2)初期放气，可能出现套压降液面回升；
(3)解吸井口见套压，产水量小幅下降；
(4)随着产气量增加，产水量呈现初步下降趋势。

3. 控制要点

(1)套压超过1.0MPa可以放气；
(2)放气初期液面回升，可适当提高水量；
(3)前期放气量严格控制，适当延长解吸面积扩展时间，以保证后期稳定增产；
(4)控制套压下降幅度，多频次小幅度台阶式放气。

难点：每次放气量的精度、解吸后维持一定液面避免水线窜气；解吸后测试液面精度、排水量精度。

三、稳产、衰竭阶段

达到稳产、衰竭阶段后，定期测试液面和示功图，保持动液面在煤层附近稳定生产。

项目七 煤层气单井排水采气工作制度

一、煤层气单井各排采参数间关系

1. 煤层气生产井应录取的资料

(1)静态资料：井号、生产层位、煤层顶和底界深度、厚度、投产时间等；
(2)动态资料：泵型、工作制度(抽油机冲程、冲次、螺杆泵转速、频率、电潜泵电流等)、示功图、管柱结构示意图、压力计深度、井底流压、环空动液面、套压、管压、日产气、日产水、累计产气、累计产水、煤粉含量描述、工作制度调整、日产时间、其他异常变化等。

2. 参数间的相互关系

(1)套压和液面深度的关系

套压和液面深度这两个参数都是反映储层产气时的压力参数。图1－36中的散点表明套压和液面深度两者之间保持着良好的正相关关系，即，随着液面降低，套压升高；随着液面回升，套压降低。

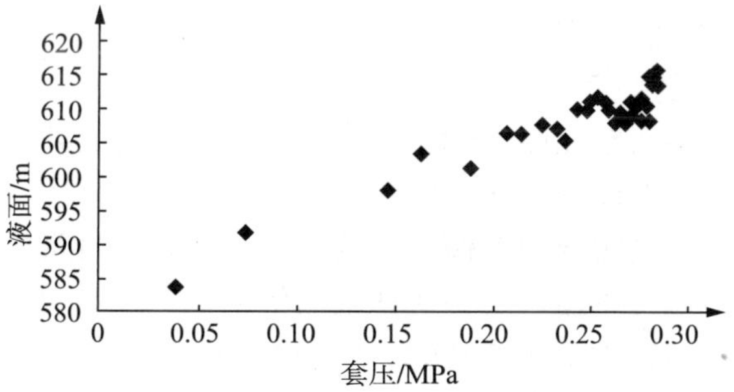

图1－36 套压和液面深度关系

这种关系表明在排采中，套压的大小可由人为控制，而液面深度则应自动进行相应调整。反之，控制液面深度，套压也将自动进行相应调整。在产气以后，井内的液柱，实际上已是水气混合柱，这种混合液柱的相对密度小于1，其相对密度及液柱压力将随气量大小而改变，而气量影响已经受控于套压和液面深度的相互依赖关系之中，并已自动进行了调整。

根据上述关系可以认为：当套压很小时，其压力有较小的变化，液面深度则有较大变化，此时井底压力将主要为液柱压力；而当套压大时，液面深度较小变化，而套压变化大，此时井底压力将主要取决于套压。

(2)产气量与套压的关系

如图1－37散点图所示，控压产气阶段产气量与套压两者之间总体趋势是随套压的降低而产气量增加的负相关关系，这种关系符合流体的渗透规律。但是，对于标注的a、b、c散点而言，这三个点明显偏离产气量与套压的关系，以致显示出产气量几乎与套压无关的现象，这不符合渗流规律，显然是套压受液面深度和产气量大小影响所致。

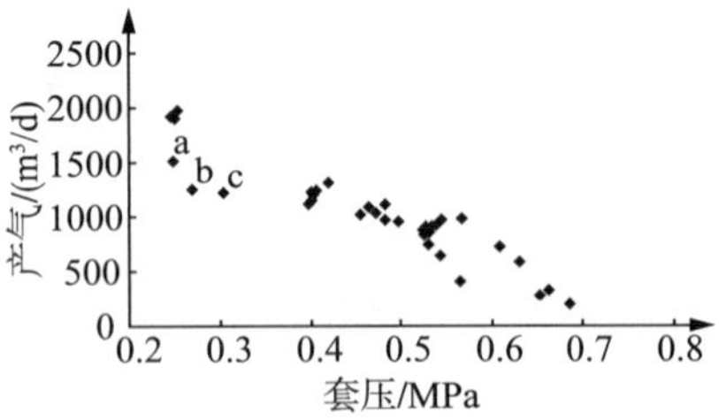

图1－37 气量与套压关系

(3) 产气量、排水量与井底压力的关系

井底压力由三部分组成，即套压、井筒液面至井口区段中气柱重和气自液面至井口的环空间中的摩阻损失而构成的液面压力、水气混合液柱压力，如图1－38所示。

其中：

套压 p_c，由井口压力表直读。

液面压力 p_{d1}，可以认为是纯气井井底压力，即包括套压和 H 深度内的气柱重量以及气经油套管间环形断面的摩阻损失。

井底压力 p_{d2}，即液面压力与气水混合液柱压力之和，气水混合液柱压力是气水混合液柱高度 h 与密度的乘积。

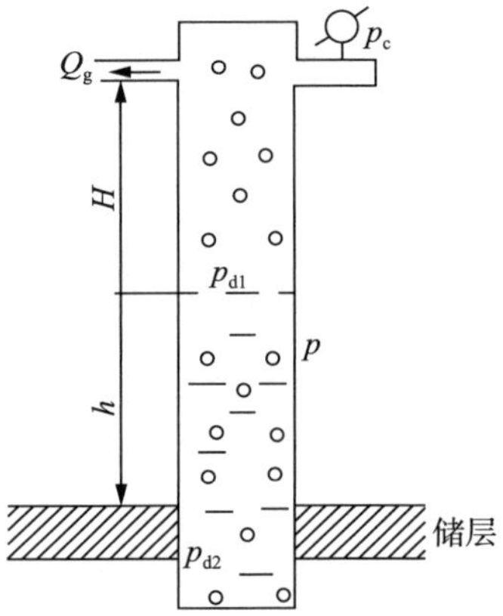

图1－38 井底压力构成示意图

p_c—套压；p_{d1}—液面压力；p_{d2}—井底压力；Q_g—气量；h—煤没度；H—液面深度

① 产气量与井底压力的关系

产气量与井底压力间呈明显的负相关关系，即在目前的产气量(7000m³/d)范围内，随井底压力的降低，产气量呈直线增大，如图1－39所示。由于井底压力已经综合包括了井口套压、气柱压力和水气混合液柱压力，故产气量与井底的关系明显优于产气量和套压以及产气量和液面深度的单因素关系。尤其是计算点2、3、4号点，因受套压与液面深的影响，从不相关转化为相关性较好，这说明在井底压力中包括了套压和液面深度两个因素，井底压力充分反映了产气量的渗流压力特征。

② 排水量与井底压力的关系

排水量与井底压力的关系，如图1－40所示。随井底压力的减小，排水量近乎呈沿直线状增大，符合承压含水层达西渗透定律。

排采中的参数间关系是制定合理工作制度的基础，亦是在日常排采中根据参数值的变化正确认识和分析处理产气过程中出现的一些现象的依据。上述参数间的关系，是在储层资源丰富，产气量相对于井实际条件下所控制的储层能够有足够的供给能力时，各项参数间的关系，亦即在井能够持续较长时间稳定产气条件下的关系。可以归纳为：随套压的减小，产气量增加；随液面深的增加(这种增加不是由于套压增加)，产气量增加；随排水量的减小(这种减小不是由于长期排水致使含水层被疏干)，产气量减小。

由于套压和液面深度间相互调整的变化关系以及产气量的变化，利用井底压力来代替套压和液面深度的单因素影响，将有利于正确认识排采资料。正确确定井底压力将成为煤层气井排采中极其重要的环节。井底压力的实测或更精确的计算方法，是煤层气井排采中急待解决的课题。当过量产气时，将不能满足上述正常关系，比如表现为套压、液面持续下降，而产气量亦相应下降等现象时，井底压力的确定将更加重要。

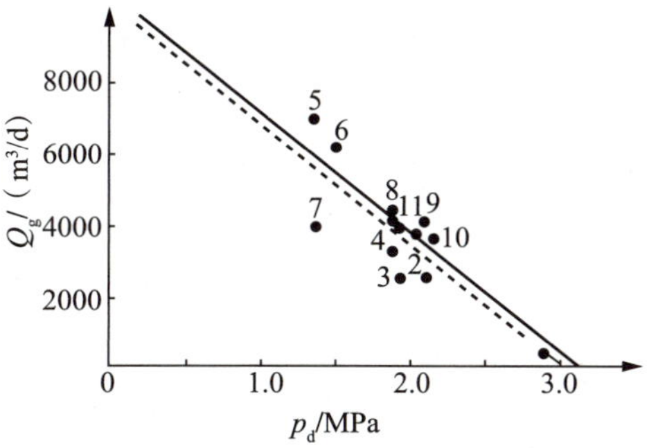

图 1－39　产气量与井底压力关系

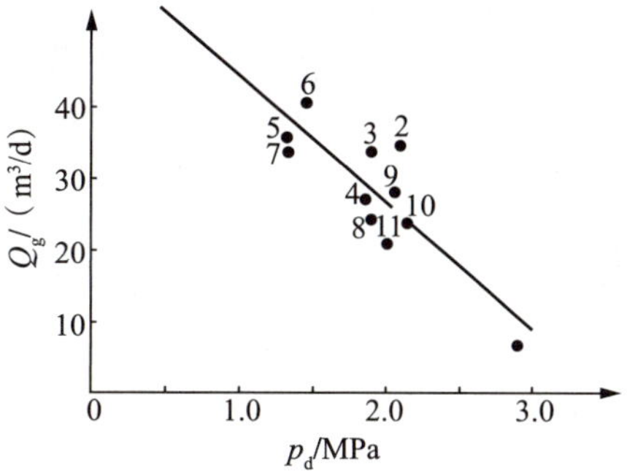

图 1－40　排水量与井底压力关系

总之，录取的资料中各个参数间在不同排采阶段的相互关系为：

一是产气量受控于套压、液面深度和排水量。憋压阶段，套压越高，说明解析气量越多，液面深度越深，煤没度过小排水量自然减少。控压放气阶段，逐步放气套压逐步降低，若解析气量跟不上释放气量，此时液面回升，煤没度增大排水量自然增加。

二是排水阶段，制定的工作制度必须满足地层供液能力，即排水量大于地层供液量，液面深度才会不断增加。

三是液面深度和井底流压呈正相相关关系。即，液面深度增加，井底流压增加，液面深度较少，井底流压减少。

四是管压受系统压力影响，即系统压力越高，管压越高；系统压力越低，管压越低。同等大小的管容，产气量越高，受管容限制管压越大，所以说小管径的管线制约单井日产气量。

二、煤层气单井排水采气工作制度

1. 确定煤层排采工作制度的原则

在已选好抽油机的情况下，确定煤层气井排采工作制度的指标是泵挂深度、泵径、冲程和冲次。确定指标的原则是在满足排液的前提下优先考虑使用小泵径、长冲程和小冲次。其优点是：

①可充分利用泵筒的有效长度，按比例地增加泵的排量，在地层供液能力充足的情况下，可降低液面，提高排液量，不会对设备产生影响，同时使泵筒均匀磨损；

②可降低单位时间内的冲程次数，减少振动载荷，改善示功图形状，还可减轻抽油杆磨损，从而延长其使用寿命；

③由于冲次减少，使得柱塞自上死点到下死点的时间增加，使煤层产出的砂及煤粉等有充分时间沉降；

④上冲程时柱塞运行速度变慢，有利于增强防砂效果，从而减轻泵的磨损，延长检泵周期及泵的使用寿命。

2. 煤层排采工作制度的选择

(1)泵径的选择

泵径不同会使抽油机的悬点负荷不同。泵径越大则悬点载荷越大，这就意味着可能要使用钢质更好或直径更大的抽油杆。因此，将可能会使整个排采系统的成本增加。

(2)冲程与冲次的选择

在保证排量的情况下，冲程尽可能选择抽油机的最大能力。

(3)生产压差的选择

① 初选的生产压差，要以不破坏煤层的原始状态，不使煤层的割理系统受到损害，避免造成煤层大量出砂和煤粉、避免煤层的坍塌为原则。

② 使泵的排液能力与煤层的供液能力相适应，充分利用地层能量，保证环空液面均匀缓慢下降或稳定。

③ 套压的控制：放大油嘴，套压下降，气量上升；反之，减小油嘴，套压上升，生产压差减小。对有一定产气量的井，油嘴在2~6mm之间为好。当套压降为零时，由于空气密度大于甲烷的密度，空气有可能进入井中，与煤层接触发生氧化作用，形成薄氧膜阻止气体的解吸，不利于煤层气的产出。套压过高，不利于气体的解吸。综合考虑，排液时井口压力不应低于0.01MPa。

(4)下泵深度选择

对于煤层气井，要求液面接近煤层或降到煤层以下，这样生产压差就接近地层压力。在排采初期，基本以排压裂液为主，产液量较大，因此，泵挂不宜过深，过深则易造成煤粉和砂卡泵。在排采的过程中，根据实测的动液面确定适当的生产压差，当环空液面下降逐渐相对稳定的情况下，泵才能下至煤层中部以下30~40m。

项目八 煤层气单井增产措施

我国煤层的特点使得在开采煤层气时存在单井产量低、经济效益差的普遍情况。我国煤层气藏的特点概括为以下几个主要方面：

(1)我国煤层气藏普遍存在低压(压力系数小于0.8)、低饱和度(小于70%)、低渗透的特征。煤层的渗透率一般为$(0.001\sim0.1)\times10^{-3}\mu m^2$，国内渗透率最大的煤层也仅为$(0.54\sim3.8)\times10^{-3}\mu m^2$，其渗透率比美国煤层的渗透率低2~3个数量级。

(2)非均质性强。我国大部分中阶煤层气藏均具有非均质性，使得井筒影响范围特别小，从而使井网整体降压的作用难以发挥。

(3)高煤阶气。据估计，我国的高煤阶煤层气资源占总资源的27.60%以上。在理论上，这些煤层不具有产气的能力，但实际上在沁水盆地的无烟煤中取得的单井和小型开发试验区的产气突破，已证明高煤阶气也是一个重要的煤层气开发目标。但是，高煤阶气具有低渗和难脱附的特点，限制了目前常规开采技术的应用。

由于我国煤层气藏具有以上特点，如果只采用抽排煤层中的承压水来降低煤层压力的方法，使煤层中吸附的甲烷气释放出来，而不采取任何增产措施，不仅会使煤层气单井产量较低，而且目前许多井将失去开采的价值。为了提高煤层气单井的产量，获得经济产量，必须采取一些新的增产措施。

为使煤层气能以工业性气流的流量进行生产或进一步提高产能，开发人员采取了改善煤层天然裂隙系统和疏通煤层裂隙与井筒联系的工艺技术，或其他提高产能的措施。最常用的增产措施是水力压裂，其他措施还有氮气泡沫压裂、二氧化碳泡沫压裂、酸处理、注入氮气或二氧化碳驱替等。水平井、羽状水平井、造洞穴等既是完井方式，也是增产措施。

任务一　煤层气井的水力压裂

水力压裂是一种广泛应用于油气井的增产措施，其历史已有近40年。它是人们利用地面高压泵组，以超过地层吸收能力的排量将压裂液泵入井内，在井底产生高压，当该压力克服井壁附近地应力达到岩石抗张强度后，就在井底产生裂缝，继续将带有支撑剂的携砂液注入地层，使裂缝继续延伸并在裂缝中充填支撑剂，停泵后，由于支撑剂对裂缝的支撑作用，可在地层形成足够长的有一定导流能力的填砂裂缝，从而实现增产的目的。

煤层压裂与常规油气井压裂有很大差别。煤层杨氏模数低、压缩性大、天然裂隙发育。故煤层压裂时，滤失量较大，形成的人工裂缝往往是宽缝、矩缝，并且不规则。因此，在煤层压裂施工时，一般要求高排量、高前置液量，以确保施工顺利进行。

煤层水力压裂的作用有：消除近井地带的污染；沟通煤层天然裂隙系统；增产并加速排水，以加快煤层气解吸速度，扩大井筒压力降的范围。

下套管多煤层完井可以压裂，压裂措施一般用水基压裂液加砂。煤层压裂与常规储层压裂有许多不同之处：煤层一般为多层；凝胶压裂液虽然能够大幅度地提高液体的携砂能力，但是它对煤层也会有很大伤害，目前国内仅采用活性水为压裂液，以减少液体对煤层的伤害。

一、煤层压裂机理

1. *煤层破裂条件及煤的力学特征*

在水力压裂中，了解人工裂缝的形成条件、形态、方向，对有效发挥压裂在增产中的作用极为重要。在煤层中造缝，形成裂缝的条件与地应力及其分布、岩石力学性质、压裂液性质及注入方式有密切关系。如图1－41所示为压裂施工过程中井底压力随时间变化的典型曲线。

当向井中注入压裂液时，井底压力达到p_f后地层破裂（图1－41中a点），然后在较低的延伸压力p_e下，裂缝向地层深处延伸。

在地层渗透率较高或存在天然裂隙的情况下，地层破裂时的井底压力并不比延伸压力明显增大，这反映了地应力的分布不同及岩石力学性质上的差异。

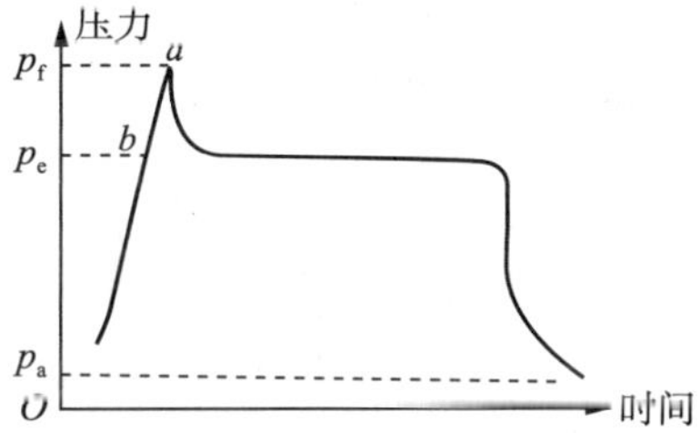

图1－41　井底压力曲线

a—致密砂岩；b—微高渗岩石；p_f—破裂压力；p_e—延伸压力；p_a—地层压力

2. *煤层压裂裂缝形态及产生条件*

（1）人工裂缝形态

对于煤层气，增产措施是必要的手段，水力压裂根据具体地质条件的不同，将产生四种不同的人工裂缝形态：

① 浅煤层将产生水平裂缝；

② 同一深度范围内的多层、薄煤层将产生单一垂直裂缝；

③ 单一厚煤层的裂缝将限制在煤层中，并产生复杂裂缝；

④ 单一煤层的裂缝开始在煤层中形成，然后垂向扩展到夹层。

（2）浅煤层中的水平裂缝

这种情况最小应力是垂直方向的，因此水力裂缝最初是水平板状或平行于煤层的，

图 1－42给出浅煤层中的水平裂缝形态。

(3)多层、薄煤层中单一垂直裂缝

多层、薄煤层中单一垂直裂缝的发育情况类似于层状碎屑岩或碳酸盐储层，但由于煤层的裂隙系统发育，使滤失量增大。在施工中，当裂缝高度快速增长时，射孔位置通常不是关键因素，图 1－43 显示出典型裂缝形态，并表明三个煤层均被射开。这种情况下的压裂施工曲线(即随时间的变化施工压力的变化曲线)，是平缓稍有下降的形态。

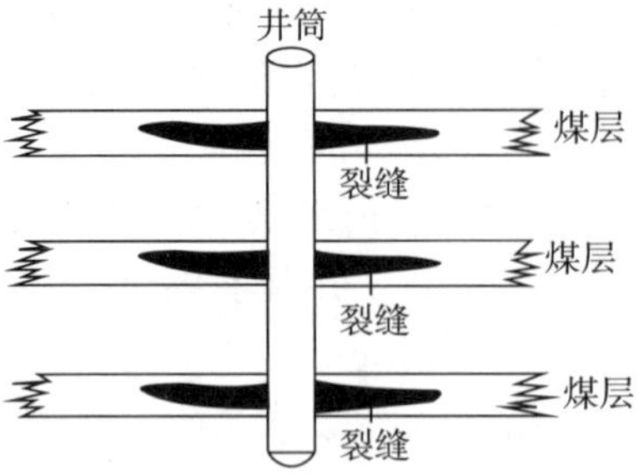

图 1－42　浅煤层中的水平裂缝

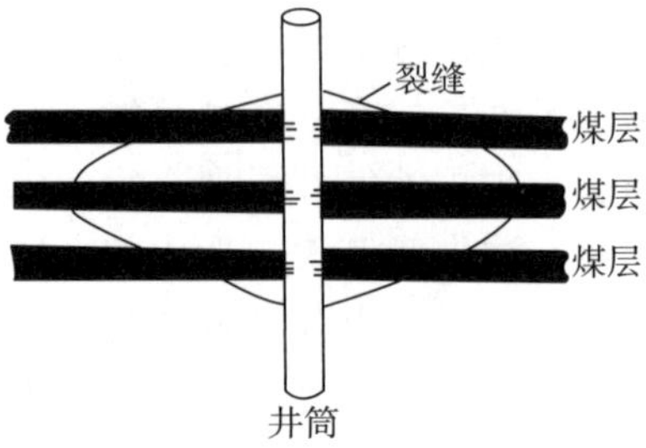

图 1－43　多层、薄煤层中的垂直裂缝

(4)单一厚煤层中的复杂裂缝系统

这种情况是煤层压裂特有的，在施工过程中的最大特点是较高的施工压力，并且增长很快，一直到施工结束。在这种情况下一般很难加入大量的支撑剂。施工压力高的原因主要是多条垂直裂缝或是近井地带的“T”形缝造成的，如图 1－44 所示。

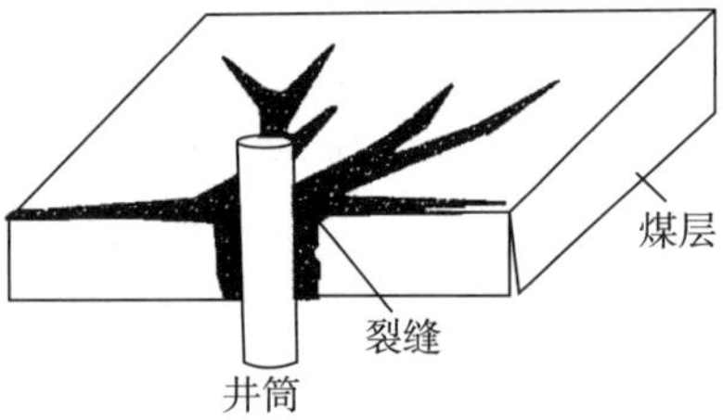

图 1－44　单一煤层中的复杂裂缝

(5)厚煤层中的复杂裂缝延伸到围岩中

这种情况包括了第一种和第三种情况，因此它包括了前述所有的裂缝几何形状。超压的增长起源于复杂的裂缝形状，垂直裂缝部分可以开始在围岩中。如果产生这种现象，液体流入围岩层会在煤层中产生裂缝，减小缝宽。如果在垂直缝开始产生时，即泵入高砂比的携砂液，就会导致脱砂。

对于这种情况，施工必须要准备超量的压裂液，如果裂缝垂直部分开始延伸，就要重新打前置液，如果重新注入了前置液，则必须注入足够的量来扩张裂缝，使裂缝足够大，然后再加入支撑剂。

二、压裂工艺技术

(一)压裂材料

煤层压裂材料主要包括压裂液和支撑剂。

1. 压裂液的介绍

压裂液分为前置液、携砂液及顶替液，它们在压裂过程中有着各自的任务，压裂液是其总称。前置液是最初入井的压裂液，其作用是压开地层并造成一定几何尺寸的裂缝以备携砂液进入；携砂液起到将支撑剂(砂子)带入裂缝，并将支撑剂放在固定位置上的作用；顶替液是在注入携砂液后，用顶替液将井筒中的携砂顶入裂缝中。一般为 2% 氯化钾防膨液。

2. 压裂液的类型和其特性

(1)清水。可以采用快速泵入的清水或净化水，虽然对煤层伤害较小，但其携砂能力较低，将低浓度的携砂液泵入裂缝，形成的人工裂缝导流能力低且长度较短。

（2）线性凝胶。线性凝胶使支撑剂不能完全悬浮，随着裂缝中剪切速率降低，支撑剂将会沉淀。与清水相比，其所造成的有效裂缝长度要大。线性凝胶有助于降低施工摩阻，控制液体滤失。

（3）交联凝胶。交联凝胶比线性凝胶具有更高的黏度，也具有更强的造缝能力，可以造出更高导流能力的人工裂缝。但是，交联凝胶比线性凝胶更难破胶，更难返排，更易对煤层造成伤害。

（4）泡沫压裂液。泡沫压裂液是由液体及分散在其中的气泡组成，通常是用液氮制造泡沫压裂液，以表面活性剂作为发泡剂。泡沫压裂液具有黏度高、滤失低、密度小、液体含量低的特点。故泡沫压裂液具有低伤害、强携砂能力、易返排的优点，但是泡沫压裂工艺难度大、成本高。目前，国内仅有几个大油田，如辽河、中原等油田具备这项技术。

压裂液需经优选方可投入使用。首先，所选择的压裂液必须与储层具有良好的配伍性；其次，必须能够造成足够宽的裂缝来容纳支撑剂，同时具有强的携砂能力。一般来说，对于低渗储层要增加裂缝的宽度就必须提高压裂液的黏度。对于高渗储层要增加裂缝的长度就必须减少滤失量，同时加大泵的排量。水基压裂液的成本低，性能好，易于使用，应用最广泛，但可能引起水敏性地层的损害。

3. 支撑剂

支撑剂是以机械方式支撑水力压裂裂缝的一种固体物质，如石英砂、陶粒等，旨在裂缝中形成一条高导流能力的通道。导流能力是指裂缝宽度与裂缝支撑剂渗透率的乘积。

支撑剂的室内试验内容主要有筛析，测定单颗粒平均直径、球度、圆度、表面粗糙度、单颗粒抗压强度、破碎率、酸溶解度、真密度、视密度和裂缝导流能力。

煤层压裂支撑剂的选择与常规油气储层截然不同。煤层水力压裂的目的是沟通煤层裂隙系统。煤基质渗透率一般很低，气体主要由裂隙流入井筒，故不需要高导流能力的裂缝，而要尽可能沟通更多的裂隙。

大粒径的支撑剂比小粒径的支撑剂渗透性好，但最好选用小粒径的支撑剂，它可进入到地层深部，使更多的裂隙相联。因此建议采用小粒径支撑剂，可以减少煤粉的运移，如用100目支撑剂后用40～70目的支撑剂，接着用20～40目支撑剂。100目支撑剂深穿透煤层能力强，40～70目防止100目的回流，20～40目支撑剂将提供裂缝周围的高导流能力。对于容易吐砂的地方，用树脂包20～40目的砂子可以使支撑剂固定。

如果要用低黏度压裂液，同样推荐用小粒径支撑剂。用低黏度压裂液，一定要选择深穿透的支撑剂，要用100目、40～70目或20～40目支撑剂。当用了低黏度液体后，支撑剂沉降速度加快，并且只在近井地带支撑裂缝。在施工后期泵入的支撑剂使裂缝端部裂缝延伸比近井处停止的早。然而，用很小粒径的支撑剂（如100目砂）使得很低黏度的液体（甚至高砂比液体）可传输到地层深部。100目高砂比，支撑剂微粒可使携砂液的黏度有很大增加。

因为大多煤层较软，所以高砂比可减少嵌入的影响，最小的砂比为4.88kg/m^3。如果砂浓度为2.38kg/m^{3}或更小，那么裂缝导流能力将会很低。

理想的支撑剂的特性为强度高、抗腐蚀、低重力、成本低，在支撑剂的优选中以上特性尤为重要。目前多采用一种固砂能为强的树脂加入到支撑剂中，可以减少返排过程中支撑剂的回流，同时采用10/20目比较大的支撑剂。这种技术比较适合我国煤层气井的压裂，可以使裂缝长度增大，而且在返排时不易形成砂堵和煤粉堵塞。

煤层气压裂目前一般不用冻胶（冻胶对地层的伤害较大），而用活性水，油气井多用瓜胶水基压裂液。煤层气压裂支撑剂一般用石英砂，油气井支撑剂一般用陶粒。煤层气井的施工排量大，一般油气井的施工排量小，一般为 3 ~ 5m^3/min。

（二）水力压裂技术上存在的问题

水力压裂发展比较早，有比较成熟的现场施工经验，而且技术成本较低。但这种技术在煤层气生产实践中也存在一些问题。

(1)由于煤层具有很强的吸附能力，吸附压裂液后会引起煤层孔隙的堵塞和基质的膨胀，从而使割理孔隙度及渗透率下降，这种降低是不可逆的。因此，目前国内外在压裂改造技术中，开始使用大量清水来代替交联压裂液，以预防其伤害，但其造缝效果受到一定的影响。

(2)由于煤岩易破碎。因此在压裂施工中，由于压裂液的水力冲蚀作用及与煤岩表面的剪切与磨损作用，煤岩破碎产生大量的煤粉及大小不一的煤屑，不易分散于水或水基溶液，从而极易聚集起来阻塞压裂裂缝的前缘，改变裂缝的方向，在裂缝前缘形成一个阻力屏障。

由以上分析可以看出，水力压裂技术适用于煤层比较坚硬的情况。如要用于较软的孔隙裂隙储层，必须对压裂液进行特殊处理。由此看来，新型压裂材料的研究是压裂技术的关键，是今后发展压裂改造技术的一个重要方面。

任务二　裸眼洞穴完井

煤层内用裸眼完井不是新技术，实际上这种技术已用于煤层多年。现在美国有许多作业者已经用裸眼洞穴完井技术代替了对煤层进行水力压裂处理。有时为了达到强化增产的作用，对裸露煤层进行动力造穴，即所谓的裸眼洞穴完井。裸眼洞穴完井是在裸眼完井的基础上发展起来的一种独特的煤层气完井方式：把套管坐封到目的煤层之上，再用清水以欠平衡方式钻开煤层。一旦完钻，就用空气或泡沫把钻井液从井眼中排出，然后造一个井下洞穴。使用欠平衡钻井液可以防止由钻井液与储层中的液体相互作用而带来的可能的地层损害，以及对割理或自然裂缝造成渗透性障碍。而井底造穴则可以消除可能已发生的地层损害，并且增强割理系统的渗透性。总之，洞穴完井具有增产措施效果较好的原因，是由于在井眼周围存在一很大面积的塑性区，分布其中的大量张性裂缝，提高了煤层渗透率，增大了地层的导流能力，达到了井眼与地层的有效连通。

一、使用条件

1. 煤储层性质要求

煤储层压力高，渗透率高，煤体结构和机械性质适合造洞穴，并能保持稳定。煤层埋深适中，含气量大于 15m^3/t 煤，渗透率大于 $5 \times 10^{-3} \mu m^2$，孔隙压力梯度大于 0.01MPa/m，厚度大于 5m 的煤储层适合使用此技术。

2. 井身结构要求

裸眼洞穴完井井身结构如图 1 – 45 所示。将技术套管鞋下入顶板内，套管鞋与煤层顶部距离为 1 ~ 2m，且越靠近煤层越好。一般用 ϕ244.5m 的钻头钻至煤层顶部 1 ~ 2m，下入 ϕ177.8mm 的套管并固井，再用 ϕ152.4 的钻头钻完全部井深，然后造洞穴完井。洞穴不是严格意义上的圆球形，而是一个不规则的椭球洞，洞穴半径在造洞穴时可以控制，长轴在渗透率较大的方向上，短轴在渗透率较小的方向上。

3. 完井工艺流程

(1) 将双壁钻具下入井底，循环清除井底沉渣。

(2) 在较高的生产压差作用下，利用井眼的不稳定性形成物理洞穴(自然裸眼洞穴完井)。或者先关井，通过井口注入空气或氮气进行憋压，然后迅速卸压，这种周期性的压力变动会形成剧烈的井内压力“激动”，迅速的压降破坏煤层的原始应力状态分布，使井壁煤层发生破坏，引起煤向井筒内崩落，重复使用这种压力“激动”法，直至洞穴稳定，进而形成物理洞穴(动力或人工裸眼洞穴完井)。

(3) 崩落在井中的煤和大量地层水可以使用空气和(或)泡沫完井液，以大排量循环方式清除出井筒，同时清除井筒内残留煤屑。

(4) 试井检查煤层段的渗透率变化情况，如果达到设计要求，洞穴已稳定，则造洞穴作业结束。如果未达到设计要求，则重复(1)、(2)两项作业，直到洞穴稳定，达到设计要求为止。

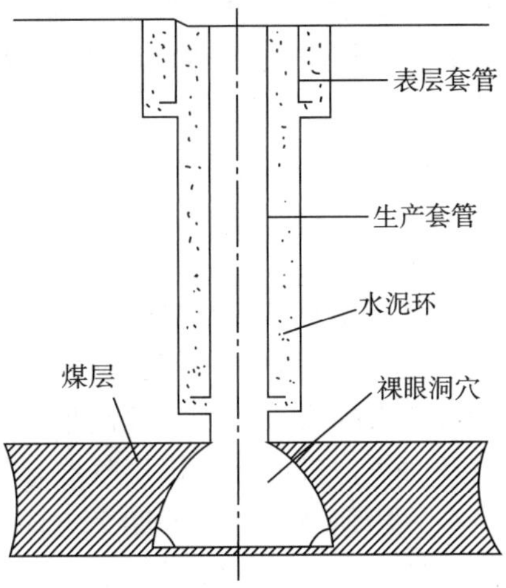

图 1－45 裸眼洞穴完井

(5) 形成洞穴后，为了使井眼不被以后垮塌的煤屑埋掉，有些井还需要下入筛管，或在裸眼井段下入预先钻好孔的衬管，孔的密度视情况而定，一般为 12 孔/ft。衬管上的孔事先用铝质塞堵住，安放好衬管后再磨铣开。裸眼洞穴完井的产量都较高，且大大高于压裂完井的产量。根据经验，如果煤层的渗透率大于$(5\sim10)\times10^{-3}\mu m^2$，煤层易碎，则可采用裸眼洞穴完井。

二、洞穴完井增产机理

在形成洞穴的过程中，井壁四周的应力场重新分布，周期性的压力“激动”使井筒周围压力也周期性地升高和降低，导致煤层垮塌，产生张性破裂和剪切破裂。随着造洞穴作业的不断进行，这种作用向煤层纵深扩展和延伸，即所谓“洞穴效应”。裸眼洞穴完井的增产机理可概括为以下三个方面。

(1) 实际洞穴。实际洞穴的半径可达 3～4m，这就增大了煤层的裸露面积，消除了煤层在钻井、完井作业中受到的污染，增加了煤层气流入井内的通道。

(2) 剪切破碎带。洞穴效应的延续使洞穴以外的煤层发生张性破裂和剪切破裂，形成一个半径约 6～8m 的剪切破碎带。由于破碎带内煤岩的破碎，煤层的裂缝增加，导流能力增强，从而提高了煤层的渗透率。

(3) 扰动带。由于应力的释放作用，在剪切破碎带以外产生对煤层的扰动，形成一个渗透率升高区，即扰动带，扰动带的半径很大，据资料介绍可达 90m 左右。

裸眼洞穴完井与其他完井方法相比，能扩大煤层的裂隙和微裂缝，提高煤层渗透率，取得比水力压裂更好的增产效果，其他完井方法则不能。裸眼洞穴完井基本消除了其他完井方法所共有的对煤层的伤害，其增产效果十分明显，产量比水力压裂增加 3～20 倍。

洞穴完井适用于单一目的层且要求煤层有一定的强度、厚度，渗透性好，气产量较大，但对于煤层采取各种增产措施受到限制，而且要求煤层的盖层比较坚固。

裸眼洞穴完井的局限性：对煤层及顶底板条件要求高，适用范围受到限制；工艺技术比其他完井方法复杂，风险大，完井成本高；井眼稳定性差，修井作业量较大；裸眼洞穴完井通过采用井内增压并迅速卸压的方法，使煤层垮塌，直到煤层段形成稳定的洞穴。但是，有时开采中会出现地层严重垮塌，造成井筒严重堵塞，最终会影响产气量或需要费用高昂的洗井处理。裸眼完井通常不如下套管完井那样成功，因此现在大多数都采用下套管射孔完井法。

任务三　多分支水平井技术

多分支水平井是指在一个主水平井眼两侧再钻出多个分支井眼作为泄气通道。分支井筒能够促进微裂隙的扩展，又能连通微裂隙和裂缝系统，在煤层中形成网状通道，降低煤层气和游离水的渗流阻力，提高地层的导流能力，加大气液两相流的流动速度，增加排水采气的波及面积，进而提高煤层气产量和采出程度。为了降低成本和考虑不同的地质条件，有时在一个井场朝对称的三或四个方向各布一组水平井眼，有时还利用上下两套分支井同时开发两个煤层，如图 1－46 所示。

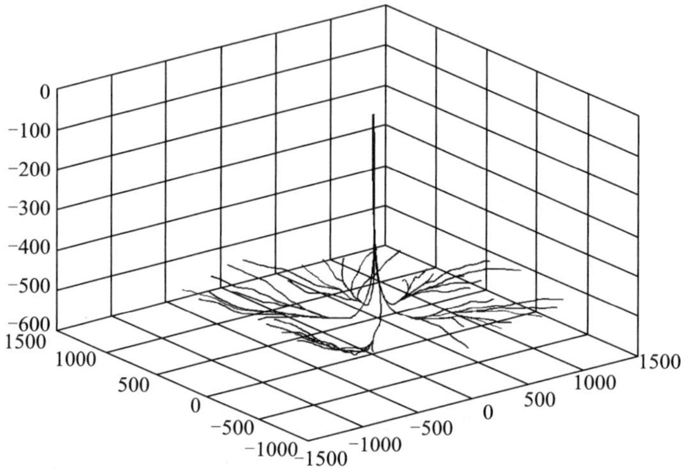

图 1－46　多分支水平井三维立体图

多分支水平井技术是近几年来用于煤层气开发最先进的地面定向钻井技术，其特点为：搬迁简单，为车装钻机；占地面积小，一个井场可向四个方向各打一口分支井；煤层水平穿越距离大，一般 600～1200m。一口定向井可向左、右各钻三口以上分支井，一口定向井 100m 处钻一口直井，定向井采气，直井降压排水。

可见，用该技术开发煤层气，地面设备少、占地面积小，还可避开地面障碍物，对环境的影响很小。同时，可大大减少钻井井数，减少地面设备和占地面积，从而降低钻井投资和地面建设投资，提高煤层气开发的综合经济效益。

一、多分支水平井的开采特征

(1) 多分支水平井在煤层中形成多个分支井眼通道，泄流面积大，产量高。

(2) 煤层降压快，因此，达到峰值产气量所需时间短，而且峰值产气量高；而常规垂直压裂井达到峰值产气量所需的时间长。美国圣胡安盆地，多分支水平井技术应用于低渗煤层中，产气量为 $2.83\times10^4 \sim 14\times10^4 m^3/d$，是直井产量的 10～20 倍。

(3) 有效生产年限短，而累积产气量高；常规完井技术则需要更长的时间才能获得同样的累积产量。据报道，多分支水平井煤层气的采收率高于 70%，而常规垂直压裂井的采收率仅为 10%～50%。

二、适用储层条件

多分支水平井煤层气开发的主要优势在于气井的产能高，地表占地面积小，对地形条件的适应性强，山区煤层或渗透率较低等不适于直井方式开采的煤层均可使用，有其独特的优势。

多分支水平井技术适用于煤层构造简单、分布稳定、厚度较大、煤体结构好的煤层。需要煤阶较高、煤质硬的地质条件，不适用于孔隙度较大的高渗透煤层和夹有灰岩层或砂岩层的薄煤层。

美国 CDX 公司在西弗吉尼亚州某含煤区采用这种分支井技术开发煤层气取得了成功。进入开发期，每口定向井控制含气面积 $0.445km^2$，每口定向井投资 50 万～60 万美元，4 号煤层在两年内产气 $710\times10^4\ m^3$；6 号煤层三年内产气总量达 $1420\times10^4m^3$，产生了直接的经济效益。

2004 年末，我国第一口多分支水平井在山西晋城成功完钻，并获得了 1.5×10^4 ～ $2\times10^4\ m^3/d$的产量，稳产两年以上。2005～2006 年，中国石油、中联煤层气有限责任公司、亚美大陆公司陆续在沁水盆地南部施工了多分支水平井，其中多口井产气量 $10000m^3/d$ 以上，最高达到 $55000\ m^3/d$，是垂直井产量的 10 多倍，为今后实现规模化、经济高效开发煤层气创造了有利的技术储备。

任务四　煤层气单井其他增产措施

一、酸化处理

酸化处理是常规油气开发中常用的一种强化措施。它是在低于地层破裂压力下将一种反应液体——盐酸、硫酸、氢氟酸、有机酸等注入到煤储层中，酸液可将储层中的一些矿物质溶解，从而增加其渗透性。

在河南焦作、山西晋城这样的无烟煤发育区，煤层的含气量较高，且一部分地区为原生结构煤或碎裂煤，煤层气的开发潜力极大。在焦作以往的煤层气勘探开发中，基本上都采用了压裂强化处理，排采结果表明排水量极大，很难将压力降低。可能是由于无烟煤的力学性质与顶底板的岩石比较接近，压裂时低压无法使煤中的裂隙开启、延伸，高压就有可能沟通煤层与其顶底板的含水层，从而造成强化失败。但仔细观测煤储层就会发现，尽管处于高变质无烟煤阶段，煤中的内生裂隙还没有完全闭合，一般为 5 条/5cm 左右，但这些裂隙基本上均被方解石充填，甚至一部分外生裂隙也被方解石充填。针对这一情况，采用酸化法处理比压裂有一定的优越性。采用盐酸或硫酸溶解裂隙中的方解石，使裂隙开启，达到增加储层渗透性的目的，从而避免压裂处理沟通顶底板含水层的可能性。如果采用盐酸，其化学反应式为：

$$CaCO_3 + 2HCl \longrightarrow CaCl_2 + H_2O + CO_2\uparrow$$

酸化处理采用的酸的类型、浓度和处理压力、温度要视具体条件而定。

酸化处理法仅适用于裂隙为碳酸盐充填的煤层气储层。尽管在常规油气开发中这方法应用的相当普遍，但在煤层气开发中的应用尚无先例，需进行实验室和现场试验。

二、煤层气注气开采

如何提高低渗透性煤层中煤层气开采时的单井产量（或渗流速度）和回收率，是目前国内外煤层气开采和矿井瓦斯防治中急需解决的关键问题之一。在石油天然气的开采过程中，依靠地层天然的能量，其回收率仅30%，若分别向储层注入水、N_2、CO_2、烟道气、蒸汽、化学药剂、热量等，以提高储层能量，改变储层和石油天然气的物理力学性质及其之间的亲和力，可不同程度地使回收率提高到60%～90%，单井产量也大幅提高。

在目前的煤层气开发实践中，一般都是采用压力衰竭技术，即通过排水降压来开采煤层气。但是，由于降压的幅度受到各种因素的限制，造成煤层气的采收率低，煤层气井的生产周期很长，因此煤层气开发的经济效益较差，严重阻碍了我国煤层气工业的发展。此外，传统的煤层气生产方法需要从煤层中排出大量水，进行水处理需要大量费用，还可能造成水资源的浪费；低压下生产的煤层甲烷还需要花费高额的加压费用，将其压力提高到管线的压力。所以，目前国内外已开始试验采用注气技术来提高煤层甲烷的采收率。

与常规天然气相比，煤层气的储存方式以吸附为主，煤层储气能量低，渗透性差，开采难度更大，目前全国煤矿瓦斯抽出率平均不足20%，实践证明，注水开采煤层气的效果并不十分理想。注水开采流程如下：通过抽取煤层裂隙系统中的地下水，降低煤层裂隙系统中的压力，使煤层气在基质割理面上解吸，进入煤层裂隙系统中；煤层气通过基质微孔隙扩散到割理上；解吸出来的气体按照达西定律，通过煤割理和裂隙系统，随着割理和裂隙系统中的水流入井筒。但是这种生产方法不是很奏效。即使是生产几十年后，气的最终回收率都不会超过原地原始气体量的50%。因此提出了一种新的方法，通过注入气体（N_2、CO_2等）来提高煤层气的采收率。

注气增产的作用机理有三个方面：一是通过注气增加储层流动能量；二是改变煤层孔隙结构以提高渗透率；三是通过提高储层压力传导系数并产生竞争吸附置换效应，从而提高煤层气开采时的单井产量及回收率。该技术有先注气后采气的间断性注气和边注边采的连续注气两种模式。

项目九　煤层气井示功图测试

示功图反映抽油机悬点载荷随其位移变化规律的图形称为光杆（地面）示功图。它是示功仪在抽油机一个抽吸周期内测取的封闭曲线。示功图测试数据是煤层气抽油机井排采生产的基础数据，它是制定排采参数、判断抽油机井下故障的重要依据。

一、SF－ⅢA型计算机综合测井仪

（一）概述

SF－ⅢA型计算机综合测井仪由北京四方世纪科贸有限公司生产。它是抽油机井综合测试泵工况诊断的石油专业化智能测试仪，是在计算机应用的基础上结合目前油田测试的要求及发展方向进行了研究和开发。本仪器使测试和诊断合为一体，准确地检测抽油机井的工作状况，优选抽吸参数为油井的科学管理提供可靠依据。

SF－ⅢA型计算机综合测井仪可完成示功图、电动机电流曲线、漏失曲线、油井动液面测试和记录，还可进行泵功图的诊断计算和杆柱分析。

（二）仪器主要技术指标

(1)测量范围

①载荷传感器：0～150kN　误差±1%FS；

②位移传感器：0～8.0m　误差±1%FS；

③电动机电流：0～150A　误差±5%FS；

④动液面：　　0～3200m　误差±2%FS。

(2)工作时间：开机连续工作大于10h。

(3)工作电压：正常值是6V，上限值是8.0V，下限值是5.5V。

(4)主机配置：主机486DX工业控制计算机，主频：133MHz 显示屏：640×480，可视尺寸151mm×113mm，配U盘(2G)。

(5)硬盘32M，可储存2000口井的数据。

(6)工作温度：-25～70℃。

(7)质量：仪器重3kg，传感器重2kg。

(8)功图可以无线遥测(范围100m)。

(三)仪器操作使用方法

1. 各项功能

测试仪器面板示意图如图1-47所示。

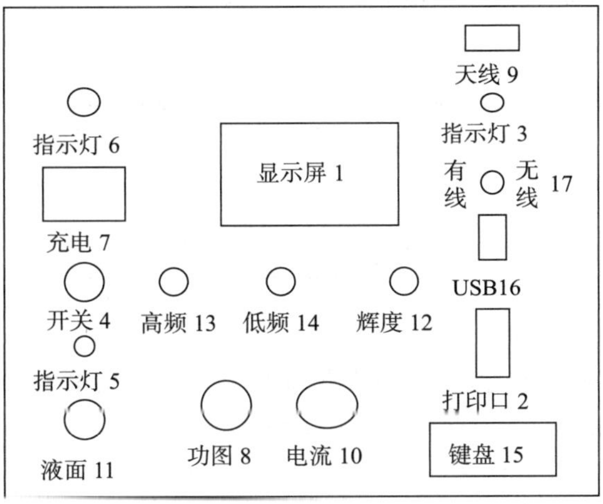

图1-47　仪器面板示意图

(1)显示屏：供仪器显示所有测试功能使用。

(2)打印口：连接打印机接口，供仪器打印测试资料使用。

(3)指示灯：无线信号指示灯。

(4)电源开关：供仪器开机、关机使用。

(5)电源指示灯：显示开机、关机电源是否正常。

(6)充电指示灯：显示充电情况是否正常。

(7)充电插孔：仪器充电使用，请选用专门配套的充电器。

(8)功图插孔：供仪器测功图及冲程、冲次使用，连接配套五芯电缆线。

(9)天线：接收信号使用。

(10)电流插孔：供仪器测电动机电流使用，连接配套二芯电缆线(选配)。

(11)液面插孔：供仪器测动液面使用，连接配套二芯电缆线。

(12)辉度旋钮：供调节屏幕显示亮度使用。

(13)高频旋钮：供仪器测动液面时，调节节箍信号灵敏程度使用。

(14)低频旋钮：供仪器测动液面时，调节液面反射信号灵敏程度使用。

(15)键盘：供仪器操作所有功能使用。

(16)USB 接口：供仪器与外挂闪盘连接，用来拷贝测试资料。

(17)转换开关：供测功图时有线、无线转换使用。

2. 使用前的检查工作

(1)打开仪器箱，检查仪器面板上开关键及旋钮是否灵活，插孔是否干净清洁。

(2)检查配件箱，配件是否齐全，主要包括载荷传感器、五芯载荷电缆线、井口连接器、充电器及二芯液面电缆线。

(3)打开仪器电源开关。仪器通过“自检”后，自动进入功能主菜单，显示屏上会出现如图 1－48 所示的内容。如显示屏看不清楚，可调节“辉度旋钮”直至清楚为止。

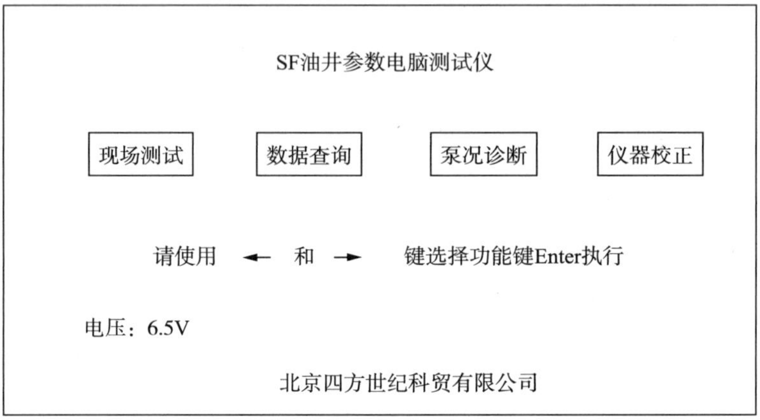

图 1－48

(4)通过显示屏“功能提示”选择键盘上带箭头的左、右功能键移动显示屏光标，选择了解的内容，确定后按“Enter”键，进入功能分菜单。

3. “现场测试”功能的使用方法

在主菜单下“Enter”键进入“现场测试”分菜单，屏幕上会出现如图 1－49 所示内容。

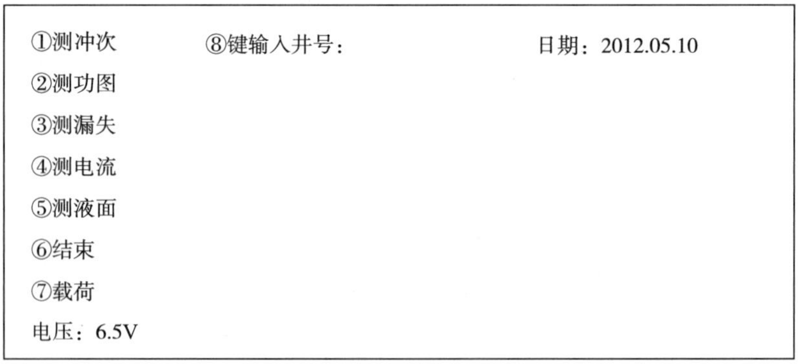

图 1－49

(1)检查测试日期

显示屏右上角“日期”的显示是否正确，如不正确可以修改，方法是：在菜单下，键入“一”键，仪器将自动进入计算机状态，按“1”键后按“Enter”键，显示屏显示计算机当前时间，这时如修改当前日期，则按月、日、年正确输入。时间按时、分、秒输入，然后按

"Enter"键，日期修改完成。直接按"6"键回到主菜单，进入分菜单(现场测试)检查日期是否正确。

(2)输入井号

首先键入"9"键，显示屏上"输入井号"处后面会出现一个光标，这时可以用键盘上的"数字键"或"字母键"键入所属的井号("数字键"和"字母键"的转换用"."键转换)，同时屏幕左下角出现"数字键"和"字母键"字样。若井号输入错误请用键盘上的"BP"键清除，井号输入完毕后按"Enter"键确定。

(3)无线测试方法

首先将仪器面板上的编号"17"拨到无线位，再将传感器上的开关打开，信号灯呈现绿灯闪烁(若变成红灯闪烁则需充电，见充电说明)，同时仪器面板右上角的指示灯也同时闪烁。

(4)有线测试方法

首先将仪器面板上的编号"17"拨到有线位，再将传感器上的开关关闭，信号灯不闪烁为止，同时将传感器与仪器用所配电缆线连接。

(5)测冲程、冲次

载荷位移传感器安装完毕后打开传感器开关，拉出位移线开启抽油机，待抽油机工作正常后按"1"键，再按"2"键，仪器会自动显示实测冲程的长度和冲次的次数。测试完毕后。按"0"键退出，若数据不正确，可重新键入2键重测。

(6)测功图

冲程、冲次测试完毕后，按"0"键退出，按"2"键测功图，显示屏上会绘制出功图曲线，待功图曲线还没闭合之前按"BP"键存盘。如不按"BP"键则会重复绘制功图曲线。存盘结束后，显示屏自动退回原有状态。

(7)测漏失

功图测试完毕后将抽油机停在上死点，按"3"键测上死点漏失曲线，曲线测试完毕后按"BP"键存盘。再将抽油机停在下死点，按"3"键测下死点漏失曲线，曲线测试完毕后按"BP"键存盘。

(8)测电流

将电流传感器夹在电动机供电线路中的任何一相，连接好电流传感器和仪器的电流线，开启抽油机，待抽油机运转正常后按"4"键测电流曲线，按"BP"键存盘。电流传感器为选配件，根据用户需求配置。

(9)充电器

该充电器是为SF－ⅢA型仪器和传感器配套的专用设备，红灯亮绿灯灭表示充电，绿灯亮红灯灭表示充电完毕。

(10)充电

若仪器主机缺电时，机内喇叭会发出鸣叫声同时屏幕左下角出现"电压不足"字样，应及时充电。

传感器的充电方法：将充电器上的五芯插头与传感器上的五芯插座连接，同时传感器上的指示灯点亮。

(11)载荷传感器的系数输入法

在当前状态下键入"7"键，显示屏上会出现当前"载荷系数…"和"请输入新系数…"字样。一般情况下一个主机和一个传感器在出厂时是一一对应的，载荷系数是标定好的，在使用配套仪器时，请不要修改载荷系数。如要输入新系数，这个系数只能使用一次，关机后载荷系数仍是原系数，如要改变系数必须重新标定载荷传感器。

(12)测液面

首先将井口连接器(气枪/子弹枪)在井口安装完毕以后，插入液面线，按“5”键测液面，同时屏幕出现“声波基值”字样，大小用“↓”、“↑”调整。同时还需调整高频和低频的刻度(因不同的井调整的刻度不一样)，调整完毕后击发枪机，同时仪器发出鸣叫声。待鸣叫声结束后按“Enter”键查看液面，按“BP”键存盘。

通过以上几步，能够基本上了解“现场测试”菜单下的功能与作用，键入“6”键返回主菜单状态。

4. “数据查询”功能使用方法

在主菜单状态下通过功能键选择进入“数据查询”分菜单，显示屏显示如图1－50所示。

①查井号 井号:

②查功图

③查漏失

④查电流

⑤查液面

⑥结束

电压：6.5V

图1－50

(1)查井号

键入“1”键，显示屏上会列出电子硬盘上所有实测井号，用上下左右键选择所需的井号，确定后按“Enter”键，显示屏右上角显示所查井号。

(2)查功图

在当前井号下键入“2”键，显示屏上会出现最早所测的示功图，如需下一个功图请按“BP”键查看，如图1－51所示。

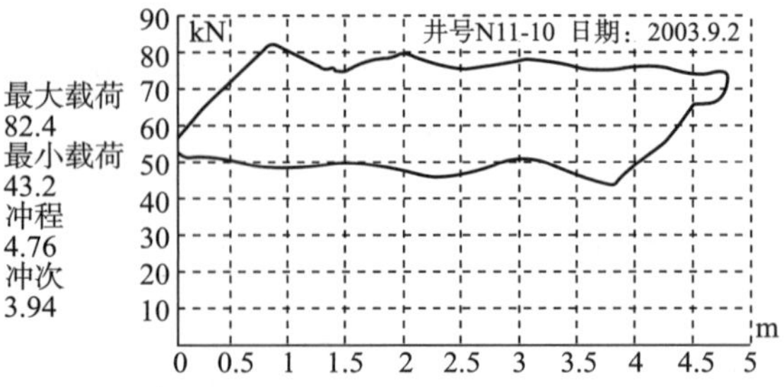

图1－51 所查询示功图

如需打印此功图，请连接好打印机，键入“7”键，再输入您所需的打印份数，打印机将打印出当前资料，打印结束后按“0”退出。(注：打印机应选“24针”针式打印机，如EPSON /LQ1600KⅢ打印机)

(3)查漏失

在当前井号下键入“3”键，显示屏上会出现您所测的漏失曲线，需要注意的是当键入“3”键时，显示屏上只会出现一条曲线，需再按“＋”键，显示屏上才会出现完整曲线，如图1－52所示。

如需打印同上操作，打印结束时按“0”键退出。

(4)查电流

在当前井号下键入“4”键，显示屏上会出现所测的电流曲线，如需下一个电流曲线请按“BP”键查看。如图1－53所示。

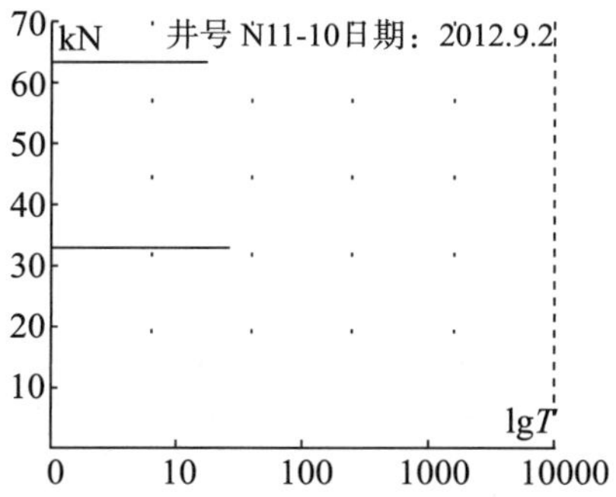

图1－52　所查询漏失曲线

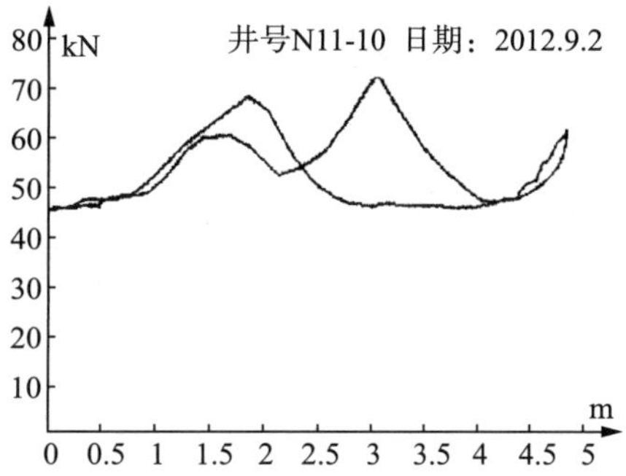

图1－53　所查询电流曲线

如需打印同上操作，打印结束时按“0”键退出。

(5)查液面

在当前井号下键入“5”键，显示屏上显示，如图1－54所示。

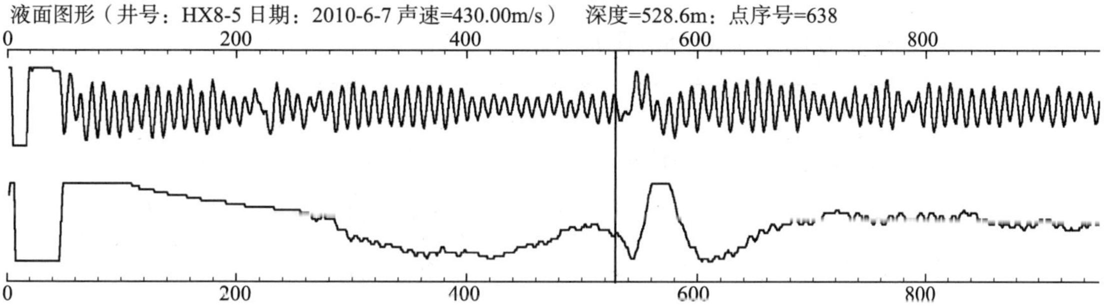

图1－54　所查询液面曲线

液面深度计算方法：

(1)仪器可根据油管长度自动计算出液面深度。

油管长度用小键盘上的← →调整，找出液面深度后将光标移到液面标记处查看液面深度或再打印。

(2)回音标计算法：液面曲线出来以后将光标移到回音标波峰处，按“9”键输入回音标深度，输入完毕后，再将光标移到液面标记处查看液面深度或再打印。

(3)油管节箍计算法：液面曲线出来以后，找出高频曲线比较均匀的10根油管节箍，将光标移到10根油管的起始端，按“5”键屏幕上会出现一个明显的标示。再将光标移到10根油管的末端，再按“5”键，屏幕上提示输入油管数量，输入完毕后将光标移到液面标记处查看液面深度或再打印。

以上几项如没有实测内容，显示屏上将会出现该项“没数据”显示。如查询不同时间下所测同一口井的数据内容，需按“BP”键。

5.“泵况诊断”功能的使用方法

在主菜单状态下选择“泵状诊断”，进入该项分菜单，屏幕显示如图1－55所示。

① 查井号	井号：
② 传数据	
③ 输参数	
④ 诊断	
⑤ 泵数据	
⑥ 结束	
电压：6.5V	

图 1－55

(1)查井号

键入“1”键，查找所需的井号，确定后按“Enter”，显示屏显示所需井号。

(2)传数据

该项是测井仪与计算机传输数据所用，需在特定程序下运行。

(3)输参数

键入“3”键，屏幕显示如图 1－56 所示。

① 查井号		
② 传数据	泵轻56	油管直径62
③ 输参数	原油比重0.863	生产液量度63.8
④ 诊断	含水比率0.66	阻尼系数0.42
⑤ 泵数据	一级杆径25.	一级杆长200.
⑥ 结束	二级杆径22.	二级杆长300.
	三级杆径19.	三级杆长500
	四级杆径16.	四级杆长0.
电压：6.5V		↑↑←→键选择键修改

图 1－56

根据功能提示，输入该井的正确参数，确认后按“0”键退出。

(4)诊断

键入“4”键，显示屏上会出现该井示功图，按一下“Enter”键，仪器开始诊断计算，5s左右显示出泵功图。如多按几下“Enter”键，仪器将计算和显示各级杆功图及泵功图，如图 1－57所示。

需打印，键入“7”键打印结果。

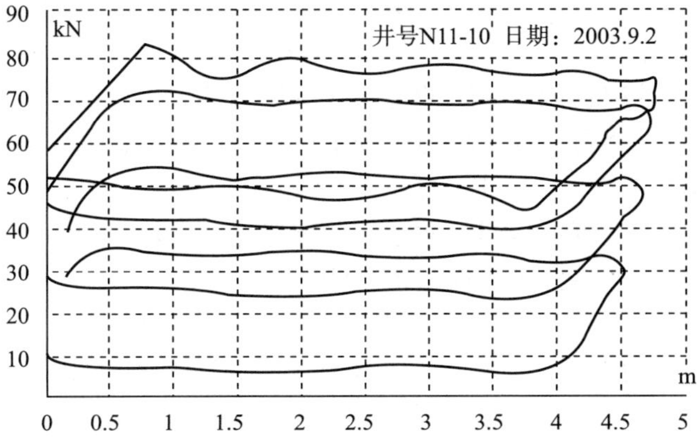

图 1 – 57　各级杆功图及泵功图

(5) 泵数据

键入“5”键，显示屏将显示计算后的泵数据结果，如表 1 – 7 所示。

表 1 – 7　泵数据结果

SF – ⅢA 测井仪 N11 – 10 井诊断报告　　　　日期 2009. 5. 10

地面数据		抽油泵数据		一、二级杆数据		三、四级杆数据	
冲程	4. 76m	泵冲程	4. 51m	最大应力	168N/mm^2	最大应力	192N/mm^2
冲次	3. 94/min	有效冲程	4. 29m	最小应力	88N/mm^2	最小应力	79. 6N/mm^2
最大载荷	82. 4kN	最大载荷	35. 5kN	许用应力	189N/mm^2	许用应力	186N/mm^2
最小载荷	43. 2kN	最小载荷	5. 35kN	应力% 比	79%	应力% 比	105%
光杆功率	7. 78kW	泵功率	7. 434kW	最大应力	189N/mm^2	最大应力	
理论排量	66. 5m^3/d	泵排量	63. 0m^3/d	最小应力	103N/mm^2	最小应力	
实际产量	63. 8m^3/d	有效排量	63. 3m^3/d	许用应力	195N/mm^2	许用应力	
地面泵效	95. 9%	井下泵效	106%	应力% 比	93. 5%	应力% 比	

如需打印，键入“7”键打印结果。

根据“泵功图”和“泵数据”可以分析该井当前的工作状态，为油井正常生产提供可靠依据。

6. “仪器校正”功能的使用方法

在主菜单下选择“仪器校正”功能键，屏幕显示如图 1 – 58 所示。

① 说明

② 校载荷

③ 校位移

④ 校电流

⑤ 校通道

⑥ 结束

非专业人员不得随意操作各项功能

否则有可能造成仪器测量失准

电压：6.5V

图 1 – 58

根据功能提示，非专业人员不得随意操作各项功能，否则有可能造成仪器测量失准。

(1)为什么要校正仪器

根据传感器的不同情况，如检修过的传感器或使用其他传感器时，为了取得较准确的测量值，必须要重新标定传感器，这就要通过校正仪器的记录数据来实现。

(2)如何校正载荷

首先将载荷传感器与仪器连接好，并把载荷传感器放在加载设备上，进行以下操作：

① 当前状态下键入“2”键，进入载荷校正状态。

② 键入“1”键清零。

③ 给传感器加载，加至 80kN 左右，看显示值是否与实际值相符。如有偏差，请键入“2”键并输入实际值，回车后，给传感器卸载，这样载荷校正完毕。如需要可反复几次进行。

④ 键入“0”键退出。

(3)如何校正位移

① 键入“3”键进入校正位移状态，连接好传感器，键入“1”键清零。

② 将位移线与标准米尺对应拉出分断至6m，看显示值与实际值是否相符。如有偏差键入“2”键再输入实际值，回车后收回位移线。如需要可反复几次进行。

③ 键入“0”键退出。

(4)校正电流

校正电流需用计量器具校正，用户自己无法校正。

通过以上的了解，您将会完全掌握仪器的性能和使用方法，对您的工作会有一定的帮助。

(四)仪器使用注意事项

在主菜单下按“—”键将仪器退到“DOS”下：

(1)按“1”键后再按“Enter"键修改，日期(按月、日、年修改，时间按时、分、秒修改)。

(2)按“3”键后再按“Enter”键将硬盘内的“SF－3. EXE”拷贝到 U 盘。

(3)按“4”键后再按“Enter”键将硬盘所有井号的资料拷贝到 U 盘。

(4)按“5”键后再按“Enter”键将删除硬盘里所有有井号的资料(请慎用)。

(5)按“6”键后再按“Enter”键返回主菜单。

(6)按“7”键后再按“Enter”键查看 U 盘内资料。

(7)按“9”键后再按“Enter"键将 U 盘内资料拷贝到仪器的硬盘内。

(8)严禁热插拔 U 盘。

(9)按“10”键再按“Enter”可选择更改(Browser)、拷贝(Copy)、删除(Delete)井号。具体操作如下：

①在主菜单下将光标移到“Browser”处，再按“Enter”键，屏幕上出现井号后将光标移到需要更改井号处，按“1”键，屏幕左下角出现请输入井号，字母用“. ”转换，输入完毕后按“Enter”确认，按“0”键返回下一菜单。

②在主菜单下将光标移至“Copy”处，再按“Enter”键，屏幕上出现井号后将光标移到需要拷贝的井号处，按“Enter”键，屏幕左下角出现提示，根据提示拷贝，按“1”键拷贝到软盘，按“2”键拷贝到 U 盘。如需多井拷贝按“＋”键确认，按“0”键返回下一菜单。

③在主菜单下将光标移到“Delete”处，再按“Enter”键，屏幕上出现井号后将光标移到需要删除的井号处，按“Enter”键，屏幕左下角出现提示，根据提示删除，按“1”键可以删除，按“2”取消删除。如需多井删除按“+”键确认，按“0”键返回。

（五）常见故障及简单处理方法

SF－ⅢA 型测井仪的核心部件为大规模集成电路，其故障率一般较低。但仪器使用现场环境比较恶劣，时间长了难免也有异常情况出现。根据仪器面板各插座的布局及显示屏显示，可以利用一些简单的工具判断是否有故障及大概原因。

1. 电源开关失效，电源指示灯不亮

插上充电器，充电数分钟后，电源开关有效，说明仪器电池放电过度，应连续充电 10h 以上。

2. 仪器开机出现死机现象

重新开关一次，如还死机，则电路出现问题，用户自己不能打开主机，待维修人员解决。

3. 仪器不能正常测试

应检查载荷传感器上正负电源是否正常。如该项正常且电池电压大于 6.0V，则故障出在电缆线或传感器。否则仪器测量系统有问题，出现这种情况，待维修人员解决。

4. 测不到冲次

接触不良，载荷电缆有故障，位移传感器有故障。

5. 功图出现跳变

载荷位移传感器有故障。

6. 功图或电流出现负载

传感器有故障。

7. 液面无反应

液面声波基值太大，液面线断路，井口连接器损坏。

二、理论示功图特征

所谓理论示功图是假设泵在“理想情况下”绘制的泵做功的抽油杆弹性示功图，即泵满足以下条件：

(1)认为泵及油管没有漏失，泵工作正常。

(2)油层供液能力充足，泵充满程度好。

(3)不考虑动载荷(摩擦阻力、惯性载荷、振动载荷、冲击载荷等)影响。

(4)抽油泵不受砂、煤粒及气影响，并且认为进入泵的液体是不可压缩的。

(5)假设泵阀是瞬时关闭和打开的，不连抽带喷。

理论示功图是驴头只承受抽油杆柱和柱塞截面以上的液柱静载荷时的理论上得到的示功图。理论示功图具有平行四边形的特征，充满程 100%，但实际上不存在，是假定的理论条件，其目的是便于在分析实测示功图时与其对比衡量实测示功图，必要时计算其载荷。在实测示功图上绘制出理论示功图，可以找出负载与理论值不符的原因，实测示功图的分析过程就是源于理论示功图原理的分析对比：通常的理论示功图，是抽油杆油管受弹性影响时的静载荷泵示功图，然而泵在实际工作中要受到不同动载荷(摩擦阻力、惯性载荷、振动载荷、冲击载荷等)影响，只有了解不同载荷影响下的理论示功图特征，才能在分析实测示功图时及时做出正确的诊断。

理论示功图如图 1－59 所示，各物理量意义如下：

$S_{光}$为光杆冲程，m；$P_{杆}$为抽油杆在井内液体中的质量，kg；$S_{活}$为柱塞行程，m；$P_{液}$为柱塞以上的液柱质量，kg；$P_{静}$为光杆承受的最大静负荷，kg；λ_1 为抽油杆伸缩长度，m；λ_2 为油管伸缩长度，m；λ 为冲程损失，m；*AB* 为增载线；*CD* 为卸载线；*BC* 为柱塞上行程线；*AD* 为柱塞下行程线。

ABCD 所圈闭的面积的大小表示泵做功多少，泵做功的数值等于理论排量乘以排出系数。弹性理论示功图的图形就是泵工况的演变过程，因此弹性理论示功图的原理，对于分析实测示功图有着重要的指导意义。

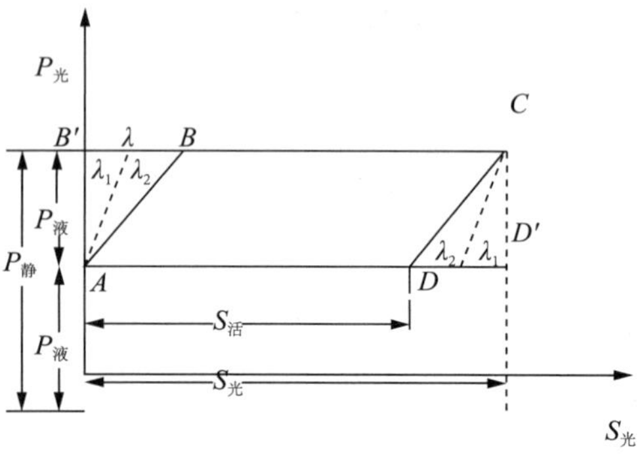

图 1－59　弹性静载理论示功图

A 点为驴头的下死点和柱塞上行时的起始点。当柱塞上行时游动阀受油管内液柱压力和自重作用而关闭，使原油管内承受的液柱质量，转移在抽油杆柱和柱塞上，造成抽油杆产生拉力伸长而油管缩短，就产生了 *AB* 倾斜线，同时产生冲程损失，此时柱塞相对驴头上行而并未产生上行位移，只是加载过程，因此叫增载线。抽油杆上行到 *B* 点时抽油杆弹性变形结束，柱塞开始上行程，由于柱塞在上行程排液过程所承受的液柱质量基本不变，所以可画出 *BC* 水平线段。当光杆运行到 *C* 点时上行程结束，下行程开始，完成一个排油过程。*C* 点是上下行程杆柱受力的交换点，光杆开始下行的瞬间游动阀打开，固定阀关闭，此时抽油杆柱塞上的液柱质量，由抽油杆柱塞转换到泵筒固定阀(即油管)上，所以油管伸长，抽油杆缩短，此时柱塞相对于驴头光杆初始下行时并未产生实际位移，泵筒内液体并未进入柱塞空间，是泵柱塞卸载的过程，即产生 *CD* 卸载倾斜线，同时形成 *DD′* 冲程损失。光杆继续下行到 *D* 点时油管、抽油杆弹性变形结束，柱塞开始下行，由于柱塞杆柱以上的质量不变，所以画出水平的 *DA* 柱塞下行程线，再到 *A* 点结束完成一个油液转入油管的过程。这样抽油泵在上下一个冲程中完成了排油和进油的过程，就画出了 *ABCD* 四边平行的图形，图形所圈闭面积的大小表示了深井泵做功的多少。

三、煤层气井典型示功图分析

所谓典型示功图是指某一因素十分明显，其示功图形状代表了该因素影响下的基本特征，因此典型示功图分析是示功图分析的基础。

通过典型示功图的学习，能够判断实测示功图，以了解煤层的生产能力和设备的工作状况，从而进一步制定合理的技术措施。

1. 泵工作正常的示功图

如图 1－60 所示，在正常示功图中 *A* 点为下死点，*B* 点为上死点，斜线 *AB* 表示光杆负荷增加的增载线，斜线 *CD* 表示光杆负荷减小的卸载线。

这类示功图与理论示功图差异不大，为一近似的平行四边形，除了抽油设备的轻微振动引起一些微小波纹外，其他因素的影响不明显。

2. 惯性载荷影响较大的示功图

如图 1－61 所示，由于下泵深度，光杆负荷大，抽吸速度快等原因，在抽吸过程中产生较大的惯性载荷。在上冲程时，因惯性力向下，悬点载荷受惯性影响较大，上死点 *A* 上升到

A'，AA'即是惯性力的影响增加的悬点载荷，直到B'点才增载完毕；在下冲程时，因惯性力向上使悬点载荷减少，下死点由C降低到C'，直到D'才卸载完毕。这样一来使整个示功图较理论示功图沿顺时针方向偏转于一个角度，柱塞冲程由$S_{活}$增大到$S_{活}'$。

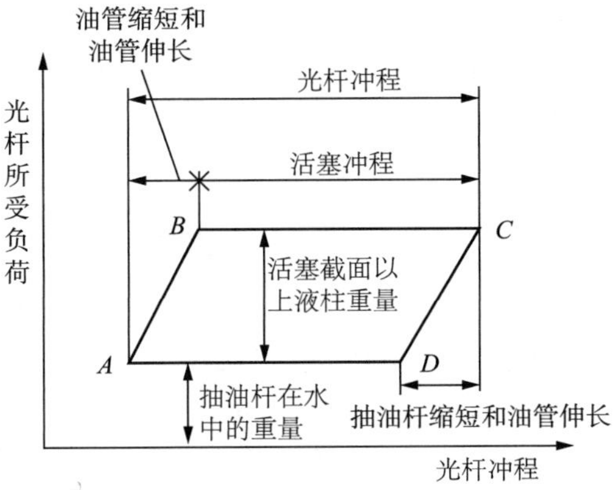

图1-60　正常的示功图

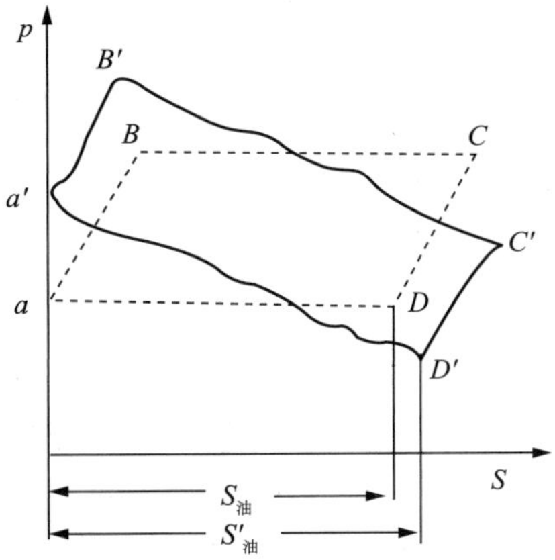

图1-61　惯性载荷影响较大的示功图

3. 气体影响的示功图

如图1-62所示，由于在下冲程余隙内还残存一定数量的气体，上冲程开始后，泵内压力因气体膨胀而不能很快降低，使固定阀滞后打开，卸载变慢，示功图右下角呈“刀把形”。泵余隙越大，气量越多“刀把”越明显。

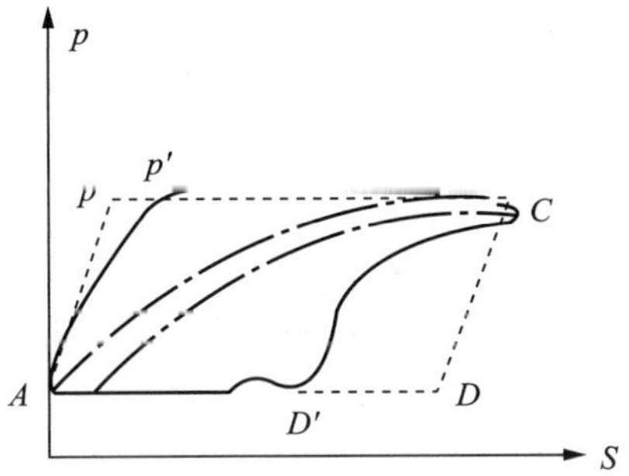

图1-62　气体影响的示功图

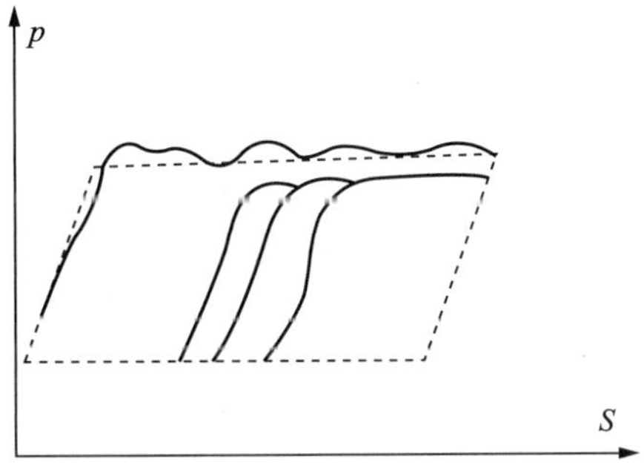

图1-63　泵充不满泵筒的示功图

4. 泵充不满泵筒的示功图

如图1-63所示，沉没度太小，供液不足，液体不能充满泵筒。其特点是下冲程中悬点载荷不能立即变小，只有当柱塞接触到液面时才迅速卸载，所以卸载线较气体影响的卸载线陡而直。

5. 间隙漏失的示功图

如图1-64所示(排出部分漏失的示功图)，上冲程时泵内压力降低，柱塞两端产生压差使柱塞上行的液体经排出部分不严密的地方漏到柱塞下部的工作筒内，由于漏失到柱塞下部的液体向上的顶托，悬点载荷不能及时上升到最大值，使加载缓慢，直到柱塞上行速度大于漏失速度时悬点载荷才达到最大。当柱塞上行到后半冲程时，因柱塞速度减慢，若柱塞速度小于漏失速度，又出现漏失液体的顶托作用使悬点提前卸载。当漏失量很大时，由于漏失液体对柱塞的顶托作用很大，上冲程载荷远低于最大载荷，固定阀始终关闭，泵的排量为零。总之，排出部分漏失时的特点是增载线变缓，卸载提前，卸载线变陡。

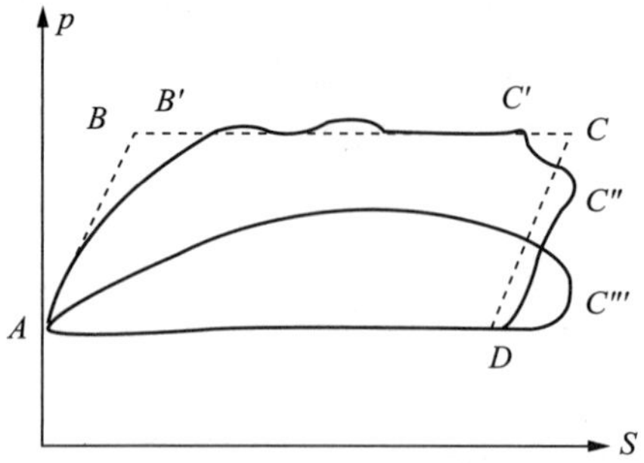

图 1－64　间隙漏失的示功图

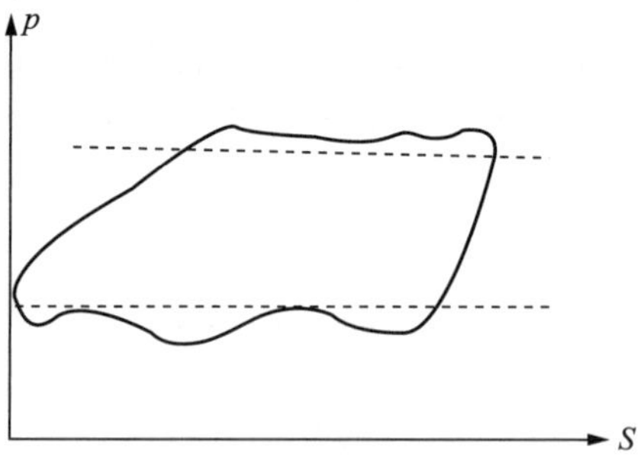

图 1－65　游动阀漏失的示功图

6. 游动阀门漏失的示功图

如图 1－65 所示，游动阀漏失的示功图形状特点是左下尖，右下圆，漏失越大增载线倾角越小。

7. 固定阀漏失的示功图

如图 1－66 所示(吸入部分漏失的示功图)，由于吸入部分漏失，下冲程开始泵内压力不能及时提高，而延缓了卸载过程，游动阀此时也不能及时打开，当柱塞速度大于漏失速度后，泵内压力提高到大于液柱压力将游动阀打开卸去液柱载荷；下冲程后半冲程因柱塞速度减小，当小于漏失速度时，泵内压力降低使游动阀提前关闭(A')，悬点提前加载到达下死点时，悬点载荷已增加到A''，吸入部分漏失示功图的特点是卸载线倾角要比正常小，示功图右上尖，左下圆，增载线比卸载线陡。

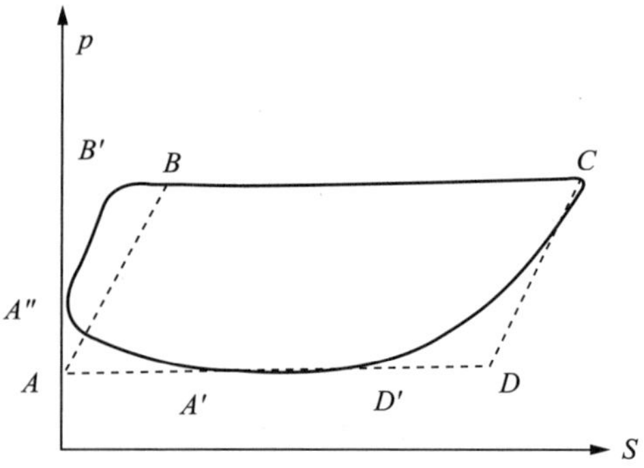

图 1－66　固定阀漏失的示功图

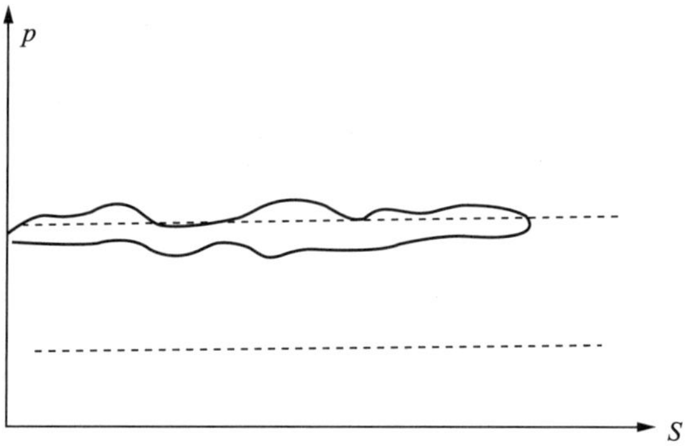

图 1－67　固定阀严重漏失示功图

8. 固定阀严重漏失示功图

如图 1－61 所示，若吸入部分严重漏失时，游动阀一直不打开，悬点不能卸载。

9. 管式泵阀无法正常开启或闭合示功图

如图 1－68 所示(吸入部分和排出部分均漏失示功图)。

10. 抽油杆断脱的示功图

如图 1－69 所示，抽油杆断脱后的悬载荷实际上是断脱点以上抽油杆柱重量，只是由于摩擦力的存在，才使上下载荷不重合，图形的位置取决于断脱的位置。煤层气井抽油杆断脱比较好判断，主要看 2d 水量变化情况，若日产水量突降至为 0，可初步判断为断脱，反之，则说明阀门无法正常闭合，泵有漏失；若判断不准，可用转泵法进行判断。具体操作步骤是：将光杆停至下死点 15cm 处，在盘根盒上打上卡子、卸掉光杆负荷，用管钳咬住光杆按顺时针方向旋转 25 转，若管钳及光杆不反弹，说明抽油杆断脱，反之说明抽油杆正常。

11. 柱塞全部脱出工作筒示功图

柱塞全部脱出工作筒示功图如图 1－70 所示。

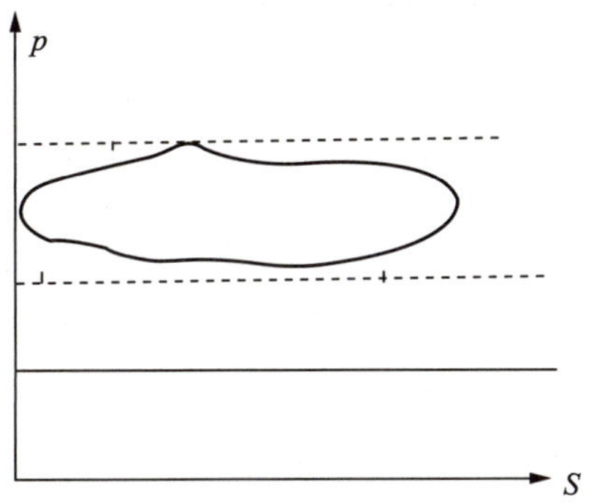

图 1－68　管式泵吸入部分和排出部分均漏失示功图

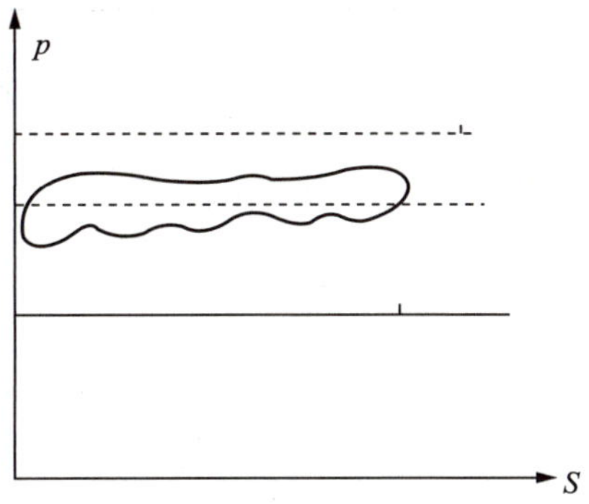

图 1－69　抽油杆断脱的示功图

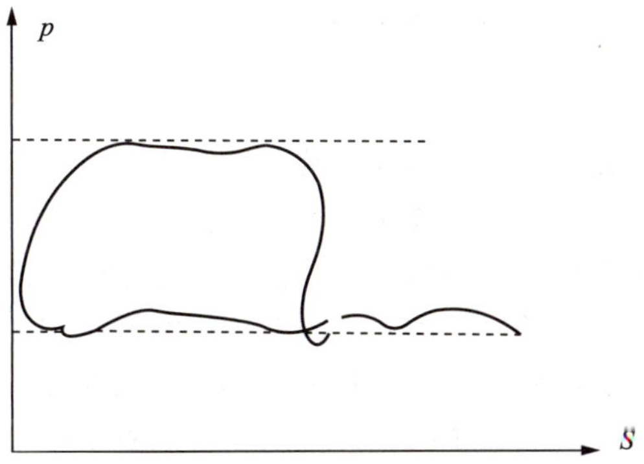

图 1－70　柱塞全部脱出工作筒示功图

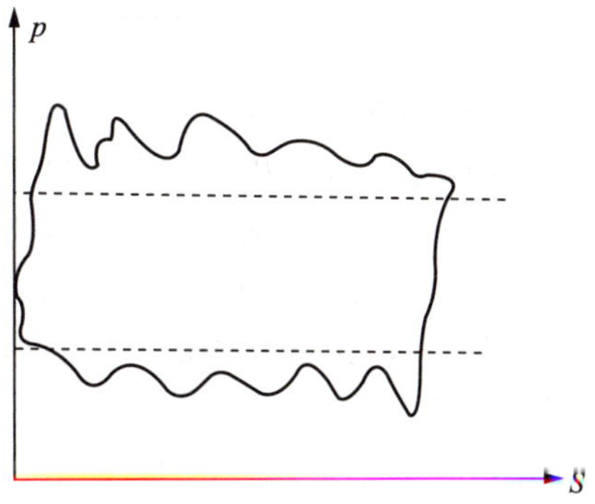

图 1－71　出砂粒、煤粒示功图

12. 出砂粒、煤粒示功图

如图 1－71 所示，砂粒、煤粒进泵造成柱塞工作时受阻，光杆载荷发生不规则的变化，载荷线呈现不规则的锯齿状尖峰。

项目十　煤层气井动液面测试

目前，煤层气井动液面测试仪主要由 SF－ⅢA 型计算机综合测井仪、井口连接器、氮气瓶、信号连接线等组成。

一、井口连接器

1. 结构

SFD－ⅢA 井口连接器（俗称气枪）结构如图 1－72 所示。适用于测试深井、气井、斜井、干扰井及泡沫段等疑难井的液面测试，完全可以替代声弹及特号弹，既降低成本又节约能源，且具有安全、方便、无污染等特点。

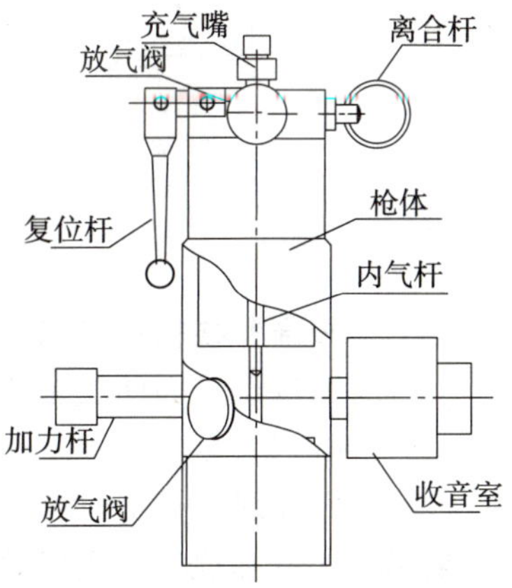

图 1－72　井口连接器结构示意图

2. 技术指标

井口连接器主要参数如表 1 – 8 所示。

表 1 – 8　井口连接器主要参数

序号	名称	参数	备注
1	主体实验压力	45 MPa	
2	主体工作压力	20 MPa	
3	气瓶实验压力(水压)	22. 5 MPa	
4	气瓶工作压力	15 MPa	
5	气室工作压力	1 ~ 20 MPa	
6	声源类型	氮气	
7	最大测试深度	3500 m	
8	最大质量	5. 5 kg	

二、动液面测试原理

动液面深度是抽油机井定期测试中的一个重要参数，目前测试液面最基本的方法是回波式液面测试法，这种技术采用了脉冲声波回声波法。以井口连接器的激发作为声源，产生声波脉冲，通过油管和套管之间环空的煤层气作为介质向下传播。整根油管由无数个管段和接箍连接而成，接箍之间的距离，即管段的长度是确定和已知的。声波在传播的过程中，每遇到一个接箍就会产生一个小的回波，最后到达动液面会反射一个强的回波，安装在井口的检波器接收到大量的回波，经过转换放大、滤波处理以后显示波形，由人工识别各个波形的种类，根据声波脉冲到达煤层气井液面之前被接箍反射的数目以及油管接箍之间的平均间距，计算出煤层气井动液面的深度，其工作原理如图 1 – 73 所示。

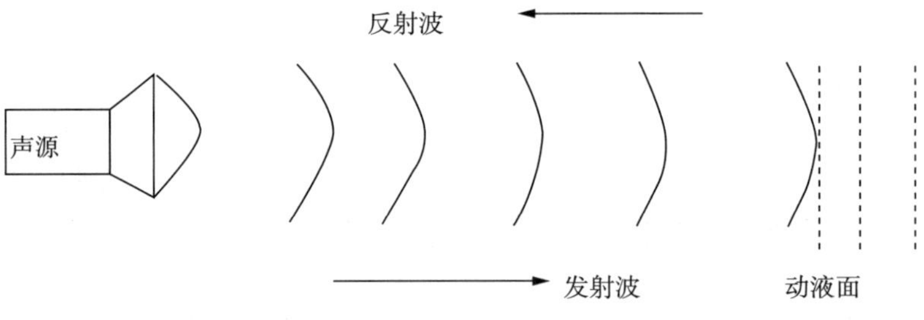

图 1 – 73　动液面测试原理

三、液面曲线校正方法

目前，校正液面曲线主要有三种方法：接箍法、音标法和声速法。

1. 接箍法

在液面曲线上选 10 个距离均等的波峰做为折算液面参数，从 10 个波形的第一个波峰顶尖至第二个波峰顶尖距离代表一根油管长度，一般油管长度为 9. 6m，10 个波峰顶尖距离代表 10 根油管长度 96m；利用等价代换原理，测试仪上的自动计算操作系统将根据 10 个波峰(mm)占整条曲线长度比例来折算液面，通过校正后的曲线所显示液面波位置就是最终液面深度；选波峰做为折算液面参数时，尽量避免选在井口波、音标波或液面波附近，如图 1 –74所示。

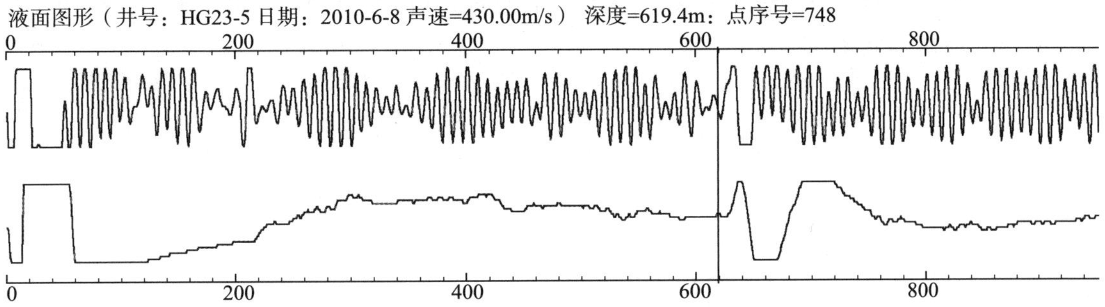

图 1 –74　接箍法校正液面曲线

2. 音标法

是指在油套环形空间内下一个音标，即油管外下一个参照物，通过音标在井筒内的位置来确定液面深度；主要原理是根据音标深度(mm)占整条曲线长度(mm)比例让测试仪自动折算液面，校正后曲线所显示液面波位置就是液面深度，如图 1 –75 所示。

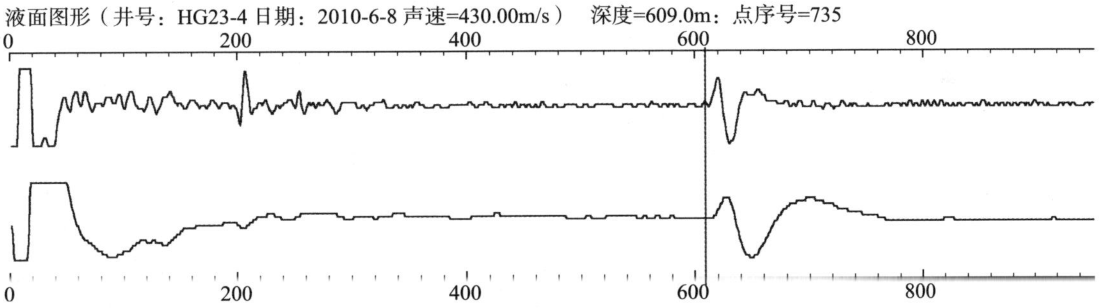

图 1 –75　音标法校正液面曲线

3. 声速法

是指利用声音脉冲在油套环形空间传播的速度来计算液面深度。未解吸产气井声速在 340 ~370m/s 之间，一般声速在 350m/s 左右(根据音标反推出来的声速)；解吸产气井声速在 400 ~430m/s 之间，一般声速在 430m/s 左右(根据音标反推出来的声速)。确定排采井声速后，在计算机液面校对系统内输入相应声速，液面曲线移动后的液面位置就是液面深度，如图 1 –76 所示。

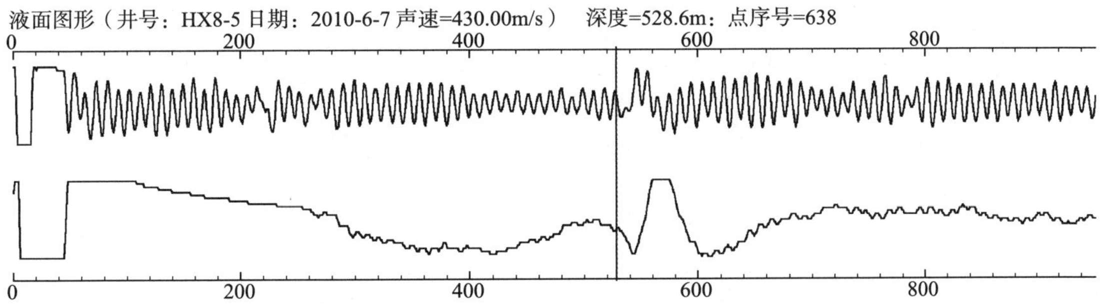

图 1 –76　声速法校正液面曲线

在实际液面校正过程中，应根据波峰清晰度及曲线重复性来确定校正方法。若接箍波波峰比较清晰且曲线重复性较好，应用接箍法校正液面；若音标波波峰比较清晰且曲线重复性较好，应用音标法校正液面；在接箍波波峰、音标波波峰都不清楚且曲线重复性较差的情况下，应用声速法校正液面。

学习情境二 煤层气排采技术知识

煤层气藏通常为天然裂缝型、低压和饱和水气藏。虽然在煤层中可能存在着部分游离气，但在煤层气藏中，绝大部分煤层气都被吸附在煤基体的表面上。为了开采这些煤层气，必须降低储藏压力，从而使得煤层气从煤基体上释放进入到裂缝中，然后煤层气便可通过裂缝和煤层层理系统进行运移，流入井筒。煤层的天然裂缝系统最初阶段为水饱和型，为了提高煤层气产量必须清除这些水，对煤层进行排水处理可以降低储藏的静水压力，使煤层气从煤基体上释放。同时，由于降低了储藏的含水饱和度，也就提高了煤层气的相对渗透率，从而允许释放出的煤层气流向井筒。

煤层气排采(coalbed methane drainage)是采用一定工作制度和技术指标进行排水采气，它包括从排水到煤层吸附气解吸产气的整个过程。

项目一　采气工的岗位职责

岗位职责是指一个岗位所要求的需要去完成的工作内容以及应当承担的责任范围。岗位，是组织为完成某项任务而确立的，由工种、职务、职称和等级等内容组成。职责是职务与责任的统一，由授权范围和相应的责任两部分组成。

制定采气工岗位职责的意义：

(1)可以最大限度地实现劳动用工的科学配置；

(2)有效地防止因职务重叠而发生的工作扯皮现象；

(3)提高内部竞争活力，更好地发现和使用人才；

(4)是组织考核的依据；

(5)提高工作效率和工作质量；

(6)规范操作行为；

(7)减少违章行为和违章事故的发生。

一、岗位责任制

(1)认真学习和严格遵守各项规章制度，遵守劳动纪律，不违章作业，对本岗位的安全生产负直接责任。

(2)掌握本职工作所需的安全生产知识，熟练本岗位操作技能，严格执行各项操作规程，熟悉本岗位风险，具备事故预防和应急处理能力。

(3)按规定进行交接班检查和巡回检查，负责所辖单井的安全运行，按时检查各井的生产情况，发现事故隐患或者其他不安全因素，应当立即向现场安全生产管理人员或者本单位负责人报告。

(4)按规定正确穿戴劳动保护用品，熟练地使用各种防护器具和消防器材。

(5)积极参加本岗位危害因素和环境因素识别，按计划参加应急预案演练。积极参加各种安全培训和安全宣传活动。

(6)严格执行反违章禁令，有权拒绝违章作业的指令，对他人违章作业加以劝阻和制止。

(7)精心维护设备，保持作业环境整洁，做好清洁生产、文明生产。

(8)做好直接作业的安全工作，落实各项防范措施。

(9)完成领导交办的其他工作。

二、循回检查制

(1)认真执行值班站点岗位职责，每天进行一次巡回检查，重点井或发现生产异常井，增加巡回检查次数。

(2)到达井场后，按规定录取各项资料，对抽油机进行例行检查和保养，做到“一听、二看、三摸、四闻”(一听：抽油机是否有异响；二看：抽油机是否运转正常；三摸：光杆是否发热，电动机是否发热；四闻：电动机、配电柜及其他部位有无焦糊味)。如有异常，及时采取措施并立即向生产调度汇报。

(3)检查井口流程是否正确，采气树、流量计、阀门、管线等有无渗漏及异常现象，定期清洗仪表网罩，每月检查管线是否有裸露现象，发现问题及时处理或立即向生产调度汇报。

(4)执行资料录取规定，取全取准以下资料：套压、管压、井底压力、气表累计流量(瞬时流量)、水表读数(或量杯实测水量)、动液面、示功图、冲次、电流、水质，按要求进行气量调节并做好记录；发现资料变化较大时，及时处理或立即汇报生产调度或资料室。

(5)收集数据结束后，停留2min观察电动机、抽油机、光杆运转情况是否正常。

(6)检查井场、设备是否达到“三标”规范化要求，及时整改存在问题，维持好“三标”成果，并及时填写巡回检查详细记录表。

(7)生产异常、设备故障、场地改造、作业进度、执行指令等情况，均做好详细记录。

(8)按各井最佳路线进行巡井，不得私自更改巡井路线。

三、交接班制

(1)交接班要按“三一、四到、五报”认真执行，接班人员仔细检查，并做好记录和评语，要交接清以下内容：

①完成任务情况及各排采井生产状况和设备运转情况；

②各项资料数据及质量情况；

③工具、用具、仪器、仪表、消防设备及材料消耗情况；

④井站设备维修保养及设备完好情况；

⑤重点井，如作业、施工、测试、测压井，工作制度变更井，新投产井要逐一交清；

⑥本班生产存在问题应采取的措施和有关上级指示情况。

(2)交接班必须在井场面对面交接，如发现问题由交班人负责，接班人可拒绝交班。交班完毕后出现的一切问题由接班人负责。

(3)主要交接点：

①抽油机及附件；

②采气树；

③计量仪器、仪表；

④测试仪器、氮气瓶、井口连接器等；

⑤工具、用具；

⑥消防设施；

⑦现场卫生；

⑧资料、报表、各种记录、台账等。

四、HSE 职责

(1)上岗人员必须定期接受 HSE 培训，培训时间每月不得少于 4h。

(2)严格执行各项标准、HSE 规章制度和技术操作规程。

(3)负责所辖单井的安全运行，按时检查各井的生产情况，对存在的问题和发现的事故隐患应及时整改，对不能及时整改的应及时汇报，并填写好记录。

(4)对本岗位的健康、安全与环境管理负直接责任。

(5)熟练掌握安全技能和事故预案，正确使用安全防护用品，做好安全防护装置、设施、消防器材的日常维护保养工作。

(6)有权制止、纠正他人的不安全行为，有权拒绝执行违章作业的指令并可越级汇报。

(7)严格按照要求交接班，认真填写交接班记录。

(8)做好设备的日常维护保养，并填写设备运转记录。

(9)完成领导临时交办的其他工作。

项目二　常用手工具的使用

煤层气工常生产离不开手工具，利用它们可以完成上、卸螺栓，开、关阀门，切断物品，测量长度，维护保养设备等工作。常用手工具有：黄油枪、管钳、扳手、手钳、钢锯、钢卷尺、起子、锉刀等。

一、管钳

管钳是用来转动金属管或其他圆柱形工件的，是管路安装和修理的常用工具。管钳的结构和使用方法如图 2－1 所示。

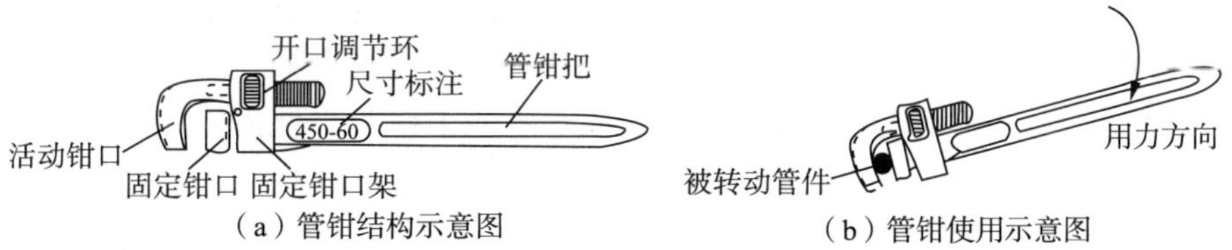

图 2－1　管钳结构及使用示意图

管钳规格是指管钳开口时的整体长度，如人们常说的 24″、36″、48″就是指管钳长度。

管钳的合理使用范围：450mm 管钳合理使用范围在 40mm 以下，可咬管子最大直径为 60mm；600mm 管钳合理使用范围在 50～62mm 之间，可咬管子最大直径为 75mm；900mm 管钳合理使用范围在 62～76mm 之间，可咬管子最大直径为 85mm；1200mm 管钳合理使用范围在 76～100mm 之间，可咬管子最大直径为 110mm。常用的管钳规格如表 2－1所示。

表 2－1　常用管钳技术规范

序号	管钳规格/mm(in)	使用范围/mm	可咬管子最大直径/mm
1	450(18)	<40	60
2	600(24)	50～62	75
3	900(36)	62～76	85
4	1200(48)	76～100	110

管钳使用注意事项：

(1)要选择合适的规格；

(2)钳头开口要等于工件的直径；

(3)钳头要卡紧工件后再用力扳，防止打滑伤人；

(4)用加力杠时长度要适当，不能用力过猛或超过管钳允许强度；

(5)管钳牙和调节环要保持清洁。

二、扳手

扳手主要用来紧固和拆卸零部件，通常有以下几种类型，即梅花扳手、套筒扳手、活动扳手、固定扳手和自制扳手等。

(一)梅花扳手

梅花扳手的结构如图 2－2 所示，其扳头是一个封闭的梅花形，当螺母和螺栓的周围空间狭小，不能容纳普通扳手时，常用梅花扳手来拆装标准规格的螺母和螺栓。梅花扳手常用的规格有：14～17mm、17～19mm、22～24mm、24～27mm、30～32mm 等。

图 2－2　梅花扳手示意图

梅花扳手可以在扳手转角小于 60°的情况下，一次一次地扭动螺母。使用时一定要选配好规格，使被扭螺母和梅花扳手的规格尺寸相符，不能松动打滑，否则会将梅花棱角啃坏。使用扳手时不能用加力杠，不能用手锤敲打扳手柄，扳手头的梅花沟槽内不能有污垢。

(二)套筒扳手

当螺母或螺栓头的空间位置有限，用普通扳手不能工作时，就需采用套筒扳手，其结构如图 2－3 所示。

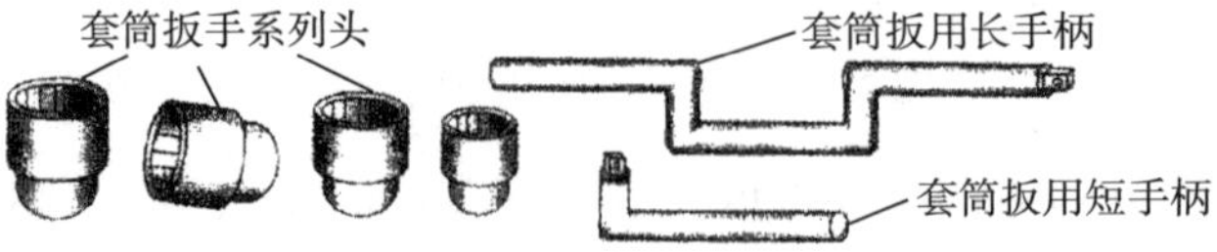

图 2－3　套筒扳手结构示意图

使用套筒扳手的方法是：

(1)根据被扭件选规格，将扳手头套在被扭件上；

(2)根据被扭件所在位置大小选择合适的手柄；

(3)扭动前必须把手柄接头安装稳定后才能用力，防止打滑脱落伤人；

(4)扭动手柄时用力要平稳，用力方向与被扭件的中心轴线垂直。

(三)活动扳手

活动扳手又叫活络扳手，它的结构如图2－4所示。活动扳手是指开口大小可在规定的范围内进行调节、拧紧或卸掉不同规格螺母、螺栓的工具。

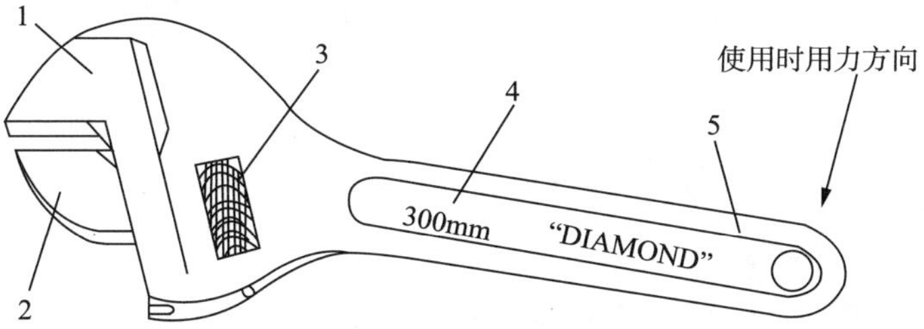

图2－4　活动扳手结构示意图

1—固定扳唇；2—活动扳唇；3—蜗轮和轴销；4—尺寸标识；5—手柄

活动扳手由头部和柄部组成，而头部则由固定扳唇、活动扳唇、蜗轮和轴销、尺寸标识、手柄等构成，旋动蜗轮就可调节扳口的大小。

常用活动扳手的技术规范有：100mm × 14 mm、150mm × 19mm、200mm × 24mm、250mm × 30mm、300mm × 36mm、350mm × 41mm、375mm × 46mm、450mm × 55mm、600mm ×65mm。由于它的开口尺寸可以在规定规范内任意调节，所以特别适用于在螺栓规格较多的场合使用。使用时，应将扳唇紧压螺母的平面。扳动大螺母时，手应握在接近手柄尾处；扳动较小的螺母时，手应握在接近头部的位置。施力时手指可随时旋调蜗轮，收紧活动扳唇，以防打滑。

活动扳手的使用注意事项：

(1)活动扳手不可反用，以免损坏活动扳唇，也不可用钢管接长手柄施加较大的力矩。

(2)活动扳手不可当作撬棒或手锤使用。

(四)固定扳手

固定扳手也叫敲击扳手，是指只能上、卸一种规格的螺栓、螺母的专用工具，结构如图2－5所示。固定扳手主要是干专项工作用的，在扭矩较大时，可以与手锤配合使用拧松螺栓和螺母。

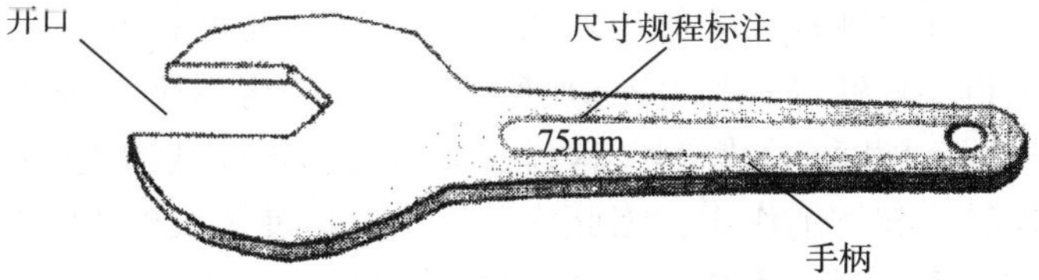

图2－5　固定扳手示意图

使用注意事项：在需要较大力量时，不能打滑、砸手，更不能用过大的手锤敲击。

(五)"F"型扳手

"F"型扳手是采气工人在生产实践中"发明"出来的，其结构如图2－6(a)所示。

扳手是由钢筋棍直接焊接而成的，主要应用于阀门的开关操作，是非常简单好用的专用工具。其规格通常为前后力臂距150mm，力臂杆长100mm，总长是600～700mm。

“F”型扳手使用时，应把前后两个力臂插入阀门手轮内，确认卡好后，可操作开关。应该注意的是：在开压力较高的阀门时一定要按照如图 1 -6(b)所示方式进行操作，以防止丝杠飞出伤人。

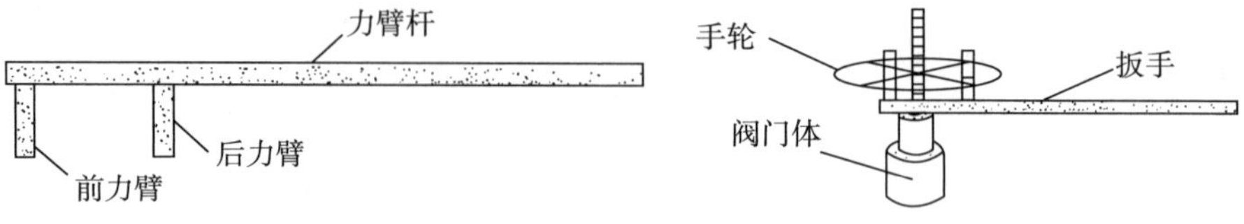

（a）“F”型扳手结构图　　（b）“F”型扳使用示意图

图 2 -6　“F”型扳手结构及使用示意图

各种扳手在使用时应注意：

要选用合适的扳手，如$^{3}/_{8}$in 螺帽应选用 8 ~ 10in 扳手，若扳手太大，虎口易脱滑而损坏螺帽；使用活动扳手虎口应调到合适尺度，夹螺帽、扳动时活动部分在前，尽量不要推动，如非推不可，要用手掌推，手指伸开，防止撞伤手关节；拆卸或安装螺帽时最好用固定扳手；普通扳手禁止接套筒加力或锤击手柄；使用后应擦净放好。

三、手钢锯

手钢锯是用来割锯金属管件等物品的，其结构和使用方法如图 2 -7 所示。

（a）手钢锯结构图　　（b）手钢锯使用示意图

图 2 -7　手钢锯及其使用示意图

手钢锯由锯弓和锯条组成。按安装锯条的方式，可分为可调式和固定式两种。固定式锯弓只能安装一种长度的锯条，可调式锯弓通过调整可安装多种长度的锯条。安装时锯条齿方向一定要正确。

锯条根据锯齿齿距的大小，分为细齿(1.1mm)、中齿(1.4mm)和粗齿(1.8mm)三种。可根据所锯材料的软硬、厚薄正确选用锯条。锯割软材料(如紫铜、青铜、铅、铸铁、低碳钢和中碳钢等)或较厚的材料时，应选用粗齿锯条；锯割硬材料或较薄的材料(如工具钢、合金钢、管子、薄钢板、角铁等)时，应选用细齿锯条。一般来说，锯割薄材料时，在锯割截面上至少应有 3 个锯齿同时参加锯割。这样，才可防止锯齿被钩住或崩断。

手钢锯是在前推时才起切削作用，因此安装锯条时应使齿尖的方向朝前。调整锯条松紧度时，蝶形螺母不宜旋得太紧或太松，旋得太紧，锯条受力过大，在锯割中用力稍有不当，锯条就会折断；旋得太松，锯割时锯条容易扭曲，也易折断，并且锯缝也容易歪斜。检查锯条松紧度，可用手扳动锯条，手感硬实即可。

四、克丝钳

克丝钳又称手钳，是用来夹持小工件或切断金属丝的工具，常用的钳子的种类与规范如表 2 -2 所示。

采气常用的钳子有克丝钳和尖嘴钳两种，如图 2 -8 和图 2 -9 所示。

表 2－2　常用手钳种类及规范

种类		规范 长度/mm	规范 工作电压/V	用途
手钳	铁柄(有旁剪口)	150，175，200		切断金属丝
手钳	绝缘柄(有旁剪口)	150，175，200	500	切断金属丝，带电使用
尖嘴钳	绝缘柄(带刃口)	130，160，180，200	500	电气仪表常用工具，一般剪切细小零件
弯嘴钳	绝缘柄	130，160，180，200	500	在狭窄或凹下地方工作
扁嘴钳	绝缘柄	110 ，130，160	500	弯曲金属薄片、细丝成所需形状
圆嘴钳	绝缘柄	110，130 ，160	500	把金属薄片、细丝弯成圆形
斜口钳	绝缘柄	130，160，180，200	500	剪切金属薄片和金属丝

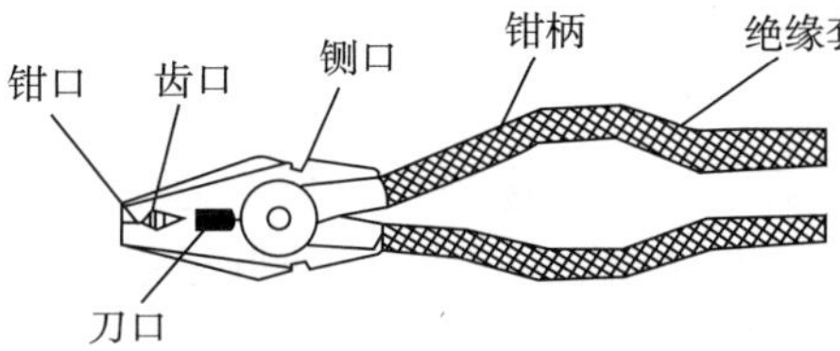

图 2－8　克丝钳

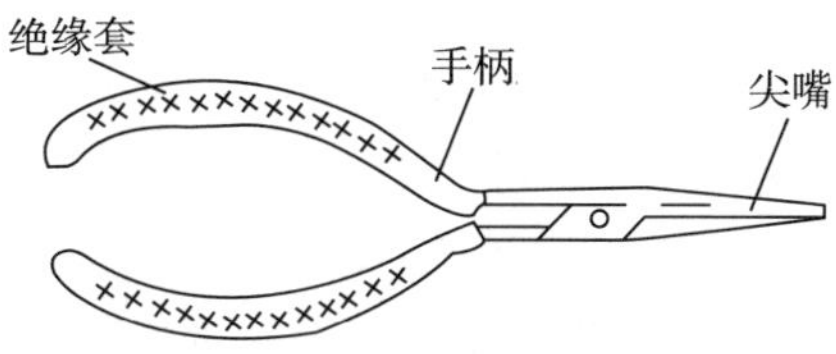

图 2－9　尖嘴钳

(一) 克丝钳

克丝钳使用时应注意以下事项：

(1) 使用前，应检查绝缘套的绝缘性能是否良好；

(2) 用电工钳剪切带电导线时，应注意手钳钳柄的耐压必须高于电压 1 倍以上，并检查绝缘套是否损坏，不得用钳口同时剪切相线和零线，或同时剪切两根相线，那样都会造成线路短路；

(3) 手钳不可代替手锤作为敲打工具，也不能锤击手柄或钳头，以防损坏钳子；

(4) 不能剪硬质合金钢；

(5) 手钳要经常注油，以防锈死。

(二) 尖嘴钳

尖嘴钳的头部尖细，适于在狭小的工作空间操作，尖嘴钳也有裸柄和绝缘柄两种，其握法与电工钳的握法相同。使用尖嘴钳的注意事项如下：

(1) 电器维修必须用绝缘柄尖嘴钳。

(2) 使用时不能用尖嘴去撬工件以免钳嘴变形。

(3) 刃口尖嘴钳只能剪切金属丝，不能剪钢质粗丝。

(4) 带电作业前，必须检查绝缘性是否良好。

五、钢卷尺

钢卷尺是生产现场施工与规划中不可缺少的常用的精度较低的测量工具，适用于测量各种抽油机、油管和抽油杆等的长度，也适用于大尺寸长度的测量，其常用的规格有 2m、3m、5m、15m、30m、50m、100m、150m、200m 等。

在钢卷尺的使用过程中经常性的拉拔、磨损等，极容易在较短的使用期间内导致外观磨损、线纹刻度磨损、尺带拉长、尺寸超差等，因而应尽量保护钢卷尺的尺面。

钢卷尺使用时应注意：

(1)拉伸钢卷尺要平稳，不能速度过快，拉出时尺面与出口断面相吻合，防止扭卷。

(2)测量时必须保持测量卡点在被测工件的垂直截面上。

六、起子

起子又称改锥和螺丝刀，如图 2－10 所示。它是一种紧固和拆卸螺钉的工具，起子的式样和规格很多，按头部形状可分为“一”字形和“十”字形两种。“一”字形起子常用的有 50mm、100mm、150mm、200mm 等规格。“十”字形起子专供紧固或拆卸“十”字槽的螺钉使用，常用的有 4 种规格：1 号适用于直径 2～2.5mm 的螺钉，2 号适用于直径 3～3.5mm 的螺钉，3 号适用于直径 6～8mm 的螺钉，4 号适用于直径 10～12mm 的螺钉。

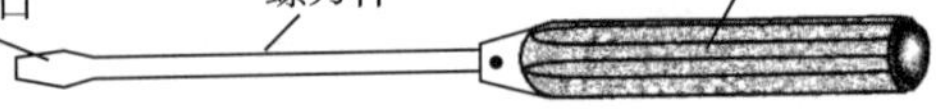

图 2－10　起子

起子的使用注意事项：

电工不可使用金属杆直通柄顶的起子，否则很容易造成触电事故；使用起子紧固或拆卸带电的螺钉时，手不要触及起子的金属杆，以免发生触电事故；为了防止起子的金属杆触及皮肤或触及邻近带电体，应在金属杆上套上绝缘管。

七、黄油枪

1. 用途及结构

(1) 用途：黄油枪用于设备保养，给设备运转部位的轴承加注润滑脂。

(2) 结构：黄油枪主要由手压杆、注油杆、阀缸体、储油筒和拉手等部件组成，其结构组成如图 2－11 所示。

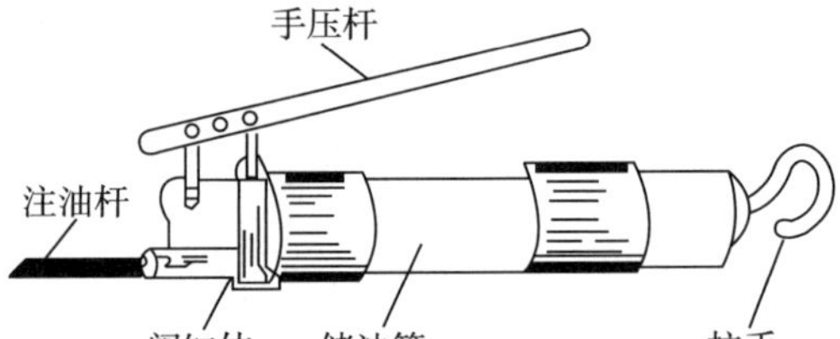

图 2－11　黄油枪

2. 操作步骤及要求

(1) 将拉杆拉出，使筒内活塞靠近后端盖，再将拉杆锁住。

(2) 向筒内装润滑脂。使用灌油器时，将储油筒顶端螺纹旋入灌油器的细螺纹中，用灌油器把润滑脂装到储油筒内。若用于直接向筒内装润滑脂时，首先旋下前端盖，用手直接将清洁的润滑脂装入储油筒内，直到装满整个储油筒，然后旋上前端盖，并将拉杆解锁。

(3) 一只手握住储油筒，另一只手握住手压杆，往复掀动手压杆排出筒中空气，当发现油嘴处出现润滑脂时，停止掀动手压杆。

(4) 将注油杆前端的注油嘴对准并紧压在需润滑注油部位的黄油嘴上，将手压杆下压靠近储油筒，直到不能下压为止，然后上抬手压杆至原始位置，再下压上抬，往复扳动手压杆即可将润滑脂缓缓压入需要润滑的部位，加注完润滑脂后，拔出黄油枪。

(5) 若黄油枪注油杆前端不便接近需润滑的注油部位时，应在注油杆上套一节软管，并将套扣扎牢，以防挤注润滑脂时从套口漏出，同时，在软管另一端装一个与黄油嘴螺纹相配的嘴套及内堵头，将内堵头伸入注油部位的黄油嘴内，然后拧紧嘴套，按上述方法即可加注润滑脂至注油部位。

3. 注意事项及维护

（1）使用前应检查阀弹簧、钢球等零件是否缺损，并注意检查挤注效果，保证保养工作顺利进行。

（2）注油时，注油杆前端的注油嘴与黄油嘴要对正，倾斜度不得大于8°。

（3）向储油筒内灌注润滑脂时，不得使用已变质或受污染（稀释和含有泥沙及杂物等）的润滑脂，以防影响润滑效果或将油道堵塞。

（4）润滑脂应严实地填满整个储油筒。

（5）操作人员压杆时，应使手压杆开合达到最大位置，若手压杆来回数次下压并无阻力的感觉，而拉手保持原位不动，说明润滑脂并未注入黄油嘴内，应注意检查以下三个方面：

① 黄油枪头部的阀弹簧：若阀弹簧已断或疲劳松弛，应更换新弹簧。

② 枪筒内是否有空气：若筒内有空气，应卸松螺钉，下压手压杆将空气排尽，再上紧螺钉即可（下压手压杆见润滑脂外溢而无“啪啪”声，则空气已排尽）。

③ 挤不出润滑脂而下压手压杆时又无阻力感觉，拉杆也全部进入筒内，说明筒内润滑脂已全部注完，应重新灌注新润滑脂。

（6）设备保养完毕应将黄油枪放在工具箱内，防止泥沙进入。若长时间不使用，应将黄油枪内润滑脂挤出并将筒内、外部擦洗干净，放在适当位置，避免受压变形。

（7）不能用黄油枪敲打其他物件，以防损坏或变形而不能使用。

八、锉刀

1. 锉刀的种类

按断面形状、尺寸大小、锉齿粗细、结构特点及应用范围分类，锉刀有很多种类，如表2-3所示。

表2-3　各种锉刀示意图

形状	图	尺寸/in
菱形锉		4、5、6、8
油光锉		6、8、10、12、14
尖头单纹米尔锉		6、8、10、12、14
圆锉		4、6、8、10、12、14、16、18
半圆锉		4、6、8、10、12、14、16、18

2. 锉削平面时容易出现的主要问题

(1)平面中凸。锉削时锉刀前后摇摆容易产生平面中凸。因此，在锉削时两手压力大小应随锉刀两端伸出工件的长度而变化，使锉刀两端的压力对工件中心的压力矩始终保持平衡。

(2)表面不够光洁。其原因是锉刀齿粗细选择不当，嵌在锉刀齿上的屑沫未消除。因此，在锉削时应注意经常用钢丝刷顺着锉纹方向刷去切屑。

3. 使用锉刀注意事项

(1)新锉刀表面可能有防锈油，使用时要打滑，必须清除防锈油后再使用。

(2)新锉刀锉刃较尖锐，不要先用来锉削毛坯硬皮或工件棱角与狭面，以免爆齿。

(3)使用锉刀时，锉削速度不宜过快、用力过猛，也不宜用二号(中齿)、三号(细齿)锉锉削软金属，以防屑沫淤齿。

(4)锉齿堵塞，可用钢丝刷清除。

(5)先用粗齿锉，当接近尺寸时，再用细齿锉。

(6)锉刀使用时，先用一面锉，用钝后再用另一面。

(7)不得用手摸刚锉过的表面或在锉件上涂油脂。

(8)不能用锉刀敲、撬其他物体，以免折断。

(9)不得将锉刀重叠放或与其他工具堆放在一起。

项目三　游梁式抽油机

国内外应用最为广泛的排采系统是游梁式抽油机，它主要由抽油机、抽油杆和抽油泵等组成。抽油机是带动井下抽油泵工作的地面机械传动装置，它和抽油杆、抽油泵配合，将煤层产出液举升至地面。

任务一　游梁式抽油机的结构与工作原理

一、抽油机

(一)规格型号

游梁式抽油机规格型号如下所示：

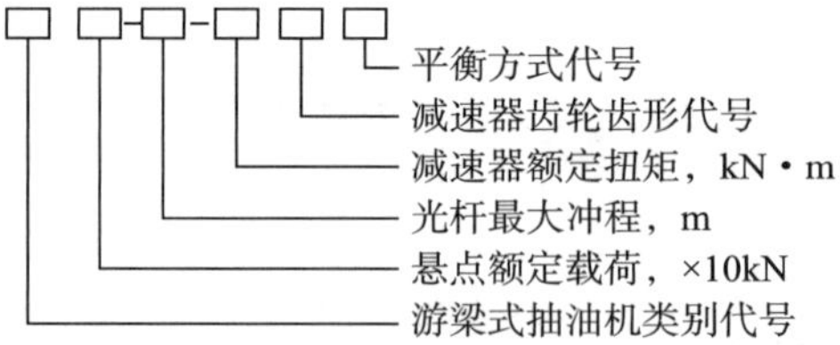

1. 类别代号

抽油机常见的类别代号有：

CYJ——常规游梁式抽油机；

CYJS——双驴头抽油机；

CYJW——弯游梁抽油机；

CYJQ——前置型游梁式抽油机；

CYJY——异相型游梁式抽油机；

CYJX——下偏杠铃游梁式抽油机。

(1)常规型游梁式抽油机

常规游梁式抽油机如图 2－12 所示。

其结构特点是：

① 曲柄连杆机构和驴头分别位于支架的两侧；

② 曲柄中心基本位于游梁的尾轴承正下方，极位夹角为零(极位夹角是指当驴头处于上、下死点位置时，连杆中心线间的夹角)；

③ 曲柄采用常规条形曲柄，平衡相位角为零(平衡相位角是指平衡块重心与曲柄销中心的连线和曲柄中心线之间的夹角)。

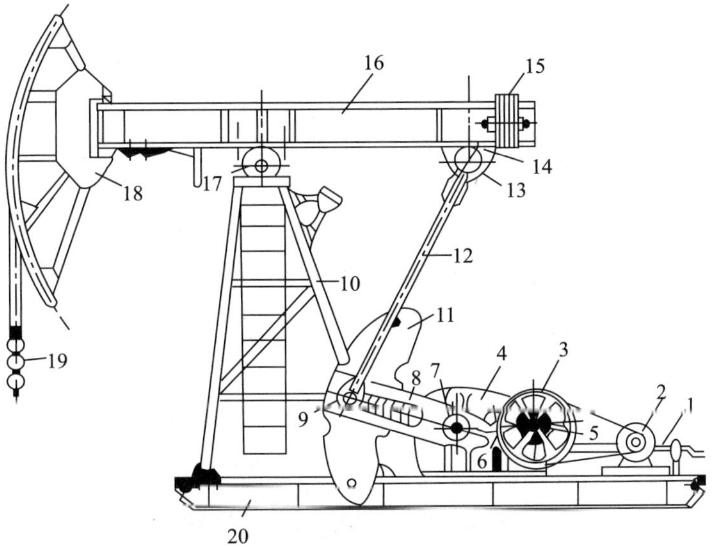

图 2－12　常规型游梁式抽油机结构简图

1—刹车装置；2—电动机；3—减速箱皮带轮；4—减速箱；5—动力输入轴；6—中间轴；7—输出轴；8—曲柄；9—曲柄销；10—支架；11—曲柄平衡块；12—连杆；13—横梁轴(尾轴)；14—横梁；15—游梁平衡块；16—游梁；17—支架轴(中轴)；18—驴头；19—悬绳器；20—底座

(2)异相型游梁式抽油机

异相型游梁式抽油机如图 2－13 所示。

异相型游梁式抽油机与常规型抽油机相比较，其结构特点是：

① 减速箱背离支架后移，增大了减速箱输出轴中心和游梁摆动中心的水平距离，形成了较大的极位夹角。极位夹角的存在可以使驴头上冲程运行的时间大于下冲程，从而使上行程惯性载荷减小，电动机的输山功率降低，抽油泵泵效增加。

② 异相型游梁式抽油机又称曲柄偏置抽油机，它的平衡重中心线与曲柄中心线有一个相位夹角(即平衡相位角)。这种抽油机的曲柄均为顺时针旋转(驴头在右侧)，平衡相位角改善了平衡效果，减小了输出轴扭矩的峰值，扭矩变化较均匀，使电动机的输出功率降低，改善了悬点承载性能。

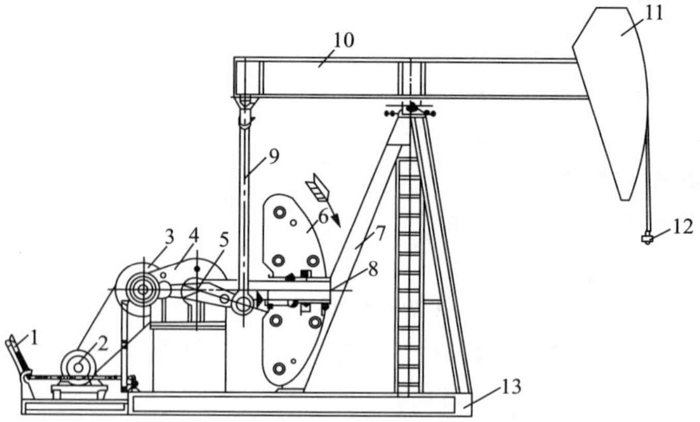

图 2－13　异相型游梁式抽油机结构简图

1—刹车装置；2—电动机；3—减速箱皮带轮；4—减速箱；5—输出轴；6—平衡块；7—支架；8—曲柄；9—连杆；10—游梁；11—驴头；12—悬绳器；13—底座

(3)前置式游梁抽油机

前置式游梁抽油机如图 2－14 所示。

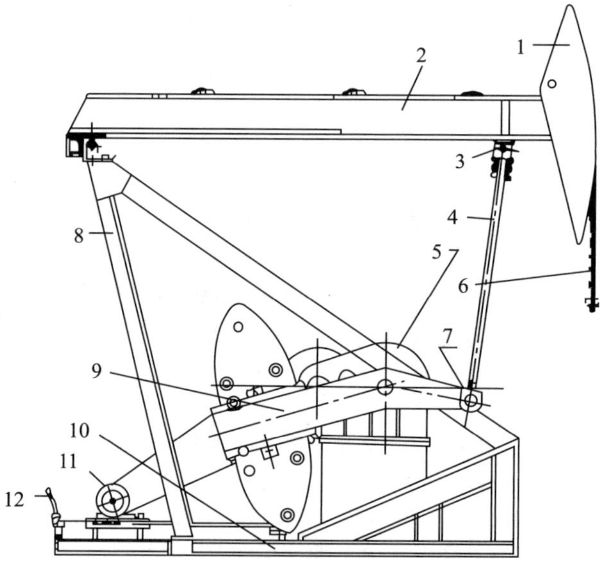

图 2－14　前置型游梁式抽油机结构简图

1—驴头；2—游梁；3—横梁；4—连杆；5—减速箱；6—吊绳及悬绳器；7—曲柄销；8—支架；9—曲柄；10—底座；11—电动机；12—刹车装置

① 结构特点

曲柄连杆机构和驴头都位于支架前面，曲柄连杆机构存在 15°左右的极位夹角和 20°的平衡相位角，因而驴头上冲程运行时间长。由于光杆运动中加速度与运行时间的平方成反比，因此其悬点载荷较低，抽油机承载状况较合理。这种抽油机上冲程时扭矩因数较小，又具有平衡相位角，使得上冲程开始时减速箱输出轴扭矩比油井负荷扭矩滞后，而在下冲程时减速箱输出轴又超前于油井负载扭矩，有效地降低了减速箱峰值扭矩，使净扭矩较均匀，降低了运行功率，有一定的节能效果。

② 缺点

主要表现在结构不平衡，比常规游梁式抽油机大的多，必须加平衡重，增加了总机的质量；减速箱安装在支架下面，安装和维修保养都不方便；运行过程中前冲力较大，影响机架的稳定性。由于存在这些缺点，在国内应用不广泛，多用于12型以上的抽油机。

(4)气动平衡游梁抽油机

气动平衡游梁抽油机如图2－15所示。

① 结构特点

气动平衡抽油机是前置式抽油机的变型。其不同之处是，不用平衡重来实现平衡，而是利用气缸内气体的压力产生的推动力来实现平衡。

② 优点

没有笨重的平衡块，总机质量减轻约1/3，通过调整气包内压力实现平衡的调整工作，不用停机，操作十分方便，而且有利于减少减速箱的负扭矩，平衡效果好。

③ 缺点

气缸加工费用高，增加了一套补气装置和比气缸容积大8～10倍的储气包；为保证驴头悬点突然失载的情况下抽油机能安全停车，必须装有安全装置，这样更增加制造成本。尤其是平衡气缸系统在运行过程中故障率高，对操作和维修工人技术要求高，运行费用比其他抽油机都高，所以国内外使用的都比较少。

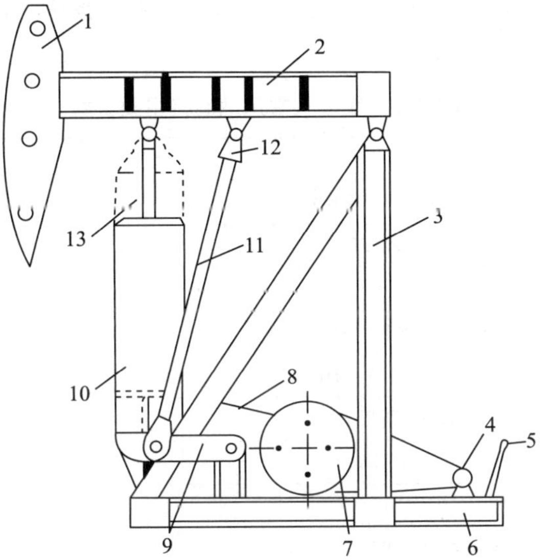

图2－15 气动平衡游梁式抽油机结构简图

1—驴头；2—游梁；3—支架；4—电动机；5—刹车装置；6—底座；7—皮带传动装置；8—减速箱；9—曲柄；10—气包；11—连杆；12—横梁；13—气缸活塞杆

2. 减速器齿形代号

H——点啮合双圆弧齿形减速器；渐开线齿形减速器代号省略。

3. 平衡方式代号

Y——游梁平衡(只在游梁上加平衡块)；

B——曲柄平衡(只在曲柄上加平衡块)；

F——复合平衡(同时在游梁和曲柄上加平衡块)；

Q——气动平衡(用气缸平衡)。

煤层气常用抽油机型号有 CYJ3－1.5－9HB、CYJ5－2.5－18HF、CYJ8－3－37HF 等。

(二)主要参数

1. 悬点载荷

悬绳器悬挂光杆处承受的光杆拉力，单位：kN。

2. 最大冲程

抽油机带动光杆获得的最大位移，单位：m。

3. 最高冲次

抽油机设计允许装配最大动力机皮带轮实现的冲次，单位：次/分(min^{-1})。

4. 减速器额定扭矩

减速器输出轴允许的最大扭矩，单位：kN·m。

5. 减速器扭矩

减速器输出轴的实际扭矩，kN·m。

6. 曲柄剪刀差

距离放置中心最远的曲柄销孔中心线之间的距离。要在垂直曲柄轴中心线的游梁式抽油机中分面上测量，单位：mm。

7. 悬点投影

在以光杆最大冲程运动过程中，驴头悬点在水平面上的投影，mm。

抽油机主要参数如表2－4所示。

表2－4 煤层气常用抽油机主要参数

名称	型号					
	CYJ5－2.5－18HF			CYJ3－1.5－9HB		
悬点额定载荷	50 kN			30 kN		
冲程	2.5 m	2.1 m	1.7 m	1.5 m	1.2 m	0.9 m
减速箱输出轴额定扭矩	18 kN. m			9 kN·m		
电动机型号	YCT225－4B			YCT200－4A		
电动机转速	1250～125 r/min			1250～125 r/min		
电动机功率	15 kW			11 kW		
结构不平衡重	0.47 kg			－0.5 kg		
总体尺寸	6.613m×1.92m×5.763 m			5.36m×1.38m×4.02 m		
全机质量	9220 kg			4250 kg		

(三)主要结构

游梁式抽油机主要由配电箱、电动机、刹车装置、皮带传动装置、减速箱、曲柄装置、曲柄销装置、连杆、横梁、游梁及驴头、吊绳及悬绳器、支架底座等零部件组成。

1. 驴头

驴头制成弧形是为了抽油机抽水时保证光杆始终对准井口中心，同时承担各种载荷的作用。

驴头根据移开井口方式不同，可分为三种。

(1)侧转式：驴头穿销为立穿式，可侧转180°，最常用。

(2)上翻式：驴头穿销为横穿式，可上翻180°。

(3)吊挂式：为螺栓连接。

2. 游梁

游梁装在支架轴承上，前端安装驴头承受井下载荷，后端连接横梁、连杆、曲柄。作用是绕支架轴承上下摆动来传递动力。

3. 曲柄连杆机构

其作用是将电动机的旋转运动转变成驴头的上下往复运动。曲柄上一般有三个孔，用来调节抽油机冲程。

4. 减速箱

其作用是将电动机的高速转动，通过三轴二级减速箱转变成曲柄轴的低速转动，同时支撑平衡块。

减速器为人字圆柱齿轮传动，齿形一般采用点啮合双圆弧齿形和渐开线齿形。双圆弧齿轮具有承载能力高、使用寿命长、传动平稳、振动小、输出转速恒定无波动等特点。因此，抽油机减速器多采用点啮合双圆弧齿形齿轮。

5. 平衡块

抽油机上行程时平衡块向下运动，帮助电动机做功；下行程时平衡块向上运行，储存能量以便在抽油机下行时释放。平衡块的作用是为了减小电动机在抽油机上下行程的载荷差。

6. 悬绳器

连接光杆和驴头的柔性连接件，承受抽油机的工作载荷，为测试示功图时提供光杆载荷。

7. 电动机

电动机将电能转变成机械能，通过调整转速改变抽油机冲次(一般为1 ~ 8min^{-1})，抽油机有最常见的调速方式。

(1)调速方式一

电磁调速电动机 + 调速器配电柜，如图2 - 16所示。

图2 - 16　电动机调速方式一

(2)调速方式二

变频电动机 + 变频器控制柜，如图2 - 17所示，变频器控制柜操作面板名称如表2 - 5所示。

变频电动机　　　　变频器控制柜

图 2－17　电动机调速方式二

表 2－5　变频器控制柜操作面板名称

位置（从上至下）	位置(从左至右)					
	1	2	3	4	5	6
第一排	电压表	电流表	频率表			
第二排	工频指示灯	变频指示灯	照明开关	故障报警灯	故障复位按钮	
第三排	工频启动按钮	工频停止按钮	工频／变频转换开关	变频启动按钮	变频停止按钮	频率调节旋钮
第四排	频率指令操作面板	断／变频／通开关	断／工频／通开关			

变频控制柜手动、自动控制操作说明：

① 手动控制

将控制面板中间转换开关切换到工频或变频位置上，小转换开关切换到手动位置上，合上空气开关，按启动按钮可启动变频或工频。

② 自动控制

将控制面板中间转换开关切换到中间位置上(空挡)，小转换开关切换到自动位置上，合上空气开关，使控制柜背面显示屏在变频模式，绿灯亮，按启动键可启动变频器，按停止键可停止变频器。

要进行远传控制和上面步骤一样，使控制柜背面显示屏在变频模式，绿灯亮，方可进行无线数据传送。当变频器面板显示数据出错情况下，可拉下变频供电空气开关，过一段时间，再合上供电空气开关，可恢复正常。

8. 刹车装置

靠刹车片和刹车轮接触时产生摩擦而起到制动作用，它有内胀式和外抱式两种类型，如图 2－18 所示。

(四)工作特点

(1)整机工作平稳、噪音小、操作维护方便。

(2)游梁选用箱式或工字钢结构，强度高、刚性好、承载能力大。

(3)减速器采用人字型渐开线或双圆弧齿形齿轮，加工精度高、承载能力强，使用寿命长。

(4)驴头可采用上翻、上挂或侧转三种形式之一。

(a)内胀式　　(b)外胀式

图 2－18　刹车装置的结构类型

(5)刹车采用外抱式或内胀式结构，配有保险装置，操作灵活、制动迅速、安全可靠。

(6)底座采用地脚螺栓连接或压杠连接两种方式之一。

二、抽油杆

1. 光杆

光杆用于连接驴头毛辫子与井下抽油杆，并同井口密封盒配合密封井口。光杆分为普通型和一端墩粗型两种。普通型光杆两端均为相同的抽油杆螺纹，杆体直径大于两端螺纹外径，两端可互换使用。一端墩粗型光杆的一端墩粗并加工成抽油杆螺纹，另一端不墩粗加工成普通螺纹，杆体直径小于墩粗头直径，墩粗端螺纹连接性能好，但两端不能互换使用。普通型光杆结构如图 2－19 所示。

一端墩粗光杆结构如图 2－20 所示。

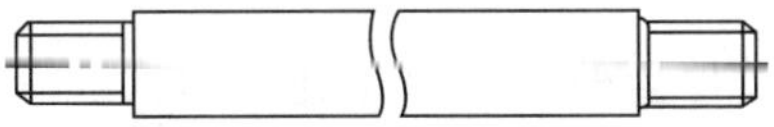

图 2－19　普通型光杆结构

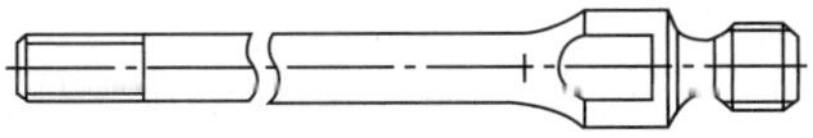

图 2－20　一端墩粗光杆结构

2. 抽油杆

抽油杆用于地面抽油机与地下抽油泵之间的连接。常用抽油杆有钢制抽油杆、玻璃纤维抽油杆和空心抽油杆三种。钢制抽油杆结构简单、制造容易、成本低、直径小，有利于在油管中上下运动，用于常规有杆泵抽吸方式。玻璃纤维抽油杆耐腐蚀、重量轻，有利于降低抽油机悬点的负荷，一般用于深井和含腐蚀介质井的抽吸。空心抽油杆制造复杂、成本高，用于特殊的抽吸作业。

钢制抽油杆结构如图 2－21 所示。选用钢制抽油杆柱时，必须考虑下列技术要求：

(1)抽油杆柱应具有足够的疲劳强度；

(2)抽油杆柱重量应尽量轻；

(3)由抽油柱弹性伸长所造成的柱塞冲程损失不应太大；

(4)综合成本应尽量低。

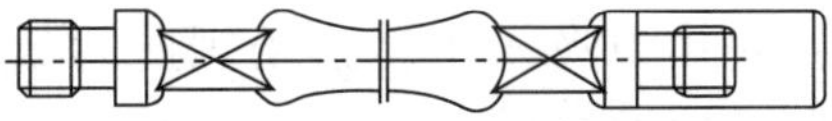

图 2－21　钢制抽油杆结构

加重杆用来减轻或避免抽油杆柱受压应力作用发生的弯曲，从而改善抽油杆的工作状态，提高抽油杆寿命和抽吸泵效。加重杆结构如图 2－22 所示。

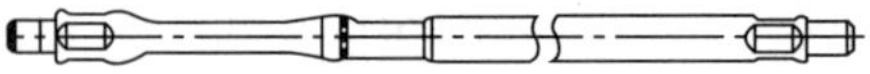

图 2－22　加重杆结构

三、抽油泵

有杆抽油泵是有杆抽油机系统的主要设备。作业时安装在下入井内油管柱的下部，沉没在被抽吸的井液中，通过抽油机、抽油杆传递的动力直接抽吸井内液体。有杆抽油泵分为管式和杆式泵两大类，即管式抽油泵和杆式抽油泵。

国家标准泵型号如下所示：

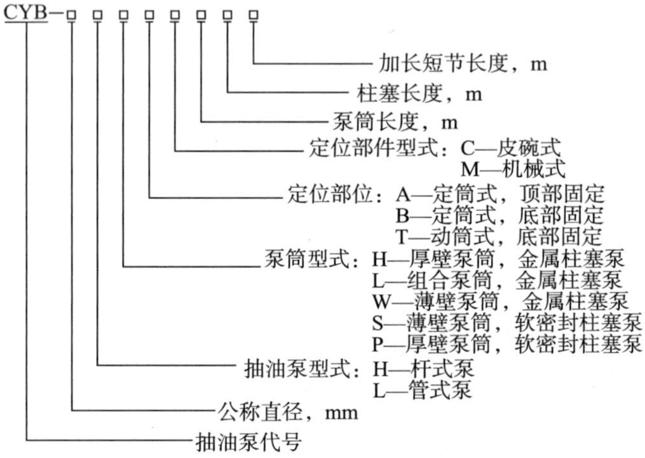

1. 管式抽油泵

管式抽油泵只有泵筒和柱塞两部分，泵径可设计得较大，理论排量也大，一般用于供液能力强、产量较高的浅井或中深井。管式抽油泵的泵筒直接接在油管柱下端，柱塞随抽油杆下入泵筒内，维修泵时必须起出全部油管柱。煤层气多用管式抽油泵，其结构如图 2－23 所示。

2. 杆式抽油泵

杆式抽油泵分为定筒式和动筒式两种类型，由泵筒、柱塞、游动阀、固定阀、泵定位密封结构和外壳组成。由于它有两层工作筒，因而泵径和排量都较小，一般用于液面低或产量少的深井。在施工中，只需起出抽油杆就可将泵带至地面，检泵的作业工作量较小。杆式抽油泵结构如图 2－24 所示。

四、工作原理

游梁式抽油机工作时，电动机通过三角皮带传动、带动减速箱，减速后由曲柄、连杆、横梁和游梁等四连杆机构把减速箱输出的旋转运动变为游梁驴头的往复运动，驴头带动光杆和抽油杆做上下往复运动，抽油杆将这个运动传递给井下抽油泵的柱塞。抽油泵泵筒的下部装有吸入(固定)阀，柱塞上装有排出(游动)阀。当抽油杆上行时，柱塞作上冲程运动，吸入阀打开，泵从井中吸入水，游动阀此时处于关闭状态，柱塞将它上面油管中的液体上举到井口，完成抽油泵的排出过程；当抽油杆下行时，柱塞作下冲程运动，吸入阀关闭而游动阀打开，柱塞下面的水通过排出阀向上排泄，完成抽油泵的吸入过程，如图 2－25 所示。

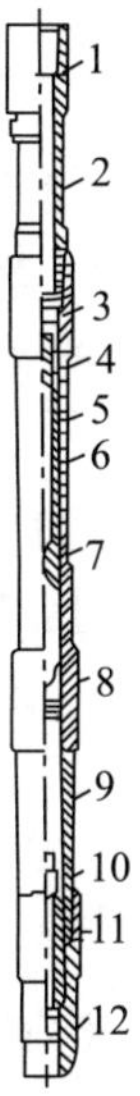

图 2－23　管式抽油泵结构

1—油管接箍；2—上部加长短节；3—泵筒接箍；4—上游动阀；5—泵筒；6—柱塞；7—下游动阀；8—泵筒接箍；9—下部加长短节；10—固定阀；11—油管接箍；12—密封接头

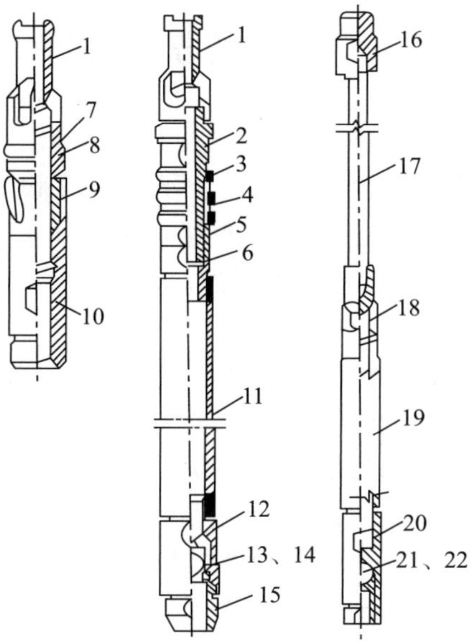

图 2－24　杆式抽油泵结构

1—导向套；2—皮碗心轴；3—密封皮碗；4—皮碗支座；5—皮碗压帽；6—皮碗式支承接头；7—机械式支撑心轴；8—支撑环；9—卡簧套；10—机械式支承接头；11—泵筒；12—固定阀罩；13、14—固定阀球；15—压紧接头；16—异径接头；17—阀杆；18—出油接头；19—柱塞；20—游动阀罩；21、22—游动阀

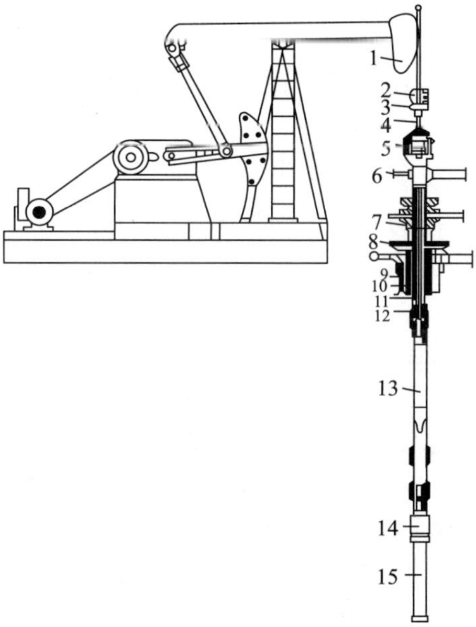

图 2－25　游梁式抽油机工作原理示意图

1—抽油机；2—光杆卡子；3—悬绳器；4—光杆；5—密封盒；6—取样管；7—油管头；8—套管头；9—表层套管；10—产层套管；11—油管；12—抽油杆；13—抽油泵；14—油管接头；15—尾管

任务二　游梁式抽油机的使用与维护

排采设备的使用寿命与工作可靠性，不仅取决于产品质量的优劣，而且与能否正确操作、使用有着密切的关系。因此对排采设备的使用者来说，除了能详细了解排采设备的工作原理、结构特点及工作性能外，还必须正确地掌握其使用操作方法，使排采设备能够更好地工作，并发挥出应有的效能。

另一方面，煤层气排采设备在工作过程中除承受液柱载荷和抽油杆柱的静载荷外，还承受着惯性、摩擦和振动等一系列交变载荷，容易造成机件磨损、连接零件松动等现象。同时，长期野外工作也容易造成润滑损耗或变质，所以要定期对排采设备进行保养。

一、游梁式抽油机的使用

1. 启动前的准备工作

(1)倒好流程，检查水管线是否畅通。

(2)检查光杆卡子、光杆盘根盒松紧是否合适，悬绳器是否水平。检查光杆胶皮闸门开关是否灵活。

(3)减速器润滑油量是否符合标准(油面在观察孔两线之间即可)。

(4)检查抽油机各部轴承润滑油(脂)是否符合加注要求。

(5)检查刹车机构是否灵活完好，有无自锁现象。

(6)检查传动皮带有无油污及损坏情况，并校对其松紧度。电动机皮带轮槽与减速器输入轴皮带轮槽是否在一条直线上。

(7)检查中轴承、尾轴承、驴头销子、平衡块、曲柄销等各部固定螺栓有无松动现象。

(8)检查曲柄销、减速器和电动机上的皮带轮、刹车轮等键连接部位有无松动，压盖是否齐全。

(9)检查保险丝是否插好，保险丝(熔片)是否合乎规格，电器开关有无异常，电器设备接地装置是否良好。

(10)检查指示灯是否良好，颜色是否正常。

(11)检查和排除抽油机周围妨碍运转的物体。

(12)松开刹车，盘动皮带，检查是否有碰、卡现象。

2. 启动操作与正常运转

(1)首先打开配电柜门锁，合上空气开关，检查供电系统是否正常，然后按动电动机配电柜启动按钮，待电动机转动平稳后，合上电动机调速器开关，调节调速器旋钮到设定值，使抽油机正常运行，观察运行电流大小并做好记录，最后锁好配电柜门锁。

(2)抽油机启动后，应检查各连接部位、减速器及电动机等有无不正常声音。

(3)观察各部件有无振动现象。

(4)减速器及各轴承有无漏油现象。

(5)检查曲柄销子有无松动，平衡块有无窜动，驴头上下运动时，井内有无金属撞击现象。

(6)检查电动机轴承发热情况。

(7)检查盘根盒是否发热，光杆卡子有无松动。

(8)检查配电箱内电器元件声音是否正常，电流是否稳定。

(9) 每间隔 8h 巡回检查一次，有不正常现象应立即停机处理，将处理结果填入报表，情况严重时向上级汇报。

3. 停机操作

(1) 首先打开配电柜门锁，将电动机调速器旋钮逆时针旋转到底，然后断开调速器开关，再按下停机按钮使电动机停止转动，最后断开空气开关，锁好配电柜门锁，拉紧刹车。

(2) 当排采井气量大时，驴头应停在下死点；当含灰量大时，为防止煤粉沉积卡泵，驴头停在上死点；一般情况下，曲柄应处于右上方。

4. 使用操作注意事项

(1) 盘动抽油机皮带时要用手压着盘，禁止用手抓着盘，以免轧伤手指。

(2) 启动和检查抽油机时，注意不准站在曲柄旋转处，防止伤亡事故发生。

(3) 调整平衡时，停机后曲柄应停在水平位置，刹车要刹紧并扣上死刹，平衡块调整完后，固定螺钉应拧紧。

(4) 保险丝和熔片不能超过标准规定，以免烧坏电动机，检查电动机时要注意安全。

(5) 下雪、下雨时应加强检查，并采取措施严防雨、雪浸入减速器及电器设备。操作人员接近电器设备时，应注意安全，避免发生触电。启停抽油机应配带绝缘手套。

(6) 新安装的抽油机开抽 4h 后，由操作人员做一次全面检查，并做一次紧固作业，运转 24h 后，再做一次检查和保养。

二、游梁式抽油机维护保养

抽油机的维护保养是操作人员的主要责任之一，是保持抽油机经常处于完好状态的重要手段，是一项积极的预防工作。

抽油机在长时间的运行过程中，不可避免地要发生耗损，例如松动、干摩擦、腐蚀等。这些抽油机的隐患，如果不及时处理，会造成抽油机的过早磨损，甚至形成严重事故。做好抽油机的维护保养工作，及时处理随时发生的各种问题，改善抽油机的运行条件，就能防患于未然，避免不应有的损失。实践证明，抽油机的寿命在很大程度上决定于维护保养的程度。因此，对抽油机的维护保养工作必须强制进行，强调“预防为主，保养为基础”的理念，并严格督促执行。

通过擦拭、清扫、润滑、调整等一般方法对设备进行维护，以维持和保护抽油机的性能和技术状况，称为抽油机的维护保养。

（一）抽油机维护保养的要求

1. 清洁

设备内外整洁，各零件处无油污，各部位不漏油、不漏气，设备周围的切屑、杂物、脏物要清扫干净。

2. 整齐

工具、附件、工件要放置整齐，管道、线路要有条理。

3. 润滑良好

按时加油或换油，不断油，无干摩擦现象，油压正常，油路畅通，油质符合要求。

4. 安全

遵守安全操作规程，不超负荷使用设备，设备的安全防护装置齐全可靠，及时消除不安全因素。

为提高设备维护保养水平应使维护工作做到三化，即：“规范化、工艺化、制度化”。

(1)规范化：就是使维护内容统一，哪些部位该清洗、哪些零件该调整、哪些装置该检查，要按客观规律加以统一考虑和规定。

(2)工艺化：就是根据不同设备制定各项维护保养工艺规程，按规程进行维护。

(3)制度化：就是根据不同设备不同工作条件，规定不同维护保养周期和维护保养时间，并严格执行。

因此，抽油机用户应根据有关规定和抽油机的性能特点，对抽油机定期进行维护和保养。

(二)抽油机维护保养内容

抽油机维护保养一般可为日常保养、一级保养、二级保养和大修等。抽油机日常保养与日常采气工作相结合，由岗位操作人员按规程负责实施，一级保养按规定计划由专业操作人员完成，二级保养和大修工作由专业维修人员来完成。

1. 日常保养(8h)

日常保养也称例行保养，是抽油机最基本的保养工作，一般每8h进行一次，其保养范围有：

(1)检查整机零部件齐全情况，发现缺损或丢失应立即汇报并及时处理。

(2)重点检查底座螺栓、中央轴承座、游梁轴承座螺栓有无松动，检查抽油机基础有无下沉或移位。

(3)检查减速箱轴承盖及轴头密封、排油孔螺丝是否渗油。

(4)检查减速器、曲柄销及各部轴承有无异常响声。

(5)检查悬绳器螺帽有无松动、钢丝绳有无断股。

(6)检查电动机供电电压是否正常，运行电流有无异常，电动机轴承有无异响。

(7)检查抽油机运行是否平衡。

(8)对整机进行清洁作业，保持抽油机外观清洁。

2. 一级保养(800~1000h)

抽油机一级保养的主要任务是保证润滑，调整抽油机处于正常工作状态等，一保的期限根据各地的规定不同，一般在抽油机连续工作800~1000h后进行，一级保养内容有：

(1)完成日常保养的全部内容。

(2)对各部轴承、驴头、毛辫子进行润滑作业。

(3)打开减速器观察孔，检查齿轮啮合情况，并检查齿轮磨损和损坏情况。

(4)检查减速器润滑油油质，取样化验，按质按需换油。

(5)清洗减速器呼吸器。

(6)检查抽油机平衡情况，必要时进行平衡调整，使平衡率大于85%。

(7)检查电动机皮带轮与减速器皮带轮是否达到“四点一线”，单根皮带松紧是否一致，如不符合要求，予以调整。检查皮带轮及键有无磨损，如有应进行修复或更换。

(8)检查曲柄销并紧固背帽。

(9)维修电工负责对电动机及电器设备进行一级保养作业。

具体操作时，操作人员可以按照紧固、润滑、调整、清洗、防腐“十字”作业法进行抽油机一级保养作业。

抽油机润滑部位如表2-6所示。

表 2-6　抽油机润滑部位检查表

序号	润滑部位	润滑点名称	点数	油品		换油时间
				名称	规格(牌号)	
1	减速器及各轴承	齿轮输入轴轴承 中间轴轴承 输出轴轴承	7	工业闭式齿轮油	150 号或 220 号	半年抽样化验，按质换油
2	曲柄销尾轴承中轴承电动机	轴承	6	二硫化钼锂基脂		半年抽样化验，按质换油
3	连杆销 驴头销	销子	4	二硫化钼锂基脂		半年抽样化验，按需换油
4	毛辫子	钢丝绳	2	二硫化钼锂基脂		半年抽样化验，按需换油

3. 二级保养(3600～4000h)

抽油机二级保养的主要内容是项目维修，更换易损件，调整抽油机运动部件，更换润滑油。二级保养以专业维修队和操作人员协助完成，一般规定抽油机累计运行 3600～4000h 需要进行二级保养，较长时间运转，出现故障需维修的抽油机应及时调整安排二级保养作业。

(1)完成一级保养的全部内容。

(2)检查刹车机构的工作情况，并进行调整和修复。

(3)检查减速器各轴密封情况，如有渗漏予以修复。

(4)检查各部轴承、轴套磨损情况，并予以调整或更换。

4. 大修

(1)抽油机大修的原则条件

① 运行时间超过 6 年。

② 减速箱齿轮磨损严重或达到大修条件。

③ 2 个以上重要零部件坏损严重。

④ 底座或支架严重变形，不能保证安全运行。

抽油机达到上述条件之一，就应该安排大修。

(2)大修的技术要求

① 抽油机大修时，所更换零部件必须符合原零部件设计要求的性能。

② 抽油机大修后，要对整机进行运行试验，试验数据符合出厂设计，并出具大修合格证。

任务三　游梁式抽油机的故障诊断与排除

设备故障是一个非常广义的概念。简单的说，设备故障就是设备系统或其中的元件(部件)丧失了规定的功能或精度。与故障意义相近的还有“失效”的概念，失效通常指的是不可修复的对象；故障指的是可以修复的对象。游梁式抽油机的常见故障包括减速箱故障、整机振动、曲柄销松动或外移、尾轴承座螺栓松动和皮带松弛。

一、减速箱故障诊断分析

减速箱是抽油机工作组件中的重要零部件，如果工作中出现漏油、振动、窜轴等问题，轻者将会降低工作效率，影响到减速箱的使用寿命，重者将直接导致减速箱无法正常运转，从而造成抽油机停止工作。因此，通过监测减速箱运行时的实际工况，判断减速箱零部件因早期损坏引起的非正常运行，并以此建立减速箱的长期维护程序，避免减速箱的突然失效具有重要意义。

（一）漏油

减速箱出现漏油常见的几种形式：

1. 主动轴、从动轴端的密封处漏油

尤其是主动轴密封圈处漏油最为严重，造成漏油的原因是：

①目前抽油机减速箱在输入、输出轴处采用的密封方式一般有三种：矩形槽式、矩形密封圈式、骨架密封式。由于抽油机减速箱长期在野外工作，条件恶劣，加剧了其密封件的磨损，所以密封件损坏是导致轴端漏油的主要原因。例如密封圈变形及撕裂，骨架密封的弹簧圈失去自补偿作用，矩形槽式密封若加过量润滑油就会沿着轴端渗出。

②加工装配不合格同样也会导致轴端漏油。

③润滑油液面过高。

④回油孔设计不合理，导致回油不畅通。减速箱主动轴、从动轴的回油孔是按照齿轮油或机械油的流动性能设计的；当回油孔孔径较小时，由于半流体润滑油流动性差，供给轴承润滑的半流体不能及时回到油池，导致在轴端密封处漏油。

2. 减速箱结合面处漏油

结合面处漏油主要是由于以下几个方面的原因所造成的：

①减速箱在组装合箱时，箱体和箱座结合面上存在高点或结合面上留有杂质，使得结合面不严而发生漏油。

②结合面上密封胶涂抹的位置不对或者出现断点，起不到密封作用而导致漏油。

③箱体本身存在一些结构缺陷，如导油槽和结合面拉紧螺栓孔离的太近，导致油从油槽螺栓孔流出，造成漏油。

④减速箱箱体、箱座毛坯没有经过时效处理，经过一段时间使用之后，箱体、箱座内应力释放，造成结合面变形，贴合不紧而漏油。

⑤没有将箱体、箱座的粗、精加工分开进行，粗加工完后没有进行应力释放便进行精加工，导致加工后的结合面在应力释放过程中发生变形。

3. 减速箱观察窗、放油孔处漏油

造成观察窗和放油孔处漏油的主要原因是：紧固螺栓没有完全拧紧或没有安装密封垫片。

4. 减速箱箱体底部漏油

减速箱箱体底部漏油主要由以下两个方面原因所致：

①箱体漏油在沙化严重的地区比较常见。在这些地区减速箱常年受风沙冲蚀作用，再加上箱体底部应力集中及有时超负荷运转，导致底部出现裂纹而漏油 。

②箱体底部本身存在铸造缺陷，如细小的气孔、砂眼等，在试车过程中，短期时间内没有出现渗漏，在野外长时间工作，天长日久就会出现渗漏情况。

（二）振动

减速箱在现场使用过程中出现振动、异响等问题，主要是由以下几方面原因造成。

1. 齿轮故障

现场最常见的减速箱齿轮故障有以下几种形式：

(1)断齿

造成齿轮断齿主要有三个方面的原因：

① 齿轮存在加工缺陷，如气孔、砂眼等。

② 超载荷运转。由于井底情况较为复杂，有时可能会发生井底事故，造成抽油机减速箱超载荷断齿。特别是当齿根有缺陷时，大载荷就会发生断齿现象。

③ 齿轮材料为合金钢，材料不合格，齿的抗弯强度和韧性不足导致齿轮打齿。

(2)轮齿非正常磨损

轮齿非正常磨损是指齿轮发生过早磨损，达不到齿轮应当具有的磨损寿命。发生非正常磨损主要有以下几个方面的原因：

①减速箱制造质量差。

a. 热处理硬度不够。

b. 存在砂眼、气孔或疏松等缺陷。

c. 齿轮材料不符合要求。

d. 齿轮啮合精度、运动精度达不到要求。

②齿轮中心距误差太大。双圆弧齿轮对中心距误差很敏感，特别是正向误差，不仅降低了轮齿的弯曲强度，而且还增加了滑动磨损。

③减速箱缺油导致减速箱在无润滑条件下工作，使其齿轮过早地磨损、失效。

④磨损掉的齿轮金属微粒混在半流体润滑油中，加剧了齿轮的磨损。在油箱中增加几个磁性体，利用磁性作用吸附润滑油中的金属微粒，可减少润滑油的金属微粒含量。

(3)齿面点蚀和剥落

齿面发生点蚀的主要原因是齿轮的接触疲劳强度不足。影响齿轮接触疲劳强度的因素有：

① 齿轮的材质不符合要求。

② 热处理后的硬度较低，无法保证齿轮应有的接触疲劳强度。

③ 齿轮表面或内部有缺陷，使接触疲劳强度不够。

④ 齿轮精度较差。齿轮加工和装配精度不符合要求，如双圆弧齿轮的中心距误差太大、啮合精度、运动精度较差等。

⑤ 润滑油不符合要求。油品的黏度较低，润滑性能较差。

⑥ 油温过高。润滑油温度较高，降低了润滑油的黏度，破坏了润滑性能，减少了油膜的工作厚度。

(4)齿面出现偏磨现象

齿轮螺旋角误差，同轴两齿轮的对称度误差，三轴孔位置误差(不平行、不在同一平面)均会导致左右旋齿轮受力不对称，一端齿轮齿面出现严重偏磨现象。

(5)齿侧间隙过大

① 制造中由于出现三轴孔间中心距超差、齿型误差、齿轮直径误差等导致装配后齿轮间隙超差。

② 使用中由于磨损、冲击载荷等因素造成齿轮间隙增大。

2. 轴承损坏

当轴承出现裂纹或由于润滑不良而产生磨损时，在转动过程中，导致轴承滚珠与内外圈卡死，使减速箱产生振动并发出异响声。

3. 滚键

当从动齿轮发生滚键时，减速箱在运转过程中将会出现停滞现象，导致减速箱产生振动和噪音。造成减速箱装配后发生滚键的原因有以下两点：

(1)在没有热装手段时，有可能采用冷装，减小了孔和轴的过盈量及键和键槽的配合量。

(2)键槽变宽或键宽度尺寸磨小，使得键和键槽之间存有间隙。

4. 受到井下状况的影响

当井下载荷发生突变或出现卡泵时，使得抽油杆运动受阻，发生的冲击载荷传递到减速箱内，导致减速箱产生振动和异响。

(三)窜轴

抽油机减速箱采用的是人字齿轮传动，其输出轴依靠轴承进行轴向定位；中间轴、输入轴则采用无轴向约束的轴承，靠人字齿轮由输出轴进行轴向定位。现场中的窜轴故障均由输入轴的窜动表现出来。

造成窜轴的原因主要有以下几个方面：

(1)由于断齿使得输入轴失去轴向约束而发生窜轴。

(2)中间轴和输出轴上从动齿轮加工误差造成窜轴。

(3)中间轴和输出轴上从动齿轮螺旋角误差造成窜轴。

(4)减速箱承受正负扭矩作用时，齿厚误差、齿面不均匀磨损和过早磨损、齿背变形造成窜轴。

(5)轴上键槽对称度超差，齿轮装上后，"人字齿"不对称，致使与其啮合的轴偏向一侧。

(6)中间轴上的被动齿轮与轴紧固不牢靠所致。中间轴上的主动齿轮处于轴的中间位置，一般是直接加工成齿轮轴，而被动齿轮则是将旋向相反的两个斜齿轮采用过盈配合分别装在中间轴的两端，内侧紧靠在中间轴的轴肩处，依靠其过盈量来保证被动齿轮与中间轴的扭矩传递。在实际传动中，往往由于被动齿轮与中间轴的过盈量不够，齿轮相对于中间轴产生轴向窜动，进而使输入轴发生窜动。

(7)轴承损坏。

减速箱轴承损坏多发生在输出轴上：

①输出轴受到的径向力大；

②轴承间隙调整不当。

针对现场实际情况，选用球面调心滚子轴承作为减速箱输出轴的轴承。这种轴承可承受较大的径向力和较小的轴向力，正好符合抽油机减速箱的受力工况。它的轴向固定也很简单，在工作过程中不需要调整轴承间隙。

二、抽油机整机振动的故障诊断分析

(一)抽油机整机振动的原因

1. 底座的原因

主要有地基不牢固，底座与基础接触不实有空隙，支架底板与底座接触不实等。

2. 负载与对中的原因

驴头对中误差大、悬点负荷过重超载、平衡率不够、井下抽油泵刮卡现象或出砂严重、减速器齿轮打齿等。

（二）检查方法

（1）首先要检查的是基础与底座接触是否牢固。如果不牢固，当抽油机上行时基础跟着抽油机的上行而上升，下行时又回到原位，下雨时发现比较明显的稀泥从基础与大地的缝隙中被挤出来。

（2）检查基础和底座的连接部分，斜铁是否有松动，紧固螺栓是否松动。

（3）驴头悬点负荷严重超载。通过测示功图可以得到抽油机的悬点负荷是否严重超载。此类情况发生在井下更换大泵，加深泵挂，或是抽汲参数不合理——冲程大、冲次快，造成了悬点负荷和惯性负荷的增加而使整机严重超载，应及时处理，不然可能造成严重后果——拉断悬绳器、游梁、横梁等事故发生。

（4）平衡率不够，可通过用钳形电流表检测平衡率。听电动机声音也能发现平衡率差得太多，电动机上下冲程速度不一致，发生不均匀的噪声。

（5）井下碰泵、刮卡现象也可造成整机的振动。每上下一次都有一次卸载、增载，抽油机摇摆、晃动，产生很大的冲击振动，还可造成其他部件损伤。

（6）减速器齿轮打齿或左右旋齿松动。减速器噪声很大、机身振动很大，检查减速器，打开减速器检查孔，检查齿轮是否有打齿现象，要逐一检查每个齿、左右旋齿、中间轴、人字齿和输出轴齿。

（三）处理方法

（1）基础与底座的连接部位不牢时，可重新加满斜铁，重新找水平后，紧固各螺栓，并备齐止退螺帽。将斜铁块点焊成一体，以免斜铁脱落。

（2）严重超载时，应及时调小冲程、冲次，或换小泵径，或更换大一点的机型。

（3）平衡率不够时，应及时调整平衡，平衡率应达到85%以上。

（4）碰泵、刮卡现象时，应调整防冲距。如发现刮卡现象时，应将抽油杆调整一个位置，直至不刮卡为止。

（5）如减速器齿轮打齿，应立即更换。左右旋齿松动应及时更换，不然会造成更大的损坏。

三、曲柄销松动或外移的故障及处理方法

（一）故障现象

检查抽油机时，能听到周期性的轧轧声。严重时，地面上有闪亮的铁屑，甚至发生翻机事故。

（二）故障原因

（1）曲柄销上的止退螺帽松动或开口销未插上，使冕型螺母退扣。

（2）销轴与销套的结合面积不够，或安装曲柄销时锥套内有脏物。

（3）销轴与销套加工质量不合格。

（4）曲柄销套的圆锥已被磨损。

（三）处理方法

重新安装曲柄销，将旧销打出冲程孔，检查锥套是否磨损。检查曲柄销轴与锥套的配合情况。在锥套里抹上润滑脂，将曲柄销轴插入锥套内压紧，再拉出来销轴上有多少面积粘有润滑脂，即可看到销与锥套的结合面积有多少，加工合格的销套结合面积应能达到65%以上。如果结合面积很小，可视为加工不合格应更换。重新安装曲柄销，应按操作规程和技术要求装配。

四、尾轴承座螺栓松动的故障及处理方法

(一)故障现象

尾轴承固定螺栓剪断、螺栓弯曲，尾部有异常声响，轴承座发生位移。

(二)故障原因

(1)游梁上焊接的止板与横梁尾轴承座之间有空隙存在。尾轴承座后部有一螺栓穿过止板拉紧尾轴承座，这条螺栓未上紧，紧固尾轴承座的 4 条螺栓松动，或无止退螺帽。

(2)上紧固螺栓时，未紧贴在支座表面上，中间有脏物。

(三)处理方法

(1)止板有空隙时，可加其他金属板并焊接在止板上，然后上紧螺栓。

(2)重新更换固定螺栓并加止退螺帽，打好安全线，加密检查次数。

五、皮带松弛的故障及处理方法

(一)故障现象

(1)单根皮带有松有紧。

(2)联组皮带有跳动、波浪状起伏现象。

(3)打滑并伴有异常声响。

(4)起火造成烧坏皮带。

(二)故障原因

(1)使用的皮带长度不一致。

(2)电动机滑轨的固定螺栓松弛。

(3)电动机固定螺栓松弛。

(4)皮带拉长。

(三)处理方法

(1)选择合适的、长度一致的皮带。如果是新皮带就长短不一，可将长的用在一组，短的用在一组。

(2)紧固松弛的螺栓，并顶紧对角顶丝。

(3)调整皮带的松紧度，因皮带用一段时间后会拉长，因此应相应的调整，以保持皮带的松紧度，以单根皮带翻转 180°松手即能回复到原样为合适，联组带手掌下压一指松开即复位为合适。

项目四　螺杆泵

任务一　螺杆泵的结构与工作原理

一、螺杆泵基础知识

地面驱动螺杆泵采气起源于 20 世纪 80 年代初期，法国、加拿大、美国和德国等相继开发并形成了排量为 2～300 m^3/d，扬程为 500～2000m 的系列产品，并得到广泛应用。我国自 20 世纪 80 年代中后期开始研发地面驱动螺杆泵采气系统，已形成排量为 2～240 m^3/d、扬程为 500～1800m 的系列产品，并已在国内各大油田逐步推广应用。

1. 技术特点

(1)一次性投资少。与电动潜油泵、水力活塞泵和游梁式抽油机相比，螺杆泵的结构简单，一次性投资最低。

(2)泵效高，节能，维护费用低。由于螺杆泵工作时负载稳定，机械损失小，泵效可达90%，系统效率高。设备结构简单、体积小，维护方便。

(3)占地面积小。螺杆泵的地面装置简单，安装方便。

(4)适合稠油开采。一般说来，螺杆泵适合于黏度为8000 mPa · s以下的原油开采，因此多数稠油井都可应用。

(5)适应高含砂井。理论上，螺杆泵可输送含砂量达80%的砂浆，在原油中含砂量达40%的情况下也可正常生产 。

(6)适应高含气井。螺杆泵比较适合于油气混输，但井下泵入口的游离气会影响容积效率。

(7)适合于海上油田丛式井组和水平井。螺杆泵可下在斜直井段，而且设备占地面积小，因此适合于海上采气。

2. 应用现状

螺杆泵作为一种机械采气设备，它具有其他抽油设备所不能替代的优越性，国内在制造、应用等方面都取得了长足的进步，井下泵已基本形成系列化。但是，与国外石油公司相比，我国在螺杆泵的整体技术发展和应用等方面还存在着一定差距。其应用范围：

(1)扬程可达到1800m；

(2)排量可达到240m^3/d（800m）；

(3)油品性质(稠油、含砂、高含水、聚驱采气井等)；

(4)井温可达到120℃；

(5)直井；

(6)斜度不大于30°的斜井。

3. 理论排量计算

现场应用中，根据选用泵的型号可计算出理论排量，其计算公式如下：

$$Q = 1440 \times q \times n \times 10^{-6}$$

式中 Q——螺杆泵理论排量，m^3/d；

q——螺杆泵每转排量，mL/r；

n——转子转速，r/min。

4. 使用基本要求

螺杆泵作为水力机械必须要满足以下三个必要条件。

(1)定、转子能够互相匹配。能够满足一般齿形啮合运动的要求。

(2)转子和定子衬套能够保证密封性。转子和定子衬套间能形成多个密封腔室，以充满工作液体。

(3)密封腔室能够不断推移。转子的转动能够使密封腔室连同其中的工作液体连续地沿轴向推移，并在推移过程中进行机械能和液体能的相互转化。

5. 优点

(1)螺杆泵综合了柱塞泵和离心泵的优点，即在不同的压力条件下流量改变很小，而且流量非常均匀。

(2)无阀，对气体的适应性好，不会产生“气锁”现象(相对于柱塞泵)和“气蚀”现象(相对于离心泵)。

(3)结构方面，运动件很少(只有转子一个运动件)，流道短而且简单，过流面积大，油流扰动小，因此携带能力强。

(4)对砂、蜡的适应性好，能够在高黏原油中以较高的效率工作。

(5)螺杆泵的各种优点是相对而言的，对于一些特殊介质，也会对螺杆泵的水力特性产生一定程度的影响，但相对抽油机和电潜泵而言，敏感性较小。

二、螺杆泵采气系统

螺杆泵在煤层气开采过程中得到了广泛应用。

(一)种类

螺杆泵采气系统按照驱动方式不同，可分为地面驱动采气系统和井下驱动采气系统。目前，煤层气开采以地面驱动螺杆泵采气系统为主。

(二)功能

在整个工作过程中，螺杆泵地面驱动装置主要功能有：

(1)为井下螺杆泵提供动力和合适的转速；

(2)承受杆柱的轴向载荷；

(3)为油井产出液进入地面输气管线提供通道；

(4)防止产出水渗漏到井场的密封功能；

(5)防止停机过程中杆柱的高速反转功能；

(6)安全防护功能；

(7)测试、防盗等其他辅助功能。

(三)组成与工作原理

地面驱动螺杆泵采气系统主要由驱动装置、抽油杆、螺杆泵和控制系统四大部分组成。驱动装置为螺杆泵提供动力源，抽油杆把地面的动力传递给井下的螺杆泵，螺杆泵实现排水采气功能，控制系统完成对电动机的控制。地面驱动单螺杆泵采气系统的组成如图2-26所示。

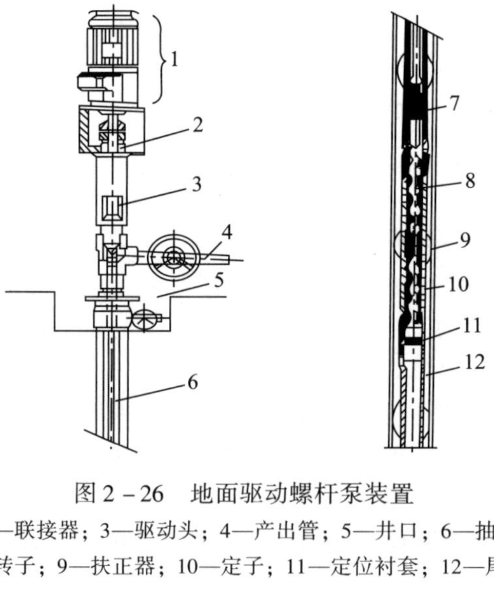

图2-26　地面驱动螺杆泵装置

1—驱动系统；2—联接器；3—驱动头；4—产出管；5—井口；6—抽油杆；7—油管；8—转子；9—扶正器；10—定子；11—定位衬套；12—尾管

1. 控制系统

控制系统是螺杆泵井的控制部分，控制电动机的启、停。该装置能自动显示、记录螺杆泵井正常生产时的电流、电压、频率等参数，有过载、欠载自动保护功能，确保生产井正常运行。

2. 驱动装置

地面驱动装置是螺杆泵采气系统的主要地面设备，把动力传递给井下泵转子，使转子实现行星运动，实现排水采气。从传动形式上分，有液压传动和机械传动；从变速形式上分，有无级调速和有级调速。

(1) 机械驱动传动装置

它是由电动机和减速器等组成，其优点是设备简单，价格低廉，容易实现自动化管理并且节能，能实现有级或无级调速，并且比较方便。

(2) 液压驱动装置

它是由原动机、液压电动机和液压传动部分组成。其优点是可实现低转速启动；转速可任意调节；因设有液压防反转装置，减缓了抽油杆倒转速度。其缺点是在寒冷季节地面液压件和管线保温工作较难，且价格相对较高，不容易管理。

(3) 主要部件作用

① 减速箱的主要作用是改变传动方向并实现一级减速。它将电动机的动力由输入轴通过齿轮(皮带)传递到输出轴，输出轴连接光杆，由光杆通过抽油杆将动力传递到井下螺杆泵转子。减速箱除了具有传递动力的作用外，还将抽油杆的轴向负荷传递到采气树上。

② 电动机是螺杆泵井的动力源，它将电能转化为机械能。一般采用防爆型三相异步电动机。

③ 井口动密封的作用是防止井液流出，起密封井口的目的。

④ 方卡子的作用是将减速箱输出轴与光杆连接起来。

(4) 型号表示方法

螺杆泵地面驱动装置铭牌上一般包含装置型号、输出转速、原动机功率、出厂日期、生产编号、生产厂家等信息。装置型号具体表示如下：

① 锦州鹏宇表示方法：

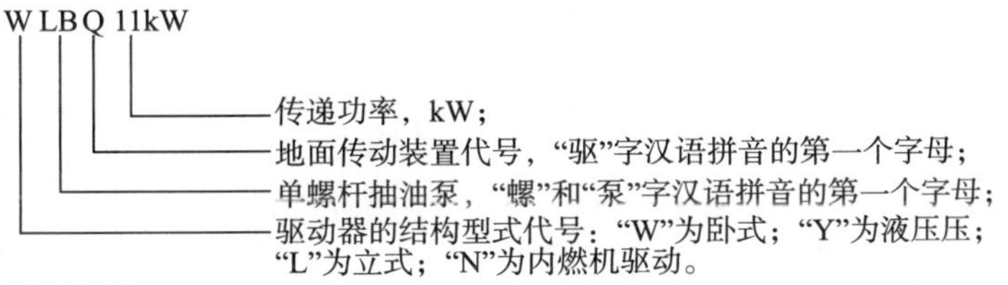

② 上海东方表示方法：

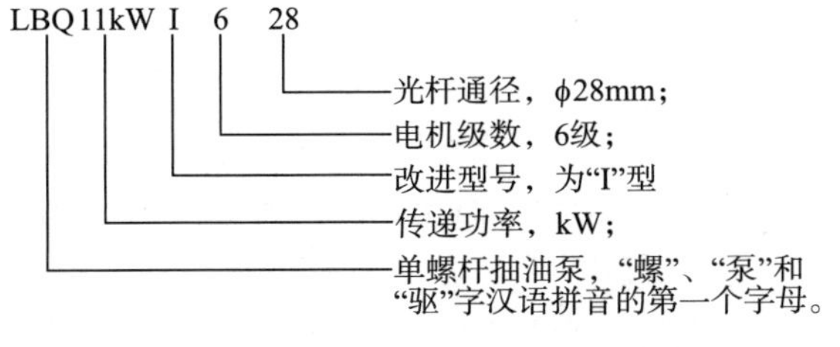

3. 抽油杆

(1) 组成

其杆体是实心圆形断面的钢杆，两端为镦粗的杆头。杆头由螺纹接头、卸荷槽、推承面台肩、扳手方颈、凸缘和圆弧过渡区组成，如图 2－27 所示。螺纹接头用来与接箍相连接，扳手方颈用来装卸抽油杆接头时卡抽油杆用。

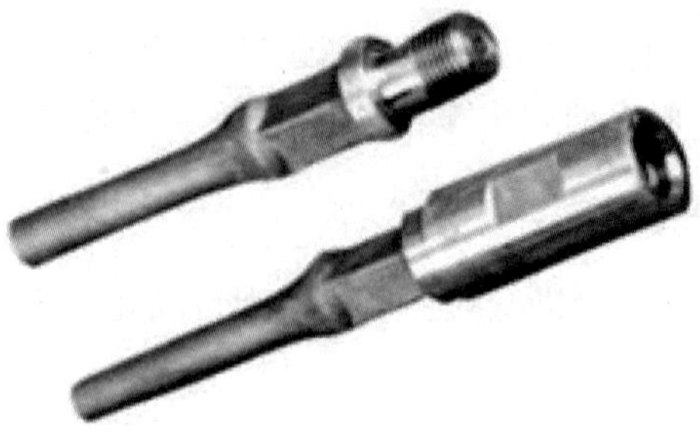

图 2－27　普通抽油杆

(2) 规格

用于螺杆泵井的普通抽油杆，其规格主要有：杆体直径为 ϕ22mm、ϕ25mm、ϕ28mm 实心抽油杆；以及杆体直径为 ϕ36mm、ϕ38mm 空心抽油杆。抽油杆的长度一般为 8m，为调节抽油杆柱的长度，还配备有不同长度的抽油杆短接。

目前，应用于螺杆泵井的普通抽油杆多为 D 级和 H 级两个级别，其中 ϕ22mm、ϕ25mm、ϕ28mm 实心抽油杆多为 H 级，少量应用 D 级抽油杆；ϕ36mm、ϕ38mm 空心抽油杆目前只有 D 级。

普通抽油杆性能稳定，广泛应用于螺杆泵采气系统中，特别是在小排量螺杆泵井。

(3) 普通抽油杆特点

当与大中排量螺杆泵配套使用时，其杆柱断脱事故率会明显上升。这是由于普通抽油杆更适合承受拉伸载荷，其螺纹结构不适合于承受大的扭矩载荷，因此，随着泵的排量变大，杆体所承受的扭矩越大，抽油杆的适应性变差。

(4) 抽油杆扶正技术

抽油杆柱在油管内旋转，由于离心力以及惯性的作用会产生振动和弯曲，所以抽油杆柱将会与油管内壁产生摩擦。因此必须对抽油杆柱采取扶正措施，消除振动，避免杆柱与油管内壁直接接触。

扶正的办法是在杆柱的不同位置布置扶正器。扶正器的布置方法及数量要根据不同的井况来确定。对常规螺杆泵井，一般在杆柱的上端即光杆附近、杆柱的下端即转子附近以及中下部布置扶正器较多，而在其他部位则布置数量较少。

抽油杆扶正器一般采用耐磨的尼龙材料制造，其结构形式有卡装式和短节式两种，如表 2－7所示。

表 2－7　卡装式和短节式对比表

结构形式	优点	缺点	应用情况
卡装式	结构简单，造价低，安装使用方便	不能实现轴向定位	多用于常规井
短节式	能够实现轴向定位	结构复杂，造价高，安装操作不便	可用于定向井、斜井

4. 螺杆泵

(1) 螺杆泵型号

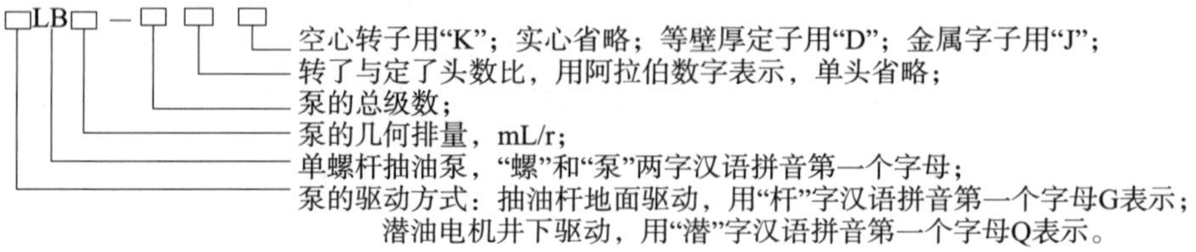

例如：

GLB500－14K 为空心转子螺杆泵，每转排量500mL，级数14；

GLB120－27(2∶3)为多头螺杆泵，转子与定子头数比为2∶3，每转排量120mL，级数27。

(2)螺杆泵工作原理

螺杆泵又有单头(或单线)螺杆泵和多头(或多线)螺杆泵之分。它主要由转子和定子组成。泵转子是通过精加工、表面镀铬、截面为圆形的高强度单头螺杆；泵定子就是泵筒，是具有双螺旋线的内腔，由一种坚固、耐油、抗腐蚀的合成橡胶精磨成型，然后被永久地粘接在钢壳体内而成。

螺杆泵是靠空腔排水，在螺旋转子和定子之间有多个互不连通的“S”形封闭空腔。工作时驱动装置通过传动轴带动井下抽油泵的转子在定子衬套内作行星运动，转子和定子之间的“S”形封闭空腔随转子的旋转面沿轴线方向由吸入端向排出端方向不间断地螺旋上升，封闭腔在排出端消失，空腔内的水也就随之由吸入端均匀地挤到排出端。同时，由泵下面吸入端重新形成的空腔完成水的吸入，经转子的螺旋举升在泵上端排出，这样，封闭空腔不断地形成、运移和消失，水便不断地充满、挤压和排出，从而把井中的水不断地吸入，通过油管举升到井口，达到不间断的连续排采的目的，如图2－28所示。

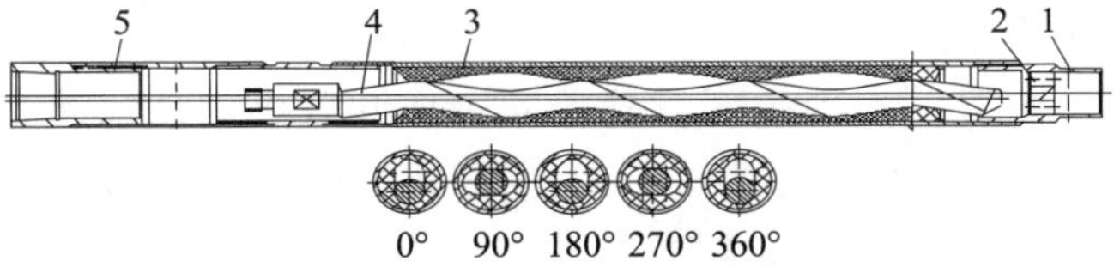

图2－28　螺杆泵工作原理示意图

1—下接头；2—限位销；3—定子；4—转子；5—上接头

三、地面驱动装置调控技术

(一)防反转及安全防护技术

1. 螺杆泵系统反转原因及危害

(1)停机反转的原因

① 螺杆泵停机后或卡泵时，贮存在杆柱中的变形扭转势能会快速释放，使杆柱快速反转。

② 停机后，在油管及外输管线内的高压液体与套管内井液压差作用下，螺杆泵会变成液压螺杆马达，使转子及连接的杆柱反转。油管套管压差越大，杆柱反转速度越快，持续时间越长，直到油管套管压差恢复平衡为止。

③ 杆柱反转过程是由慢到快和由快到慢两个阶段组成，杆柱会产生激励振动，当它的激励频率与杆柱自振频率或井口自振频率相同时，会产生共振，反转速度瞬间会达到高速飞车状态。

(2)停机反转所带来的危害

① 螺杆泵的反转会使杆柱脱扣、光杆甩弯，地面驱动装置零部件损坏。

② 螺杆泵的反转会造成部分零部件过热，点燃井口游离气，造成井口燃烧爆炸。

③ 螺杆泵的反转不仅会危及设备的安全，还会危及现场维护操作人员的安全，成为生产事故的隐患。

2. 防反转系统类型及工作特点

为了解决螺杆泵采气系统停机反转造成系统故障，普遍在驱动装置中设置防反转系统。防反转系统可以装在输出轴或输入轴上，装在输入轴上的防反转系统受到的工作扭矩远小于装在输出轴上的工作扭矩，但装置横向尺寸也相应变大。综合考虑选用防反转系统装在输入轴上的方案较好，易于调整维护。

目前防反转系统主要有棘轮－棘爪防反转机构、摩擦式防反转装置、楔块防反转系统、液压防反转系统和电磁式防反转装置等方式。其中棘轮－棘爪防反转机构和液压防反转系统因结构简单，而且能够释放储存在光杆及装置上的反转扭矩，寿命较长，现场也可以随时更换，目前是国内应用最多的两种防反转系统，但是在煤层气生产过程中，主要采用液压防反转系统。

3. 液压防反转系统

(1)工作原理

螺杆泵液压防反转系统是通过螺杆泵液压防反转装置来实现释放扭矩。螺杆泵液压防反转装置可以在螺杆泵停机后主轴反转时，通过液压制动钳活塞伸出，推动摩擦片卡紧制动盘，使系统压力迅速降低。制动钳失去压力后，主轴降速反转，齿轮泵继续开始工作，制动钳再次产生压力卡紧制动盘，这样时断时续的卡紧—松开—卡紧—松开……，直至主轴反转扭矩卸至为零，消除安全隐患。

螺杆泵液压防反转装置可实现内部设置单向定压卸载机构，制动力矩大，制动平稳可靠，散热性好，扭矩可自动释放，不需人工卸扭矩。这个装置为独立装置，能够在原有驱动装置上进行改造，操作简单，改造成本低。

(2)螺杆泵的转速选用

螺杆泵的流量与转速成线性关系，相对于低转速的螺杆泵，高转速的螺杆泵虽能增加流量和扬程，但功率明显增大，高转速加速了转子与定子间的磨耗，必定使螺杆泵过早失效，而且高转速螺杆泵的定转子长度很短，极易磨损，因而缩短了螺杆泵的使用寿命。

通过减速机构或无级调速机构来降低转速，使其转速保持在300r/min以下较为合理的范围内，与高速运转的螺杆泵相比，使用寿命能延长几倍。

4. 安全防护技术

螺杆泵驱动装置安全防护技术是为了防止螺杆泵驱动装置的零部件破损、松脱和损坏造成人员、设备伤害的技术。

驱动装置安全防护技术主要包括加强型皮带罩、光杆方卡防护罩和安全标识。

(1)加强型皮带罩

加强型皮带罩要求皮带罩有足够的结构强度，现场操作方便，能够避免断裂的皮带、皮带轮损坏而带来的对操作人员的伤害，对于输入轴安装的棘轮棘爪系统同样起到防护作用，如图2－29所示。

(2)光杆方卡防护罩

光杆方卡防护罩是在螺杆泵生产井上现场安装，套在光杆方卡外面，连于螺杆泵驱动装置端盖上，在生产中起到安全防护作用，防止方卡螺栓松脱飞出、光杆甩弯伤人问题，如图2－29所示。

(3)安全标识

安全标识主要是为操作人员提供安全警示。

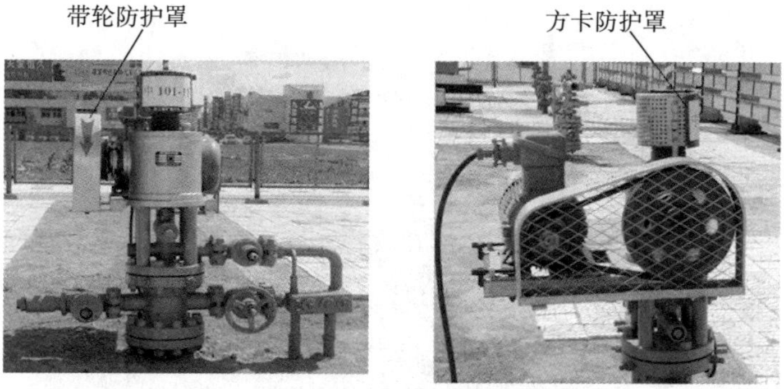

图 2－29　防护罩

（二）无级调整参数驱动技术

1. 概述

无级调整参数驱动方式与有级调整参数驱动方式相比，无级调整参数驱动方式的优点如下：

（1）提高螺杆泵适应油井产能变化的能力

有级调整参数驱动的螺杆泵井，一般只有不连续的几个调整参数挡位。当油井产液量波动较大，或者最佳转速落在两个挡位之间时，这种驱动方式就表现出局限性。特别是聚驱井和新井，投产初期产能较高而稳定期产能较低。

采用无级调整参数驱动方式，驱动装置的输出转速连续可调，有效地解决了这一问题。

（2）调整参数操作简便直观，方便现场管理

在有级调整参数驱动方式下，当螺杆泵井需要调整参数时，首先要选择备用的带轮和皮带，然后停机，再由人工操作，拆装带轮和皮带，调整完毕后启机运转。如果应用的井数增多，则现场维护和管理的工作量必然增加。

采用无级调整参数驱动方式，调整参数时只需旋转调速旋钮即可，而且调参前后的工作参数均可以在操作面板上读取，甚至可以实现软启停井操作。

2. 工作原理

螺杆泵无级调整参数驱动有变频、机械和液压等几种方式。目前，煤层气应用较多的是变频调速技术。这里只介绍变频无级调整参数驱动技术。

将变频器和电控箱结合在一起，制作成变频调速控制柜，改变变频器的输出频率就可以实现无级调速。同时采取温控措施，保证变频器在野外工况下正常工作，如图 2－30 和图2－31所示。

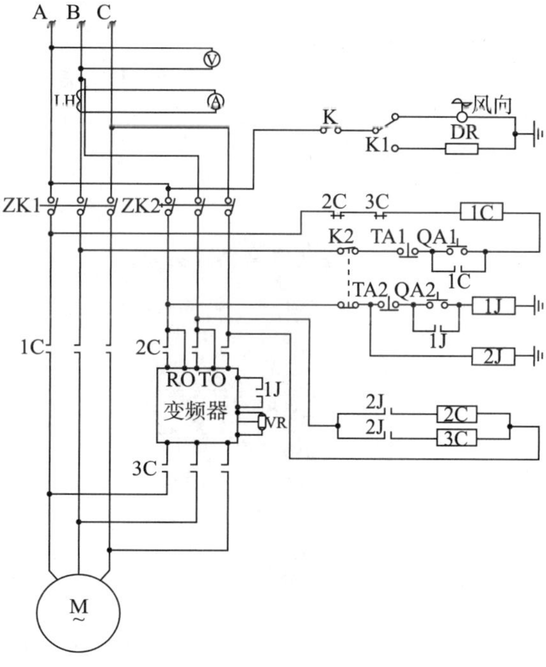

图 2－30　变频控制柜的电路图

图 2－31　北京奥瑞安变频控制系统外形图

3. 主要参数

变频柜主要参数如表 2－8 所示。

表 2－8　变频柜主要参数

序号	名称	技术参数
1	输出频率	25～50Hz
2	驱动功率	5.5～37kW
3	调速范围	0～300r/min
4	环境温度	－40～40℃

四、直驱螺杆泵技术

目前，煤层气排采正在推广使用直驱螺杆泵技术。直驱螺杆泵控制系统如图 2－32 所示。

图 2－32　直驱螺杆泵控制系统

（一）常规螺杆泵驱动装置存在的问题

（1）驱动系统能耗高。常规螺杆泵驱动系统效率只有 65%，造成系统效率低的原因是传动环节多，因此该技术优势没有充分发挥出来。

(2)棘轮－棘爪防反转机构(液压防反转系统)制动失灵时，存在安全隐患。

(3)扭矩测试管理工作量大，也存在安全隐患。

(二)螺杆泵直接驱动技术

1. 永磁低速力矩电动机

螺杆泵地面直接驱动装置所用电动机必需能够满足井下螺杆泵的工作特性，如高启动力矩、频繁的瞬时过载能力、低转速范围内的速度连续调节等。永磁式力矩电动机属于低速伺服电动机，可以用在堵转或低速情况下。其特点是堵转力矩大，空载转速低，不需要任何减速装置可直接驱动负载，过载能力强。长期堵转时能产生足够大的转矩而不损坏。适用于螺杆泵驱动需求。

螺杆泵抽油杆穿过空心电动机轴，通过扭矩卡子连接传递电动机扭矩，空心轴动力电动机直接驱动螺杆泵抽油杆运转。

螺杆泵直接驱动系统由空心轴力矩电动机、机械密封装置、轴向承载装置、连接支架、卡瓦封井器等几部分组成，如图2－33所示；专用永磁低速力矩电动机如图2－34所示。

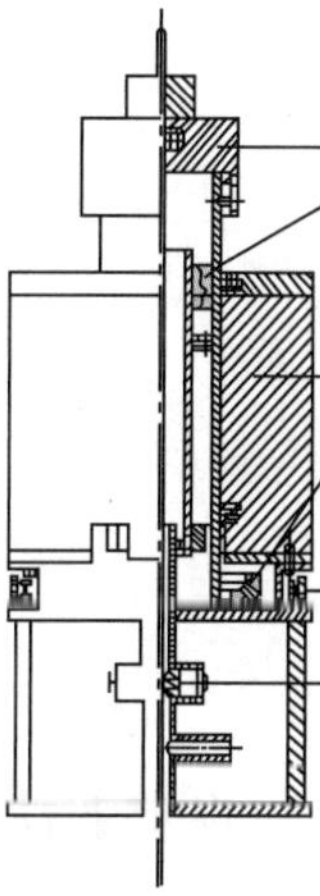

图2－33　螺杆泵直接驱动系统

图2－34　专用永磁低速力矩电动机

2. 数控伺服控制技术

直驱螺杆泵控制器采用先进的无位置传感器矢量控制技术研制而成，永磁同步电动机能够在无位置传感器状态下实现矢量控制运转，电动机的力矩可以实现自动跟踪负载，如果突然力矩加大了，那么电动机转速就会降低，系统就会自动控制，升高电压以维持住转速，反过来也一样。同时控制器采用模块化设计，极大限度地提高了设备的可靠性和易维护性，保障了永磁同步电动机的运行平稳。

3. 数控抽油杆防反转制动技术

(1)变频器＋能耗电阻制动，采用10%梯度衰减控制模式，主动控制抽油杆反转弹性势能释放，直至抽油杆扭矩降到0为止，减缓冲击载荷，控制平稳。

(2)采用锁相鉴频技术防止失稳，变频器能够自动对转速进行修正。其工作原理如图2－35所示。

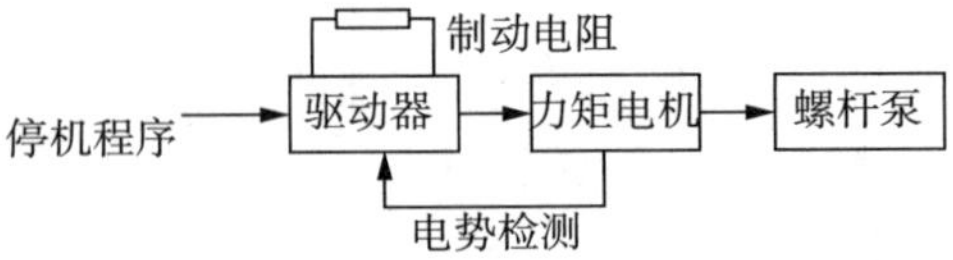

图2-35　防反转制动控制原理

4. GPRS数据通信处理平台

在直驱螺杆泵控制板上增加GPRS模块和一个收发无线信号的GPRS数据终端，可以进行远程参数录取、状态监控以及远程调参、启停机等操作，如图2-36所示。通过GPRS网络可实现两种功能：GPRS数据导入和GPRS实时监控。

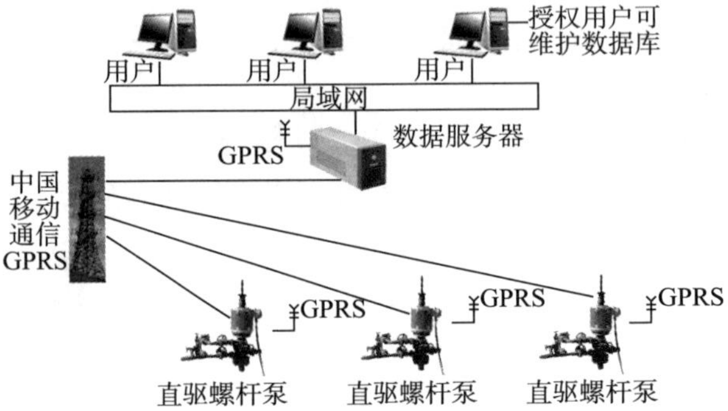

图2-36　直驱螺杆泵井远程监测网络示意图

任务二　螺杆泵的使用与维护

一、螺杆泵使用

1. 启动前准备工作

(1)检查三角带松紧度是否正常，在两皮带轮中间施加压力，皮带下移9mm为正常，若张紧力不够，调节拉杆螺母，使拉杆拉紧电动机。

(2)在减速箱观察窗玻璃上检查机油量，如在油线以下，应补充油量，保持油面在上下线之间。

(3)检查电动机与电控箱接线是否正确。

(4)检查井口流程阀门是否正确，若正确无误即可开机投入运行。

(5)启抽前必须核对动液面。

2. 启机操作

(1)接上电源，先点动一下，检查电动机旋向，若反转，应立即交换电动机接线头，改变相序。

(2)正常运转后，井口水管线不会马上出液，如果超过时间(一般为1~2d)不出液，应停泵分析原因。严禁在不出液的情况下，让泵长时间运转，以免定子在无润滑的情况下被烧坏。

(3)运转出液后，检查电流是否正常，传动装置噪音、温升是否正常。

(4)如果盘根漏水，拧紧井口盘根压盖，至盘根不漏水为止。

3. 正常停机操作

(1)缓慢降低转速至 30r/min 左右，按下停止按钮，切断电源开关。

(2)关闭出口阀门，倒好相关流程。

4. 紧急停机操作

(1)首先断掉螺杆泵的电源。

(2)关闭螺杆泵的出口阀。

(3)在控制柜上挂上禁止操作的醒目标志牌。

(4)根据实际故障情况，组织相关人员检查维修。

(5)需要测液面的安排测液面。

(6)需要作业的上报作业。

(7)检查和查明原因，排除故障后再运行。

二、日常维护

(1)螺杆泵运转初期(投产后 5d 内)，每天测量并记录动液面和产液量 1 次，同时记录井口油压、套压、电流、电压等数据。并根据动液面深度调整井下泵的工作转速，直到沉没度稳定在 300～500m 范围内为止。

(2)螺杆泵稳定运转时，要经常进行巡回检查，发现问题，立即整改，主要内容包括：

①皮带的松紧情况；

②盘根盒的渗漏情况；

③减速箱的振动情况及是否有异常声响，箱体温度(≤50℃为正常)及是否有渗漏，并随时检查减速箱油面的高度，以确定是否需要补充齿轮油；

④电动机声音及温度是否正常；

⑤防反转装置是否灵活可靠；

⑥电控箱的接触情况，开关是否灵活可靠，电压、电流是否正常；

⑦关键部件的紧固情况，如光杆方卡螺栓是否松动，配重是否稳固可靠等。

(3)减速箱正常运转 1 个月后，应停机放掉减速箱内齿轮油并清洗箱体，加入新的齿轮油后每 3 个月更换 1 次(所使用的齿轮油与抽油机减速箱所用润滑油相同)。

任务三　螺杆泵的故障诊断与排除

一、螺杆泵不吸水

(一)故障原因

(1)吸入管路堵塞或漏气。

(2)吸入高度超过允许吸入真空高度。

(3)电动机反转。

(二)排除方法

(1)检修吸入管路。

(2)降低吸入高度。

(3)改变电动机转向。

二、压力表指针波动大

(一)故障原因

(1)吸入管路漏气。

(2)没有调好或工作压力过大，使安全阀时开时闭。

(二)排除方法

(1)检修吸入管路。

(2)调整安全阀或降低工作压力。

三、流量下降

(一)故障原因

(1)吸入管路堵塞或漏气。

(2)螺杆与泵套磨损。

(3)安全阀弹簧太松或阀瓣与阀座不严。

(4)电动机转速不够。

(二)排除方法

(1)检修吸入管路。

(2)磨损严重时应更换零件。

(3)调整弹簧，研磨阀瓣与阀座。

(4)修理或更换电动机。

四、轴功率急剧增大

(一)故障原因

(1)排出管路堵塞。

(2)螺杆与泵套严重摩擦。

(二)排除方法

(1)停泵清洗管路。

(2)检修或更换有关零件。

五、螺杆泵振动大

(一)故障原因

(1)泵与电动机不同心。

(2)螺杆与泵套不同心或间隙大。

(3)泵内有气体。

(4)安装高度过大，泵内产生汽蚀。

(二)排除方法

(1)重新调整同心度。

(2)重新调整同心度或间隙。

(3)检修吸入管路，排除漏气部位。

(4)降低安装高度或降低转速。

六、螺杆泵发热

(一)故障原因

(1)泵内严重摩擦。

(2)机械密封回油孔堵塞。

(二)排除方法

(1)检修调整螺杆和泵套。

(2)疏通回油孔。

七、机械密封大量漏油

（一）故障原因

（1）装配位置不对。

（2）密封压盖未压平。

（3）动环或静环密封面碰伤。

（4）动环或静环密封圈损坏。

（二）排除方法

（1）重新按要求安装。

（2）调整密封压盖。

（3）研磨密封面或更换新件。

（4）更换密封面。

项目五　电潜泵

电潜泵是浸没在被泵送介质中的离心泵，浸没在水中称潜水电泵，浸没在油中称潜油电泵。因绝缘技术的限制，潜水电泵的工作深度远比不上潜油电泵。煤层气井的排水采气作业可选择在石油天然气开采中已广泛使用的潜油电泵，但其工作深度将会大幅度下降。

一、电潜离心泵抽水系统

（一）工作原理

电潜泵的泵体及其辅助部件安装在油管的最下端，下至井内被抽吸液体中的预定位置。电潜泵中的离心泵出口上部装有止回阀，停机时将油管内的水与离心泵隔离，避免水倒流使离心泵叶轮倒转，也便于下一次启动。止回阀上部装有泄水阀，在起出机组的作业时，将油管中的水泄至井筒。潜水电泵工作流程如图 2－37 所示。

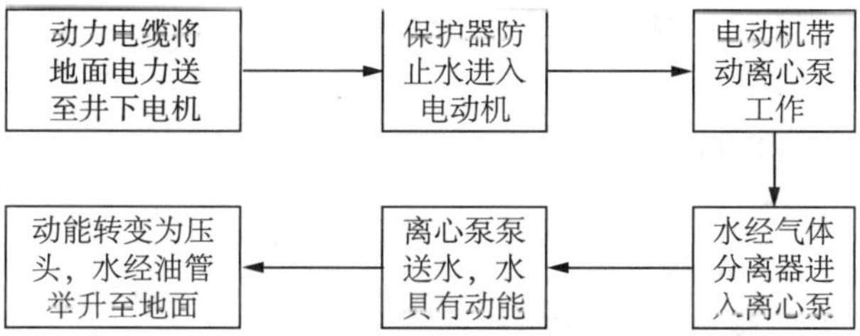

图 2－37　潜水电泵工作流程示意图

（二）主要设备

潜水电泵地面和井下设备如图 2－38 所示。

电潜水泵系统主要由井下电动机和离心泵组成，电动机和泵体安装在油管末端，通过缠绕在油管上的电缆提供电力。由于井内水在通过电动机进入离心泵时可起到冷却电动机的作用，因此，离心泵应置于煤层之上且一定不要将井抽干。

电潜水泵可有效地排出大量水，适于在产水量较大的生产井中采用。例如，在某产水量较大的采区，边缘有两口井产水量很大，关闭这两口井会导致整个采区气产量降低，使用电潜水泵排出这两口井中的水后，气产量即恢复正常。但使用该系统成本较高，井内水不足时容易将泵烧坏，此外，电潜水泵产出的热量会引起水垢沉积，最后使泵堵塞而烧坏。近年相关工作人员对电潜水泵已进行了改进，增强了气、水分离效果和处理固体碎屑的能力，使其更能满足排采的需要。

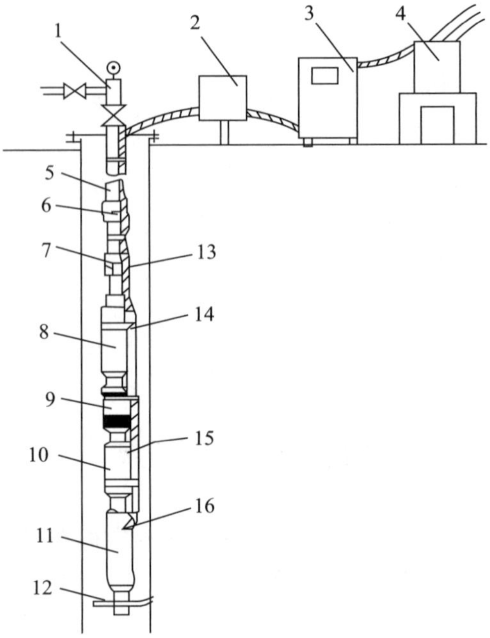

图 2－38　潜水电泵地面和井下设备示意图

1—井口；2 一接线盒；3—控制屏；4—变压器；5—油管；6—泄水阀；7—止回阀；
8—多级离心泵；9—气体分离器(泵吸入口)；10—保护器；11—潜水电动机；12—扶正器；
13—电缆；14—电缆卡子；15—电缆护罩；16—电缆头

(三)潜水电泵的使用条件

(1)井筒水含细煤粒(砂)不大于 0.02%。

(2)气液体积比不大于 0.05%。

(3)排量范围不大于 640 m^3/d。

(4)井深限制不大于 3000m。

(5)温度限制不大于 150℃。

(6)最小流压可小于 1.4MPa。

(7)机械效率(水功率/输入功率)为 40%左右。

(8)对工作温度和电故障非常敏感。

(9)投资较高。

电潜泵是煤层气排水采气可选择的设备之一，但工作条件要求比较苛刻，成本也高，应慎重选择使用。

二、数控电潜管式泵抽水系统

(一)组成与工作原理

数控电潜管式泵配套采水技术主要由直线潜水电动机(主要技术参数如表 2－9 所示)、柱塞式抽油泵、潜水电缆、电缆保护配件、地面配套控制系统等组成，如图 2－39 所示。其基本原理是利用磁悬浮直线往复运动与柱塞的上下运动方向一致的特点，通过直接驱动柱塞达到排水采气的目的，该产品取消了地面电动机驱动装置、地面设备及地下机械传动部分，从而大大降低载荷传动过程中功率的损耗。

表 2-9　直线电动机主要技术参数

序　号	名　称	参　数
1	型式	永磁直线电动机
2	外径	ϕ114mm
3	长度	4.3m
4	介质温度	≤120℃
5	动子行程	123cm
6	冷却方式	液体流动

（二）施工方案

1. 下泵前的准备与要求

（1）校正井架，大钩对准井口。

（2）起出原井管柱，并清理干净。

（3）通井。通井规长度不小于 9m，外径应等于机组最大投影尺寸加 2mm，起下顺利无阻卡。通井深度在电动机以下 20～30m。

（4）电缆滚筒安装在距井口 15～20m 处，与井口和作业机中心连线夹角为 30°～45°。

（5）电缆导向滑轮应牢固的装在距地面 8～10m 处，与井口、电缆滚筒成一作业平面。

（6）机组按顺序摆放在导向轮的相对方向。

（7）打开电缆头护盖，将其终端用导线短接，用万用表 R×1Ω 挡分别测三相直流电阻，不平衡率不大于 2%，测完后拆除接线。用 2500V 兆欧表测量电缆三相对地及相间绝缘电阻，应大于 2000MΩ，测完应对地放电，并盖好护盖。

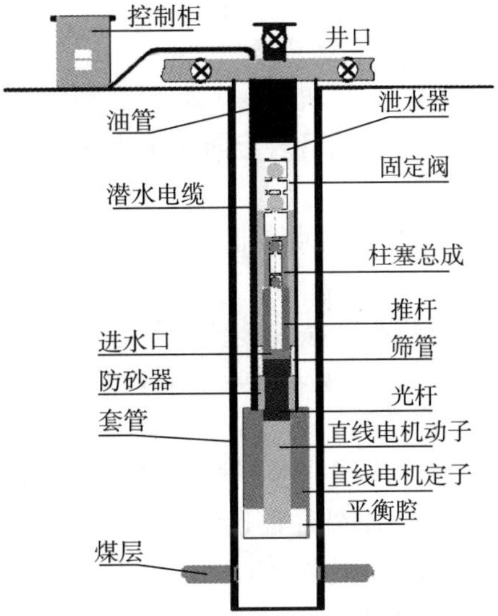

图 2-39　数控电潜管式泵抽水系统

2. 连接电动机与抽油泵

（1）拆掉电动机引出线防护罩，用 2500V 兆欧表测电动机对机壳绝缘电阻，应不小于 1000MΩ，测电动机三相绕组的直线电动机是否平衡。

（2）吊卡卡在电动机吊装位置，将电动机吊起，在起吊过程中电动机引出线必须对准吊卡缺口处，确保电缆不受损害。

（3）用专用工具将电动机动子吊出，距电动机接箍 150mm 左右。

（4）将抽油泵吊起，去掉防护罩，用专用工具将泵体内的联杆拉出泵筒 200mm 左右，与电动机动子对接。在对接前应清洗螺纹，擦干后涂厌氧胶并拧紧。为防止电缆损坏，在对接过程中，不允许电动机转动。

3. 电动机引出线与电缆连接

（1）进行电动机引出线与电缆连接，连接处应置于泵体防砂接头以下位置，电动机引出线超长部分减掉，三根导线长度错开各差 60mm，去掉外绝缘层 90mm、内绝缘层 25mm，再插入铜套，用专用卡钳卡紧。电缆端的处理与电动机引出线相同。连接处用砂纸打磨，清洗干净。处理过的接头用聚全氟乙丙烯压敏黏带半叠包10层，再用聚四氟乙烯压敏黏带半叠包6层，再用玻璃丝布压敏黏带半叠包1～2层，最后用铠皮铠装而成。

(2)固定电缆，电动机引出线、电动机接箍、大小扁电缆接头、防砂接头、筛管两端100mm处、泵体两端和中间各打一个卡子。

4. 下泵

(1)将原井套管头换成电泵采气树的套管头。

(2)泵出口上部位安装泄水器。电缆并在油管柱外壁上，每根油管接箍上下0.2m处和油管中间，各打一个电缆卡子，电缆卡子应使电缆铠皮轻微变形而又不损伤电缆绝缘层为原则。如定向井、水平井，在造斜点以下，应全部采用护罩，保护电缆。

(3)每下10根油管测量一次机组电阻及对地绝缘电阻，油管全部下完所测的阻值均符合规定要求方可安装井口。

5. 下泵注意事项

(1)连接机组时，井口必须放盖板，防止发生井下落物。

(2)下油管时应防止下部油管旋转，打好背钳，每根油管打3个卡子，起下油管限速20根/h。

(3)下泵时作业机和电缆滚筒必须相应同步运行，不允许靠油管自重带着电缆滚筒旋转。

(4)必须按规定位置打电缆卡子，电缆卡子松紧要合适，避免损伤电缆。

(三)控制柜的安装与调整

1. 安装

(1)电缆与控制柜连接，大扁电缆的端头和地面控制柜的输出端相连接，变压器的中性线与控制柜外壳连接，机壳做好接地。

(2)检查电源电压是否正常，接通电源，检测驱动电压是否正常。

2. 调整

(1)参数设置：上行频率15Hz，下行频率20Hz。

(2)按下"自动运行"按钮，保持0.2s，抬起时，启动机组自动运行。

(3)起抽后，观察电流值，如果下行电流超20A，任意调整两根输出电缆接线位置，然后进行调整运行。

3. 具体要求

(1)井口：采用250mm井口座，上部分根据具体要求连接管线。

(2)电源电压：380V 。

(3)运输：将配件运到作业地点。

4. 作业

(1)大小扁电缆连接由供应单位制作。

(2)作业队应在供应厂家指导下进行油管及电缆作业。

(3)电源与控制柜之间的连接由使用单位连接，并控制柜接地。

(4)井口到控制柜由供应单位连接。

项目六　水力无杆排采系统

水力无杆排采系统从2003年开始研制，经过9年的试验优化，目前各项技术指标已达到设计技术要求。

一、概述

1. 用途

该系统主要用于大斜度井、丛式井、水平井。

2. 优点

(1)长冲程：冲程4m(最长可到8m)。

(2)低冲次：采用变频变量泵和定量泵联动。

(3)排量无级可调。

(4)每个冲程上止点，高压动力液冲入泵腔内冲洗固定阀，增加携带煤粉的能力。

(5)空芯杆不运动，无杆、管偏磨问题。

(6)无光杆密封器。

(7)无地面水泥基础。

(8)适用大斜度井或直接下入水平段。

(9)能耗低，易于远程控制。

(10)防止泵气锁(每个冲程上止点有高压液进入泵腔，提高泵的充满度)。

(11)可以从空芯杆内注入洗井液，完成油管洗。

(12)地面换向可靠，井内机组结构简单，运行寿命长。

3. 技术参数

主要技术参数如表2－10所示。

表2－10　主要技术参数

序　号	名　称	参　数	备　注
1	上缸筒	70	
2	下缸筒	44	
3	冲程/m	4	
4	容积/L	9.3	
5	冲次/min^{-1}	2	有7种冲次可调
6	下泵深度/m	800	
7	上行负荷/N	11914	
8	驱动压力/MPa	5.12	
9	日排量/(m^3/d)	17.5	

二、结构原理

1. 组成

水力无杆排采系统的组成如图2－40所示。

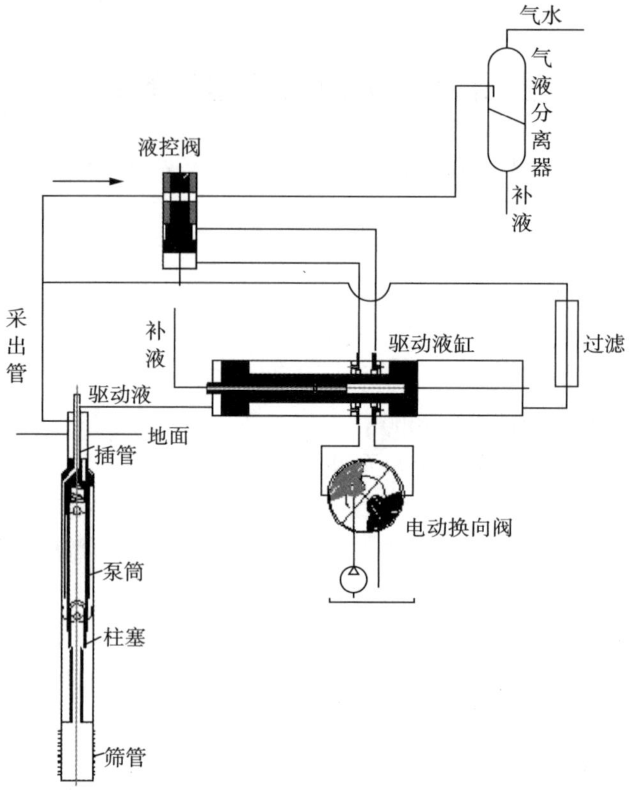

图 2－40　水力无杆排采系统示意图

2. 工作原理

地面驱动液缸左行时，液控阀打开，液缸左腔液体加压，通过插管进入井下机组，井下机组活塞上行，泵吸液。

当井下机组到达上止点时，压缩换向弹簧，活塞泵筒上的孔打开，高压驱动液由此孔进入泵腔。

地面驱动液缸右行时，液控阀关闭，液缸右腔液体加压，通过插管与油管的环空进入井下机组，井下机组活塞下行，泵排液。

三、技术特点

1. 井下机组寿命长

井下机组采用与抽油泵相同的材料与工艺，作用在井下机组上的动力液是由地面注入的，经过分离后比较清洁的高压液体，此液体比抽油泵产出液清洁，故井下机组的使用寿命比井下抽油泵长。

2. 井下机组的密封性好

井下机组的密封采用与抽油泵相同密封方式，允许井下机组各配合面有一定范围内的渗漏，此部分渗漏的液体能充分地润滑各配合面，减少磨损。

3. 井下机组的下行力小

在每个上止点换向时，辅助换向弹簧蓄能，在杆柱从静止到下行所需的加速度小。

4. 小直径插管寿命长

小直径插管只传输高压液体，与抽油杆不同，小直径插管在工作中不运动，也不承受拉力，只承受井液的腐蚀，其寿命与油管相同。

5. 小直径插管与井下机组的对接方便

井下机组的上接头是分液接头，其上有3个通道：

(1)高压液体的进液通道；

(2)井下产出液的流动通道；

(3)泄油通道(起管柱时，拔出小插管，此通道打开)。

项目七　抽油机的安装

一、抽油机排采场地要求

(1)井场平整、清洁、不污染、无杂草，井场边缘距高压线及其他设施一般不少于50m，特殊情况时要采取防范措施。

(2)井场布局要考虑不同季节时的风向。

(3)井场范围一般为30m×30m，并要有围栏圈闭。

(4)消防器材齐全、性能良好，要有专人负责，定期检查。危险区要有明显标志牌，如高压危险牌、禁止烟火牌和禁止攀爬牌等。

(5)井场内要有排水池，排液要符合工业卫生标准与环保标准。

(6)气、水管线应有颜色标识。

(7)进入井场的工作人员应穿戴劳保用品，危险区应有安全护栏。

(8)冬季应有保温设施。

二、抽油机技术要求

(1)抽油机外观应完整无损，商标、技术性能指标、生产厂家、出厂编号、生产日期等标识应齐全清晰。

(2)外防腐漆颜色应符合SY/T 5044—2003的相关规定，颜色一致，缺损点大于每平方米2点视为不合格，不予验收。

(3)护栏和登高梯齐全，螺栓齐全、紧固，无缺损、无松动、无毛刺等缺陷。

(4)减速箱内清洁无杂物，紧固螺栓齐全，箱体与箱盖边缘应对齐，缝隙平直等；总长小于1200mm时，相互错位每边应不大于2mm；总长大于1200mm时，相互错位每边应不大于3mm。

(5)曲柄平衡块导轨平直、间隙均匀，牙齿光滑整齐，平衡块调节时平稳无阻滞。游梁尾部便于增减和固定平衡重，实现复合平衡调节。

(6)同一型号的抽油机，安装时能够互换。

(7)刹车和配套电器设施齐全完整，切断抽油机动力源后，曲柄在任何位置，刹车装置制动均应平稳、可靠，并且刹车操作力不得超过150N。

(8)电动机、配电柜铭牌齐全，标注清晰，噪声不得超过允许值。

(9)抽油机主要零部件的技术要求如表2-11所示。

(10)第一次大修理前的使用时间不小于6年，总使用时间不小于15年。

(11)抽油机所用电动机应采用调速电动机，具有过流自动保护功能。配机功率如表2-12所示。

表 2-11　抽油机主要零部件的技术要求

序号	主要零件	关键项目	要求
1	减速箱输入轴	材料的力学性能、热处理硬度	材料的力学性能、热处理硬度均应不低于设计图样规定
2	减速箱中间轴	材料的力学性能、热处理硬度	
3	减速箱输出轴	材料的力学性能、热处理硬度	
4	减速箱左、右旋齿轮	材料的力学性能、热处理硬度	
5	减速箱人字齿轮	材料的力学性能、热处理硬度	
6	曲柄销	材料的力学性能、热处理硬度	
7	连杆	焊缝质量	焊缝及热处理区的强度不低于杆体的设计强度
8	悬绳器钢丝绳	绳帽的破坏性试验	绳帽处，应承受钢丝绳破坏拉力的 80%，无松动现象。

注：1. 绳帽的破坏性试验，是对绳帽的灌铅质量的检验，可只抽一件进行试验，也可用相同加工工艺制成试件进行试验。

2. 主要零件关键项目检测合格率 =（合格关键项目/关键项目总数）×100%

表 2-12　配机功率

抽油机规格型号	3 型	5 型	6 型	8 型
配机功率/kW	5.5	15	18.5	22

(12) 允许误差：

①负载率应大于 85%；

②基础尺寸误差应小于 2mm；

③两曲柄剪刀差不得超过表 2-13 规定值。

表 2-13　两曲柄剪刀差值

抽油机型号规格	3 型	5 型	6 型或 8 型
剪刀差/mm	3	4	5

三、抽油机安装要求

1. 基础垫层

(1) 根据井口中心位置，划好基准控制线，允许偏差 ±2mm，根据基础尺寸划出基础在地面上的边缘线框。

(2) 按划出的基础尺寸开挖到距地面 60mm 处，用 3:7 灰土回填并逐层夯实，每层 3:7 灰土厚度不能超过 20mm，容重不小于 1.55。

(3) 在逐层夯实的 3:7 灰土上面铺细沙 20～30mm，再铺小石子 10～20mm。

(4)用精度为0.02mm/m的水平仪把细沙、小石子面找平整。

2. 基础预制

(1)基础预制符合SY 4201.1—2007技术要求。

(2)水泥基础排放前需用弹力仪做强度测试，回弹力必须大于38kN，合格后才能应用。

3. 抽油机及基础安装

(1)把水泥基础安放在细沙、小石子面上，基础之间间隔缝隙在10～15mm之间。

(2)各基础块两侧立面左右对齐，水平面要高度一致，用精度为0.02mm/m的水平尺测量误差不超过2mm。基础安装要求如表2－14所示。

表2－14　基础安装要求

项　目		允许误差/mm
基础坐标位置(纵横轴线)		±10
基础标高		0～20
垂直度	每米	5
	全长	10

(3)水泥基础排放好后，把抽油机底座安放在水泥基础上，底座找正后，水平度纵向允许偏差在3/1000、横向允许偏差0.5/1000。

(4)安装支架、游梁、驴头和悬绳器；游梁中轴底座纵向、横向水平误差不超过2mm，驴头垂直面垂直误差不大于2mm，悬绳器与井口对中，用静态重锤法检测，悬绳器中心与井口同心度误差不大于1.5mm。

(5)安装连杆和配套电动机、配电柜，在抽油机停在上、下死点时，在侧面观察，两连杆应重合。

(6)安装地脚螺栓和底座压杠，用垫铁把底座找平，每个压杠地脚螺栓旁宜有一组垫铁，垫铁总厚度不超过30mm，露出底座外边缘不能超过50mm；紧固好地脚螺栓螺母，用水平尺测量，误差不超过2mm。

(7)安装好抽油机曲柄护栏，焊接好接地扁铁，接地电阻不大于10Ω。

(8)抽油机安装合格后，基础四周培土高100mm、宽800mm，确保抽油机基础不被水泡。

四、抽油机安装质量验收

抽油机安装质量的验收，应在抽油机安装完未回填土之前，由相关专业技术人员根据安装标准逐项进行检查验收。

1. 准备工作

(1)穿戴好劳保用品。

(2)水平尺1把，吊线锤1个，钢卷尺1个，手锤、活动扳手及各种专用工具、量具、电工工具等。

(3)记录笔、纸。

(4)绝缘手套1副、安全带1副。

2. 抽油机检查验收步骤

(1) 地基夯实找平

检查内容：地基深、长、宽度是否达到要求。本地区是否挖到冻土层以下，是否用3∶7灰土回填至要求深度，是否夯实。底板是否用达到要求量的工程沙(厚10cm)找平，水平是否达到规定标准。

(2) 活动基础

检查内容：观看基础墩有无裂纹、变形，在曲柄运转部位，基础有无突出底座部分，各焊接部位的突出部分不超过3mm，并有防腐。测量基础中心线是否与井口中心在同一直线上。两定位螺栓距井口中心距离是否一致。

(3) 抽油机不平度

检查内容：用水平尺测量不平度，纵向不大于3/1000，整机两侧各测量3个点。横向不大于2/1000，整机测量3个点，前、中、后各选1点。地脚螺栓处不得有悬空现象。地脚螺栓两侧垫入楔铁，不得有缺少现象。螺帽上紧后应加止退螺帽，剩余螺纹不得超过3～5扣。

(4) 减速箱与底盘的对称中心线在同一垂直面内，支架纵横水平

检查内容：检测减速箱的中心线是否与底盘的对称中心线重合，允许误差在0～2.5mm之内。润滑油在合适的油位，有油位表的在上下线之间，无油位表的应在两检视孔之间，无渗漏现象。检测连接部位螺栓紧固无松动。支架纵横水平不超过1/1000为合格。前后4条顶丝应顶紧并拧紧锁紧螺帽。

(5) 驴头中心与井口中心线在同一垂线上

检测内容：驴头中心线对井口中心。用垂线法，将吊线锤由驴头垂下，线下垫光杆直径1/2厚度的垫物，落点应在井口中心线上。其允许偏差5型机不大于3mm，10型机不大于6mm，12型机不大于8mm为合格。误差大时，可通过调整中央轴承座顶丝找正。

(6) 悬绳器的检查

① 检查悬绳器，两侧长度相等，并互相平行；上下压板水平，不得倾斜，上压板在上死点时距驴头下方应在250～300mm之间，下压板吃上负荷，在下死点时距井口密封盒压盖应在400～450mm之间(指在最大冲程时)。

② 悬绳器轨迹应在驴头弧面两侧的均匀位置运行，不得偏离，允许误差22mm。

③ 悬绳器灌绳，锥套剩余长度不得超过100mm，如用悬绳卡子卡时，下方预留绳头长度也不得超过20mm。

(7) 两连杆平行倾斜度不大于3°

测量方法是将驴头停在下死点(或上死点)，用吊线锤分别测出两边的数据，然后计算出偏差数。长度应一致，其允许误差为：5型机不大于2.5mm，10型机不大于3mm，12型机不大于5mm。

(8) 曲柄剪刀差

以两曲柄尾端测量，5型机不大于5mm，10型机不大于6mm，12型机不大于7mm。

(9)减速箱输入轴与电动机轴相互平行

电动机皮带轮与减速箱皮带轮通过两轴中心的四个外缘在一条线上，称为“四点一线”，其摆动差不超过1mm。

(10) 刹车灵活好用

拉杆调节适中，刹车蹄张合均匀，刹车片表面清洁，无松动。刹车中间座大小摇臂及刹车毂摇臂，在刹车时无刮碰现象。刹车把锁死装置灵活好用。

(11) 各连接部位螺栓紧固齐全

应加平垫的加平垫，应加弹簧垫的加弹簧垫。

(12) 电动机启动装置的容量大于电动机容量，电器设备线路完整，必须有接地线。

(13) 填写验收报告单。

五、抽油机安装质量验收的注意事项

(1)验收操作前，要保证设备断电。

(2)高处作业时必须佩戴安全带，注意安全。

(3)检查时要逐点检查，按“十字”作业法，先上后下，先前而后或先下后上、先后而前，不得遗漏。

(4)抽油机各组成部分配件齐全，并符合要求。

(5)运转启动前，要加足润滑部位的润滑油。

六、抽油机安装质量验收的操作要点

(1)抽油机测水平点(共6个)：基础回填土时夯实测水平、基础大底板测水平、基础墩测水平、抽油机底盘测水平、减速箱底座顶面测水平、支架平台测水平。

(2)抽油机对中验收(共7个)：基础底板中心线对井口中心线、基础墩中心线对底板中心线、抽油机底座中心线对油井井口中心线、减速箱中心线对底座中心线、游梁中心线对底座中心线、驴头中心线对井口中心线、支架平台中心点的投影点对底盘中心线。

项目八 排采井的使用管理

任务一 抽油机井使用管理

一、抽油机使用管理要求

(1)抽油机的“六率一配套”

①抽油机底座水平率

它是指抽油机底座水平合格井数与抽油机总井数之比的百分数。

抽油机底座纵向水平全长误差小于3mm，横向水平误差小于0.3mm；底座与基础之间的调整垫片每组不得多于3片，其总厚度不得大于30mm；底座基础牢固，无振动。

②抽油机驴头、悬绳器、盘根盒中心的“三点一线”对中率

它是指抽油机对中合格井数与抽油机总井数之比的百分数。

不同冲程条件下抽油机对中允许偏差要求如表2-15所示。

表2-15 抽油机对中允许偏差

冲程	0.6~1.5	1.5~2.5	2.5~3.5	3.5~6
偏差距离/mm	7	9	11	14

③抽油机运转平衡率

它是指抽油机运转平衡井数与抽油机正常生产的总井数之比的百分数。

单井抽油机运转平衡率为大于85%以上的抽油机为合格。

④抽油机润滑合格率

它是指抽油机润滑合格井数与抽油机运转总井数之比的百分数。

单井抽油机各润滑点，只要有一点润滑不合格就为抽油机润滑不合格。

⑤抽油机零件、部件紧固率

它是指抽油机零件、部件紧固合格井数与抽油机运转总井数之比的百分数。

单井抽油机一处紧固不到位就为抽油机零件、部件紧固不合格。

⑥抽油机合理率

它是指抽油机冲程、冲次、泵径等参数合理井数与抽油机运转总井数之比的百分数。

抽油机合理率应在90%以上。

⑦抽油机一配套

它是指抽油机修保设备、工具、保养制度配套。

(2)开展抽油机合理运行活动，使抽油机在合理的冲程、冲次、平衡和合理的电动机挡位下运行。应当至少每月检查、校核一次抽油机的冲次、冲程、泵径、平衡等参数，及时消除不合理的工作状态。

(3)及时调换负荷过轻的抽油机的电动机，避免“大马拉小车”。

(4)重视抽油机的润滑工作，定期检测减速箱油质，必要时清洗油池、过滤器或更换润滑油。

二、抽油机巡回检查

(一)巡井制度

(1)为保障煤层气井正常生产，现场管理人员需要定期上井维护排采设备，录取现场资料，实施排采控制方案。

(2)巡井周期为1~3d。

(3)按照资料录取要求录取各项排采数据。

(4)对地面抽采设备进行检查，发现问题立即整改。

(5)检查采气树、压力表、流量计、井口管线等有无渗漏及异常现象。

(二)检查内容

(1)检查流程的各阀门开关是否正确，光杆是否对中、发热，悬绳器是否水平，方卡子是否打紧，毛辫子是否有断股、打扭。

(2)检查驴头销子是否有断脱、脱落。

(3)检查抽油机底座螺栓、支架螺栓是否有松动。

(4)检查抽油机中轴螺栓紧固是否牢固可靠，是否润滑，是否存在漏油，是否有异响。

(5)检查曲柄销子、冕型螺母是否有松动、脱出、滑动现象。

(6)检查减速箱是否漏油、是否有异响。

(7)检查尾轴是否漏油、是否有异响。

(8)检查刹车及皮带的松紧度。

(9)检查电器设备是否完好无损。

(10)检查电动机是否有异响，用手背触摸电动机是否发烫，电缆是否有异味。

(11)检查抽油机周围是否有障碍物。

抽油机巡回检查部位如表2-16所示。

表 2-16　抽油机巡回检查部位表

检查部位	检查点名称	点数	检查内容及要求
第一方位 悬挂系统	(1)光杆卡子； (2)悬绳器钢丝绳； (3)驴头	4	(1)光杆卡子牢固； (2)悬绳器水平，钢丝绳无断股； (3)驴头对中无异响
第二方位 机架	(1)底座、地脚螺栓； (2)支架、支架连接螺栓	4	(1)底座无振动，地脚螺栓无松动； (2)支架稳定性良好，连接螺栓拧紧
第三方位 杆系	(1)左右曲柄、曲柄销、平衡块； (2)左右连杆、连杆轴； (3)横梁、游梁； (4)尾轴承座、中轴承座及固定螺栓	15	(1)曲柄、曲柄销无磨损、无异响，平衡块无松动； (2)连杆、连杆轴无弯曲； (3)横梁、游梁无变形； (4)各部轴承润滑良好，各连接螺栓无松动
第四方位 传动系统	(1)减速器、变速箱固定螺栓； (2)传动皮带； (3)刹车总成	4	(1)减速器油量符合要求，固定螺栓无松动； (2)皮带松紧度符合要求； (3)刹车总成灵活可靠
第五方位 动力及电源	(1)电动机、电动机固定螺栓及顶丝； (2)控制箱、接地装置、线路	6	(1)电动机运转平稳，轴承润滑良好，电动机固定可靠； (2)电控箱三相电流平衡，接地装置可靠，线路布置符合要求

(三)抽油机微小异常现象

在对抽油井进行巡回检查中，要细心、认真分析设备的微小异常现象。在抽油机零部件松动时，往往有一些微小迹象，常见的有：

1. 铁粉与锈迹

由于松动，发生零部件间的相互摩擦，使两者之间的接触面产生铁粉。久之，铁粉氧化为锈迹，附着在抽油机部件上。因此，发现抽油机某部位有锈迹，就要查清其原因。如连杆销松动时，可在销端面的圆周上发现磨下的铁粉及锈迹。

2. 油迹

当抽油机的零件松动时，两零件间的相对活动常把相互接触面间的润滑脂挤出，被挤出的油脂有的黏附在接触面周边上，有的在高温季节流下来，与铁屑一起形成油迹。如减速箱输出轴与曲柄大孔的连接部位，当曲柄大孔的螺栓或键松动时，会在输出轴端面的圆周上及键槽边部出现油迹。

3. 防松线移位

为了直接观察到抽油机主要部位的松动，减少事故发生，一般在抽油机的曲柄销螺母、曲柄大孔螺栓、中轴承与尾轴承固定螺栓及支架、底盘、平衡块等的紧固螺母与机件上画一道防松线。巡回检查中如发现防松记号移位，则是松动所致，应立即停机细查并维修。

4. 运转中出现“吱吱”响声

在抽油机运转中，抽油机的一些松动部位有时会发出阵阵响声，如“吱吱”声或“嘎嘎”声等。尤其是中轴承与尾轴承、连杆销与曲柄销松动时经常发出响声。发现抽油机有异常响声，要停机检查，查明是松动引起的，还是润滑不良引起的，并及时采取维修保养措施。

三、抽油机“十字”作业法

抽油机“十字”作业法是“清洁、润滑、紧固、调整、防腐”的简称。

1. 紧固

(1)对抽油机各部位的固定螺栓逐一检查紧固，关键部位比如曲柄销冕形螺母、中轴承、尾轴承、底座及平衡块、电动机、减速箱固定螺母，进行重点紧固，曲柄销冕型螺母处做安全检查线。

(2)检查驴头、中轴承、电动机顶丝无缺损、松动现象。

2. 润滑

(1)对各润滑点(中轴承、尾轴承、连杆销、曲柄销、刹车、减速箱)的润滑部位加注润滑脂。

(2)检查减速箱油位应在两油位丝堵之间或视窗油位线内。

(3)减速箱存在以下三种情况更换润滑油：

① 减速箱内部各表面有沉淀物；

② 润滑油被沙子、金属微粒等杂质污染；

③ 润滑油被乳化。

3. 调整

(1)检查悬绳器悬绳有无断股、打扭、脱股现象，铅块无脱落，悬绳器压板保持水平，悬绳不得与驴头侧板摩擦。

(2)驴头位于上死点时，驴头下端距悬绳器上平面250～300mm。驴头位于下死点时，悬绳器下平面距光杆密封盒300～400mm。

(3)驴头停在任何位置时，悬绳器中心与井口中心应该对中，其同心度允许偏差不大于1.5mm。

(4)检查刹车装置，检查刹车片磨损情况并进行调整、更换和紧固，保证曲柄在任何位置，刹车均能可靠制动。

(5)检查皮带松紧是否合适，皮带有无磨损，“四点一线”是否合格，视情况进行更换、调整。

(6)检查配电箱线路及电缆有无老化现象，检查电缆穿管封头完好，电器设备绝缘良好，接地线及触点接触完好(由专业电工配合保养)。

4. 清洗

(1)清理刹车片，清洗呼吸阀。

(2)清洁配电箱内部。

(3)清除抽油机外部油污、泥土，各类警示标志要清楚醒目。清除井场油污、杂草及易燃物。

5. 防腐

(1)对悬绳器悬绳涂抹润滑脂进行防腐。

(2)对抽油机外观脱漆部位用砂纸清理并刷漆防腐。

四、抽油机的安全操作与防护

(一)抽油机十大危险及防范措施

游梁式抽油机存在着十大危险。这十大危险是：

1. 平衡块旋转危险及防范措施

(1)危险描述

抽油机平衡块旋转区在抽油机的左右两侧，防护网或防护栏没有加装、安装不完整或安装不规范，造成了游梁式抽油机平衡块旋转危险区暴露在抽油机的左右两侧，旋转的巨大平衡块转动能量很大，采气井场职工和外部其他人员违章或误入平衡块旋转危险区间，即可造成非死即伤的恶性事故。

(2)防范措施

① 加装防护网。游梁式抽油机平衡块旋转危险区域加装合格的安全防护网，使井场职工和外部其他人员无法进入旋转危险区，实现设备的本质安全。

② 强化安全教育。目前还没有条件加装合格安全防护网的游梁式抽油机，要强化对采气井场职工和外部其他人员的教育，不要进入抽油机旋转危险区；确因工作需要进入的，应先停下抽油机、可靠刹车后，再进入旋转危险区工作，禁止外部的其他人员进入旋转危险区。

③ 加装安全警示标志。在抽油机减速箱底座中部喷涂“旋转部位，禁止靠近”的警示标志。

2. 皮带传动危险及防范措施

(1)危险描述

电动机动力由皮带传送到减速器的皮带轮上，由于煤层气的游梁式抽油机大部分没有安装皮带轮防护罩，在抽油机运行的状态下，井场职工巡回检查和外部其他人员靠近、接触旋转的皮带轮或皮带，易造成皮带挤手或皮带轮绞住工作服进而把人绞伤事故，女职工的长发绞入皮带轮会造成伤亡事故等。

(2)防范措施

① 同平衡块旋转危险一样，包括加装防护罩，实现本质安全。

② 强化安全教育，必须先停下抽油机、可靠刹车后，再进入皮带传动部位工作。

③ 在抽油机电动机皮带轮一侧设置“当心皮带挤伤”安全警示标志。

3. 减速箱高处作业危险及防范措施

(1)危险描述

站在游梁式抽油机减速箱上进行维修操作属于高处作业，减速箱外形使操作者不易站稳，易造成操作者作业过程中坠落的摔伤事故。操作者站在游梁式抽油机减速箱上维修作业时，工具和配件易从上面坠落砸伤抽油机下面配合作业的人员。

(2)防范措施

① 满足对高处作业人员的基本要求。凡患高血压、心脏病、贫血病、癫痫病、精神病以及其他不适于高处作业的人员，不得从事高处作业。高处作业的人员应熟悉高处作业应知应会的知识，掌握操作技能。

② 高处操作安全要求。在游梁式抽油机减速箱上进行维修操作的人员必须系安全带，衣着要灵便，禁止穿硬底和带钉易滑的鞋。安全带必须系挂在施工作业处上方的牢固构件上，不得系挂在有尖锐棱角的部位。安全带系挂点下方应有足够的净空。安全带应高挂(系)低用，不得采用低于腰部水平系挂方法。严禁用绳子捆在腰部代替安全带。高处作业时严禁上下投掷工具、材料和杂物等，所用材料要堆放平稳，必要时要设安全警戒区，并设专人监护。工具应放入工具套(袋)内，有防止坠落的措施。在同一坠落平面上，一般不得

进行上下交叉高处作业，如需进行交叉作业，中间应有隔离措施。在六级风以上和雷电、暴雨、大雾等恶劣气候条件下影响施工安全时，禁止进行高处作业。在维修作业坠落平面上配合施工的人员应戴好安全帽，要特别注意高空落物，保障好自身安全。

4. 电动机漏电危险及防范措施

(1)危险描述

游梁式抽油机的电动机由380V交流电驱动，电动机内部绝缘损坏、绝缘能力降低和电动机接线损坏等会使电动机漏电产生危险。井场职工和外部其他人员一旦接触，易发生电击和电伤事故，重则造成触电死亡。

(2)防范措施

① 加装接地保护线。

② 加强安全用电教育。教育采气井场职工和外部其他人员，不要接触抽油机井场上的电气设备和线路；需要操作或维修电气设备和线路的，必须由持操作证的电工进行作业，其他人员严禁操作。

5. 操作台高处作业危险及防范措施

(1)危险描述

抽油机操作台是方便采气井场职工维修作业而设置的，操作台上作业属于高处作业，稍有不慎就有坠落的危险。操作者站在抽油机操作台维修作业时，工具和配件易从上面坠落砸伤抽油机下面的配合作业的人员，造成打击事故。

(2)防范措施

防范措施同减速箱高处作业防范措施。

6. 电动机电缆漏电危险及防范措施

(1)危险描述

由于抽油机电动机电缆的老化、轧伤、碰损等都会产生漏电危险，还要警惕漏电电缆接触地面造成跨步电压触电危险。

(2)防范措施

① 及时处理电缆漏电部位。井场电工，应按时对电动机电缆的老化、轧伤、碰损等情况进行检查，发现电缆漏电应及时处理。

② 加强安全用电教育。教育采气井场职工和外部其他人员，不要接触抽油机井场上的电缆和其他电气设备；需要操作或维修电气设备和线路时，必须先停电，再由持操作证的电工进行作业，其他人员严禁操作。

7. 节电控制箱漏电危险及防范措施

(1)危险描述

抽油机节电控制箱安装在井场抽油机附近，进线电缆来自井场配电变压器，出线电缆送往抽油机电动机，是用来控制抽油机工作状态的配电设备。由于抽油机节电控制箱内的电气线路老化、损坏和绝缘能力降低等原因，可能造成抽油机节电控制箱外壳或操作的开关部分带电，采气井场职工和其他人员一旦接触，易发生电击和电伤事故，重则造成触电死亡。

(2)防范措施

① 装设接地保护线。

② 加强安全用电教育，采气井场职工操作节电控制箱时，应佩戴绝缘手套进行操作。

③ 加装安全警示标志。节电控制箱前门应喷涂“高压危险”和“启停机戴好绝缘手套”安全警示标志；在抽油机节电控制箱门内面设置“当心电弧，侧身操作”安全警示标志。

8. 刹车失灵危险及防范措施

(1)危险描述

游梁式抽油机的刹车系统分外抱式刹车和内胀式刹车，主要作用是根据工作需要把抽油机固定在某一位置，然后对抽油机进行维修调整作业。如果刹车失灵，抽油机突然转动，会给操作人员造成伤亡事故。

(2)防范措施

在井场职工巡回检查时，应按要求对抽油机的刹车系统进行检查，保持刹车系统性能完好。维修调整操作前，应将刹车调试合格后再进行其他操作。

9. 毛辫子悬绳器下行危险及防范措施

(1)危险描述

抽油机悬绳器下连光杆上接毛辫子，同光杆和毛辫子一同做上下往复运动，光杆拉动抽油杆，使活塞做上下往复运动，将井中的液体抽至地面。采气井场职工和其他人员在井口工作或误到井口，没注意到抽油机悬绳器时，就会有悬绳器下行碰伤造成伤亡事故，毛辫子和光杆断脱也会造成伤亡事故。

(2)防范措施

① 强化安全教育。游梁式抽油机采气井口十分危险，教育采气井场职工和其他人员，不要随意靠近采气井口。因工作需要对悬绳器、毛辫子和光杆进行调整时，要停下抽油机、可靠刹车后，再进行维修调整工作。

② 加装安全警示标志。在抽油机悬绳器上设置“当心碰头挤手”安全警示标志。

10. 攀梯危险及防范措施

(1)危险描述

井场职工攀梯到操作平台，对抽油机的游梁和轴承等部位进行检查时，如果不停抽油机、可靠刹车，则当抽油机驴头转动至离攀梯较近的位置时，转动的驴头碰到攀梯职工，造成伤亡事故。

(2)防范措施

① 满足对高处作业的基本要求和安全要求。

② 强化安全教育。攀梯到操作平台工作十分危险，教育采气井场职工和其他人员，不要随意攀梯到操作平台。因工作需要攀梯到操作平台时，需要停下抽油机、可靠刹车后，系好安全带，再进行攀登上梯工作。

③ 加装安全警示标志。在游梁式抽油机上攀梯处设置“先停机，后攀登”安全警示标志。在抽油机攀梯 2m 高处设置“登高系好安全带”安全警示标志。

综上所述，对于抽油机存在的风险，只要按照要求认真防范，就能避免抽油机伤害事故发生。

(二)抽油机安全操作

1. 抽油机防护措施

(1)抽油机应有安全可靠的制动装置，抽油机停机时曲柄处在任一位置刹车均应可靠。

(2)抽油机旋转部位应有可靠的防护装置，并做出警示标志，防止伤人。

(3)抽油机摆动部位应设防护栏，并设置警示标志，以防伤人。

2. 抽油机的安全操作注意事项

(1)严禁靠近运动件，对于影响运转及安全的闲置物品应移至远处。

(2)严禁在抽油机运转时或尚未停稳时，进行润滑、检查、加油或调整传动皮带等作业。

(3)使用刹车时，应先停电，停机后曲柄仍能转动一定角度，待曲柄将要停转时，再缓慢将刹车刹住或刹在所需要的位置。切勿急刹！刹车操纵力不得大于150N。

(4)停车检修或修井作业时，停机刹车后，应将刹车安全装置的挂钩挂住刹车毂外缘的凹槽(俗称打死刹)，以确保作业时刹车的安全可靠。

(5)启动电动机时，应先将刹车安全装置的挂钩解除，翻转后固定在悬挂螺栓上，以免运转时自动反转后造成减速箱的损坏，然后再松开刹把，才能启动电动机。

(6)电器原件和电缆应有保护措施，防止日晒雨淋及磕拉碰伤。并装好接地线，以防电气事故。

(7)调节平衡重位置时，应置曲柄于水平位置，然后再进行调节。调整后必须拧紧各个螺栓，并装上保险锁块。

(8)调整冲程时，按照要求进行。当利用辅助工具支撑对游梁进行固定后作业时，待作业完后必须将支撑与游梁的连接端脱开后，才能进行抽油机的启动。

(9)对于采用四个连接销的驴头，在修井作业后，销轴绝对不允许漏装、少装。

(10)应备有灭火用具，以防发生火灾。

五、换季生产管理措施

(一)冬季安全生产措施

为了确保冬季安全生产，特制定以防冻、防滑、防爆等为内容的冬季安全生产措施。

(1)十月底以前，落实好各站所管集气站、单井的冬防保温措施。

(2)保证采暖设施齐全、完整、畅通。

(3)遇到强冷空气，要增强防冻点的检查。

(4)按时检查，防止各种管线堵塞。

(5)长期停用的容器、设备和管线等要及时将存水放空。

(6)室外工艺流程、设备、阀门按要求保温。

(7)下雪后，必须及时清理生产作业区域积雪。

(8)雪后巡井，必须是两人或两人以上才能上井。

(9)注意检查管线是否畅通，阀门压力表及其他工用具是否灵活好用、安全、准确、可靠。解除管线冻结时，要先在管线两端加热，严禁在管线中间加热以防管线膨胀炸裂伤人。

(二)夏季安全生产措施

为了确保生产正常进行，实现安全生产，根据夏季特点，制定以防雷、防触电、防爆、防滑、防中暑为主的安全措施。

(1)5月1号前各站点防雷接地检测完毕。

(2)夏季多雨、潮湿，易发生电器故障造成的触电事故，电器设备必须绝缘合格，接地良好。

(3)严禁用湿手操作开关和设备，严禁用湿布擦拭带电的设备、灯泡等。

(4)在室外操作电器必须采取绝缘保护措施，不用时不准操作电器设备开关，特殊情况必须制定安全措施后进行。

(5)下雨后，攀登抽油机作业时，防止滑倒、防坠落造成工伤事故，必须采取相应的安全保护措施。

(6)雷雨天气严禁室外操作及打伞外出。

(7)夏季加强抽油机“十字作业法”保养，防止温差变化造成螺栓松动，发生设备事故。

(8)站内严禁烟火，动火执行作业票管理制度。

(9)定期检查灭火器，严禁长期存放在潮湿或曝晒的地方。

任务二　螺杆泵井的使用管理

一、螺杆泵管理

(1)判断电动机旋转方向。首先应拆下皮带，判断电动机旋转方向是否正确，电动机旋向应保证抽油杆顺时针旋转，即可装上三角皮带。

(2)调整皮带松紧度，用手指压皮带中间，皮带下移 8 ~ 10mm。用手盘皮带轮，正向旋转 5 ~ 10 圈，运转平稳、声响正常。

(3)启抽前，倒好井口流程，并检查润滑情况是否良好，减速箱内机油情况正常(液面 1/3 以上，在 2/3 为宜)。

(4)开机后，观察电流变化，听机器运转声音，一切正常方可离开。

(5)螺杆泵正常运转后，除特殊情况外，不许随便停机，防止反转断脱。对于高含水井，高含砂井机组出现故障自动停机，未检查清楚故障原因，不许强行启抽。

(6)停机后 10min 内不许启抽。

(7)长期停机或因电器问题重新接线后，应按启动前操作规程检查，确保电动机旋转方向正确。

(8)启机后，从开机到出水所需时间为 $t=7.39H/Q$。(H 为泵深，Q 为理论排量)，超过时间不出水，应停泵分析原因，待故障排除后方可启抽，严禁在不出水的情况下，让泵长时间运转，以免定子烧坏。

(9)如果计量的实际排量不足理论排量的 10%，应立即停泵，并测量动液面，调整到适当的转速以降低排量或实行间抽。

(10)每天要测量电流，观察三相是否平稳，电流波动(0.5 ~ 1A)应分析原因。

(11)在单井作业时，应做到全程监督。螺杆泵下部有限位销，下井时勿将定子倒置；吊起转子时速度要慢，并用手扶转子中部，以防转子弯曲损伤表面。

二、资料录取

螺杆泵井所录取的资料要达到齐、全、准。

(1)管压、套压全准：正常情况下，管压、套压每天录取 1 次，特殊情况要加密观察。

(2)产量全准：螺杆泵投产和调参后 5 天内每天测量水，对于措施井要求措施前 5 天，措施后 5 天内每天测量水，以后每 5 天测量水 1 次，对于产液量变化比较大的井，要加密量水次数。

(3)动液面全准：螺杆泵稳定工作后，每月测 1 次液面，并在同日内测产液量，记录转速、电流、油压、套压等数据。

(4)电流、电压全准：正常情况下，电流、电压每天录取 1 次。

三、安全要求

(1)认真做好巡回检查，发现问题及时处理，做好记录，并上报有关部门。

(2)在施工过程中，操作人员要互相配合，并穿戴好劳保用品，保证生产安全。

(3)严格保证用电安全，停机后一定要将空气开关断开。

项目九　设备管理

一、设备运转记录的填写

(1)本记录是一个相对独立的设备运行动态记录，记录的是该设备一个月的运行情况，除了一保、二保后运转时间需连续累加外，其他项目与上月或下月都无关联，一个月1个记录两页纸或四页纸，一月一汇总。即每个月的运行情况都是独立的，相当于卡片式的，由操作人员填写。

(2)本记录可以对单台设备使用，也可以对管理岗位的多台设备同时使用，对多台设备可以顺月使用，也可以多台设备隔月使用等，要求填写清楚“设备名称”、“使用年份”和“企业编号”。

(3)设备主要数据：如果是单台设备，要求按规定项目填写各项技术参数即可；如果是管理岗位的多台设备，应按序号填写本岗位管理的所有设备的各项技术参数；必须如实填写，该页可以用计算机打印放入塑封内，或者手工填写。

(4)设备修保制度：如果《质量健康安全环境管理体系操作规程》上已有的，执行QHSE体系文件，并在“本岗执行”栏内打“√”；如果没有，请在该页下面的“空行”中，由操作人员按照上级设备管理部门的规定填写，并在“本岗执行”栏内打“√”。

(5)设备运转记录：填写必须准确、齐全、字迹工整清楚，达到“三无一化”。设备正常二级以下保养(一级以下定项检查)算完好，否则算非完好；设备正常保养期算完好，超过正常保养期不算完好；进行大修、小修、项修及三级保养(二级定项检查)的设备，应计入“在修、待修”技术状况——属不完好。月度汇总，设备“完好天数”是正常运转天数等于当月日历天数减去不完好天数，并及时上报上级设备管理部门进行设备数据库录入。“工作天数”是设备实际开动的台日数，只要当天设备有运转，不管运行时间长短，应记入一个工作天数；允许“工作天数”大于“完好天数”。月度汇总由技术人员或班站长完成，汇总完成后，报设备管理人员如实登入“设备技术档案”，再由设备信息系统管理人员录入“设备数据库”。做到“设备运转记录”、“设备技术档案”、“设备数据库”三对齐和一致性。

(6)设备停用，在设备停机日写明停机原因和当日运行情况，以后的运转记录项目不用填写，全部留空，在下一个运行日写明开机时间，其他项正常填写；如果该机一直停运到月底，做“月度汇总”统计，待下一个开机日继续使用，中间停机过程全部不用填写。

(7)“备注”栏用于简要填写设备非正常运行、故障停机和停用情况，加油或更换润滑油情况等；“记事”框是备注的补充，写明几日几点因何原因停机及其他重要事项，正常运行设备该两项都可以不填写。当月设备有修保的，接要求填写各项修理内容，内容多写不下可以接下一页，注：故障停机指设备运行过程中，发生故障需要停机检查或造成设备自动停机的现象，须写明故障类型和故障描述，故障停机时间是故障停机后至设备恢复运转时之间的时间，若造成设备需要修理，修理期间应按上面设备修理分类进行处理，属不完好状态。

(8)此记录本由操作人员保管交接，不得丢失、撕页。用完后由操作人员交本单位统一保存，保存期两年。

(9)此记录本适用于油田各类机泵、抽油机、压缩机及其他工作特点类似的设备。

设备运转记录表如表2－17所示。

表2－17　设备运转记录表

设备名称：　　　　　　　　　　　　　　20　　年　　　　　　　　　　　　　　企业编号：

月		工作时间/h			累计运转时间/h	故障停机时间/h	操作者	备注	月		工作时间/h			累计运转时间/h	故障停机时间/h	操作者	备注
日期	班次	本班运转	一保后运转	二保后运转					日期	班次	本班运转	一保后运转	二保后运转				
1	8点								9	8点							
	16～0点									16～0点							
2	8点								10	8点							
	16～0点									16～0点							
3	8点								11	8点							
	16～0点									16～0点							
4	8点								12	8点							
	16～0点									16～0点							
5	8点								13	8点							
	16～0点									16～0点							
6	8点								14	8点							
	16～0点									16～0点							
7	8点								15	8点							
	16～0点									16～0点							
8	8点								16	8点							
	16～0点									16～0点							

记事：	修保级别：　　　　修保时间：　日　时　分至　日　时　分 修保内容及更换主要零件 保养单位：　　　　　保养人

二、设备管理小常识

(1)设备管理“十字作业法”的内容是：清洁、紧固、调整、润滑、防腐。

(2)设备管理实行“三定”挂牌管理，即“定人、定机、定岗”。

(3)设备操作的“四懂三会”、“四项要求”、“五项原则”。

①“四懂三会”的内容：

“四懂”：懂性能、懂原理、懂结构和懂用途。

“三会”：会操作、会保养、会排除故障。

②“四项要求”：整齐、清洁、润滑、安全。

③“五项原则”：

a. 必须凭操作证使用设备，严格遵守安全技术操作规程和工艺文件。

b. 经常保持设备清洁，按润滑图表规定加油。

c. 认真执行交接班制度，填好交接班及运转记录。

d. 管好工具和附件，不得遗失。

e. 不准在设备运行时离开岗位，发现故障应立即停车，自己不能处理的，应及时通知维修工检修。

(4)设备的维护保养坚持日清洁、周维护、月保养，强制设备的一、二级保养制度，无特殊规定的一保周期为600h，二保周期为3000h。

(5)设备润滑管理的“五定”：定点、定质、定量、定人、定期。要求专储专输、密闭输送，油品对路、强制过滤、按质换油。

(6)设备基础资料管理的“三无一化”：无差错、无涂改、无漏项、字体仿宋化。

(7)设备操作人员的“四项权利”和“五项责任”。

①“四项权利”：

a. 有权制止非本岗位人员操作本岗位的设备。

b. 对需要检修或有故障的设备，有权拒绝操作。

c. 对违反岗位责任制、操作保养规程等不合理使用设备的指令意见，可拒绝执行。

d. 对不爱护设备，不遵守操作规程的现象，有权提出批评。

②“五项责任”：

a. 正确使用设备，完成各项定额指标，努力降低燃料、电力、配件等消耗。

b. 严格按规程操作，认真地按规定的检查点对设备进行巡回检查，保证设备安全运行。

c. 掌握设备技术状况，开展设备零件磨损分析活动。

d. 认真填写设备运转、保养和交接班记录，做到齐全、准确、整洁。

e. 不断提高技术和操作水平，做到“四懂、三会”。

项目十　煤层气排采井资料录取

一、定义

1. 新井

指投产时间1年内的排采井。

2. 老井

指投产时间1年以上的排采井。

3. 措施井

指实施储层改造技术的排采井，自实施之日满一年期后转为老井。

二、开发井资料录取

1. 巡井周期

资料录取时间为8：00～次日8：00。若发现气量、套压、流压等数据异常，及时上井落实。

(1)新井、措施井：巡井周期为4天1次，解吸后3个月内每3天巡井1次。

(2)老井：巡井周期为7天1次。

(3)如遇特殊情况根据地质研究所通知执行。

2. 资料录取内容

报表以自动化数据为准，若出现巡井数据与自动化数据相差较大时，落实原因，备注清楚。

(1)基础参数

包括生产井井号、投产日期、煤顶深度、筛管深度、泵深、泵径等各项基础参数。若抽排设备、开发层位发生调整时及时更改数据。泵径保留整数，深度保留2位小数。

(2)工作制度

包括冲程、冲次。录取时保留1位小数。要求冲程准确无误。冲次≤$4min^{-1}$，允许误差±$0.2min^{-1}$；冲次>$4min^{-1}$，允许误差±$0.4min^{-1}$。

(3)压力

包括套压、管压、井底流压。录取时保留3位小数。若发现自动化数据异常或与现场数据不符，落实原因，备注清楚。

(4)电流、电压

录取时保留一位小数。允许误差±0.1A(1.0V)。

(5)产水量

按照巡井周期实测产水量数据，保留1位小数。借产要备注清楚。若实施措施作业，应在出液后及时记录产水量。

误差允许范围：产水量在0.5～$1m^3$，允许误差±$0.3m^3$；产水量在1～$5m^3$，允许误差±$0.5m^3$；产水量5～$10m^3$，允许误差±$1m^3$；产水量>$10m^3$，允许误差±$3m^3$。

(6)水质

巡井时将水样与比色纸比较，按清、浅灰、深灰三个等级进行描述，若颜色出现等级变化，加密观察。

(7)产气量

报表以自动化生成数据填写，保留整数。若发现自动化数据异常或与现场数据不符，落实原因，备注清楚。

(8)动液面

安装井底压力计井，以压力计值为准，每10天核实一次动液面。若发现压力计值异常或与现场数据不符，应在确定数据真实性后填写报表并备注清楚。未安装井底压力计井按巡井周期测试液面值。新井、措施作业井启抽前测静液面1～2次。液面数据保留整数，允许误差±20m。

(9)示功图

生产井每月测1次示功图，遇异常生产情况，及时测取示功图。

(10)资料保存

单井班报表、原始巡井记录、示功图、动液面等原始资料，要按井号、类别妥善保存。

三、评价井资料录取

1. 巡井周期

资料录取时间为8：00～次日8：00。巡井周期为3天1次，解吸后1个月内每2天巡井 1 次。若发现气量、套压、流压等数据异常，及时上井落实。如遇特殊情况根据地质研究所通知执行。

2. 资料录取内容

报表以自动化数据为准，若出现巡井数据与自动化数据相差较大时，落实原因，备注清楚。

(1)基础参数

包括生产井井号、投产日期、煤顶深度、筛管深度、泵深、泵径等各项基础参数，若抽排设备、开发层位发生调整应及时更改。泵径保留整数，深度保留 2 位小数。

(2)工作制度

包括冲程、冲次。录取时保留 1 位小数。要求冲程准确无误。冲次 $\leq 5\text{min}^{-1}$，允许误差 $\pm 0.2\text{min}^{-1}$；冲次 $> 5\text{min}^{-1}$，允许误差 $\pm 0.4\text{min}^{-1}$。

(3)压力

包括套压、管压、井底流压。录取时保留 3 位小数。若发现自动化数据异常或与现场数据不符，落实原因，备注清楚。

(4)电流、电压

录取时保留 1 位小数。允许误差 ±0.1A(1.0V)。

(5)产水量

按照巡井周期实测产水量数据，保留 1 位小数。借产要备注清楚。若实施措施作业，应在出液后及时记录产水量。

误差允许范围：产水量在 $1 \sim 5\text{m}^3$，允许误差 $\pm 0.3\text{m}^3$；产水量 $\geq 5\text{m}^3$，允许误差 $\pm 1\text{m}^3$。

(6)水质

巡井时将水样与比色纸比较，按清、浅灰、深灰三个等级进行描述，若颜色出现等级变化，加密观察。

(7)产气量

报表以自动化生成数据填写。若发现自动化数据异常或与现场数据不符，落实原因，备注清楚。

(8)动液面

安装井底压力计井，以压力计值为准，每 6 天核实一次动液面。若发现压力计值异常或与现场数据不符，落实原因，备注清楚。

(9)示功图

每 15 天测 1 次示功图，遇异常生产情况，及时测取示功图。

(10)资料保存

单井班报表、原始巡井记录、示功图、动液面等原始资料，要按井号、类别妥善保存。

四、审查上报制度

(1)班报表、日报表各项资料要齐全准确，备注清楚，发现问题及时落实并改正。作业区地质组组长对班报表、日报表要认真审核并签字，于每日 12：00 以前将日报表上报地质研究所。

(2)排采井出现异常生产情况时，按 ABC 分类管理规定的相关要求执行，并及时上报地质研究所及相关部门。

(3)作业区每月25日将本月示功图、动液面曲线资料以电子文档形式上交地质研究所和工程技术研究所。电子文档中的示功图及动液面资料要与测试报表中的日期相对应。

煤层气排采井日报表如表2－18所示。

表2－18　煤层气排采井日报表

(　　)采气作业区　　站　　　　　　　　　　　　　　　　日期：　　年　月　日

井号	录取资料时间	冲程/m 扭矩/%	冲次/(n/min) 转速/(r/min)	套压/MPa	管压/MPa	井底流压/MPa	电流/A	瞬时流量/(m^2/h)	日产气/m^3	日产水/m^3	动液面/m	沉没度/m	水质情况	备注(调参、停电、措施作业、开关井、仪表问题等)

值班人：　　　　　　　　　　　　负责人：　　　　　　　　　　　　审核人：

煤层气功图及液面测试报表如表2－19所示。

表2－19　功图及液面测试报表

序号	井号	测试日期	功图测试		液面测试		功图、液面分析	备注(平衡情况)
			最大载荷	最小载荷	液面	套压		

制表　　　　　　　　　　　　　　　　　　　　　　　　审核

学习情境三 煤层气排采操作

煤层气排采相关操作是煤层气采气工必须掌握的基本技能，规范的操作行为有利于及时纠正不良的操作习惯，确保煤层气安全生产。

项目一　抽油机防冲距调整

一、基本知识

1. 防冲距定义

防冲距是指当柱塞在下死点时，游动阀与固定阀之间的距离。其作用是为了防止抽油泵柱塞与固定阀罩发生相撞，下泵时把柱塞下到井底以后，再将抽油杆柱向上提出一段距离。其值约等于抽油杆柱和油管在液柱载荷作用下发生弹性伸缩变形之和(即冲程损失)加5～10cm。

2. 确定防冲距的原则

防冲距过小，会造成下死点碰泵；防冲距过大会使余隙容积增大，泵效下降。因此确定防冲距的原则是以不碰泵为准，现场防冲距的调整是根据泵深大小按照经验进行确定。一般泵深500m以上，地面提防冲距30cm即可；泵深500～800m，地面提防冲距50cm即可；泵深800～1000m以上，地面提防冲距70cm即可，也可根据理论计算求得防冲距。

二、准备工作

(1)劳保用品准备齐全，穿戴整齐。

(2)工用具准备：

方卡子2副，30～32mm梅花扳手1把，400mm中平锉1把，钢卷尺1只，划笔1支，绝缘手套1副，试电笔1支，操作平台1个，棉纱少许，黄油适量。

(3)检查刹车，保证灵活好用。

三、操作步骤

(1)根据实际情况确定调大或调小防冲距。

(2)停止抽油机，将驴头停在接近下死点的合适位置，断开空气开关，拉紧刹车，打好死刹。

(3)在盘根盒上方卡好方卡子，方卡子必须打紧，以防打滑。松刹车使方卡子上平面缓慢上升到标记位置，装好方卡子。

(4)启动抽油机使驴头卸掉负荷，卸负荷时方卡子不准撞击盘根盒。

(5)调整防冲距：

①当需要调小时，以悬绳器上的方卡子上平面为基准向上量出应调整尺寸，做好标记，将悬绳器上的方卡子卸掉；

②当需调大时，以悬绳器上的方卡子下平面为基准，向下量出应调整的尺寸，做好标记，盘车或松刹车使悬绳器上平面到标记位置，卸下方卡子，将其重新装在悬绳器上方。

(6)松刹车使驴头吃上负荷，加负荷不要过猛。卸掉井口方卡子，锉净光杆毛刺，送电开机并检查调整效果。调整后防冲距符合要求，不挂不碰。

(7)将有关数据填入报表。

四、注意事项

(1)停机后必须拉下空气开关切断电源。

(2)卸负荷时方卡子不准撞击盘根盒，加负荷时不要过猛。

(3)调整后防冲距符合要求，不挂不碰。

(4)在进行碰泵操作前，要清洁光杆；检查方卡子内牙线磨损情况，清洁牙线间的油泥；检查刹车是否灵活好用。

(5)碰泵要求在井口打上2个方卡子，并注意方卡子的方向。

五、风险提示

(1)防止触电事故发生：停机时戴绝缘手套操作，防止配电箱外壳带电造成触电伤人；启抽送电时，要戴绝缘手套，侧身操作防止触电或电弧伤人。

(2)防止高处坠落与机械伤害事故发生：打死刹时，注意滑倒摔伤；严禁手抓光杆和手托方卡子底部，防止方卡子滑脱砸伤和挤伤手部。

项目二　抽油机平衡调整

一、基本知识

1. 调整平衡的意义

游梁式抽油机是煤层气井排水采气的主要设备之一。在抽油机运行过程中，驴头悬点上作用的载荷是变化的，在电动机上、下冲程中所做功不相等(称为抽油机的不平衡)。抽油机不平衡一方面降低了电动机的使用效率，缩短了抽油机和电动机的使用寿命；另一方面影响了抽油机和泵的正常工作，甚至影响到机、杆、泵的正常工作。因此通过测量电动机在抽油机上、下冲程时电流峰值，判断平衡块移动方向，计算平衡块移动距离，来达到抽油机负荷平衡的目的，确保抽油机运行平稳。

2. 结构不平衡的定义

游梁式抽油机连杆脱开曲柄销和卸去光杆载荷后，游梁不能处于水平位置，称为抽油机结构不平衡。

结构不平衡值是指游梁式抽油机连杆脱开曲柄销和卸去光杆载荷后，为使游梁处于水平位置需要加在驴头上的力。此力向下时取正值，此力向上时取负值。

3. 平衡率定义

抽油机平衡率就是指抽油机稳定工作时，下行程最大电流与上行程最大电流的比值。其计算公式如下：

$$B=(I_{下}/I_{上})\times 100\%$$

式中　B——抽油机平衡率,%；

$I_{上}$——抽油机上行程最大电流，A；

$I_下$——抽油机下行程最大电流，A。

抽油机平衡率一般在85%～100%为合理，小于85%为欠平衡，大于100%为超平衡。

4. 不平衡现象

(1)平衡偏重：驴头运动上冲程速度大于下冲程速度，停抽时，曲柄摆动后停在下方，驴头停在上死点。

(2)平衡偏轻：驴头运动上冲程速度小于下冲程速度，停抽时，曲柄摆动后停在上方，驴头停在下死点。

5. 抽油机曲柄平衡重移动距离简易计算方法

计算抽油机曲柄平衡重调节方法很多，也很复杂，下面推荐一个抽油机曲柄平衡重调节的简易公式，利用钳形电流表和示功图测试仪所测数据就能计算出平衡重应该移动的距离。

简易公式：

$$M=\frac{S}{Q_{曲}}\times[3+2.36(F_{max}-F_{min})]\cdot\frac{I_{上}-I_{下}}{I_{上}+I_{下}}$$

式中 M——平衡重在目前位置应该移动的距离，cm；

$Q_{曲}$——用来进行调节的曲柄平衡重的总重量，t；

S——实测驴头冲程长度，m；

F_{max}——驴头悬点的最大载荷，kN；

F_{min}——驴头悬点的最小载荷，kN；

二、准备工作

(1)劳保用品准备齐全，穿戴整齐。

(2)工用具准备：

平衡块专用工具摇把1把，42mm敲击扳手1把，钳型电流表(500A)1块，300mm、375mm活动扳手各1把，3.75kg榔头1把，500mm撬杠2根，绝缘手套1副、试电笔1支，棉纱少许，黄油适量，钢板尺1把，记录笔1支，记录纸1张，100mm螺丝刀1把。

(3)操作前的检查工作

①检查抽油机各部件固定螺丝有无松动；

②检查刹车部位是否灵活可靠；

③检查电气设备的绝缘情况，电磁开关是否正常，线路是否规范；

④检查保险带，校对电流表。

三、操作步骤

(一)调整游梁式抽油机的曲柄平衡

(1)用钳形电流表测抽油机上、下行电流峰值。

(2)计算平衡率，准确计算和判断平衡块调整方向和距离。

(3)将抽油机停在便于操作的位置，外调曲柄停在水平位置的右下方15°或左下方15°处，内调曲柄停在水平位置上方15°处，拉紧刹车，打好死刹，拉下空气开关，切断电源。

(4)擦净曲柄面，卸下锁块，松开平衡块固定螺栓，用撬杠或专用工具将平衡块移到合适的位置。

(5)拧紧平衡块固定螺栓，装好锁块。

(6)松开死刹和刹车，合上空气开关，启动抽油机。

(7)测电流，检查调整效果，调整后平衡率大于或等于85%，并观察平衡块有无松动。

(8)将有关数据填入报表。

(二)调整游梁式抽油机的游梁平衡

(1)停抽，将游梁停在水平位置，拉紧刹车，打好死刹。

(2)计算平衡率，准确计算和判断游梁尾配重块数量。

(3)松开游梁尾配重块上面的固定螺栓。

(4)装上或卸去计算好的游梁尾配重块数量。

(5)拧紧游梁尾配重块固定螺栓。

(6)松开死刹和刹车，接通电源，启动抽油机。

(7)测电流，检查调整效果，调整后平衡率大于或等于85%，并观察游梁尾配重块有无松动。

(8)将有关数据填入报表。

(三)用钳形电流表检查抽油机平衡率

(1)零位调整。电流表使用前应检查指针是否在零位。如不在零位，应用起子调节表盖上调节旋钮使指针至零位。当调节旋钮向右转时，指针向左，当调节旋钮向左转时指针向右，应直至归零方可使用。

(2)选择合适挡位。如果是经常使用的钳形电流表可拨到适当的挡位。将被测三相中的任一相导线垂直插入钳口，如果电流表指针不动，可压下钳形电流表压柄使钳形电流表钳口张开，由大挡位向小挡位调一挡，放开电流表的压柄观察指针；如果还是不动或测量值不在电流表量程的1/3～2/3之间时，仍采用上面的方法再向小调一挡位，直至选到合适的挡位为止。

(3)取值。当电流表反映上下电流较平稳后，开始读取电流值，当抽油机上行时取上行电流最大峰值。当抽油机下行时取下行电流的最大峰值。

(4)计算平衡率。依据取得的上下冲程电流的峰值，计算本井抽油机的平衡率。

(5)确定调整方向。当平衡率≥85%时，本井抽油机可不调整；当平衡率<85%时，配重块向远离曲柄轴的方向调整；当平衡率>100%时，配重块向曲柄轴的方向调整。

(6)收拾工具，将所测电流填入报表。

四、注意事项

(1)用试电笔检查配电箱外壳是否带电。

(2)启抽前，检查抽油机附近是否有人，防止机械伤人。

(3)使用锤子敲击时不许戴手套，平衡块固定螺栓不能卸掉，曲柄要擦干净，移动平衡块时不能用力过猛。

(4)平衡块前进方向不许站人。

(5)工具摆放和使用要合理，以免打滑或掉落伤人。

(6)调整后平衡率要大于85%。

(7)曲柄与水平位置的夹角不得超过15°。

(8)使用钳形电流表时，应垂直或水平旋转，不得倾斜使用，以免数据不准。

(9)读数值时，眼睛、指针、刻度成一条线，垂直于表盘的直线，以免数据不准。

五、风险提示

(1)防止触电事故发生：停机时戴绝缘手套操作，防止配电箱外壳带电造成触电伤人；启抽送电时，要戴绝缘手套，侧身操作防止触电或电弧伤人；测试电动机电流时，正确使用仪表，防止触电伤人。

(2)防止高处坠落与机械伤害事故发生：打死刹时，注意滑倒摔伤；调平衡块时，注意站位要合适，避免跌落摔伤；工具使用与摆放要合理，避免打滑或掉落伤人。

项目三　抽油机冲程调整

一、基本知识

冲程就是指抽油机驴头带动光杆运动的最高点至最低点之间的距离，也是柱塞上下活动一次的距离。游梁式抽油机曲柄上有 3 个孔，调整曲柄销子在 3 个孔的位置以达到调整泵柱塞上下冲程的目的。曲柄销子位于最外面的孔时抽油机冲程最大，曲柄销子位于最里面的孔时，抽油机冲程最小。

二、准备工作

(1)劳保用品准备齐全，穿戴整齐。

(2)工具、用具和材料准备：

300mm 、375mm 活动扳手各 1 把，专用套筒扳手 1 个，尖头撬杠 2 把，40mm×300mm 铜棒 1 根，0. 75kg 手锤 1 把，8kg 大锤 1 把，3～5t 倒链 2 副，200mm 手钳 1 把，150mm 平口螺丝刀 1 把，方卡子两副，冕形螺母套筒扳手 1 把，安全带 2 副，直尺 1 把，钳形电流表 1 块，绝缘手套 1 副，ϕ20mm 棕绳 2 根，100#砂布 2 张，钢丝刷 1 把，400mm 中平锉 1 把，润滑脂适量，棉纱少许，钢丝绳套 2 副，24″管钳 1 把，操作平台 1 个。

三、操作步骤

本操作为抽油机负载不平衡值为正值时的操作步骤。

(1)当驴头接近上死点时停机，拉紧刹车，合上死刹，在井口密封盒上打好方卡子；打开死刹，松刹车，启动抽油机，卸掉驴头负荷，当曲柄在右下方 45°～60°左右位置处停机。

(2)将两根钢丝绳，一根套挂在驴头上，另一根固定在抽油机底座上，用倒链吊钩勾在两根钢丝绳套上，调整倒链使倒链吃上负荷。

(3)用冕形螺母套筒扳手卸掉两侧曲柄销轴的背帽和冕形螺母；再将背帽上到曲柄销轴上，使背帽断面和曲柄销轴端面在一个平面，在曲柄内侧用大锤垫铜棒打松两侧曲柄销子总成，卸掉冕形螺母背帽，用棕绳绑住两侧连杆并用人拉住，用撬杠撬出两边曲柄销子总成，同时拉动棕绳将两边连杆与曲柄销总成拉开，用大锤垫铜棒将两侧曲柄销衬套打出。

(4)检查打出的销子和衬套有无磨损，如有磨损进行更换，将选定的衬套和冲程孔及曲柄销子的表面擦拭干净，将衬套装入冲程孔内并用大锤垫铜棒打紧。

(5)两人拉住两侧拴住连杆的棕绳，另一人调整倒链使曲柄销对准冲程孔，将曲柄销轴慢慢推进冲程孔内的销套中，装好并拧紧两侧曲柄销轴的冕形螺母及背帽。

(6)从驴头上卸下钢丝绳、倒链。

(7)打开死刹，慢松刹车，使驴头吃上负荷后拉紧刹车，卸去井口光杆密封盒上的光杆方卡子，锉光毛刺。

(8)根据预先计算好的数值调整防冲距，冲程由小调大应下放防冲距，冲程由大调小应上提防冲距。

(9)打开死刹，松刹车，检查抽油机周围无障碍物，侧身送电启动抽油机。检查抽油机运转是否正常，有无异常响声。运转正常后用钳形电流表测三相电流，检查平衡状况。

(10)收拾工具，清理现场。

四、注意事项

(1)停机时，将曲柄停在与水平位置成45°~60°处。

(2)根据结构不平衡值选择位置挂好倒链，当结构不平衡值为正值时，倒链挂在驴头部位，当结构不平衡值为负值时，倒链挂在尾梁上。

(3)撬出曲柄销子时，应防止碰坏销子丝扣。

(4)带有衬套和键的曲柄销子安装前可涂润滑脂，带锥度的曲柄销，销体和孔不准涂润滑脂，装前用砂布和干棉纱擦净即可。

(5)悬绳器上方的方卡子不准卸掉，防止抽油机尾部下坠伤人。

(6)装卸曲柄销时，要正确区分正反扣，两边都应朝驴头方向。

(7)冲程由大调小应上提防冲距，冲程由小调大应下放防冲距。

(8)设备无扭曲，无杂音，运转正常。

(9)使用倒链时要合上保险销子，拉动时人应站在侧面，防止挂钩脱落伤人。

(10)打光杆卡子要牢固，人应站在侧面。

(11)操作死刹时，防止死刹夹伤手。

(12)工具使用时，要轻拿轻放，避免敲击和碰撞；操作要平稳，规格型号要配套，用大锤时不能戴手套，防止滑脱伤人。

(13)高处作业时脚下要站稳，登高作业超过2m以上必须系好安全带，悬挂高度以高于身高、拉紧为原则，戴好安全帽，所用工具必须拴牢，防止高处坠落和空中落物伤人。

(14)使用钢丝绳和棕绳时要拴牢，防止脱落伤人。

五、风险提示

(1)预防机械伤害：刹车不到位时，抽油机自行移动，导致伤人；在高处操作时脚要站稳，手不能抓活动部位(比如皮带、连杆等)，防止伤人。

(2)预防触电：停机时戴绝缘手套操作，防止配电箱外壳带电造成触电伤人；启抽送电时，要戴绝缘手套，侧身操作防止触电或电弧伤人；测试电动机电流时，正确使用仪表，防止触电伤人。

(3)预防高处坠落：减速箱和操作平台站人面积小，操作时易导致高处坠落。

项目四　抽油机冲次调整

一、基本知识

冲次就是指抽油泵柱塞在泵筒内每分钟上下运动的次数。根据抽油机井排水采气的要求，改变抽油机冲次就是改变抽油机工作制度之一。

二、准备工作

(1)劳保用品准备齐全，穿戴整齐。

(2)工具、用具和材料准备

秒表1只，钳形电流表1块，绝缘手套1副，试电笔1支。

三、操作步骤

(1)检查、调整秒表。

(2)用秒表读出抽油机完成 1 冲次所需时间 t(s)，并计算出冲次 n(次/min)，计算公式为：

$$n = 60/t$$

(3)验电、侧身打开抽油机配电柜。

(4)按照工作制度要求调整，旋转电动调速器旋钮，直到符合要求为止。

(5)测试电流，检查抽油机平衡率是否符合要求。

(6)锁好配电柜，检查抽油机运转情况。

(7)将有关数据填入报表。

四、注意事项

(1)正确使用秒表，读数准确。

(2)旋转电动机调速器的旋钮，动作要缓慢，不宜过快。

(3)检查配电箱外壳是否带电。

五、风险提示

预防触电：打开配电箱调试时，防止配电箱外壳带电造成触电伤人；测试电动机电流时，正确使用电流表，防止触电伤人。

项目五　抽油机刹车机构调整

一、基本知识

抽油机刹车机构是抽油机的制动装置，也是抽油机的安全装置。为了保证抽油机各项操作顺利进行，抽油机刹车机构必须灵活可靠。由于长时间使用，抽油机刹车片与刹车轮之间会造成间隙过大，导致刹车不灵或失效。因此，必须经常检查和调整抽油机刹车片，保证其灵活好用。

二、准备工作

(1)劳保用品准备齐全，穿戴整齐。

(2)工具、用具和材料准备

试电笔 1 支，绝缘手套 1 副，150mm 螺丝刀 1 把，300、375mm 活动扳手各 1 把，手锤 1 把，钢丝钳 1 把，刹车片 1 副，棉纱、润滑脂适量，机油壶 1 个。

三、操作步骤

1. 内胀式刹车机构调整

(1)停抽：验电，戴绝缘手套侧身停抽，拉下空气开关，将抽油机驴头停在上死点位置，推拉刹把试刹车，检查刹车各部件灵活情况。

(2)调节拉杆长度：通过调节拉杆正反调节螺母调节拉杆长度。

(3)调节内胀式刹车间隙：保持调整凸轮有充足的转动角度，并与刹把行程角度匹配。

(4)试刹车：要求刹把推到最松时，刹车带全部离开刹车盘。刹车把拉回全行程 2/3 时，刹车带应全部抱紧刹车盘。

(5)如果刹车片磨损严重，必须更换刹车片。

(6)在拉杆连接处滴注润滑油，使其转动灵活。

(7)戴绝缘手套侧身送电，启动抽油机试刹车，观察调整后是否灵活可靠，不刮不磨。

(8)填写报表和设备运转记录。

(9)收拾工具，清理现场。

2. 外抱式刹车机构调整

(1)停抽：验电，戴绝缘手套侧身停抽，拉下空气开关，将抽油机驴头停在下死点位置，推拉刹把试刹车，检查刹车各部件灵活情况。

(2)调节拉杆长度：通过调节拉杆正反调节螺母调节拉杆长度。

(3)调节外抱式刹车间隙：如果刹车间隙太大，将两螺母向内调整，使刹车间隙变小；如果刹车间隙太小，将两螺母向外调整，使刹车间隙变大。

(4)如果刹车片磨损严重，要进行更换。拆下刹车总成，更换后重新安装。

(5)在拉杆连接处抹上润滑脂润滑，使其传动灵活。

(6)松开手柄试刹车，最松时刹车带与刹车全部离开，当刹车把拉回全程2/3时，刹车带全部抱紧，并保证刹车带接触在80%以上。

(7)启抽：戴绝缘手套合上空气开关，侧身送电启抽。试刹车，最松时不刮不磨，刹车时灵活可靠。记录启抽时间。

(8)填写报表和设备运转记录。

(9)收拾工具，清理现场。

四、注意事项

(1)启、停机要戴绝缘手套。

(2)打死刹时，一定要使死刹锲块挂入槽内，防止抽油机自行启动伤人。

(3)操作时选好站位，注意别碰到头和其他部位。

(4)下方操作人员要注意落物伤人。

(5)全部松开刹车时，刹车片与刹车轮之间的间隙为3～5mm。

五、风险提示

(1)预防机械伤害：调节时，操作人员站在狭小空间，注意碰伤。

(2)预防触电：停机时戴绝缘手套操作，防止配电箱外壳带电造成触电伤人；启抽送电时，要戴绝缘手套，侧身操作防止触电或电弧伤人。

(3)预防滑落伤害：调节时，操作人员要注意脚下滑落摔伤。

(4)预防落物伤害：在更换刹车片时，防止落物伤人。

项目六　抽油机驴头对中调整

一、基本知识

抽油机井口因光杆与井口中心位置不对中而发生偏磨，造成光杆磨损、盘根盒漏水等现象，严重影响着气井的正常生产。造成抽油机井口发生偏磨的主要原因有：

1. 地质环境的影响

由于所处环境温差变化大、土质松软和受雨雪侵蚀等环境因素影响，易造成抽油机底座、基础与接触的地层面发生位移和倾斜，从而引起抽油机井口光杆不对中。

2. 抽油机载荷的影响

在抽油机井生产过程中，由于井下抽油杆液柱载荷的变化和地层供液能力的不均匀性，从而引起抽油机所承载荷的不平衡，造成抽油机底座、基础与接触的地层面发生位移和倾斜。

通过抽油机游梁调整或者底座调整，达到光杆与井口中心位置重合的目的。

二、准备工作

(1)劳保用品准备齐全，穿戴整齐。

(2)工用具准备：

375mm 、450 mm 活动扳手各 1 把，24″管钳 1 把，30 ~ 32mm 梅花扳手 1 把，方卡子 2 副，中平锉 1 把，线坠 1 个，麻绳 5m，$\phi12 \times 160$mm 钢筋 1 段，绝缘手套 1 副，试电笔 1 支，安全带 2 副。

三、操作步骤

(1)停抽：验电，戴绝缘手套侧身停抽，拉下空气开关，使游梁停在合适位置，拉紧刹车，打好死刹。如驴头偏前，驴头端游梁高于水平线 10°；驴头偏后，驴头端游梁低于水平线 10°；驴头左右偏，可停在水平位置。

(2)卸载荷：打两副方卡子，松开刹车，启动抽油机使方卡子座在盘根盒上卸掉载荷，拉紧刹车，挂好死刹。

(3)查找偏差：取下悬绳器用麻绳拉开，将线坠拉线放在驴头悬挂盘中心，拉线与弧面接触处应加垫 $\phi12$mm 钢筋，测出偏差。允许偏差：按驴头上、中、下位置时的线坠与地面三点投影圆直径不大于：冲程 0.6 ~ 1.5m 为 14mm；冲程 1.5 ~ 2.5m 为 18mm；冲程 2.5 ~ 3.5m 为 22mm；3.5 ~ 4m 为 28mm。如偏差过大，可用千斤顶调整底座，或重新吊装抽油机。

(4)调对中：卸松中轴承螺栓，根据测出偏差方向，调整中轴承前后左右顶丝，使游梁在任何位置的驴头中心点投影都与井口中心基本重合，偏差不大于规定尺寸。

(5)拧紧各顶丝背帽及中轴承固定螺丝，拿掉线坠、装好悬绳器。

(6)松开死刹，慢松刹车，使驴头慢慢吃上负荷。卸掉方卡子，锉净光杆毛刺。

(7)启抽：送电，松刹车，启动抽油机开抽，检查调整效果。

(8)将有关资料填入报表。

(9)收拾工具，清理现场。

四、注意事项

(1)正确使用扳手，禁止反打扳手。

(2)高处作业时，操作者必须系安全带。

(3)高处作业时，严禁下面站人。

(4)调整中轴顶丝时，必须调对角线方向的顶丝。

五、风险提示

(1)预防触电：停机时戴绝缘手套操作，防止配电箱外壳带电造成触电伤人；启抽送电时，要戴绝缘手套，侧身操作防止触电或电弧伤人。

(2)预防处空坠落和落物伤害：高处作业时，操作者必须系安全带；作业时，严禁下面站人，防止落物伤人。

(3)机械伤害：刹车不到位时，抽油机自行移动，导致伤人。

项目七　抽油机碰泵操作

一、基本知识

抽油泵工作时，经常出现固定阀、游动阀被煤粒卡死，煤粉堵塞现象，致使阀门漏失，抽油泵不出液、泵效降低，影响抽油机正常排采。因此，抽油机通过下放防冲距，撞击固定阀罩，进行碰泵操作，达到提高抽油机泵效，恢复产量的目的。

二、准备工作

(1)劳保用品准备齐全，穿戴整齐。

(2)工用具准备：

30~32mm梅花扳手1把，300mm平板锉1把，方卡子2副，0.75kg手锤1把，绝缘手套1副，画笔1支，试电笔1支，棉纱若干，钢板尺1把，纸、笔各1，操作平台1个。

三、操作步骤

(1)停抽：验电，戴绝缘手套侧身停抽，拉下空气开关，将驴头停在接近下死点，拉紧刹车。

(2)卸载：将方卡子打在盘根盒上方。松刹车，点动电动机，使驴头卸载、拉紧刹车，打好死刹。

(3)调整防冲距：在光杆上作好记号，松开悬绳器上的方卡子，将方卡子调整到碰泵预定位置，再安装好方卡子。打开死刹，松刹车，启动抽油机使驴头挂上负荷。

(4)卸掉井口方卡子，打净光杆毛刺。

(5)碰泵：侧身启动抽油机，碰泵次数3~5次。

(6)调整防冲距：碰完泵后调回原防冲距。

(7)启抽：戴绝缘手套侧身启动抽油机，检查碰泵效果。

(8)填写报表和设备运转记录。

(9)收拾工具，清理现场。

四、注意事项

(1)防冲距要调整适当。

(2)操作人员必须相互配合默契。

(3)在光杆密封盒处检查碰泵情况，碰泵次数3~5次为宜。

(4)碰泵操作过程严禁手抓光杆。

五、风险提示

(1)预防机械伤害：严禁手抓光杆和手托方卡子底部，防止方卡子滑脱砸伤和挤伤手部；防止带负荷卸方卡子造成机械伤人；检查光杆是否带毛刺时要戴手套，防止毛刺伤手。

(2)预防触电：停机时戴绝缘手套操作，防止配电箱外壳带电造成触电伤人；启抽送电时，要戴绝缘手套，侧身操作防止触电或电弧伤人。

项目八　抽油机更换皮带操作

一、基本知识

1. 更换皮带的意义

抽油机工作一段时间后，会出现传动皮带烧坏、皮带老化、皮带磨损和皮带松弛等现象，从而影响到抽油机的动力传递，导致抽油机不能正常工作。通过对抽油机传动皮带的松紧度调整或重新更换抽油机皮带，恢复抽油机的工作能力。

2. 皮带的种类

抽油机常用V形带主要有C型、D型普通V形带和5V形窄V形带(也叫联组窄V形带)。

(1)C型、D型普通V形带外观质量要求

① 带角包布破损：外包布每边累计长度不超过带长的30%。

② 不允许有鼓泡。

③ 不允许有包布搭缝脱开。

④ 不允许有带身压扁。

(2) 5V形窄V形带外观质量要求

① 工作面突起：允许高度不超过0.5mm。

② 包布破边：总长度不允许超过带长的25%。

③ 包布搭缝脱开：允许有一处不得超过30mm长、3mm宽。

(3)窄V形带优点

①在相同的温度下，窄V形带比普通V形带的传递能力要高0.5~1.5倍。

②在传递相同功率时，窄V形带的结构尺寸要比普通V形带减少50%。

③窄V形带的极限速度可达40~50 m/s。

④窄V形带的传动效率可达90%~97%。

⑤窄V形带的使用寿命明显延长。

二、准备工作

(1)劳保用品准备齐全，穿戴整齐。

(2)工具、用具和材料准备：

300mm、375mm活动扳手各1把，300 mm螺丝刀1把，500 mm、1000 mm尖头撬扛各1根，3.5kg榔头1把，绝缘手套1副，合适的新皮带1副，细线(工程线)5m，试电笔1支，润滑脂少许。

三、操作步骤

(一)更换抽油机皮带操作

(1)停抽：验电，侧身停抽，将驴头停在上死点，断开空气开关，拉刹车，打好死刹。

(2)松开电动机前顶丝和固定螺栓，用撬杠向前移动电动机至合适位置，使皮带松弛。

(3)取下旧皮带，换上新皮带。

(4)用撬杠向后移动电动机到位后，利用前后顶丝，使皮带达到四点一线(用细线测量)，且皮带松紧度合适。

(5)上紧电动机顶丝和固定螺栓。

(6)启抽：戴绝缘手套侧身送电，打开死刹，松刹车、启动抽油机，并检查皮带运行和抽油机固定情况。

(7)将有关数据填入报表。

(8)收拾工具、清理现场。

(二)抽油机皮带轮“四点一线”操作步骤

(1)验电，戴绝缘手套侧身停抽，将驴头停在上死点位置，断开空气开关，拉刹车，打好死刹。

(2)用细线绳两人各拉一端，一端固定在减速箱输出轴皮带轮(大皮带)外缘，通过大小轮轴中心，另一端接触于电动机皮带轮(小皮带轮)的外缘上。

(3)拉紧线绳后观察两皮带轮的内外边缘与线绳接触所构成的四个点是否为一条直线，否则加以调整。

(4)若线绳已接触大轮内外边缘，而小轮未靠近时，可将滑轨螺栓松开，将电动机向外移动直至小轮两点接触。

(5)若大轮内边缘未接触，而小轮两边缘已接触，则将滑轨螺栓松开，将电动机向刹车方向移动。

(6)若线绳已接触小轮内缘，而外缘未接触，应松开电动机螺栓，再松开电动机后面顶丝将前面顶丝向外顶。

(7)若线绳已接触小轮外缘，而未接触内缘时，可将前面顶丝松开，后面的顶丝向里顶。

(8)检查各部位合格后，打开死刹，松刹车，戴绝缘手套侧身送电，启动抽油机。

(9)填写报表和设备运转记录。

(10)收拾工具，清理现场。

四、注意事项

(1)摸皮带时严禁带手套。

(2)检查两皮带轮平面度，拉线须过两轴中心。

(3)如用顶丝达不到“四点一线”时，可调整滑轨。

(4)用大榔头时不要带手套。

(5)用手扭皮带，皮带转动45°左右时费力，此时松紧度为合适。

五、风险提示

(1)预防触电：停机时戴绝缘手套操作，防止配电箱外壳带电造成触电伤人；启抽送电时，要戴绝缘手套，侧身操作防止触电或电弧伤人。

(2)预防机械伤害：松电动机操作人员处于狭小空间操作，在蹲下或站起来时，要防止碰伤；装卸皮带时，防止皮带夹伤手。

(3)预防高处坠落：冬季操作时，要注意脚下，防止滑倒摔伤。

项目九　螺杆泵更换皮带操作

一、基本知识

在螺杆泵井的日常生产过程中，由于螺杆泵皮带长时间运转、风吹日晒和雨淋等原因，造成螺杆泵皮带松动、老化和断裂，需要对螺杆泵皮带进行调整或更换，以到达恢复螺杆泵井正常生产的目的。

二、准备工作

(1)劳保用品准备齐全，穿戴整齐。

(2)工具、用具和材料准备：

绝缘手套1副，试电笔1支，300mm活动扳手1个，操作平台1个，配套皮带1副。

三、操作步骤

(1)停抽：验电、戴绝缘手套侧身停机、断电，记录停机时间。

(2)调整、更换皮带：打开液压手轮释放扭矩，站在操作平台上，拆下光杆护网，打开电动机皮带防护罩，检查皮带松紧程度，调整电动机底座水平顶丝，将皮带松紧调整到合适。若需要更换皮带，将电动机顶丝松开取出皮带，更换新皮带，调整电动机顶丝，重新将皮带松紧调整到合适程度。

(3)装好电动机皮带防护罩及光杆护网，关闭释放扭矩液压手轮，清理螺杆泵周围工具等物品。

(4)启动螺杆泵：戴绝缘手套侧身送电启动螺杆泵。观察电动机运转状况，检查调整效果，记录启抽时间。

(5)收拾工具，清理现场。

四、注意事项

(1)调整、安装皮带时严禁带手套。

(2)用手扭皮带，皮带转动45°左右时费力，此时皮带松紧度合适。

五、风险提示

(1)预防触电：停机时戴绝缘手套操作，防止控制柜外壳带电造成触电伤人；启抽送电时，要戴绝缘手套，侧身操作防止触电或电弧伤人。

(2)预防高处坠落：防止操作人员从操作平台上跌倒，造成伤害。

项目十　抽油机更换电动机操作

一、基本知识

在抽油机日常工作过程中，由于电动机绝缘老化、线路故障、卡泵等原因，造成抽油机电动机烧坏，需要对抽油机电动机进行更换，以达到恢复正常生产的目的。

二、准备工作

(1)劳保用品准备齐全，穿戴整齐。

(2)工用具准备：

电工工具1套，1t倒链1副，三脚架1套，钢丝绳1根，300mm、375mm活动扳手各1把，1000mm撬杠2根，配套电动机1台，绝缘手套1副。

(3)检查调整刹车，保证灵活好用。

三、操作步骤

(1)停抽：验电、戴绝缘手套侧身停抽、断电，拉下空气开关，将抽油机驴头停在上死点位置，拉紧刹车，打好死刹。

(2)打开电动机接线盒，将电缆头卸下，拆除接地线。

(3)卸下电动机顶丝和固定螺栓，用撬杠向前移动电动机，使皮带松弛，取下皮带。

(4)利用三角架和倒链拆除旧电动机，安装新电动机。

(5)装上皮带，用撬杠移动电动机，用顶丝调整好皮带的松紧度，调整电动机位置使两皮带轮端面到达“四点一线”。紧固电动机固定螺栓。

(6)接上电缆头，连接好接地线，装好接线盒盖。

(7)启抽：戴绝缘手套侧身送电，松刹车，启动抽油机。观察电动机运转和皮带松紧情况，如果发现电动机反转，调整相序，记录启抽时间。

(8)收拾工具，清理现场。

四、注意事项

(1)严禁非电工人员进行接线和拆线操作。

(2)取下皮带时，不要戴手套操作。

(3)起吊电动机时，一定要检查起吊支架是否稳固，一切合格后，才能进行吊装作业。

(4)拆装电动机时，要注意站位，严防碰伤。

五、风险提示

(1)预防触电事故：停机时戴绝缘手套操作，防止控制柜外壳带电造成触电伤人；启抽送电时，要戴绝缘手套，侧身操作防止触电或电弧伤人。

(2)预防机械伤害：在拆装电动机时，操作人员处于狭小空间，在蹲下或者站立时，要注意别碰伤；送电启抽前，要检查抽油机附近是否有人，防止机械伤害。

项目十一　螺杆泵更换电动机操作

一、基本知识

在螺杆泵井日常生产过程中，由于电动机长时间运转、电气故障、扭矩大等原因，造成螺杆泵井电动机损坏，需要对螺杆泵电动机进行更换，以达到恢复螺杆泵井正常生产的目的。

二、准备工作

(1)劳保用品准备齐全，穿戴整齐。

(2)工具、用具和材料准备

电工工具1套，绝缘手套1副，300mm活动扳手1把，配套电动机1台，操作平台1个，吊车1台，吊带1根。

三、操作步骤

(1)停抽：验电、戴绝缘手套侧身停抽、断电，记录停机时间。

(2)拆卸电动机：打开液压手轮释放扭矩，站在操作平台上拆下光杆护网，打开电动机皮带防护罩，打开电动机接线盒，将电缆头卸下，拧松电动机底座水平顶丝，松开皮带并取下皮带，卸掉电动机固定螺栓，去掉轴销上的开口销子，用吊带捆绑电动机并挂在吊车的吊钩上，指挥吊车缓慢起吊，放在地上，取下轴销。

(3)安装电动机：用吊带捆绑新电动机并挂在吊车吊钩上，指挥吊车缓慢起吊，到位后安装轴销及开口销子，安装皮带，调整水平顶丝使皮带松紧度合适，调整上下顶丝使电动机皮带轮与大轮水平，紧固电动机固定螺栓，摘除吊带收回吊车，打开接线盒接线，装好接线盒盖。

(4)启动螺杆泵：拧紧液压手轮，戴绝缘手套侧身送电启动螺杆泵。观察电动机运转和皮带松紧状态，如果电动机反转，停机倒换相序。记录启抽时间。

(5)收拾工具，清理现场。

四、注意事项

(1)防止机械伤害；拆装皮带时，严禁戴手套操作。

(2)起重臂下严禁站人。

(3)严禁非电工人员进行接线和拆线操作。

五、风险提示

(1)预防触电事故：停机时戴绝缘手套操作，防止控制柜外壳带电造成触电伤人；启抽送电时，要戴绝缘手套，侧身操作防止触电或电弧伤人。

(2)预防高处坠落：防止吊钩脱落伤人；防止操作平台跌倒伤人。

项目十二　抽油机的维护保养操作

一、基本知识

在抽油机日常生产过程中，按照规定时间要求对抽油机各部位零部件进行维护保养，达到“清洁、润滑、紧固、调整、防腐”十字作业法要求，保证抽油机正常运转。

二、准备工作

(1)劳保用品准备齐全，穿戴整齐。

(2)工具、用具和材料准备

绝缘手套1副，试电笔1支，电工工具1套，300mm、375mm、450mm活动扳手各1把，300mm螺丝刀1把，24″管钳1把，曲柄销套筒扳手1把，3.75kg榔头1把，水平尺1把，钢卷尺1把，黄油枪两把，汽油5kg，煤油20kg，棉纱适量，安全带1副，钳形电流表1只，欧姆表1只。

(3)检查调整刹车，保证灵活好用。

三、操作步骤

(一)日常保养操作(8h)

(1)停抽：验电、侧身停抽、断电，拉下空气开关，将抽油机驴头停在接近下死点合适位置，拉紧刹车，打好死刹，记录停抽时间。

(2)检查各部位螺栓有无松动和滑扣现象，曲柄销螺帽安全线是否错位。

(3)检查减速器、曲柄销、中轴、尾轴有无异常响声，不缺油、不漏油。

(4)对整机进行清洁作业，保持机身清洁无油污。

(5)检查电动机的电流、电压和井口压力表，不得有异常现象。

(6)启抽：松死刹，松刹车，戴绝缘手套侧身开抽。检查维护保养操作效果，记录启抽时间。

(7)收拾工具，清理现场。

(二)一级保养操作(800～1000h)

(1)停抽：验电、戴绝缘手套侧身停抽、断电，拉下空气开关，将抽油机驴头停在接近下死点合适位置，拉紧刹车，打好死刹，记录停抽时间。

(2)完成日常保养全部操作。

(3)对曲柄销、中轴、尾轴各部轴承、驴头销子、毛辫子进行润滑作业。

(4)打开减速器观察孔，检查齿轮啮合情况，并检查齿轮磨损和损坏情况。检查减速器润滑油油质，取样化验，按质按需换油。清洗减速器呼吸器。

(5)检查抽油机平衡情况，必要时进行平衡调整，使平衡率不低于85%。

(6)检查电动机皮带轮与减速器皮带轮是否达到“四点一线”，单根皮带松紧是否一致，如不符合要求，予以调整。检查皮带轮及键有无磨损，如有应进行修复或更换。

(7)检查曲柄销并紧固背帽。

(8)维修电工负责对电动机及电器设备进行一级保养作业。

(9)启抽：打开死刹，松刹车，戴绝缘手套侧身开抽。检查保养操作效果，记录启抽时间。

(10)收拾工具，清理现场。

(三)二级保养操作(3600～4000h)

(1)停抽：验电、侧身停抽、断电，拉下空气开关，将抽油机驴头停在接近下死点合适位置，拉紧刹车，打好死刹，记录停抽时间。

(2)完成一级保养全部操作。

(3)检查和调整刹车机构的工作情况，使行程在1/3～2/3之间，根据需要更换刹车片。

(4)回收减速箱润滑油，用煤油清洗减速箱内部，检查齿轮啮合情况，检查减速箱各轴承密封情况，根据情况决定是否更换垫片和油封，加足润滑油。

(5)用水平尺检查抽油机纵向和横向水平误差是否符合要求；用钢卷尺测量两侧连杆长度是否一致，根据需要调整。

(6)检查驴头对中，根据需要进行调整。

(7)对电器进行接地检查，对电动机进行润滑保养，检查电动机绝缘情况。

(8)启抽：打开死刹，松刹车，戴绝缘手套侧身开抽。检查维护保养操作效果，记录启抽时间。

(9)收拾工具，清理现场。

四、注意事项

(1)使用榔头不许戴手套，高处作业要系安全带。

(2)停抽维护保养操作时，要拉好刹车，打好死刹。

(3)非电工人员不能对电器和线路进行维护保养操作。

五、风险提示

(1)预防机械伤害：工具使用与摆放要合理，避免打滑或掉落伤人；启抽前，检查抽油机附近是否有人，防止机械伤害。

(2)预防触电：停机时戴绝缘手套操作，防止控制柜外壳带电造成触电伤人；启抽送电时，要戴绝缘手套，侧身操作防止触电或电弧伤人。

(3)预防高处坠落：高处作业要系安全带，站位要合适，避免跌落摔伤。

项目十三　抽油机井口更换盘根操作

一、基本知识

在抽油机日常生产中，由于光杆偏磨、盘根磨损等原因，造成井口漏水，需要对井口盘根进行更换操作。

二、准备工作

(1)劳保用品准备齐全，穿戴整齐。

(2)工具、用具和材料准备：

锯弓1把、锯条若干，24″管钳1把，300mm螺丝刀1把，盘根12个，细绳1根，试电笔1支，绝缘手套1副，细绳或铁丝1段，润滑脂少许。

(3)将盘根从侧方向锯开一个斜开口，与水平面成30°~45°。

三、操作步骤

(1)停抽：验电、侧身停抽、断电，拉下空气开关，将抽油机驴头停在接近下死点位置，拉紧刹车，打好死刹，记录停抽时间。

(2)卸掉盘根压帽，取出盘根压盖，用细绳牢固地系于悬绳器上。

(3)用螺丝刀迅速取出旧盘根，将涂有少量润滑脂的新盘根加入盘根盒内，新盘根开口必须上下相邻错开120°~180°。

(4)将盘根压盖放入盘根盒内并上好盘根压帽，松紧合适。

(5)启抽：打开死刹，松刹车，戴绝缘手套侧身送电开抽。检查盘根是否漏水，检查光杆是否发热。记录启抽时间。

(6)收拾工具，清理现场。

四、注意事项

(1)操作时注意不要从井口上滑落下来，以免摔伤。

(2)停抽后一定要切断电源，断开空开，以免抽油机自行起抽。

(3)盘根盒一次不要上的过紧，开抽后根据是否漏水再次调整。

(4)盘根涂抹黄油后加入盘根盒。

五、风险提示

(1)预防机械伤害：盘根盒、压帽没有固定牢固，导致滑落伤人；启抽前，检查抽油机附近是否有人，防止机械伤害。

(2)预防触电：停机时戴绝缘手套操作，防止控制柜外壳带电造成触电伤人；启抽送电时，要戴绝缘手套，侧身操作防止触电或电弧伤人。

项目十四　抽油机更换负荷传感器操作

一、基本知识

负荷传感器是连接位移传感器，进行示功图测试的重要部件。负荷传感器由于日常操作不当、老化受潮等问题损坏，影响到抽油机示功图测试质量，因此需要对抽油机负荷传感器进行更换操作。

二、准备工作

(1)劳保用品准备齐全，穿戴整齐。

(2)工具、用具和材料准备：

绝缘手套1副，试电笔1支，方卡子2副，30~32mm梅花扳手1把，平锉1把，操作平台1个。

三、操作步骤

(1)停抽：验电、戴绝缘手套侧身停抽、断电，拉下空气开关，将抽油机驴头停在接近下死点位置，拉紧刹车，打好死刹，记录停抽时间。

(2)卸载：在盘根盒上安装两个方卡子，用方卡子卡住光杆，松刹车，启动抽油机使驴头卸载，拉紧刹车，打好死刹。

(3)更换负荷传感器：卸掉悬绳器上的方卡子，将操作平台摆放在井口正前方，站在操作平台上更换负荷传感器，重新上紧悬绳器上的方卡子。打开死刹，慢松刹车挂上负荷。卸掉盘根盒上的方卡子，锉净光杆毛刺。

(4)启抽：戴绝缘手套侧身送电开抽。检查更换效果。记录启抽时间。

(5)收拾工具，清理现场。

四、注意事项

(1)停机操作时，要拉下空气开关。

(2)在打死刹时，脚要站稳，手不能抓活动部位(比如皮带、刹车连杆等)。

(3)在拆装方卡子时，严禁手抓光杆，手托方卡子底部。

五、风险提示

(1)预防机械伤害：在打死刹时，脚要站稳，小心滑落伤人；在拆装方卡子时，严禁手抓光杆和手托方卡子底部，导致机械伤害；启抽前，检查抽油机附近是否有人，防止机械伤害。

(2)预防触电：停机时戴绝缘手套操作，防止控制柜外壳带电造成触电伤人；启抽送电时，要戴绝缘手套，侧身操作防止触电或电弧伤人。

项目十五　抽油机井液面测试操作

一、基本知识

抽油机井在生产过程中油套管环形空间中液面深度叫动液面。

采气井关井后，油套管环形空间的液面逐渐上升到一定位置，并且稳定下来，这时的液面深度叫静液面。

深井泵固定阀淹没在动液面之下的深度叫沉没度。

二、准备工作

(1)劳保用品准备齐全，穿戴整齐。

(2)工具、用具和材料准备：

氮气罐1个，井口连接器1个，SF－ⅢA型计算机综合测井仪1台。

三、操作步骤

1. 测试准备与检查

(1)测试仪器技术条件

① 仪器适用环境温度－30～＋50℃，适用湿度为80%。

② 仪器精度应满足测试目的和要求。

③ 仪器一次充电连续工作时间不得少于10h。

④ 仪器具有直接采集存储、回放、打印测试数据和图形的功能。

⑤ 仪器工作压力0.6～10MPa。

⑥ 可测液面深度应为0～2500m。

(2)测试前准备

① 仔细察看原始数据(音标、泵深、完井数据)和近期套压及动、静液面深度记录。

② 检查校对好测试仪、井口连接器等相关配套设施。

③ 认真检查测试区域、看它是否具备测试条件。

2. 测试操作

(1)仔细查看套压，若套压过高，应按高压测试操作规程执行。

(2)侧身连接好井口连接器，关好放气阀。

(3)将气瓶高压接头连在井口连接器尾部并拧紧。

(4)打开测试仪电源，正确输入井号，并调好测试仪上的高频、低频。

(5)侧身打开套管阀门，严禁正对阀门操作，并仔细察看套压变化情况。

(6)将仪器置于工作状态，并校对好声波基值及油管长度(m)。

(7)将信号线插头插在井口连接器和测试仪上。

(8)扳动手柄，打开氮气瓶阀门，使枪室内气压达到0.7～1.4MPa(普通井不允许超过6 MPa)即可。

(9)按"5"号键，察看仪器工作状况，若蜂鸣器响，说明仪器工作正常，反之，说明仪器及井口连接器有问题。

(10)认真判断分析井口波、音标波及液面波，并准确地找出音标深度、液面深度。

(11)认真做好液面记录，关好仪器电源，将信号线擦净置于仪器箱内。

(12)关好测试井管路，打开放气阀，放掉枪室内压力，并按操作规定侧身卸下井口连接器。

(13)收拾好仪器、井口连接器、并将其擦拭干净。

(14)整理好动、静液面及套压数据。

(15)及时做好上报测试数据工作，并做好汇报记录。

四、注意事项

(1)排采井液面测试时，应由持有岗位操作证的人员进行操作。

(2)当排采井套压大于10MPa时，不能用普通的动液面测试仪器进行测试。

五、风险提示

预防机械伤害：井口压力过大时，防止操作不当伤人。

项目十六　抽油机示功图测试操作

一、基本知识

示功图是反映深井泵工作情况好坏的一种图形，是由专门的仪器测出，反映抽油机悬点载荷随光杆位移变化的封闭曲线，并画在坐标图上。图上被封闭的线所围成的面积表示驴头在一次往复运动中抽油泵所做的功，所以称之为示功图。示功图反映了抽油泵的工作情况，通过分析，可以了解气井动态及抽油泵装置的各项参数选择是否合理。

二、准备工作

(1)劳保用品准备齐全，穿戴整齐。

(2)工具、用具和材料准备：

SF－ⅢA 型计算机综合测井仪 1 台，位移传感器 1 个。

三、操作步骤

1. 测试前检查

(1)仪器适用环境温度 -30 ~ +50℃，适用湿度为80%。

(2)仪器精度应满足测试目的和要求。

(3)仪器一次充电连续工作时间不得少于10h。

(4)仪器具有直接采集存储、回放、打印测试数据和图形的功能。

(5)载荷传感器精度高于0.5%。

(6)仪器量程应为测试目的所需量程的30% ~80%。

2. 测试前准备

(1)应清楚测试井工作参数(冲程、冲次、泵径、泵深、产液量等)，井下管柱结构和抽油杆规范等。

(2)应了解抽油机类别、悬绳器类型、井口设备及相应装置情况，抽油机刹车可靠、采气树不渗漏。

(3)选择合适的测试仪及载荷、位移传感器并检查、调校好。

3. 测试操作

(1)将固定传感器电源打开。

(2)将固定传感器吸附在悬绳器上。

(3)拉出位移线，并将其挂在盘根盒上。

(4)打开示功图测试仪、打开信号接收装置、输井号，并调试好仪器精度、灵敏度。

(5)按“1”号键测冲次、最大、最小载荷、位移及电流。

(6)按“2”号键测光杆运行方向及冲程、冲次。

(7)按“0”号键退出，按“2、+”键开始测试并保存功图。

(8)关闭信号接收装置和示功图测试仪电源。

(9)收位移线、卸固定传感器，并关闭信号发射装置。

(10)将仪器所测示功图数据做好记录并存储好。

(11)对简单示功图进行分析，确认此功图为合格资料后上报。

四、注意事项

(1)示功图测试时，应由持有岗位操作证的人员进行操作。

(2)测试时，应选择合适的位置停、启抽油机。

(3)将仪器所测试并存储的示功图资料回放、打印。

(4)示功图资料应交给专门人员处理与解释。

(5)凡定量、定性解释，结果确认合格的资料，经审核后，方可存档或报送。

五、风险提示

预防机械伤害：位移传感器操作不当下落砸人。

项目十七　排采井火把点燃和熄灭操作

一、基本知识

煤层气的主要成分是甲烷，甲烷是产生温室效应的因素之一。在煤层气的开发过程中，如果集气管网尚未完善，利用起来比较困难。因此，排采井初期生产的煤层气就需要排空，这样做不符合环保要求，煤层气在排空前，必须通过火把烧掉，减少对环境的影响。

二、准备工作

(1)劳保用品准备齐全，穿戴整齐。

(2)工具、用具和材料准备：

柴油少许，棉纱少许，打火机1支，火把竿1支，24″管钳1把，350mm活动扳手1把，8.5kg灭火器1个。

三、操作步骤

1. 火把的点燃

(1)检查火把流程是否连接好。

(2)打开气表前的阀门。

(3)适当打开套管阀门。

(4)慢慢打开气表后的阀门，稳定5min后观察气表瞬时排量，根据要求调整瞬时排量。

(5)调好排量后，把准备好的火把点燃竿的棉纱浸上少量柴油点燃，站在上风口处将燃烧的棉纱举到火把出气口将火把点燃。

(6)火把点燃后将棉纱火熄灭。

(7)记录好压力、流量、放气时间并向作业区调度汇报。

(8)观察火把火焰稳定后收集好工具返回。

2. 火把的熄灭

(1)检查流程及阀门。

(2)记录好压力、流量、时间。

(3)关闭套管阀门。

(4)依次关闭气表前的阀门、气表后的阀门。

(5)观察火把彻底熄灭后向作业区调度汇报，收拾工具返回。

四、注意事项

(1)点燃火把时，操作人员必须站在上风口。

(2)开关阀门时，操作人员必须侧身操作。

五、风险提示

(1)预防煤层气中毒：站位不当，吸入过量煤层气造成中毒。

(2)预防机械伤害：开关阀门站位不当时，造成阀件伤人。

项目十八　抽油机启、停操作

一、基本知识

启停抽油机是采气工最基本的一项操作技能，它是抽油机井故障处理和日常维护操作的前提条件。正确启停抽油机可以延长抽油机所用电动机的使用寿命，保证抽油机井各项工作的顺利进行。

二、准备工作

(1)劳保用品准备齐全，穿戴整齐。

(2)工具、用具和材料准备：

试电笔1支，绝缘手套1副，150mm起子1把，250mm、375mm活动扳手各1把，手锤1把，钢丝钳1把，30～32mm梅花扳手1把，24″管钳1把。

(3)检查和准备工作

①倒好流程，检查管线是否畅通。

②检查光杆卡子，光杆盘根盒松紧是否合适，悬绳器是否水平。

③减速器润滑油量是否符合标准(油面在观察孔两线之间即可)。

④检查抽油机各部轴承润滑油(脂)是否符合加注要求。

⑤检查刹车机构是否灵活完好，有无自锁现象。

⑥检查传动胶带有无损坏情况，并校对其松紧度。电动机皮带轮槽与减速器输入轴皮带轮槽是否在一条直线上。

⑦检查中、尾轴承、驴头销子、平衡块、曲柄销等各部固定螺栓有无松动现象。

⑧检查曲柄销、减速器和电动机上的皮带轮、刹车轮等键联接部位有无松动，压盖是否齐全。

⑨检查保险丝是否插好，保险丝是否符合要求，电器开关有无异常，电器设备接地装置是否良好。

⑩检查和排除抽油机周围妨碍运转的物体。

三、操作步骤

1. 启抽操作

(1)松刹车，盘动皮带，盘动皮带时要用手压着盘，禁止用手抓着盘，以免轧伤手指，检查是否有碰卡现象。

(2)合上空气开关，按启动电钮，启动电动机。

(3)抽油机启动时，利用惯性，作2～3次摆动后启动抽油机。

(4)抽油机启动后，应检查各连接部位、减速器及电动机有无不正常声音，观察各部位有无振动，减速器及各轴承有无漏油现象。

(5)检查曲柄销子有无松动，平衡块有无窜动，驴头上下运动时，井内有无金属碰击的现象，检查电动机轴承发热情况。

(6)检查盘根盒是否发热，光杆卡子有无松动。

(7)检查配电箱电器元件声音是否正常，电流是否稳定。

2. 停抽操作

(1)按停机按钮，断开空气开关，拉紧刹车。

(2)当排采井气量大时，驴头停在下死点；当含砂量大时，驴头停在上死点；一般情况曲柄应处于右上方。

四、注意事项

(1)注意检查配电箱外壳是否带电。

(2)启抽前，注意检查抽油机附近是否有人，防止机械伤人。

(3)使用锤子不许戴手套，固定螺栓不能卸掉，曲柄要擦干净，移动平衡块时用力不用过猛。

(4)工具摆放和使用要合理，以免打滑或掉落伤人。

五、风险提示

(1)预防触电：停机时戴绝缘手套操作，防止配电箱外壳带电造成触电伤人；启抽送电时，要戴绝缘手套，侧身操作防止触电或电弧伤人；测试电动机电流时，正确使用仪表，防止触电伤人。

(2)防止高处坠落与机械伤害事故发生：打死刹时，注意滑倒摔伤；调平衡块时，注意站位要合适，避免跌落摔伤；工具使用与摆放要合理，避免打滑或掉落伤人；送电启抽前要检查井口附近是否有人，防止机械伤害。

项目十九　压力表校对与更换操作

一、基本知识

压力作为煤层气生产过程中重要参数之一，在煤层气开发中占据了十分重要的地位，压力表是用来检测煤层气压力的仪表；压力表由于各种原因出现指示数据超过规定要求或损坏不能正确指示数据等情况，需要对压力表进行校对与更换处理。

二、准备工作

(1)劳保用品准备齐全，穿戴整齐。

(2)工具、用具和材料准备

压力表 1 个，密封带或麻丝适量，300mm 活动扳手 1 把，250 mm 活动扳手 1 把，压力表垫子 2 个，平口螺丝刀 1 把。

三、操作步骤

(一)压力表校对方法

1. 用落零法校验压力表

(1)在日常生产的井口上，选一个压力表，看准压力值(其量程要合适，压力值在 1/3 ~ 2/3 之间波动)。

(2)关掉压力表针形阀，再打开放空阀门泄压。

(3)看压力表指针是否落零，如果落零，压力表合格；否则有误差。

2. 用互换法校验压力表

(1)选两个可以互换的压力源，先看准压力值，做好记录。

(2)先关压力表针形阀，打开放空阀泄压，再卸下压力表。

(3)将两块压力表互换位置装上，关放空阀门，打开压力表针形阀，重新记录压力值。

(4)将互换前后的压力值进行对比，如果压力值相等，说明两块表都准确，如果不相等，说明两块表(或其中一块)不准确，需要校验或更换。

(二)压力表更换步骤

1. 校验后发现压力表误差超过规定时，应及时更换、校验。

2. 更换压力表时先关压力表针形阀，再打开放空阀将压力放净，卸掉不合格压力表，吹扫引压管，检查或更换压力表垫子。

3. 选择一块量程适宜、合格的压力表，将丝扣处缠数圈密封带或麻丝，装上合格压力表，关闭放空阀门，打开压力表针形阀。

4. 压力表装上后应不渗不漏，读数正确。

四、注意事项

(1)压力表应保持洁净，表盘上的玻璃应明亮清晰，使表盘内指针指示的压力值能清楚易见，表盘玻璃破碎或表盘刻度模糊不清的压力表应停止使用。

(2)压力表的连接管要定期吹洗，以免堵塞。特别是用于有较多油垢或其他黏性物质的气体的压力表连接管，更应经常吹洗。

(3)要经常检查压力表指针的转动与波动是否正常，检查连接管上的旋塞是否处于全开位置。

(4)压力表必须定期校验，每年至少经有资格的计量单位校验一次。校验后应认真填写校验记录和校验合格证并加铅封。已经超过校验期限的压力表应停止使用。

五、风险提示

预防机械伤害：拆压力表时，必须先卸压才能操作，以免造成伤害。

项目二十　更换法兰垫子操作

一、基本知识

各类机器设备尤其是各类压力容器、管道和阀门等广泛使用垫片密封结构。石棉垫片为平垫片，作为法兰接合面的静密封在煤层气使用比较常见。

理想的垫片结构应表层为塑性层，而内层为弹性体，塑性表面层保证密封而相互紧贴甚至嵌合，而内层允许补偿密封面的少许分离并在密封上经常保持一定大小的压缩应力。

我国石棉资源丰富，石棉经机械或化学处理可使其松解，充分松解的石棉纤维，抗拉强度较高，表面积较大，吸附性能良好，不能燃烧，耐热性能好，最高安全使用温度为500～550℃，这个温度范围基本能满足工业的需要，而且石棉价廉，其缺点是石棉粉尘对环境有污染，对人体有危害，要注意环境保护。

二、准备工作

(1)劳保用品准备齐全，穿戴整齐。

(2)工具、用具和材料准备

150mm起子1把，活动扳手2把，石棉板1块(或专用法兰垫子1只)，500mm撬杠1把，榔头1把，剪刀1把，卡尺1把，钢板尺1把，划规1把，棉纱少许。

三、操作步骤

(1)测量法兰突面内外尺寸，用划规在石棉垫子上做好标记。

(2)制作法兰垫子。

(3)关进出口阀门，开放空阀门。

(4)将螺栓卸松，并取出一条或两条，撬开法兰，把旧垫子取出。

(5)清理干净法兰表面，将新垫子对中放入法兰内。

(6)对角上紧螺栓，法兰之间的空隙均匀。

(7)关放空阀门，开进出口阀门。

(8)试压不漏不渗为合格。

四、注意事项

(1)在施工过程中注意对打开法兰口的保护，禁止任何异物进入管道内；如有异物掉入，应及时采取措施。

(2)所用工具均应干净、无油，清理法兰面的器具必须脱脂。

(3)所有法兰均应分两至三次上紧，法兰面间隙均匀，对称点尺寸偏差小于0.2mm，确保充压后不泄漏。

(4)所有法兰上的跨接线应配置完整，并确保可靠接触。

五、风险提示

预防机械伤害：拆法兰时，必须先卸压才能操作，防止高压伤害。

项目二十一　煤层气取样操作

一、基本知识

煤层气含量测定内容包括：煤层气含量测定、煤层气成分分析、煤质工业分析等内容。煤层气取样所得煤层气主要用于煤层气成分分析，它是煤层气勘探、开发过程中必不可少的基础分析工作。其分析结果是煤层气开采设备选型及煤层气增压、液化等生产工艺的重要参考数据，是煤层气产品销售的质量保证。目前实验采用吹扫法取样，即从煤层气管道的压力阀接口处取样。采用的仪器为Agilent7890A气相色谱仪，结果以外标法定量。

二、准备工作

(1)劳保用品准备齐全，穿戴整齐。

(2)工具、用具和材料准备

带橡皮塞的细口玻璃瓶，两端带拷克的下口瓶，取样接头，小管钳，橡皮管，装满水的水桶或水盆，Agilent7890A气相色谱仪。

三、操作步骤

1. 用细口瓶取样的操作步骤

(1)准备好一个带橡皮塞的细口玻璃瓶，在瓶内装满微酸性饱和食盐水，并倒立于盛满水的水桶或水盆中。

(2)将一根橡皮管一端连接煤层气气源，另一端放入水桶中，打开取样口可见气泡冒出。

(3)待通气3~5min后，皮管中空气已排干净，并使煤层气气体先对水饱和，这时即可将皮管插入取样瓶中。

(4)待取样瓶中剩余水约10mL左右时，取出皮管，在水中用反口橡皮塞将瓶口塞紧。在此过程中瓶口始终保持朝下。

(5)关闭气源阀门。

2. 用两端带拷克的干式取气瓶取样的操作步骤

(1)将瓶的一端拷克与盛饱和食盐水的下口瓶的下口用橡皮管连接。

(2)抬高下口瓶，使取样瓶内充满食盐水，并将另一根橡皮管的一端接于煤层气气源处。

(3)打开煤层气气源阀门，吹扫管线5min左右，使管线内空气排净，再将橡皮管的另一端与取样瓶的上端拷克相接，同时打开取样瓶的两端拷克，放低下口瓶。

(4)煤层气进入瓶内，将瓶中水排出，待取样瓶中水排净，同时关闭两端拷克。关闭煤层气气源阀门。

四、注意事项

(1)气瓶与管道内的空气必须完全排出。

(2)气瓶中一定要保留约5～10mL水，其目的是起封闭作用，使空气不易漏入。

(3)一般通气至少2min左右。

(4)取样结束后，立即用橡皮塞将取样瓶塞紧，取完样及时送回化验室分析。

(5)取样标签要填写完整，包括井号、地点、时间、取样人等。

(6)在运输及保存期间，瓶口始终朝下，切不可瓶口向上。

(7)检查橡皮管是否有破裂、渗漏。

(8)取样场所必须通风良好，采集的煤层气气样及时送往化验室进行分析，以免时间过长引起组分变化。

五、风险提示

(1)预防割伤：检查气瓶是否有裂纹，防止玻璃破裂，造成割伤。

(2)预防火灾：根据煤层气气源压力大小的变化，及时调节煤层气的流量，防止因压力过大，造成煤层气的外泄，引起火灾。

(3)预防煤层气中毒：如果煤层气中含有有毒气体(如H_2S)时，取样人必须带防毒口罩(口罩中夹小苏打浸湿的棉花)；样品取完后，人必须立即离开，以免引起中毒。

项目二十二　抽油机系统效率测试操作

一、基本知识

抽油机系统工作时，是一个能量不断传递和转化的过程，而能量的每次传递和转化都有一定的损失。由地面输入系统的能量减去系统的各种损失，就是系统供给液体的有效能量，将液体举升至地面的有效功功率与系统输入功率的比值即为抽油机系统效率。损失能量是系统工作时消耗的无功功率，包括地面部分的摩擦损失、电动机的热损失、井下部分的摩擦损失、水力损失、容积损失等。求出电动机、皮带、减速器、四连杆机构等各部位的效率即可得知系统的能耗状况。抽油机系统效率是衡量抽油机井能耗的重要指标，也是一项综合性计算指标，它涉及到日产液量、动液面深度、管压、套压和耗电量(电流、电压、有效功率)等多项参数。

目前，由于有杆泵排采系统能耗问题日趋严重，直接影响着煤层气的开采成本。为了实现气井的正常生产，降低采气成本，采用节能设备并应用新技术、新方法来提高气井的系统效率越来越引起人们的重视；提高抽油机井系统效率，对油田节能降耗，煤层气增产及提高经济效益都具有重要意义。

二、准备工作

(1)劳保用品准备齐全，穿戴整齐。

(2)工具、用具和材料准备：

方卡子2副，板锉1把，PMTS 1.0抽油机系统效率测试仪及相关辅助工具等。

三、操作步骤

(1)将驴头停至下死点距盘根盒近20cm处，刹死刹车；安装方卡子，松刹车，启抽卸负荷后迅速停抽，刹死刹车，切断电源。

(2)安装活动传感器，连接测试仪器线路，松刹车，启抽稍吃上负荷，停抽，刹死刹车；卸方卡子，用板锉打磨光杆的印记、松刹车，启抽，测试。

(3)测试完毕后，将驴头停至下方，停机，刹死刹车，拆线。

（4）卡方卡子，松刹车，启抽稍一卸负荷，停抽，刹死刹车，切断电源。

（5）取下活动传感器及测试线路，松刹车，吃上负荷再刹死刹车，取下方卡子，打磨光杆印记，松刹车，启抽。

四、注意事项

（1）连接及拆卸电力测试线路时，必须切断电源后方可操作。

（2）在抽油机启动前进行测试线路的检查，确保正常，同时测试仪器采集箱电源、计算机都处于关闭状态；在抽油机运转平衡后，方可开启测试仪器的采集箱电源及计算机。

（3）严禁在雨天或阴湿天气测试，必须在下雨后第二天，且配电箱干燥的情况下方可进行测试。

（4）现场操作时，注意力保持高度集中，统一听从一人指挥。

（5）在测试时，机采设备及测试设备有问题的，在排除隐患后方可操作，不符合安全条例操作人员可拒绝工作。

（6）高处作业时，与地面人员相互协调，保持步调一致。

（7）卸负荷时严格按操作规程装卸方卡子，抽油机启动时，井口严禁站人，禁止用手扶正钢套或传感器。

（8）无刹车或刹车不灵活的井严禁测试，当用吊车配合时，必须有起重工按操作规程指挥。

（9）现场接电取电流、电压资料，操作必须由取得相应操作证的电工完成。

（10）对气量大的井，首先要安装定压放气阀使套压符合测试要求。

（11）现场相关操作人员按规定配戴安全帽、绝缘手套，雨季测试要穿绝缘鞋。

（12）技术指标：

①电流测试 AC150A，精度 0.5%；

②电压测试 AC750V（增强型 AC1140V），精度 0.5%；

③单相或三相交流电功率 0～200kW，在功率因数大于 0.5 时精度为 0.5%，其他情况精度为 1%；

④电网频率监测，精度为 0.1Hz；

⑤电流、电压波形曲线及其相位关系显示记录；

⑥电流、电压谐波分析，从基波到 49 次谐波，当电流大于 10A、电压大于 100V 时，精度为 2%，其他情况下的精度约为 5%～10%；

⑦其他电能参数测试功能含无功功率、视在功率、功率因数；

⑧位移测试 0～6m，精度 1%；

⑨载重测试 0～15t，精度 1%；

⑩工作温度 0～40℃，湿度小于 70%。

五、风险提示

（1）预防触电：停机时戴绝缘手套操作，防止配电箱外壳带电造成触电伤人；启抽送电时，要戴绝缘手套，侧身操作防止触电或电弧伤人。

（2）预防高处坠落和落物伤害：高处作业时，操作者必须系安全带；作业时，严禁下面站人，防止落物伤人。

（3）机械伤害：刹车不到位时，抽油机自行移动，导致伤人；抽油机启动时，井口严禁站人。

项目二十三　排采井开井和关井操作

一、基本知识

排采井的开井和关井操作是采气工最基本的一项操作技能，它是抽油机井处理事故和正常维护保养等操作的前提条件。只有正确完成排采井的开井和关井操作，才能保证排采井其他各项工作的顺利进行。

二、准备工作

(1)劳保用品准备齐全，穿戴整齐。

(2)工具、用具和材料准备

①材料准备：开关井指示牌，阀门开关指示牌。

②工具、用具准备：24″管钳1把，磁钢1个，375mm活动扳手1把，绝缘手套1副，试电笔1支，量杯1个。

(3)检查抽油机、井口、阀门和仪表等是否符合开井条件。

三、操作步骤

1. 开井操作

(1)记录调度指令，与相关单位取得联系。

(2)开单井流程：由内至外依次全开计量阀组前后球阀、井口生产阀门。

(3)开井前，记录井套压、测静液面。

(4)启机前，检查抽油机各部件。

(5)合上空气开关，按启动电钮，启动电动机，调节电动机调速器旋钮，启动抽油机，检查抽油机运转情况。

(6)核实冲次，记录套压、管压、水量，用角阀调节气量。

(7)挂开井牌和阀门开关指示牌。

(8)做好记录，向调度室汇报。

2. 关井操作

(1)说明关井原因。

(2)关井前，记录气井套压、管压、瞬时流量、水量。

(3)验电、停抽、断电、拉紧刹车。

(4)关井操作：由内到外依次关闭井口生产阀门、角阀、计量阀组前后球阀。

(5)计量阀组火炬放空。

(6)挂关井牌和阀门开关指示牌。

(7)做好记录，向调度室汇报。

四、注意事项

1. 开井注意事项

(1)详细记录开井调度指令，开井前后有关资料应取全取准。

(2)检查抽油机润滑点位、固定点位，松刹车，盘皮带有无卡阻，检查抽油机周围有无障碍物。

(3)抽油机启动时，利用惯性，作2～3次摆动后启动抽油机。

(4)角阀调节气量，注意观察套压、瞬时流量变化，稳压10min。

2. 关井注意事项

(1)详细记录关井调度指令，关井前后有关资料应取全取准。

(2)按停止按钮，电动机调速器归零，拉空气开关。

(3)当井气量大时，驴头停在下死点；当含煤粉量大时，驴头停在上死点；一般情况曲柄应处于右上方。

五、风险提示

预防机械伤害：操作时，要侧身开、关阀门，防止阀件崩出伤人。

项目二十四　流量计拆装操作

一、基本知识

流量计是用来计量煤层气数量的专用仪表，煤层气计量的准确性涉及供、需双方的经济利益，因此必须重视计量和计量的准确性。要保证计量的准确性，就离不开流量计正确的拆装操作。

具体内容请查阅学习情境六：煤层气采输自动化控制技术知识。

二、准备工作

(1)劳保用品准备齐全，穿戴整齐。

(2)工具、用具和材料准备：

375mm活动扳手1把，24～27mm梅花扳手2把，流量计1个，法兰垫子2片，撬杠1根，螺丝刀1把，润滑脂、棉纱若干。

三、操作步骤

(1)打开旁通阀，关闭流量计上下游阀门。

(2)打开放空阀卸压，压力表落零。

(3)拆卸流量计法兰螺栓，卸下流量计。

(4) 清理干净法兰表面，检查或更换法兰垫片，装上合格流量计，对角上紧螺栓，法兰之间的空隙均匀。

(5)关闭放空阀。

(6)打开流量计上下游阀门，关闭旁通阀。

(7)检查流量计连接法兰处是否泄漏，指示数据是否正确。

(8)收拾工具，清理现场。

四、注意事项

(1)流量计应保持洁净，表盘上的玻璃应明亮清晰，数字能清楚易见，表盘玻璃破碎或数字模糊不清的流量计应停止使用。

(2)流量计的连接管要定期吹洗，以免堵塞。特别是用于有较多油垢或其他黏性物质的气体的流量计连接管，更应经常吹洗。

(3)要经常检查连接管上的阀门是否处于全开位置。

(4)流量计必须定期校验，校验后应认真填写校验记录和校验合格证并加铅封。已经超过校验期限的流量计应停止使用。

五、风险提示

预防泄漏：如果发生泄漏，应及时倒改流程控制泄漏源，防止污染扩大。

项目二十五　更换阀门操作

一、基本知识

具体内容请查阅学习情境四煤层气集输技术知识的相关内容。

二、准备工作

(1)劳保用品准备齐全，穿戴整齐。

(2)工具、用具和材料准备

150mm 螺丝刀 1 把，375mm 活动扳手 2 把，法兰垫子 2 个，500mm 撬杠 1 把，榔头 1 把，阀门 1 个，润滑脂、棉纱若干。

三、操作步骤

(1)关闭上、下流程，进行泄压放空操作，确定无压力时才能操作。

(2)拆下旧阀门。

(3)清洁法兰密封端面，检查、更换法兰垫子。

(4)把新阀门与管线法兰对正，上好螺栓，应在法兰侧上部留下一部分螺栓，以备加法兰垫子。

(5)用撬杠对称撬开法兰间隙，把法兰垫片对正加入，均匀对称紧固螺栓，以弹簧垫片压平为准。

(6)更换完后倒通流程，检查法兰垫片是否有渗漏，然后活动阀门，检查阀门密封填料是否漏失。

(7)收拾工具，清理现场。

四、注意事项

(1)在施工过程中注意对打开法兰口的保护，禁止任何异物进入管道内；如有异物掉入，应及时采取措施。

(2)所用工具均应干净、无油，清理法兰面要干净、彻底。

(3)所有法兰均应分两至三次上紧，法兰面间隙均匀，对称点尺寸偏差小于 0.2mm，确保完压后不泄漏。

(4)所有法兰上的跨接线应配置完整，并确保可靠接触。

(5)侧身开关阀门。

五、风险提示

预防机械伤害：侧身开关阀门，注意机械伤害。

项目二十六　阀门保养操作

一、基本知识

阀门在煤层气采输工艺流程上使用品种繁多，规格复杂，它们各自起着调节、控制和截断的作用，因此各个部位需要的维护保养都不一样，具体内容请查阅学习情境四煤层气集输技术知识的相关内容。

二、准备工作

(1)劳保用品准备齐全，穿戴整齐。

(2)工具、用具和材料准备

300mm、375mm 活动扳手各 1 把，100mm、300mm 平口螺丝刀各 1 把，24″管钳 1 把，阀门开关扳手 1 把，锤子 1 把，短撬杠 2 根，油漆刷 1 把，长毛钢丝刷 1 把，棉纱若干，砂布或水砂纸 1 张，轴承 1 个。

油料和防腐材料：柴油 2kg，润滑脂 0.5kg，油漆适量。

密封填料：符合规格的石棉铅粉密封填料 0.2kg，石棉红纸板 0.5m^2，聚乙烯生料带 0.2kg，特制各种规格的塑料圈(垫环、密封环和压环)和橡胶圈。

三、操作步骤

1. 更换阀门密封填料的操作

(1)切断气源。

(2)卸密封填料压盖螺栓，用螺丝刀将压盖撬松，使阀内余气泄漏到压力降为零。

(3)视情况添加或更换填料。

若添加密封填料，只需将符合规格的密封填料一圈一圈地往密封填料盒内添加至需要量为止。如果添加的填料为特制的 O 型密封圈，则必须将阀架卸掉，填料压盖取出，然后将 O 型圈一个一个地装进密封填料盒内。

若重新更换填料，则必须将填料盒内的旧密封填料清除干净，将切有斜口的密封填料，断口交错一圈一圈的往填料盒内添加至需要量为止。如果是特制的填料 O 型密封圈，则应将阀架拆掉，密封填料压盖取出，密封圈一个一个地擦净再涂上干净润滑脂，按照先装垫环，后装密封环，最后装上压球的先后次序，不得有错。

(4)密封填料压盖螺栓紧固要对称均匀，以转动阀杆灵活不漏气为准。

2. 更换阀门轴承操作

(1)选用适合该阀门型号的轴承。

(2) 拆卸手轮压帽螺母和手轮。

(3) 卸开轴承压盖。

(4) 取出轴承。

(5) 清洗油污。

(6) 装上新轴承。

(7) 装上轴承压盖。

(8) 装上手轮和手轮螺母。

3. 闸板阀的清洗和修复的操作

(1)切断气源。

(2) 卸开阀座(卸前阀门必须处于开启状态，否则无法取下阀盖)。

(3) 提起阀盖，在闸板的任一面打上记号，复原时才不会搞错位置。

(4) 闸板、阀杆和阀盖放入油盆内用棉纱和毛刷洗净赃物，严禁使用钢丝刷。

(5) 清洗各部件的同时，要仔细检查各部件的粗糙度，特别是密封面更应留心观察。

(6) 对阀芯、阀座、阀板锈蚀轻微部位，用水砂纸进行打磨，密封面用阀砂研磨。

4. 阀门表面除锈刷漆和阀杆润滑操作

(1)用钢丝刷、粗砂布或除锈剂将阀门表面锈斑除掉。

(2) 用香蕉水或无铅汽油进一步清除油污。

(3) 用油漆刷或喷漆枪进行油漆刷漆工作。

(4) 刷涂油漆宜薄，分多次完成。

(5) 阀杆表面用润滑油保护，尤其是明杆阀开启时的露出部分要用保护罩保护，免遭雨露后生锈。

四、注意事项

(1)维护保养阀门工作中，使用的工具、用具选择要恰当，严禁小工件使用大扳手，甚至将活动扳手当锤子使用。

(2)添加密封填料或密封圈(环)时，应注意所使用润滑油料的清洁，切勿渗入泥沙，否则阀杆转动时表面损伤，导致填料难于密封引起漏气。

(3)无论用于调节控制或截断作用的阀门，均做到周期性的检查并活动。对较长时间不操作的阀门，应定期活动。对常活动的阀门，密封填料容易泄漏，阀芯、阀板易损坏，除操作时应做到缓慢进行外，还应注意异常情况的判断，及时处理，不能拖延时间而酿成后患。

(4)各种阀门在使用中，应全开或者全关的决不能半开(关)或关而不严。

(5)在高压状态下的阀门，开启时必须做到阀门前后的压力差不能悬殊过大，避免闸板脱落。

五、风险提示

(1)预防机械伤害：侧身开关阀门，防止煤层气高压伤害。

(2)预防火灾爆炸：按照要求检查管线内煤层气浓度，控制火源，防止煤层气发生燃烧爆炸。

项目二十七　抽油机底座调整水平操作

一、基本知识

抽油机在长期工作过程中，由于基础不均匀沉降，基础或底座悬空、斜铁松动等原因，造成抽油机底座倾斜，从而引起光杆偏磨，严重的可引发抽油机倾倒事故。因此，必须时刻关注抽油机底座的水平度是否符合要求。

二、准备工作

(1)劳保用品准备齐全，穿戴整齐。

(2)工具、用具和材料准备：

600mm 水平尺 1 把，绝缘手套 1 副，梅花扳手 2 把，42mm、46mm 敲击扳手各 1 把，600mm 活动扳手 1 把，加力杠 1 根，斜铁若干，5t 千斤顶 1 个，撬杠 2 根，润滑脂若干。

三、操作步骤

(1)戴绝缘手套侧身停抽、断电、拉紧刹车，摘掉负荷。

(2)按水平尺使用操作规范测量抽油机底座纵向水平，两边共 6 个点，记录纵向水平数值。

(3)测横向水平操作同前，测 3 个点(前中后)，记录横向水平误差数值。

(4)根据纵向和横向测水平的差值卸松底座固定螺栓，把垫木和千斤顶放置在应调部位的下面将千斤顶打起，垫上所需斜铁，悬空不能超过3cm。

(5)松千斤顶，重新测量横纵向水平至合格，上紧底座螺栓。

(6)松刹车，带负荷，卸卡子，戴绝缘手套侧身送电启抽。

(7)收拾工具，清理现场。

四、注意事项

(1)用水平尺测量不平度，纵向不大于3mm/1000mm，整机两侧各测量三个点。横向不大于2mm/1000mm，整机测量3个点，前、中、后各选一点。

(2)地脚螺栓处不得有悬空现象，螺帽上紧后应加止退螺帽，剩余螺纹不得超过3~5扣。

(3)地脚螺栓两侧垫入楔铁，不得有缺少现象。

五、风险提示

(1)预防机械伤害：启抽前，检查抽油机附近是否有人，防止机械伤害。

(2)预防触电：停机时戴绝缘手套操作，防止控制柜外壳带电造成触电伤人；启抽送电时，要戴绝缘手套，侧身操作防止触电或电弧伤人。

项目二十八　抽油机更换毛辫子操作

一、基本知识

1. 钢丝绳结构

钢丝绳与一般起重机械使用的钢丝绳结构相同，它是由若干根相同丝径(或不同丝径)的钢丝围绕一根中心钢丝先捻搓成绳股，再由绳股围绕一根有机物绳芯(或软金属等绳芯)捻搓成钢丝绳。

钢丝绳的绳芯分为纤维绳芯和金属绳芯两类。纤维绳芯有：油浸麻芯、油浸石棉芯、油浸棉纱芯、金属绳芯(主要是指软金属芯)。

钢丝的作用是承担载荷。绳芯的作用是支撑绳股、储油、润滑保护钢丝，减少钢丝在工作时互相摩擦，增加柔性，减少冲击力，延长钢丝绳的使用寿命。

组成钢丝绳所用的钢丝为冷拔高强度碳素钢制成，其丝径在用于起重机械的钢丝绳中多为0.5~3.0mm。

2. 维护

抽油机专用钢丝绳要求具有较高的强度和良好的韧性，以及耐压、耐磨和抗油气腐蚀的能力。

使用时，需要定期用钢丝绳油或黄油润滑钢丝绳，要尽量防止金属棱角撞击、碰磨、挤压钢丝绳。

二、准备工作

(1)劳保用品准备齐全，穿戴整齐。

(2)工具、用具和材料准备：

试电笔1支，绝缘手套1副，方卡子2副，毛辫子1根，中平锉1把，安全带1副，操作平台1个，30~32mm梅花扳手1把，375mm活动扳手1把，螺丝刀1把。

三、操作步骤

(1)验电、戴绝缘手套侧身停抽、断电，拉紧刹车。

(2)在光杆上打上方卡子，启抽卸掉负荷，停抽断电，拉紧刹车。

(3)卸下毛辫子，装上新的毛辫子。

(4)松刹车挂负荷，卸掉井口的方卡子，打磨光杆毛刺。

(5)戴绝缘手套侧身送电，启抽，观察抽油机运转情况。

(6)收拾工具，清理现场。

(7)与班站交接。

四、注意事项

(1)停机后必须拉下空气开关切断电源。

(2)卸负荷时方卡子不准撞击盘根盒，加负荷时不要过猛。

五、风险提示

(1)防止触电事故发生：停机时戴绝缘手套操作，防止配电箱外壳带电造成触电伤人；启抽送电时，要戴绝缘手套，侧身操作防止触电或电弧伤人。

(2)防止高处坠落与机械伤害事故发生：在平台上操作时，注意滑倒摔伤；严禁手抓光杆和手托方卡子底部，防止方卡子滑脱砸伤和挤伤手部。

项目二十九　单井扫线操作

一、基本知识

如果单井采气管线中积累的水和杂质较多，会造成煤层气管线的通道面积减少，过流能力下降，容易造成输气管线管压过高，影响煤层气的正常输送。因此，通过正向和反向扫线，排出管线中的积水和杂质，恢复正常的煤层气管线的输送能力。

所谓正向和反向扫线是根据煤层气的流动方向来确定。

1. 正向扫线

打开扫线口，煤层气按照单井正常流程方向流动的扫线方法。

2. 反向扫线

打开扫线口，煤层气按照单井正常流程的相反方向流动的扫线方法。

排采井地面简易流程如图 3－1 所示。

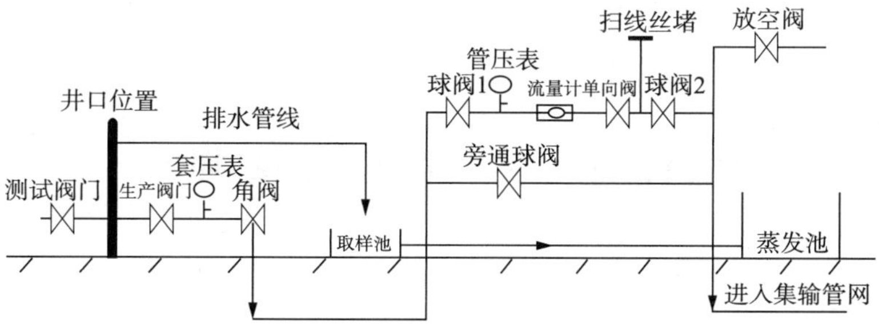

图 3－1　排采井地面简易流程图

二、准备工作

(1)劳保用品准备齐全，穿戴整齐。

(2)工具、用具和材料准备

24″管钳 1 把，350mm 活动扳手 1 把，300mm 活动扳手 1 把，生料带 1 卷，灭火器 2 台，可燃气体检测仪 1 台(氧气浓度检测仪)。

三、操作步骤

1. 正扫线操作

(1)检查单井计量流程。

(2)关闭球阀 1 和球阀 2，打开压力表放空阀，观察管压表压力为零后，关闭压力表放空阀，再用管钳卸掉放空堵头。

(3)操作人员站在上风口，打开球阀 1 扫线。

(4)观察反扫口无水喷出，关闭球阀 1，再用可燃气体检测仪检查管线内煤层气浓度，待合格后关闭反扫线口。

(5)打开球阀 1，再打开球阀 2，正扫线操作结束。

(6)收拾工具，把单井放气量汇报调度(资料室)。

2. 反扫线操作

(1)检查单井计量流程。

(2)关闭球阀 1 和球阀 2，打开压力表放空阀，观察管压表压力为零后，关闭压力表放空阀，再用管钳卸掉放空堵头。

(3)操作人员站在上风口，打开球阀 2 反扫线。

(4)观察反扫口无水喷出，关闭球阀 2，用可燃气体检测仪检查管线内煤层气浓度，待合格后关闭反扫线口。

(5)打开球阀 1，再打开球阀 2，反扫线操作结束。

(6)收拾工具，把单井放气量汇报调度(资料室)。

四、注意事项

(1)开启阀门要缓慢。

(2)放气时，人员站在上风口。

(3)按照正、反扫线操作规程严格执行，彻底置换单井到阀组内的空气，可燃气体检测合格后方可单井进气。

五、风险提示

(1)预防机械伤害：侧身开关阀门，防止煤层气高压伤害。

(2)预防火灾爆炸：按照要求检查管线内煤层气浓度，控制火源，防止煤层气发生燃烧爆炸。

项目三十　输气管线凝液缸操作

一、基本知识

1. 凝液缸构造

凝液缸主体一般由 D355、D508、D610 管线切割而成，上部焊接圆形钢盖，下部封死；内部加装挡板；上接平衡管与放水管，放水管插入缸内距缸底 10cm 左右，管头做斜口处理，其结构如图 3-2 所示。

2. 凝液缸工作原理

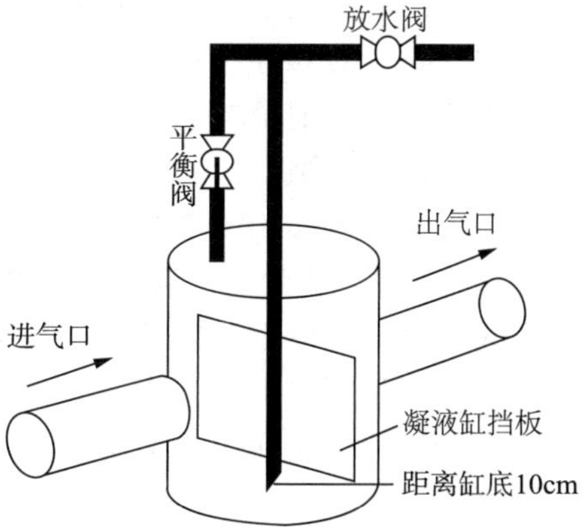

图 3－2　凝液缸结构原理示意图

煤层气经过凝液缸时，含水煤层气进入凝液缸后撞上凝液缸挡板，一部分小水滴被吸附在挡板上形成大的水滴，靠自重下落到缸底；另一部分含水煤层气被凝液缸挡板改变流向后，在离心力作用下，从煤层气中分离出来，水滴逐渐积聚在凝液缸内壁上逐渐形成大的水滴，靠自重下落到缸底。经两次分离后的煤层气从出气口流出。

二、准备工作

(1)劳保用品准备齐全，穿戴整齐。

(2)工具、用具和材料准备

24″管钳 1 把，350mm 活动扳手 1 把，测试水桶 1 个，量杯 1 个，秒表 1 只。

三、操作步骤

(1)打开凝液缸柜门。

(2)关闭平衡阀。

(3)打开放水阀放水，直到放水完毕。

(4)打开平衡阀再吹扫一下。

(5)关闭放水阀。

(6)关闭凝液缸柜门。

四、注意事项

(1)凝液缸正常流程：放水阀处于关闭状态，平衡阀处于开启状态。

(2)凝液缸放水时将平衡阀关闭，打开放水阀放水，放水要放净；在不关闭放水阀时，打开平衡阀门进行一下吹扫，待出气比较干时，直接关闭放水阀。

(3)平衡阀的作用：平衡阀是平衡放水管与缸内的压力，通过气流的涌动，使凝结在管壁上的水滴吹落下来。

五、风险提示

预防水洒在身上：操作时，注意站位和风向，小心水落到操作者的身上。

项目三十一　单井调气量操作

一、基本知识

在煤层气井产气初期，气量会逐步上升，为确保单井气量平稳、持续、有效，必须通过调大角阀、释放套压来增加单井气量，在实施上调气量过程中，合理控制井底流压、套压和管压尤为重要。

当煤层气井进入后期产气阶段时，井底地层能量势必变弱、井底流压降低或某一阶段单井出现异常生产情况时，套压会缓慢下降；当套压降到一定程度时，为确保套压和产量平稳运行，必须通过调小角阀来降低(控制)单井气量，从而有效延长单井持续产气时间。

二、准备工作

(1)劳保用品准备齐全，穿戴整齐。

(2)工具、用具和材料准备：

120mm 活动扳手 1 把，24″管钳 1 把，600mm 加力杠 1 根，松动剂 1 瓶，计算器 1 个，磁钢 1 枚，巡井记录本 1 个，圆珠笔 1 支。

三、操作步骤

1. 上调气量操作步骤

(1)到井口法兰前，读取套压数值，如果套压表是激活型压力变送器，应先用磁钢激活套压表，将套压值记录在巡井记录本上。

如果计量阀组上的管压表是激活型压力变送器，用同样方法激活管压表，读取管压数值，将管压值记录在巡井记录本上。

若套压表、管压表是指针(机械)压力表，可直接从表盘上读取，为确保其精度，读取机械压力表数值时，必须按机械压力表操作步骤执行；无论是智能压力表(磁钢激活型压力变送器)还是机械压力表，都应将套压、管压值记录在巡井记录本上。

(2)在流量计上按切换键，读取当前流量计瞬时值(m^3/h)，并将流量计瞬时值记录在巡井记录本上，作为上调气量基准数值。

(3)用计算器折算需要上调气量瞬时值(m^3/h)，具体调气瞬时值计算公式如下：

① 智能表计算公式：

$$\text{上调瞬时值}(m^3/h) = \text{上调气量}(m^3/h)$$

② 非智能表计算公式：

$$\text{上调瞬时值}(m^3/h) = \text{上调气量}(m^3/h)/(\text{管压} \times 10) + 1$$

(4)上调气量应由两名采气员工进行操作，一名员工用扳手或管钳缓慢开大角阀，一名员工在流量计前切换瞬时值，并仔细读取数值、汇报瞬时值大小；如每天需增气 $200m^3$，通过计算需上调瞬时值 $5m^3/h$，那么应在原来瞬时值的基础上上调 5 m^3/h 即可。

(5)上调气量后，不要立即离开计量阀组，应在流量计前观察 30min，看瞬时流量是否下降，若瞬时出现下滑，应通过调大角阀将瞬时值调至所需数值，并仔细察看套压及管压变化情况、做好时间及调气记录。

(6)待上调气量平稳后，方可收齐工具再离开计量阀组及井场。

2. 下调气量操作步骤

(1)到井口及计量阀组前，如果套压表、管压表是激活型压力变送器，应先用磁钢激活套压表、管压表，读取套压及管压数值(若套压表、管压表是指针压力表，可直接从表盘上读取，为确保其精度，读取机械压力表数值时必须按机械压力表操作步骤执行)，无论是智能压力表(磁钢激活型压力变送器)还是机械压力表，都应将套压、管压值记录在巡井记录本上。

(2)按流量计切换键，读取当前流量计瞬时值(m^3/h)，并将流量计瞬时值记录在巡井记录本上，作为下调气量基准数值。

(3)用同样公式计算下调气量瞬时值(m^3/h)，具体调气公式如下：

① 智能表计算公式：

$$\text{下调瞬时值}(m^3/h) = \text{下调气量}(m^3/h)$$

② 非智能表计算公式：

$$\text{下调瞬时值}(m^3/h) = \text{下调气量}(m^3/h)/(\text{管压} \times 10) + 1$$

(4)下调气量同样由两名采气员工进行操作，一名员工用扳手或管钳缓慢调小角阀，一名员工在流量计前切换瞬时值，并仔细读取数值、汇报瞬时值大小；如每天需降气 $200m^3$，通过计算需下调瞬时值 $5m^3/h$，那么应在原瞬时值的基础上下调 $5\ m^3/h$ 即可。

(5)下调完气量后，同样不要急于离开，应在流量计前观察 30min，看瞬时流量是否回升，若瞬时流量增加应调小角阀，将瞬时值调至所需数值，并仔细察看套压及管压变化情况、做好时间及调气记录。

(6)待下调气量平稳后，方可收齐工具再离开计量阀组及井场。

四、注意事项

(1)开启球阀时，扳手或管钳开口大小必须与角阀开启口大小一致，如扳手开口太大，容易使操作员工扭伤或摔伤。

(2)开关角阀时，要缓慢匀速用力，以免操作员工扭伤或摔伤；要侧身控制角阀，绝不允许正对角阀实施操作，以免发生机械伤害。

五、风险提示

(1)预防火灾爆炸：严禁在井场内吸烟或动用明火，严禁在井场内用工具击打金属物品，以免引起火灾或爆炸。

(2)预防高压伤人：调节气量时不要正对角阀操作，以免角阀崩出后伤人。

学习情境四
煤层气集输技术知识

自地层采出的煤层气中，一般含有饱和的水蒸气和机械杂质，水汽和机械杂质是煤层气中有害无益的组分。煤层气中水汽和机械杂质的存在，减小了输气管道对其他有效组分的输送，降低了煤层气的热值。当输气管道压力和环境温度变化时，可能引起水汽从煤层气中析出，形成液态水、冰或甲烷水合物，这些物质的存在会增加输气压降，减小输气管线的通过能力，严重时还会堵塞阀门和管线，影响平稳供气。因此，现场常采用增压、节流、分离、脱水等工艺对煤层气进行处理，以保证安全平稳地输送合格的煤层气。

煤层气集输是把分散的煤层气井所生产的煤层气集中起来，经过必要的处理，把合格的煤层气输送到下游用户的工艺过程。它包括煤层气增压、水气分离、煤层气计量、煤层气脱水、煤层气净化等工艺。

项目一　煤层气集输工的岗位职责

煤层气集输工岗位职责规定了煤层气集输工应该完成的工作内容以及应当承担的责任。

一、岗位责任制

(1)严格执行 QHSE 管理规章制度和本岗位安全技术操作规程。

(2)严格按照“八交八接”及“三一、四到、五报”原则进行交接班。

(3)掌握本岗位工艺流程、操作规程，正确判断、处理常见故障。

(4)按规定进行巡回检查，发现问题及时解决，不能处理的要做好记录并及时汇报。

(5)负责设备、管线、场地等工业卫生，杜绝跑冒滴漏。

(6)严格控制操作参数，认真录取并填写资料、报表，做到“三无一化”。

(7)严格执行安全操作规程复述制度，熟练掌握应急预案。

(8)按时对设备、消防器材设施、报警装置进行检查、维护保养，定期报检。

(9)遵守劳动纪律及各项规章制度。

二、集气站巡回检查制

1. 巡回检查路线

进站汇管区⟶分离区⟶压缩区⟶外输区⟶计量区⟶污水罐⟶空压机房

2. 检查内容

(1)进站汇管区：观察、记录进站各支线压力；检查各支线阀门、法兰连接处有无漏气现象；

(2)分离区：观察、记录分离器前后压力；检查各阀门、法兰连接处有无漏气现象；检查分离器本体运行情况；

(3)压缩区

① PLC 柜：录取运行数据，有无异常变化；
② 曲轴箱、补偿油位计、高位油箱：观察油位、十字头温度、注油量；
③ 压缩缸：测量一级、二级进、排气阀压力、温度及压缩缸缸体温度，是否存在异响；
④ 冷却循环水泵：检查机油腔油位，机械密封是否漏失，机身振动及是否存在异响；
⑤ 分离器：观察液位进行手动排液；
⑥ 空冷器：检查皮带松紧度，有无异响，观察排温调节百叶窗；

(4)外输区：检查各阀门、法兰连接处有无漏气现象及阀门开关状态；

(5)计量区：观察、记录外输流量计读数、压力、温度，有无异常变化；检查各阀门、法兰连接处有无漏气现象；

(6)污水罐：记录液位计读数；打开量油孔，查看液位，有无憋压现象；

(7)空压机房

① 干燥塔：检查 A－B 塔是否转换，电磁阀是否动作；
② 空压机：空压机运转是否正常无异响，检查皮带松紧度，每日进行手动排液；
③ 储气罐：检查储气罐压力是否正常，每班进行手动排液。

三、交接班制

(1)交、接班员工必须按时参加点名及班前会，不得迟到及缺席。

(2)交、接班员工必须做到十交与五不交。

(3)十交清内容：

①交清本班的生产情况和任务完成情况；
②交清仪表、设备运行和使用情况；
③交清不安全因素、采取的预防措施和事故处理情况；
④交清工具数量及缺损情况；
⑤交清工艺指标执行情况和为下一班的准备工作；
⑥交清原始记录表是否正确完整；
⑦交清原材料使用情况和产品质量情况及存在的问题；
⑧交清上级批示、要求和注意事项；
⑨交清跑、冒、漏情况；
⑩交清岗位设备整洁和区域卫生情况。

(4)五不交内容：

①生产不正常，事故未处理完不交；
②设备或工艺有问题搞不清楚不交；
③岗位卫生未搞好不交；
④记录不清，不齐，不准不交；
⑤指定的本班任务未完成不交。

(5)五不接内容：

①记录不清不接；
②设备润滑不好不接；
③工具不全不接；
④记录不全不接；
⑤卫生不好不接。

(6)在接班员工全面掌握岗位的各项情况，包括生产、资料、卫生等情况后，在交接班记录本上填写同意下班并签字后，交班员工方可下班。

四、HSE 职责

(1)遵守国家及生产施工所在地方政府有关法律法规、规定及相关标准，执行上级的 HSE 管理规定及其他要求。

(2)对本作业区所辖煤层气集输管网、清管作业施工期间健康、安全与环境(HSE)工作负监督责任。

(3)编写施工设计要有相应的 HSE 内容，对风险要有相应提示，并制定出相应技术控制措施。

(4)参与施工项目(活动)在 HSE 方面危害因素的辨识、评估；参与制定风险削减和控制措施及应急处置预案并监督实施。

(5)参与 HSE 检查：及时发现和解除隐患，对不能立即整改的隐患，上报分公司职能部门，并及时制定出技术监控措施，必要时制定应急处置程序并落实实施。

(6)参与同作业队、工程所、本工区员工的 HSE 信息交流工作。

(7)协助作业区主任解决作业队 HSE 管理中存在的问题，参与 HSE 管理工作，参加本作业区 HSE 会议。

(8)遵守 HSE 管理规定，拒绝违章指挥，对作业队违章作业进行劝阻和制止，必要时向上级反映。

(9)参与编写施工项目的 HSE 作业计划书。

(10)检查作业队安全环保设施，警示标识是否安全、醒目、完好；配备的急救药品是否安全，并且在有效期内。

(11)对作业队及上级 HSE 管理工作提出合理化建议或意见。

(12)接受上级及有关部门的审核，参与员工 HSE 业绩考核。

项目二　煤层气集输基本知识

一、采气流程

把从气井采出的含液固体杂质的一定压力煤层气变成适合矿场输送的合格煤层气的各种设备组合，称为采气流程。采气流程是对采气全过程各工艺环节间关系及管路特点的总说明。用图例符号表示采气全过程的图称为采气流程图。

煤层气井的采气流程分为单井常温采气流程和多井常温采气流程。

在单井上安装一套包括调压、分离、计量和保温设备的流程，称为单井采气流程。其工艺过程为：井里边出来的煤层气经阀减压后，先加热再由节流阀进入分离器，在分离器中除去液体和固体杂质后，从集气管线输出。分离出的液体固体从分离器下部排放到污水罐中。目前由于煤层气开发属于低成本运作，在单井上不安装分离器，水和杂质在集气站脱除，加热采用伴热带和保温层结合的方式。

把几口井的采气流程集中在气田适当部位进行集中采气和管理的流程，称为多井常温采气流程，一般把具有这样流程的站称为集气站。各单井由采气管线和集气站连接。集气站的流程一般依次包括分离、增压、计量等几个部分。

二、煤层气的矿场集输

把气井采出的煤层气经过分离、增压、脱水、计量后，集中起来输送到输气干线或处理厂的过程，称为煤层气的矿场集输。

1. 集输系统的类型

煤层气田的集输系统有两个主要目的：一是以最经济的方式将煤层气从井口输送至中心压缩站；二是对产出水进行处理，处理后的水符合环保的要求。

目前常用的煤层气集输系统有三种类型：第一类是对每口井产出的煤层气进行单独处理和压缩，然后用小口径、中等压力的管线将煤层气输送至中心压缩站；第二类是将井组的煤层气收集在一起，通过低压集输管线输送到微型增压站，经初步处理和压缩后，再输送至中心压缩站或处理中心；第三类是尽可能降低煤层气井的井口压力，选用大小合适的集输管线将煤层气直接输送到中心压缩站。

2. 矿场集输管网的类型

收集和输送煤层气的管网称为集气管网，包括采气管线、集气支线和集气干线等。采气管线是气井到集气站的管线，一般直径较小(73 ~ 114mm)；集气支线是集气站到集气站或集气站到集气干线的管线，一般直径较大(159 ~ 325mm)；集气干线是将各集气站或集气支线的来气集中输送到集配气总站或处理中心的管线，一般直径很大(219 ~ 457mm)。

目前采用的集气管网一般有枝状管网、环状管网和放射状管网三种类型，如图 4 – 1 所示。

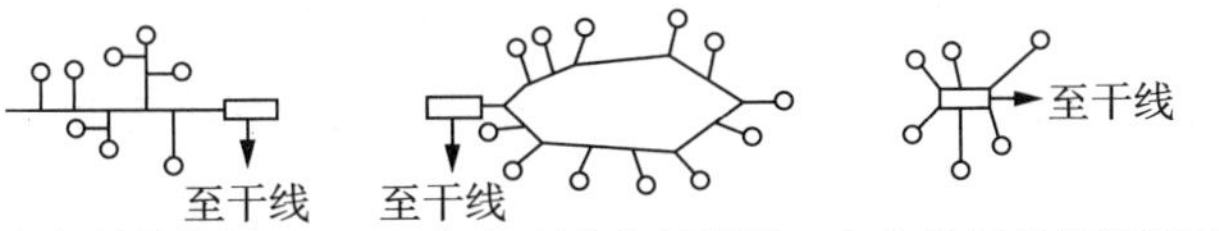

(a) 枝状管网　(b) 环状集气管网　(c) 放射状集气管网

图 4 – 1　单井集气管网示意图

在实际工程中，集气管网的类型并不单一，常常是两种或三种的组合。组合型集气管网是把放射状管网与枝状管网，或者把放射状管网与环形管网组合在一起使用的集气管网。这种集气管网适用于气田面积大、气井分布多的大型气田。

集气管网的选择取决于气田的储量、面积、构造形状、产层数、产气层特性和气井的分布、产气量、井口压力及煤层气的气体组成、有害组分(H_2S、CO_2、有机硫等)以及所采用的净化工艺等。

3. 煤层气的增压输送

在煤层气的开发和输送过程中，随着煤层气的不断采出，气井压力逐渐降低，当气井的井口压力低于输气压力时，气井难以维持正常生产，甚至造成被迫关井。因此，为了充分利用能源，确保合理开发气田，提高煤层气采收率，当气田的地层压力降低后，应该在矿区建立增压设备，对煤层气增压，以降低气井井口的回压，维持气井正常生产，保证煤层气正常输送。

三、计量

在煤层气开采过程中，需要对煤层气的水、压力、温度、流量等参数进行测量，从而来指导煤层气的开发，而测量这些参数的仪表则称为测量仪表，如压力计、温度计和流量计等。

（一）水计量系统

单井水的精确计量对掌握泵和井的工作动态至关重要。常用的水计量方法有三种：正排量流量计、涡轮流量计和计量桶。正排量流量计在美国圣胡安盆地得到广泛的应用，但这种流量计容易被细小的煤粒、砂、黏土堵塞，造成计量误差。

涡轮流量计通常安装在泵的出口处，其计量精度高于正排量流量计，但在间隙流、气水两相流及水中有杂质的情况下，易受损坏，或产生较大的计量误差。此外，涡轮流量计还应用于水处理系统中。正排量流量计和涡轮流量计的计量精度随入口压力的提高而增加。在美国的黑勇士盆地，最常用的水计量方法是一种标定容器。这种容器的容积一般为18.925dm^3（5gal），用于井口收集产出水，并记录容器装满水所需的时间，由此换算成每日产水的桶数。如果要换算出精确的日产水桶数，需要考虑气井是否间歇生产。

（二）压力测量仪表

1. 弹簧管压力表

采气站采用的压力表多为单圈弹簧管压力表，其结构有弹簧管、扇形齿轮、带铰轴的塞子、游丝、拉杆、支座、装指针处、接头、表壳和可读表盘。其中，测量元件弹簧管是一个弯曲成圆弧形的空心管子，一端固定，一端自由，固定端为被测压力输入端。游丝则起保证扇形齿轮和中心齿轮紧密咬合的作用。通常，根据被测介质的性质和压力的不同，压力表的弹簧管选用不同材料。

弹簧管压力表的工作原理为：被测压力由接头通入弹簧管固定端，使弹簧管的自由端向右上方扩张，而弹簧管的变形位移通过拉杆使扇形齿轮逆时针偏转，进而带动中心齿轮做顺时针偏转，使与中心齿轮同轴的指针也做顺时针偏转，从而在面板的刻度标尺上显示出被测压力的数值。

2. 压力表的选择

（1）量程的选择

为了保证弹簧管压力表的弹性元件在弹性形变的安全范围内工作，应根据被测介质的压力大小选择合适量程。一般，被测压力稳定时，最大工作压力不应超过量程的2/3；被测压力不稳定时，最大工作压力不超过量程的1/2；同时，为了保证测量精度，被测压力最小值不低于量程的1/3。

（2）精度等级的选择

通常，生产过程中使用的压力表，除分离器和输气管线上的压力表要求精度低，一般用1.5～2.5级精度的压力表。而用来指导生产或测出的压力对生产影响较大时，可选用精度高一些的压力表，如0.35～1级的表。

除了量程和精度的选择，还要考虑压力表类型的选择，如被测介质的性质和工作现场的环境等。

3. 压力表的校验

（1）检查并调整零位和最大刻度。在无压力时，指针指在零位；当压力加至极值时，指针指在最大刻度。如果不能，则可用滑槽螺钉进行调整。

（2）检查并调整中间刻度。如果加压时，误差与刻度呈正比，可微调滑槽螺钉使正误差外移，负误差里移；如果刻度示值部分不合格，可改变拉杆长度，调整拉杆与扇形齿轮间的夹角，或检查扇形齿轮和中心齿轮接触情况。

（3）调整变差。所谓变差是指在正常测量条件下，使用同一仪表对某参数进行正反行程测量时，仪表正、反行程指示值之间的绝对误差。压力表变差大，一般是由于传动机构摩擦力大或接触松动造成的，可检查游丝和齿轮间隙的咬合情况。

（三）温度测量仪表

1. 玻璃温度计

玻璃温度计是一种液体膨胀式温度计，由玻璃感温包、毛细管和刻度标尺构成，常用的有水银玻璃温度计、有机液体玻璃温度计和电接点水银温度计。水银玻璃温度计是采气时应用最广的液体温度计，测温范围在 -30 ~ 500℃，一般用于取数据场合；有机液体玻璃温度计测温范围为 -80 ~ 100℃，仅供就地测量，示值不明显；电接点水银温度计测温范围为 -30 ~ 300℃，适用于位式控制及警报，特别是恒温控制，不适用于防爆场所，接点容量小，寿命短。

2. 热电偶温度计

热电偶温度计通常与显示仪表配套使用，测温范围为 -100 ~ 180℃，应用广泛，由热电极、绝缘套管、保护管和接线盒组成。热电偶由两根不同导线（热电极）组成，它们一端相互焊接，形成热电偶的工作端，用它插入待测介质中以测量温度，而另一端（自由端）则与显示仪表相串接。当工作段和自由端存在温差时，显示仪表就会指出热电偶所产生的热电动势，进而可知被测温度的大小。

3. 热电阻温度计

热电阻温度计由热电阻、显示仪表和导线组成，测温范围为 -200 ~ 850℃。该温度计的工作原理是基于金属导体或半导体的电阻值随温度变化而变化的特性来进行温度测量的。把温度变化引起的电阻的变化通过测量电路转换为电压信号，经显示仪表测出热电阻的电阻值，得出相应的温度值。

（四）流量测量仪表

流量测量仪表有很多，根据测量原理和结构可分为节流式（差压式）、涡轮式、腰轮式、涡街式流量计等。

1. 节流式流量计

节流式流量计是煤层气采输中最为广泛的流量测量仪表，它通过节流装置（标准孔板、喷组、文丘利喷嘴和文丘利管）使流束局部收缩。所以，煤层气在管道流动时，流经节流装置时，流束截面会突然收缩，从而使得流到节流装置处的流速增加，静压力降低，在节流装置前后产生压力差。而且流量越大，压力差越大，通过测量压差就可计算出流量。

节流装置的取压方式有理论取压法、径距取压法、法兰取压法、管接取压法和角接取压法，如表 4 -1 所示。采输气中按规定只采用法兰取压和角接取压方式。

表 4 -1　取压方式

序号	取压方式	上游取压地点	下游取压地点
1	理论取压法	距孔板前端面 *D*（计量管内径）处	流束收缩最小处
2	径距取压法	距孔板前端面 *D*（计量管内径）处	距孔板后端面 1/2*D* 处
3	法兰取压法	距孔板前端面 25.4mm 处	距孔板后端面 25.4mm 处
4	管接取压法	距孔板前端面 2.5*D* 处	距孔板后端面 8*D* 处
5	角接取压法	与孔板前端面距离小于 0.03*D* 处	与孔板后端面距离小于 0.03*D* 处

2. 气体涡轮流量计

气体涡轮流量计是一种精密流量测量仪表，广泛应用于石油、化工、冶金、科研等领域的计量、控制系统，具有测量范围宽、压力损失小、性能可靠、结构简单、容易维修等特点，适用于煤层气计量。

涡轮流量计采用涡轮进行测量，可分为就地显示式和电远传式。采用前者测量，气体流经流量计时，驱动叶轮转动，转速与流量成正比，此后通过机械传动传送至计数器，计数器将叶轮转速累积成对应的气体体积流量直接显示出来。此种流量计较简单，使用较多。电远传式流量计则由涡轮变送器和显示仪表组成。它先将流速转换为涡轮的转速，再将转速转换成与流量成正比的电信号。这种流量计用于检测瞬时流量和总的积算流量，其输出信号为频率，易于数字化。感应线圈和永久磁铁一起固定在壳体上。当铁磁性涡轮叶片经过磁铁时，磁路的磁阻发生变化，从而产生感应信号。信号经放大器放大，送到计数器或频率计，显示总的积算流量。同时将脉冲频率经过频率－电压转换以指示瞬时流量。

3. 气体腰轮流量计

腰轮流量计是指由一对腰轮的旋转次数来测量流经圆筒形容室的气体或液体体积总量的流量计。腰轮流量计的转子是一对互为共轭曲线的腰轮。工作时，流量计内部的转子是在从流入口流入流体的压力作用下转动，随着转子的转动，使流体从流入口流向排出口，这时转子在转动过程中，转子和流量计壳体之间形成一定容积空间，即计量腔，使流体充满这一空间随着转子的转动，把流体不断的送向排出口。如果设计好该空间的体积，测量转子的转动次数，就能得出该空间给出的体积量，从而得到流过的流体体积。另外，气体腰轮流量计根据每单位时间内测得的转子的转动次数，可以得到瞬时流量，这就是气体腰轮流量计的测量原理，腰轮流量计的工作过程如图 4－2 所示。

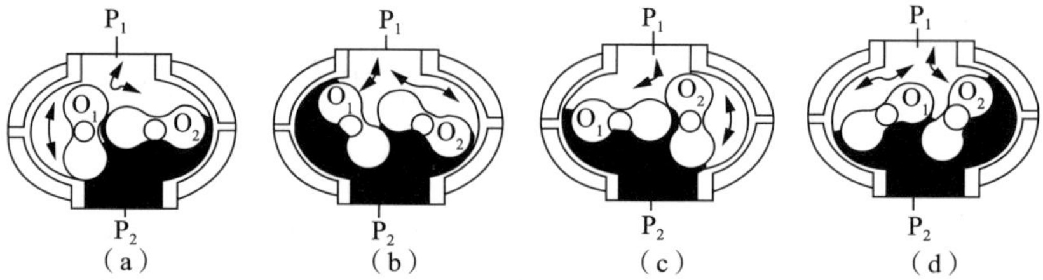

图 4－2　腰轮流量计的工作原理图

4. 涡街流量计

涡街流量计主要用于工业管道介质流体的流量测量，具有压力损失小，量程范围大，精度高，测量时几乎不受流体密度、压力、温度、黏度等参数的影响，可靠性高，维护量小等特点。它由非流线型的旋涡发生体、检测探头及相应的电子线路等组成。当流体流经旋涡发生体时，它的两侧就形成了交替变化的两排旋涡，这种旋涡被称为卡门涡街，如图 4－3 所示。这些交替变化的旋涡就形成了一系列交替变化的负压力，该压力作用在检测探头上，便产生一系列交变电信号，经过前置放大器转换、整形、放大处理后，输出与旋涡同步成正比的脉冲频率信号或标准信号。

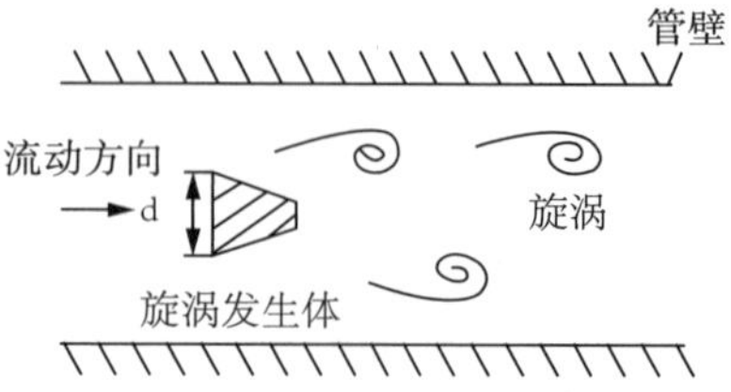

图 4－3　涡街流量计工作原理图

斯特罗哈尔在卡门涡街理论的基础上又提出了卡门涡街的频率与流体的流速成正比，并给出了频率与流速的关系式：

$$f = \frac{v \times Sr}{d}$$

式中 f——涡街发生频率，Hz；

v——旋涡发生体两侧的平均流速，m/s；

Sr——斯特罗哈尔系数常数；

D——旋涡发生体(柱体物)的宽度，m。

5. 超声流量计

超声流量计是通过检测流体流动对超声束或超声脉冲的作用来测量流量的流量计。

根据对信号检测的原理，超声流量计可分为传播速度差法、波束偏移法、多普勒法、互相关法、空间滤法及噪声法等。其中，传播速度差法可分为时差法、相位差法和频差法。时差法是通过测量顺逆传播时，传播速度不同引起的时差计算被测流体速度，时间差越大，流量越大；相位差法是通过测量顺逆传播时，传播时由于时差引起的相位差计算速度；频差法是测量顺逆传播时传播是的声环频率差来计算流速。目前，用于测量煤层气的超声流量计有单声道气体超声流量计和多声道气体超声流量计，声道越多精度越高，实现难度也越高。

6. 旋进旋涡智能流量计

旋进旋涡智能流量计由流量传感器、温度传感器、压力传感器和流量计算处理显示四部分组成。工作时，由于流量传感器的流通剖面类似文丘里管的型线。在入口侧安放一组螺旋型导流叶片，当流体进入流量传感器时，导流叶片迫使流体产生剧烈的旋涡流。当流体进入扩散段时，旋涡流受到回流的作用，开始作二次旋转，形成陀螺式的涡流进动现象。该进动频率与流量大小成正比，不受流体物理性质和密度的影响，检测元件测得流体二次旋转进动频率就能在较宽的流量范围内获得良好的线性度。信号经前置放大器放大、滤波、整形转换为与流速成正比的脉冲信号，然后再与温度、压力等检测信号一起被送往微处理器进行积算处理，最后在液晶显示屏上显示出测量结果(瞬时流量、累积流量及温度、压力数据)。

四、分离

煤层气井井身一般采用生产套管中下入油管的结构，这种结构使气水在井下得到初步分离。不管是从油管产出的水，还是从套管产出的气都需要在井口作进一步分离，然后再分别输送到气水处理点和销售点。

在地面气水分离系统中，固相杂质的处理是十分重要的一个环节。固相杂质可能包括微小煤颗粒、碎石及来自压裂作业的砂，在某些气田地面管线中也会出现盐的沉积。水计量系统入口处最易出现固相杂质的聚积，但处理较方便，只要在分离器的下游，在流量计之前安装过滤器即可解决。对于较大的固相杂质，可在井下泵的入口安装滤网以及减小气井作业过程中的井口压力的波动予以控制。

分离气液(固)的分离器，按其原理可分为重力式分离器、旋风式分离器、混合式分离器三种。前两种应用最多。

1. 重力式分离器

重力式分离器主要是利用液(固)体和气体之间的重度差分离液(固)体。气液混合物进入分离器后，液(固)体被气体携带一起向上运动，但是，由于液(固)体的重度比气体大得多(如在 5MPa 时，水的重度是甲烷重度的 28 倍)，同时液(固)体还受到向下的重力作用向下沉降，如果液滴足够大，以致其沉降速度大于被气体携带的速度，液滴就会向下沉降被分离出来，其原理如图 4－4 所示。

为了提高重力式分离器的效率，进口管线多以切线进入，利用离心力对液体作初步分

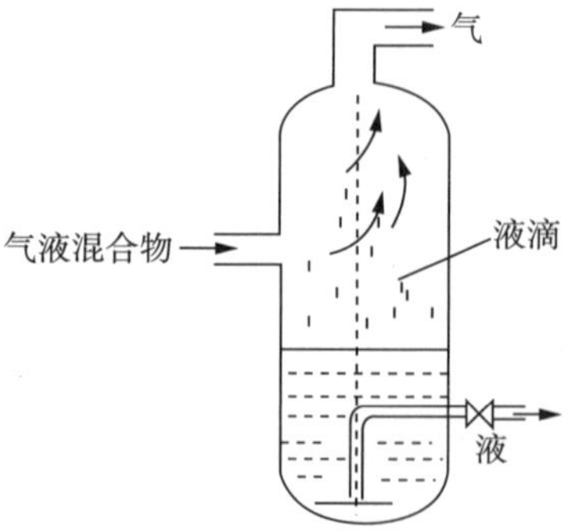

图 4-4　重力式分离器工作原理

离。在分离器中还安装一些附件，利用碰撞原理分离微小的雾状液滴；雾状液滴不断碰撞到已湿润的捕丝网表面上并逐渐聚集，当直径增大到其重力大于上升气流的升力和丝网表面的黏着力时，液滴就会沉降下来。

重力式分离器根据安装形式和内部附件的不同可分为：立式、卧式及三相重力式分离器三种。前两种可分离气液(固)两相，第三种是把液体再分开。

立式重力式分离器由分离段、沉降段、除雾段、储存段几部分组成。在分离段，气液(固)混合物由切向进口进入分离器后旋转，在离心力作用下重度大的液(固)体被抛向器壁顺流而下，液(固)体得到初步分离。沉降段直径比气液混合物进口管直径大得多(一般是1000：159)，所以气流在沉降段流速急速降低，有利于较小液(固)滴在其重力下沉降。除雾段用来捕集未能在沉降段内分离出来的雾状液滴。捕集器有翼状和丝网两种。翼状捕集器是具有微粒收集功能的带平行金属盘构成的迷宫组成。丝网捕集器是用直径 0.1～0.25mm 的金属丝(不锈钢丝、紫铜丝等)或尼龙丝、聚乙烯丝编织成线网，再不规则地叠成网垫制成。它可分为高效型、标准型、高穿透型三种。高效型丝网编织密集，用于除雾要求高的场合；标准型丝网编织次之，用于一般除雾；高穿透型丝网编织稀疏，用于液体或气体较脏的场合，丝网捕集器是利用碰撞原理分离液滴的。捕集器一般能除去 10～30μm 直径的微粒。储存段储存分离出来的液(固)体，经由排液管排出。排污管的作用是定期排放污物(如泥沙、锈蚀物等)，防止污物堆积堵塞排液管。

影响重力分离器效率的主要因素是分离器的直径。在气量一定、工作压力一定时，直径大，气流速度低，对分离细小液滴有利。

双筒卧式重力分离器中，气液混合物进入后碰撞到导向板而改变流向，在惯性力作用下大直径液滴被分离下来，夹带较小液滴的气流继续向下运动。由于分离器直径比井口管直径大得多，气流速度下降，在其重力作用下较小直径液滴被分离下来。接着，气流通过整流板，紊乱的气流被变成直流，更小的液滴与整流板壁接触，聚集成大液滴而沉降。最后，雾状液滴在捕集器中被捕集下来。

在分离器直径和工作压力相同的情况下，卧式重力分离器处理气量比立式多，但卧式重力分离器由于占地面积大、清扫困难，目前多用于处理量大的集气站和用以对脱硫装置前的气体进行分离。中、小型集气站仍以立式为主。

2. 旋风式分离器

旋风式分离器又叫离心分离器，由筒体、锥形管、螺纹叶片、中心管和集液包等组成。

煤层气沿切线方向从进口管进入分离器的筒体中，在螺旋叶片的引导下做向下回旋运动，由于气体和液固体杂质颗粒的质量不同所产生的离心力也不同，于是质量大的杂质颗粒被甩到外圈，质量小的气体处于内圈，从而使两者分离。杂质颗粒在其重力及气流的带动下，沿锥形管壁进入集液罐，经排污管排出，气体在锥形管尾部开始作向上回旋运动，最后经中心管进入下一级设备，其工作原理如图 4-5 所示。

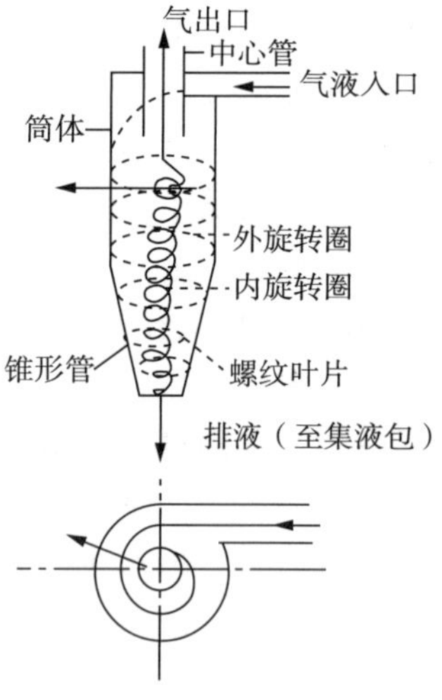

图 4-5　旋风式分离器

3. 混合式分离器

混合式分离器是利用多种分离原理进行气液(固)分离的，结构比较复杂，类型也很多，如螺道分离器、串联离心式分离器、扩散式分离器等。

五、集气站工艺

来自各井口的煤层气进入站场，经气液分离后，气体进入压缩机组增压，经冷却分离后，计量外输。分离出的污水进入排污池，排污池设有放空管，污水中残留的气体经放空管引至安全处放空。一般煤层气进入站场的压力很低，常常低于0.1MPa，在集气站需进行几级压缩，出口压力为多少，需根据最终的外输压力综合考虑而定。其工艺流程如图4－6所示。

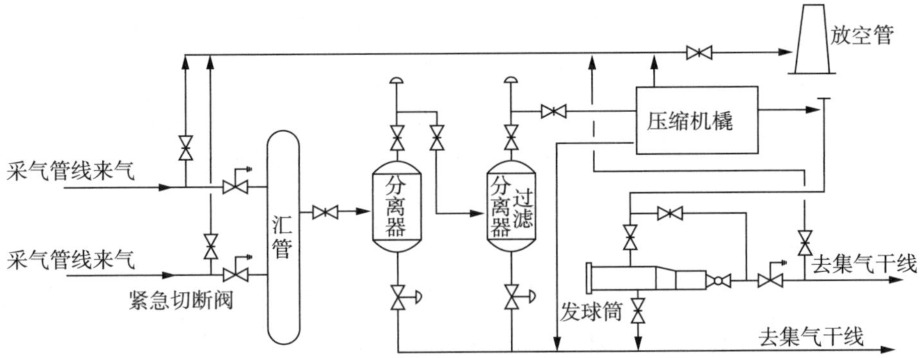

图4－6 集气站工艺流程示意图

如果集气干线没有水合物形成，在集气站可不设脱水设施。煤层气集中脱水较经济，在煤层气处理厂设置脱水装置，煤层气经集气干线输至处理厂，在处理厂进行集中脱水。

六、处理厂工艺

煤层气从各集气站经集气干线进入处理厂，经增压脱水处理后，达到煤层气国家标准的气质要求后外输。之所以进行脱水处理是因为输送的煤层气有时会含有酸性组分，液态水的存在会加速酸性组分(H_2S、CO_2等)对管壁阀件的腐蚀，减少管线的使用寿命。

目前各国对管输煤层气中含水汽量指标要求不一，有“绝对含水汽量”及“露点温度”两种表示方法。绝对含水汽量是指单位体积煤层气中含有的水汽的质量，单位为mg/Nm^3或$mg/\mu m^3$。煤层气的露点温度是指在一定的压力下煤层气中水蒸气开始冷凝结出第一滴水时的温度，用℃表示。为了表示在煤层气管输过程中，由于温度降低而从煤层气中凝析出水的倾向，用露点温度表示煤层气的含水汽量更为方便。一般情况下管输煤层气的露点温度应该比输气管沿线最低环境温度低5～15℃。

可用于煤层气脱水的方法有多种，如溶剂吸收法、固体吸附法、化学反应法和低温冷却法。煤层气集中处理规模较大时，脱水工艺可考虑采用三甘醇脱水方案。三甘醇是目前国内外普遍使用的煤层气吸收脱水的溶剂，三甘醇露点降通常降低33～50℃，甚至更高；三甘醇的蒸气压低，携带的损失小，热力学性质稳定，脱水操作费用低。因此，可选用三甘醇作为吸收剂进行脱水处理。由于进入处理厂的压力较低，可采用先增压后脱水工艺，以降低脱水装置规模和运行成本，降低处理厂的建设投资。处理厂的工艺流程如图4－7所示。

沁水盆地中央处理厂的主要工艺过程为增压和脱水。在脱水装置前进行增压还是在脱水装置后进行增压对中央处理厂工艺参数选取、运行费用及投资影响较大，必须进行对比分析和优选。不同压力下脱水后的含水量都应满足外输压力下的水露点要求。先脱水后增压工艺的脱水装置一次投资高，脱水再生负荷大，运行费用高；设备体积大，占地面积大，工艺管线管径大。而先增压后脱水工艺的一次投资低，脱水再生负荷较小；脱水装置的操作压力较高，设备体积小，占地面积小，工艺管线管径小。故在节约投资、降低能耗的原则下，采用先增压后脱水(三甘醇脱水)的工艺。

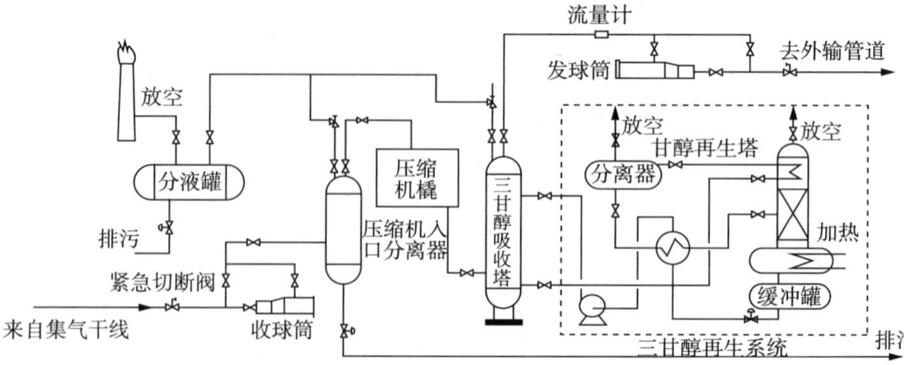

图 4－7　处理厂工艺流程图示意图

七、污水处理的工艺

进入水处理厂的污水，称原水。经系统处理后的污水称为净化水。净化水的水质要求取决于水的用途。不同水质的要求又决定了所采用的处理方法。污水的处理方法有四种：

(1)物理处理方法：包括重力分离、离心分离、过滤、气浮、蒸发和活性炭吸附等。其中，重力和离心分离、气浮、过滤等为常用的处理方法。

(2)化学处理方法：向水中添加某种化学剂，与水内的某种杂志发生化学反应，达到某种净化的目的。例如，加中和剂调整污水 pH 值；加絮凝剂，使小粒径悬浮物变成大粒径悬浮物，便于使用重力或离心沉降除固、除油；加脱氧剂，使与水内溶解氧发生化学反应，降低水内氧含量等。

(3)物理化学处理法：利用物理和化学的各自优点综合处理污水，如加絮凝剂的气浮法。

(4)生物处理法：利用微生物的生物化学作用，将复杂的有机物分解为简单物质，将有毒的物质转化为无毒的物质，使污水得以净化。

项目三　煤层气集输管网

任务一　煤层气集输工艺流程图

一、煤层气集输常用的管线、管件和阀门

常用的集输管线有无缝钢管和焊接钢管。为了在煤层气集输过程中合理选用管线，管线和管线附件(包括管件和阀门)中规定了公称直径和公称压力系列。

1. 公称直径

管线的公称直径是一种规定的标准直径。公称直径既不是管线的内径，也不是管线的外

径，而是取定与管线内、外径相接近的整数。公称直径用符号 *DN* 表示，其单位是 mm。例如，公称直径 100mm，用 *DN*100 表示。

2. 公称压力

管线的公称压力是一种规定的标准压力，用符号 *PN* 表示，其单位是 MPa。例如，公称压力 10MPa，用 *PN*10 表示。

3. 管线规格

集输管线常用的钢管主要是无缝钢管和焊接钢管两种，其规格均以外径 × 管壁厚表示，例如，$\phi60\times4$ 表示该管外径为 60mm，管壁厚为 4mm，如表 4－2 所示。

表 4－2 管线国标系列

序号	公称直径 *DN*	英制尺寸/in	管线规格（外径 × 壁厚）	备注
1	15	1/2	$\phi21.95\times2.5$（四分管）	① 1 英寸（in）＝25.4mm ② 1 英尺（ft）＝304.8mm ③ 1 英尺（ft）＝12 英寸（in） ④ 1 分＝1/8 英寸（in）
2	20	3/4	$\phi27.25\times2.5$（六分管）	
3	25	1	$\phi32\times3$	
4	32	$1\frac{1}{4}$	$\phi38\times3$	
5	40	$1\frac{1}{2}$	$\phi48\times3.5$	
6	50	2	$\phi60\times3.5$	
7	65	$2\frac{1}{2}$	$\phi76\times3.5$	
8	80	3	$\phi89\times3.5$	
9	100	4	$\phi108\times4$	
10	125	5	$\phi133\times4$	
11	150	6	$\phi159\times5$	
12	200	8	$\phi219\times6$	
13	250	10	$\phi273\times7$	
14	300	12	$\phi325\times7$	
15	350	16	$\phi377\times7$	
16	400	18	$\phi426\times7$	
17	500	20	$\phi529\times7$	
18	600	24	$\phi630\times7$	
19	700		$\phi720\times7$	
20	800		$\phi820\times7$	
21	1000		$\phi1020\times12$	
22	1600		$\phi1620\times14$	

4. 管线的标注

管线标注方法如下：

介质代号（××）—单元号（××）管段号（××）—公称通径（××）—压力及级号（×××），其含义如表 4－3 所示。

表 4－3　管道标注释义表

序号	管号名称	物理意义
1	PG—××××—××—×××	“PG”表示气管道；“—“分隔符；“××××”表示管道单元号和管段号；“××”表示管线公称通径；“×××”表示设计压力
2	OG—××××—××—×××	“OG”表示放空管道；其他与上相同
3	WW—××××—××—×××	“WW”表示污水管道；其他与上相同
4	IA—××××—××—×××	“IA”净化空气管道；其他与上相同
5	PA—××××—××—×××	“PA”非净化管道；其他与上相同
6	GN—××××—××—×××	“GN”氮气管道；其他与上相同
7	PL—××××—××—×××	“PL”废润滑油；其他与上相同

5. 集输管件

常见的集输管件有法兰、垫片、弯头、三通、盲板、丝堵、大小头等。

6. 阀门

阀门按用途分截断阀、调节阀、止回阀、分流阀和安全阀。

(1)阀门的公称通径

阀门的公称通径是指阀门与管道连接处通道的名义直径，用 *DN* 表示。阀门的公称通径系列如表 4－4 所示。

表 4－4　阀门的公称通径系列

公称通径/mm									
3	20	50	125	225	400	700	1200	2000	2800
6	25	65	150	250	450	800	1400	2200	3000
10	32	80	175	300	500	900	1600	2400	
15	40	100	200	350	600	1000	1800	2600	

(2)阀门的公称压力

阀门的公称压力是指在基准温度下允许的最大工作压力，用 *PN* 表示。

二、煤层气集输工艺流程图

煤层集输工艺流程图是流体在站内的流动过程的图样表示，它反映的是煤层气集输主要生产过程及各工艺系统间的相互关系，是站内管线、管件、阀所组成，并与其他集输设备相连的管路系统。工艺流程图只是一种示意图，一般不按比例绘制，它只代表一个区域一个系统所用的设备及管线的走向，不代表设备的实际位置和管线的实际长度。但各区域内的设备方位尽可能与平面布置图一致，以便与总图联系和取得比较直观的形象。在工艺流程图中，把设备和管路按顺序画在同一平面上以说明各个设备间与主要及辅助管线的联系情况，如图 4－8 所示。

三、煤层气集输工艺流程图的绘制方法

绘制工艺流程图时，可按站平面布置的大体位置将各种工艺设备布置好，然后，按正常生产工艺流程、辅助工艺流程的要求用管道、管件和阀件将各种工艺设备联系起来，即为煤层气集输工艺流程图。

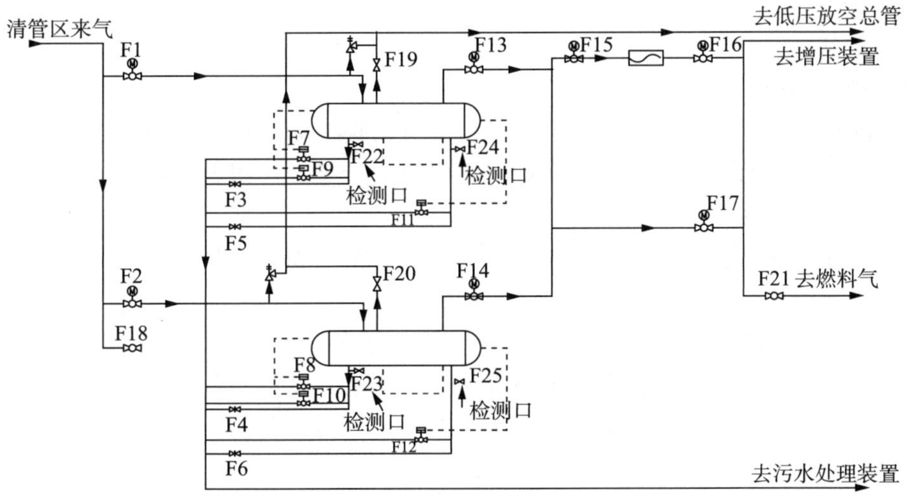

图 4－8　煤层气集输工艺流程图

1. 选择图纸幅面和标题栏

根据工艺流程的多少和复杂程度，工艺流程图基本图纸幅面及尺寸如表 4－5 所示。

表 4－5　基本图纸幅面及尺寸

mm

幅面代号		A0	A1	A2	A3	A4	A5
幅面尺寸（$B \times L$）		841 ×1189	594 ×841	420 ×594	291 ×420	210 ×297	148 ×210
周边尺寸	a	25					
	c	10			5		
	e	20		10			

2. 布局各种设备在图纸中的位置

集输工艺流程常用设备、阀门、仪表及管道附件，管路上的主要设备、阀门、过滤缸、计量仪表及其他重要附件要用细实线按规定符号在相应位置画出。各种设备在图上一般只需用细实线画出大致外形轮廓或示意结构，设备大小只需大致保持设备间相对大小，设备之间相对位置及设备上重要接管口位置大致符合实际情况即可，不论设备的规格如何，其在同一图纸上出现的规定符号大小应基本一致。

3. 用实线画出管线走向，并与各设备连接成工艺流程图

（1）主要管线用粗实线，次要或辅助管线用细实线。

（2）管线发生交叉而实际并不相碰时，一般采用竖段横不断、主线不断的原则。

（3）地上管道用粗实线表示，地下管道用粗虚线表示。

（4）工艺流程中管线图色标准表示如下：

① 煤层气：橘黄色。

② 清水管线：绿色。

③ 污水管线：褐色。

④ 风管线：蓝色。

⑤ 放空管线：红色。

⑥ 热水管线：银白色。

⑦ 消防管线：红色。

⑧ 排污管线：褐色。

4. 图上设备编号

图上设备编号通常标注在设备图形附近，也可以直接标注在设备图形之内，图上还通常附有设备一览表，列出设备的编号、名称、规格及数量等。在图上规范画出管线走向。

5. 用绘图笔进行描图

检查无误后用碳素绘图笔进行描图。绘图线条的粗细和设备管线的主次相应符合。

6. 填写标题栏内容

目前标题栏没有统一格式。标题栏内容一般包括工艺流程的名称、绘制时间、绘制比例、绘制人、图例、图样数量、图幅大小等。通常还附有设备一览表，列出设备的编号、名称、规格及数量等。若图中全部采用规定画法的图可不再有图例。

7. 清理图样

用橡皮擦去底图中铅笔部分和图面上不清洁的地方，用毛刷刷净图面上的杂物。

四、煤层气集输管路工艺安装

油气集输管路工艺安装是管线将有关设备、管道附件、容器等连接在一起，用以完成一定的油气集输任务的工作过程。

五、识读煤层气集输管阀的工艺安装图

油气集输管路工艺安装图是各设备间管道、管件、容器等安装、定位的图样，也是管路工艺安装图的施工图。

六、管路工艺安装图的绘制方法

1. 选择图纸幅面和标题栏

根据管路工艺安装的多少和复杂程度确定管路工艺安装图的基本图纸幅面、图框格式及标题栏方位的方法，与工艺流程图基本相同。

2. 比例

油气集输管路工艺安装图的比例通常根据集输管网的实际情况而定，一般为 1∶50、1∶40或 1∶30 等。

3. 绘制视图

管路的各个视图也是按正投影原理绘制的，只要包括管路平面图和立面图或侧面图(有的用剖视图或局部放大图绘处)两种图形 。管路工艺安装图是为了突出管路，因此，一般用粗实线表示可见的技术管路，而管件、阀件、设备、建筑物等均用细实线表示。对于不同用途的辅助管线，线形的粗细应与主要管路不同。

(1)管线的重叠

两根管线如果叠合在一起，其投影就完全重合。反映在投影面上好像是一根管子的投影，这种现象称为管线的重叠。为了表达方便。规定投影中出现两根管线重叠时，假想前面一根管子截去一段(用折断符号表示)，显露出后面一段管线，这种表示管线的方法称为折断显露法。运用折断显露法画管线时，只有折断符号为对应表示时，才能理解为原来的管线是相同的。

(2)管线的交叉

如果两路管线投影交叉，前面的管线要显示完整，后面的管线在图中要断开表示；在双线图中后面管线的交叉部分用虚线表示；在单双线图同时存在的平面图中，若双线在前单线在后，则单线的投影在与双线投影相交的部分用虚线表示，若单线在前双线在后时则不存在虚线。

（3）管线标高的符号

管线的零点标高标注为 ±0.00，例如 ▽ ±0.00；正数标高前不加“+”号，例如▽32.45；负数标高前必须加注“-”，例如 ▽ -12.52。

① 立面体标高符号一般标注在尺寸界限上，标高数字标注在标高符号的右侧；

② 平面图标高符号一般标注在建筑物内或引出线上，标高数字标注在标高符号的右侧。

4. 图上管线和设备编号

管路工艺安装图上管线和设备要进行编号，通常标注在管线和设备图形附近，设备的编号也可直接标注在设备图形之内。在管线上规范画出走向。

5. 标注尺寸

管路工艺安装图提供相邻两个管件或阀件之间的中心距离和必要的标高。

6. 用绘笔进行描图

检查无误后用碳素绘图笔进行描图。注意选择绘图线条的粗细和设备管线的主次相符合。

7. 填写标题栏内容

标题栏内容一般包括管路工艺安装图的名称、绘制人、校对人、绘制时间、绘制比例、档案号、项目号等。通常还附有管线和设备一览表，列出设备的编号、名称、规格及型号、数量、质量等。

8. 技术要求和说明

管路工艺安装图上必须注明管路工艺安装技术要求和说明。

9. 清理图样

用橡皮擦去底图中铅笔部分和图面上不清洁的地方，用毛刷刷净图面上的杂物。

七、管阀的工艺安装步骤

管路工艺安装是集输工艺改造和技术革新过程中经常性的施工内容。管路工业安装操作包括正确识读管路工艺安装图纸、正确计算管路安装尺寸、正确安装管路连接件、阀门和各种仪表以及正确倒通流程和试压等。

1. 操作前的准备

工具、用具、材料准备：活动扳手、管钳、钢卷尺，密封胶带若干，*DN*15 内螺纹截止阀 3 个，*DN*15 内螺纹针型阀 3 个，压力表若干，压力表接头 1 个，*DN*15 油壬 3 个，管路工艺安装图纸 1 份，与管路工艺安装图纸尺寸相配套的 $\phi21.95\times2.5$ 钢管若干（钢管两端套有螺纹或操作者自己套制），棉纱布若干。

2. 操作步骤

（1）分析管路工艺安装图

根据管路工艺安装图提供的立面图、平面图、侧面图、剖视图等，明确管线和设备的空间走向。根据管路工艺安装图标题了解图的名称。按管路工艺安装图要求的工作压力及图上管线和设备的序号，对照标题栏明细表了解该管路安装体各零件的名称、规格及型号、材料、数量。

（2）按正确方向安装阀门、活节等管阀配件

按照管路工艺安装图给定的流体的流向，按正确方向安装阀门、活节等管阀配件。

（3）按照管路工艺安装图纸提供的尺寸，正确选择和制作相应的短节

管路工艺安装图提供的管线尺寸是相邻两个管件或阀件中心之间的距离。

3. 技术要求

(1)安装钢制法兰阀门时，阀门与管线法兰之间加法兰垫片。

(2)根据管路压力选择合适量程的压力表，保证压力表的工作压力在压力表量程的1/3～2/3之间。

(3)安装压力表时，压力表接头螺纹上缠3～5圈密封胶带。

(4)安装短节时，短节两端的螺纹上缠3～5圈密封胶带。

(5)闭合管路中，最后安装活节。

4. 安全要求

(1)开、关阀门要缓慢平稳，人应站在侧面，避免阀杆飞出伤人。

(2)试压过程中，发现管路泄漏时应立即关闭压力源，放空后对泄漏进行处理。

任务二　煤层气集输管网日常运行维护

一、集输管线日常巡线工作

煤层气集输工艺巡检岗位主要负责全厂生产工艺的日常巡检工作，生产中突发性事故的处理工作，工艺流程切换确认等工作。及时发现裸露、垮塌等问题并上报，按巡线表格做好巡线记录。

二、集输管线的保养与维护

1. 集气管线阴极保护

(1)集气管线阴极保护概述

集输管线是煤层气生产、输送的重要设施，为防止使用年限过长，管线外防腐层破损严重，腐蚀现象、穿孔频频发生，会威胁到煤层气生产系统的安全运行，因此，对集网实施有效的防腐措施迫在眉睫。实践证明，阴极保护可有效抑制涂层缺陷(坏、点等)造成腐蚀，是防腐涂层最有效的补充手段。

为便于检测阴极保护参数，集气站的站内设置阴极保护系统，站外设阳极地床，同时站内设有MAS恒电量金属防蚀仪与阴极保护配合使用。电位测试桩每公里1支，电流测试桩每6公里1支。

电源设备采用恒电位仪。辅助阳极采用高硅铸铁阳极。用阳极电缆将恒电位仪的阴极输出端接至管线上，使管线处于阴极被保护状态，从而达到减缓腐蚀的目的，每座阴极保护站，只有一个通电点。方法采用零位接阴电缆将恒电位移零位阴端接至通电处，采集信号与硫酸铜电极比较，建立自动控制。

阳极采用埋地式敷设，埋深不小于1m，土壤电阻率低，与管道距离不小于50m，且对地下金属构筑物干扰小 。

为了解管线阴极保护电位设置，通过检查头可测定管道的保护电位等阴极保护参数，分析管线阴极保护，以便对设施进行调整；测试桩是设在管线进站及出站，站外每公里1支。

检查片是为了校验阴极保护效果埋于站内测试桩内，每组6片，3片与管线连接，3片处于自然腐蚀状态。

(2)技术指标

① 输出电压：$U=0\sim45V$ ；输出电流：$I=30A$；

② 输入电压：AC 220V ±10%。

③ 工作温度：－30～40℃

(3)阴极运行与维护

① 正常运行，每天早晚各级测一次，沿线管地电位，每月测一次。

② 检查片每年挖掘一次，以判断阴极保护情况。

③ 恒电位每月交替使用，如发现故障，及时修理。

④ 阴极保护应有专人保护。

2. 清管作业

输气管线的输送效率和使用寿命很大程度取决于管道内的清洁程度，煤层气在输送过程中，由于温度的降低，在管道内凝析大量的水，形成积液和硫化铁产物等会增加管线的损失，降低通过能力和使用寿命，为解决这些问题，进行管内壁的清扫是十分必要的。

(1)清扫目的

① 清除管线内低洼处的积水，使管道内壁免遭电解质的腐蚀，避免管内积水冲刷管线而使管线减薄，从而延长管道的使用寿命。

② 改善管道内壁的粗糙度，减少摩擦损失，增加通过量，从而提高管线的输送效率。

③ 扫除输气管线内积存的腐蚀产物，保证输送介质的纯度。

④ 进行管内检查。

(2)置换管内介质

用清洁球分隔两种介质，可防止形成爆炸性混合物，减少气体的排放损失。

(3)涂覆管道内壁缓蚀剂和环氧树脂涂层

液体缓蚀剂可用清洁器顶推或两个清洁器夹带，在沿线运行过程中涂抹管道内壁。

(4)清管器在输气干线的运行规律

① 清洁球在管内运行速度取决于管内阻力的大小、输出和输入气量的平衡情况及管线经过的地形、地带等因素，时快时慢，甚至暂时停止后再启动。

② 在管内污水较少和球漏气量不大情况下，球的速度接近于输气量和起、终点平均计算压力的计算的气体流速。

③ 球在推送较多污水的管段内运行时，推动压力和球速变化大，并与地形高差变化基本吻合，即上坡减速，甚至停顿等后增压，下坡速度加快。

3. 输气管道的吹扫

管线的组装焊接完毕后，必须进行试压吹扫才能投产。

(1)目的

清出管道内的杂物，保证正常生产。

(2)方法

采用清管器吹扫和煤层气或空气高速防喷吹扫。

(3)吹扫程度

① 煤层气置换：气流速度不超过5m/s，缓慢进行，起点压力不大于0.1MPa。放空管内的含氧量不超过2%。

② 吹扫：吹扫管的长度20km为宜，吹扫速度要快，逐步升速，应有足够时间，当吹扫气流干净，不继续喷出污水杂物时，即可结束。

(4)安全注意事项

放空管线要牢固，放空闸门操作灵活，放空口应设在宽阔地，放空口前200m以内，左右100m，后50m内严禁有建筑物和人、畜等并严禁烟火和断绝交通；置换结束后，等煤层气扩散完才能点火，一般情况下防喷煤层气都应点火燃烧。

项目四　压缩机基础知识

压缩机是用来提高气体压力和输送气体的机械，属于将原动机(常用电动机、煤层气发动机、柴油机等)的动力能转变为气体压力能的工作机。它的种类多、用途广，在采矿业、冶金业、机械制造业、土木工程、石油化学工业、制冷与气体分离工程以及国防工业中，压缩机是必不可少的关键设备之一。故有“通用机械”之称。

按照能量转换的方式不同，压缩机分类如下：

- 压缩机
  - 容积式
    - 往复式
      - 活塞式
      - 膜片式
    - 回转式
      - 螺杆式
      - 滑片式
      - 涡旋
      - 旋滚动转子
      - 罗茨
      - 单齿
  - 速度式
    - 透平式
      - 离心式
      - 轴流式
    - 喷射式

煤层气在集输过程中主要应用活塞式压缩机和螺杆式压缩机。

任务一　活塞式压缩机

一、单级压缩机的工作过程

当活塞式压缩机的曲轴旋转时，通过连杆的传递，活塞做往复运动，由气缸内壁、气缸盖和活塞顶面所构成的工作容积发生周期性变化。活塞式压缩机活塞从缸盖处开始运动时，气缸内工作容积逐渐增大，这时，气体通过进气道，推开进气阀进入气缸，直到工作容积变到最大时，进气阀关闭进气过程完成；活塞反向运动时，气缸内工作容积缩小，气体被压缩，气体压力和温度升高，当气缸内压力达到排气压力时，排气阀打开，气体排出气缸，活塞运动到极限位置，排气阀关闭压缩和排气过程结束。当活塞再次反向运动时，上述过程重复出现。

总之，活塞式压缩机的曲轴每旋转一周，活塞往复一次，气缸内相继实现进气、压缩、排气过程，即完成一个工作循环，其工作原理如图4－9所示。

二、多级压缩机的工作原理

为了制取较高压力的压缩气，常采用多级压缩的方法。多级压缩有利于降低排气温度，节省功率、降低气体对活塞的作用力，提高容积效率。

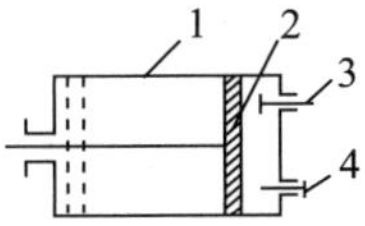

（a）单作用气缸

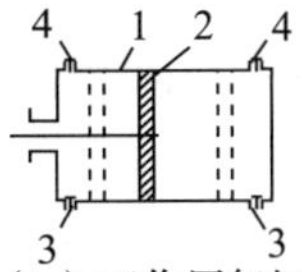

（b）双作用气缸

1—气缸；2—活塞；3—进气阀；4—排出阀　　1—气缸；2—活塞；3—进气阀；4—排出阀

图4－9　单级活塞式压缩机工作原理示意图

多级压缩机的工作原理是把气体的压缩过程分为两个或两个以上的阶段，在几个气缸里依次进行压缩，使压力逐渐上升。当气体在第一级气缸里被压缩到一定压力后，就送入一个专设的级间冷却器，把热量充分地传给冷却水，然后再送入第二级气缸里继续压缩，如图4－10所示为两级压缩机简图。

多级压缩机不仅能节省压气机所消耗的功，而且由于级间冷却的结果，出口空气温度不会太高，气缸里的润滑油不会因温度太高而碳化变质。

三、主要优缺点

1. 优点

（1）适用压力范围广，不论流量大小，均能达到所需压力；

（2）对材料要求低，加工较容易，造价也较低廉；

（3）技术上较为成熟，生产使用上积累了丰富的经验；

（4）装置系统比较简单。

2. 缺点

（1）易损件多，维修量大；

（2）排气不连续，造成气流脉动；

（3）运转时有较大的震动，噪声大。

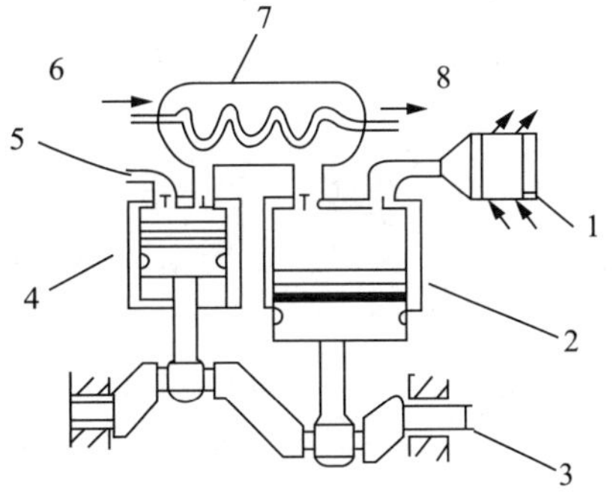

图4－10　两级活塞式压缩机工作原理示意图

1—气体滤清器；2—低压气缸；3—曲轴；
4—高压气缸；5—高压气体出口；
6—冷却水入口；7—冷却器；8—冷却水出口

四、气量的调节方式

煤层气的输气量可能是变化的，当输气量增大或减小时，就要调整压缩机余隙，以使压缩机的容积流量达到输气量的需求。

任务二　螺杆式压缩机

一、基本结构

通常所称的螺杆式压缩机即指双螺杆式压缩机。与活塞式压缩机等其他类型的压缩机相比，螺杆式压缩机是一种比较新颖的压缩机。

螺杆式压缩机的基本结构如图4－11所示。在压缩机的机体中，平行地配置着一对相互啮合的螺旋形转子。通常把节圆外具有凸齿的转子称为阳转子或阳螺杆；把节圆内具有凹齿的转子称为阴转子或阴螺杆。一般阳转子与原动机连接，由阳转子带动阴转子转动。因此，阳转子又称为主动转子，阴转子又称为从动转子。转子上的球轴承使转子实现轴向定位，并承受压缩机中的轴向力。同样，转子两端的圆柱滚子轴承使转子实现径向定位，并承受压缩机中的径向力。在压缩机机体的两端，分别开设一定形状和大小的孔口。一个供吸气用，称为吸气孔口；另一个供排气用，称为排气孔口。

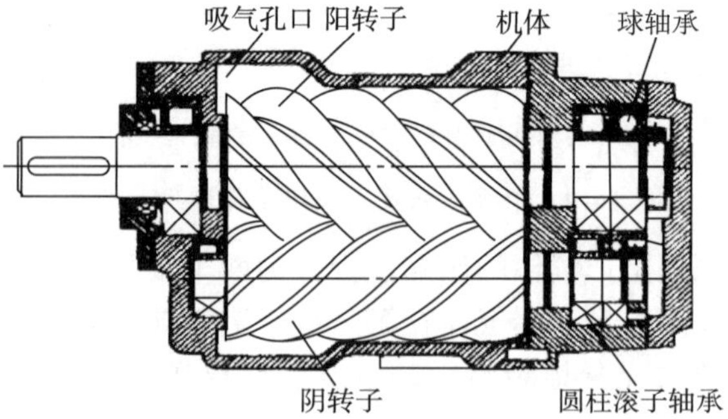

图 4－11　螺杆式压缩机结构示意图

二、工作原理

螺杆式压缩机的工作循环可分为吸气、压缩和排气三个过程。随着转子旋转，每对相互啮合的齿相继完成相同的工作循环，为简单起见，这里只研究其中的一对齿。

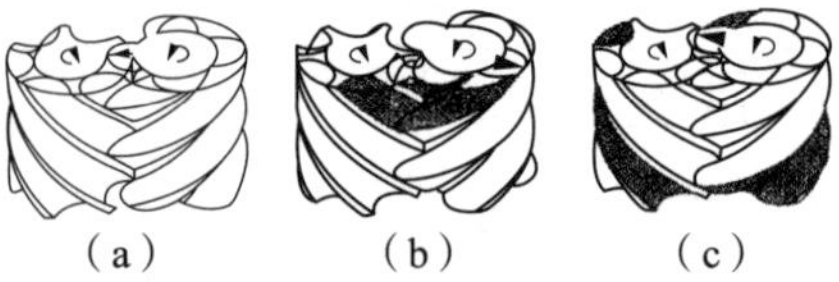

图 4－12　螺杆式压缩机的吸气过程

1. 吸气过程

图 4－12 所示为螺杆式压缩机的吸气过程，所研究的一对齿用箭头标出。阳转子按逆时针方向旋转，阴转子按顺时针方向旋转，图中的转子端面是吸气端面。机壳上有特定的吸气孔口，如图中粗实线所示。

图 4－12(a)所示为吸气过程即将开始时的转子位置。在这一时刻，这一对齿前端的型线完全啮合，并且即将与吸气孔口连通。

随着转子开始运动，由于齿的一端逐渐脱离啮合而形成了齿间容积，这个齿间容积的扩大，在其内部形成了一定的真空，而此齿间容积又仅与吸气口连通，因此，气体便在压差作用下流入其中，如图 4－12(b)中阴影部分所示。在随后的转子旋转过程中，阳转子齿不断从阴转子的齿槽中脱离出来，齿间容积不断扩大，并与吸气孔口保持连通。从某种意义上讲，也可把这个过程看成是活塞(阳转子齿)在气缸(阴转子齿槽)中滑动。

吸气过程结束时的转子位置如图 4－12(c)所示，其最显著的特征是齿间容积达到最大值，随着转子的旋转，所研究的齿间容积不会再增加。齿间容积在此位置与吸气孔口断开，吸气过程结束。

2. 压缩过程

图 4－13 所示为螺杆式压缩机的压缩过程。这是从上面看相互啮合的转子。图中的转子端面是排气端面，机壳上的排气孔口如图中粗实线所示。在这里，阳转子沿顺时针方向旋转，阴转子沿逆时针方向旋转。

图 4－13 (a)所示为压缩机压缩过程即将开始时的转子位置。此时，气体被转子齿和机壳包围在一个封闭的空间中，齿间容积由于转子齿的啮合就要开始减小。

随着转子的旋转，齿间容积由于转子齿的啮合而不断减小。被密封在齿间容积中的气体所占据的体积也随之减小，导致压力升高，从而实现气体的压缩过程，如图 4－13 (b)所示。压缩过程可一直持续到齿间容积即将与排气孔口连通之前，如图 4－13(c)所示。

（a）　　　　　（b）　　　　　（c）

图 4－13　螺杆式压缩机的压缩过程

3. 排气过程

图 4－14 所示为螺杆式压缩机的排气过程。齿间容积与排气孔口连通后，即开始排气过程。随着齿间容积的不断缩小，具有排气压力的气体逐渐通过排气孔口被排出，如图 4－14(a)所示。这个过程一直持续到齿末端的型线完全啮合，如图 4－14(b)所示。此时，齿间容积内的气体通过排气孔口被完全排出，封闭的齿间容积的体积将变为零。

从上述工作原理可以看出，螺杆式压缩机是一种工作容积做回转运动的容积式气体压缩机械。气体的压缩依靠容积的变化来实现，而容积的变化又是借助压缩机的一对转子在机壳内作回转运动来达到。与活塞式压缩机的区别是，它的工作容积在周期性扩大和缩小的同时，其空间位置也在发生变化。

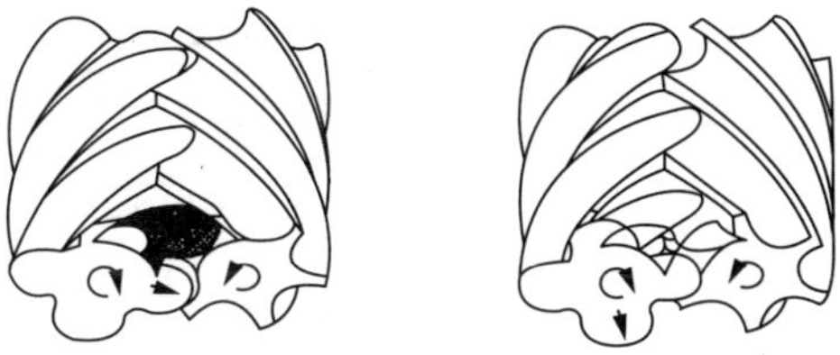

（a）　　　　　（b）

图 4－14　螺杆式压缩机的排气过程

只要在机壳上合理地配置吸、排气孔口，就能实现压缩机的基本工作过程——吸气、压缩及排气过程。

三、主要优缺点

就气体压力提高的原理而言，螺杆式压缩机与活塞式压缩机相同，都属于容积式压缩机。就主要部件的运动形式而言，又与透平压缩机相似。所以，螺杆式压缩机同时兼有上述两类压缩机的特点。

1. 优点

(1)可靠性高。螺杆式压缩机零部件少，没有易损件，因而它运转可靠，寿命长，大修间隔期可达 4～8 万小时。

(2)操作维护方便。操作人员不必经过长时间的专业培训，可实现无人值守运转。

(3)动力平衡性好。螺杆式压缩机没有不平衡惯性力，机器可平稳高速工作，可实现无基础运转，特别适合用作移动式压缩机，其体积小、重量轻、占地面积少。

(4)适应性强。螺杆式压缩机具有强制输气的特点，排气量几乎不受排气压力的影响，在宽广的范围内能保持较高的效率。

(5)多相混输。螺杆式压缩机的转子齿面间实际上留有间隙，因而能耐液体冲击，可压送含液气体、含粉尘气体、聚合气体等。

2. 缺点

(1)造价高。螺杆式压缩机的转子齿面是一空间曲面，需利用特制的刀具在价格昂贵的专用设备上进行加工；另外，螺杆式压缩机对气缸的加工精度也有较高的要求，所以螺杆式压缩机的造价较高。

(2)不能用于高压场合。由于受到转子刚度和轴承寿命等方面的限制，螺杆式压缩机只能适用于中、低压范围，排气压力一般不能超过 4.5MPa。

(3)不能制成微型。螺杆式压缩机依靠间隙密封气体，目前，一般只有容积流量大于 0.2 m^3/min 时，螺杆式压缩机才具有优越的性能。

任务三　煤层气压缩机应用情况

煤层气在集输过程中主要应用中、低压电驱活塞式压缩机和电驱螺杆式压缩机。一是采气单井汇管到集气站进行压缩，设计进气压力范围为 0.05 ~ 0.15MPa，实际生产中主要范围在 0.04 ~ 0.08MPa，排气压力设计范围是 1.2 ~ 1.4MPa，实际生产在 0.9 ~ 1.1MPa；二是各集气站到处理中心进行压缩，进气压力在 0.9MPa，排气压力在 6.0 MPa。

常见压缩机使用情况如表 4 – 6 所示。

表 4 – 6　常见压缩机使用情况统计表

<table>
<tr><th>类型</th><th>型号</th><th>厂家</th><th>故障率</th><th>驱动机</th></tr>
<tr><td rowspan="6">活塞式压缩机</td><td>ZTY470ML23 × 12</td><td rowspan="4">中国石油济柴动力总成成都压缩机厂</td><td>较低</td><td>气驱</td></tr>
<tr><td>DTY500ML21 × 12</td><td>一般</td><td rowspan="10">电驱</td></tr>
<tr><td>DTY1000ML21 × 12 × 21 × 12</td><td>较低</td></tr>
<tr><td>DTY1600ML23.5 × 12 × 23.5 × 12</td><td>较低</td></tr>
<tr><td>4RDSA—2/YB800—6</td><td>江汉三机厂</td><td>较低</td></tr>
<tr><td>WG66</td><td rowspan="2">无锡压缩机厂</td><td>一般</td></tr>
<tr><td rowspan="4">螺杆式压缩机</td><td>LGD500/0203</td><td>一般</td></tr>
<tr><td>LGN20—0.08/1.5</td><td rowspan="3">上海鲍斯压缩机股份有限公司</td><td>较低</td></tr>
<tr><td>LGM40—0.08/1.2</td><td>较低</td></tr>
<tr><td>LGN80—0.07/1.2</td><td>较低</td></tr>
</table>

项目五　DTY500 煤层气压缩机组

任务一　DTY500 煤层气压缩机组的结构及工作原理

DTY500ML21 × 12 煤层气压缩机组是由成都天然气压缩机厂成套生产的往复活塞式压缩机组。主机为美国通用电气公司 DS602 压缩机，驱动机为南阳防爆集团有限公司 YB2 – 500 – 6W 500kW 防爆电动机。橇装结构，压缩机通过弹性联轴器由电动机驱动。对称平衡型往复压缩机，2 列 2 缸，两级压缩。

DTY500ML21 × 12 煤层气压缩机组是专门为中国石油华北油田公司山西煤层气工程设计的，其压缩机、联轴器和控制系统的主要元件从国外进口。机组完全满足技术标书的工况要求。其型号含义如下所示：

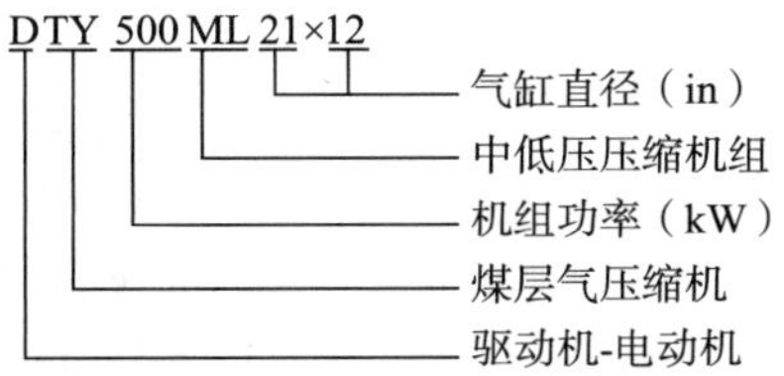

DTY500ML21×12 煤层气压缩机组主要由压缩机、电动机、联轴器、工艺气管路系统、冷却系统、润滑系统、仪表控制系统、空冷器、高位油箱部件、电加热器部件、底座等部件组成。煤层气二级压缩工艺流程图如图 4－15 所示，机组主要技术参数如表 4－7 所示。

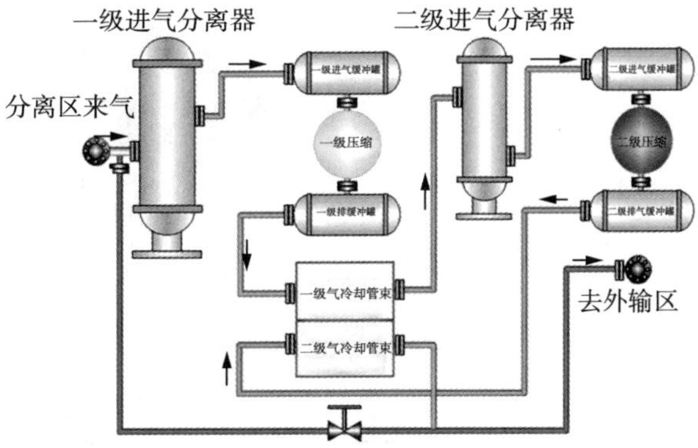

图 4－15　煤层气二级压缩工艺流程图

压缩机组的传动系统采用曲柄滑块机构，压缩机组工作时，电动机带动曲轴旋转，通过连杆变曲轴的旋转运动为十字头在滑道内的往复直线运动，十字头又通过活塞杆带动活塞在气缸内作往复直线运动，实现气体的吸入、压缩、排出诸过程。

表 4－7　机组主要技术参数

序号	机组型号	DTY500ML21×12
1	压缩机型号	DS602
2	压缩机行程/mm	152.4
3	进气压力/MPa	0.05　0.15
4	进气温度/℃	3～25
5	排气压力/MPa	1.2～1.4
6	排气量/(m^3/h)	9.3～16.3
7	排气温度(冷却)/℃	≤50
8	冷却方式	水冷
9	转速/(r/min)	987
10	机组最大轴功率/kW	500
11	总重量/kg	36.6
12	主撬外形尺寸(长/m×宽/m×高/m)	10.5×4.6×3.6
13	冷却器撬外形尺寸(长/m×宽/m×高/m)	4.6×2.9×4.05

一、压缩机

1. 概述

机组选用美国通用电气公司 GE DS602 压缩机。该机为对称平衡型往复活塞式压缩机，主要由机体、十字头滑道体、气缸、气阀、曲轴、连杆、十字头、活塞、冷却系统、润滑系统等组成。曲轴前端为动力输入端，后端配置润滑系统。曲轴通过链轮直接驱动机体油泵和注油器，两列气缸头端设置有可调余隙容积缸，可根据需要调节排气量。压缩缸和传动系统如图 4－16 所示。

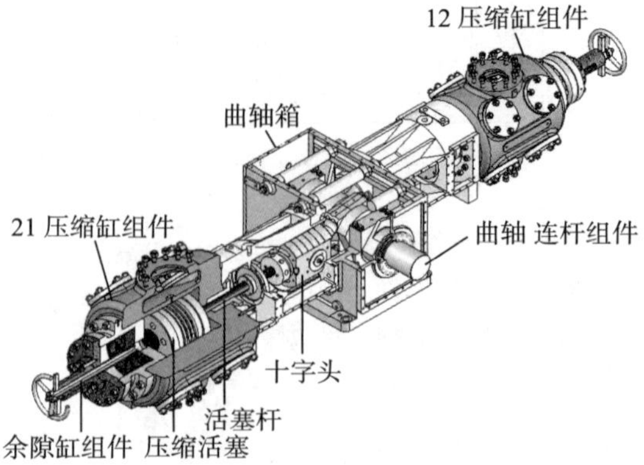

图 4－16　压缩缸组件和传动系统

压缩机主要技术参数如表 4－8 所示。

表 4－8　压缩机主要技术参数

序号	型　　号	DS602
1	转速范围/(r/min)	700～1200
2	设计转速/(r/min)	1200
3	设计最大轴功率/kW	890
4	额定杆负荷(拉伸/压缩)/kg	1587/1587
5	行程/mm	152.4
6	活塞平均速度/(m/s)	6.09
7	列数	2
8	活塞杆直径/mm	50.8
9	压缩级数	2
10	气缸冷却方式	水冷
11	外形尺寸(长/m×宽/m×高/m)	1.2×4.4×1.3
12	质量/kg	7960

2. 压缩机主要结构

(1)机体

重型灰铸铁机体，布筋合理，有足够的强度和刚度。各主轴承上部开口处装有横撑，用螺柱强力压紧，既便于维修，又增加了机体的强度和刚度。灰铸铁十字头滑道体安装在机体上。机体底部埋铸有主油管，主轴承下部沿垂直方向钻有油孔，使主油管与主轴承沟通。机体顶部和端面，十字头滑道体侧面均有盖板，便于维修曲轴、连杆、十字头、轴承和填料。装有机体呼吸器和油窗。

(2)曲轴

锻钢整体曲轴，有很高的疲劳强度、耐磨性和抗冲击韧性。止推轴承固定在主轴承座上。主轴颈和连杆颈尺寸相同，主轴承和连杆轴承可以互换。主轴颈和连杆颈有润滑油孔相通，将主轴颈的润滑油送往连杆轴颈。

(3)连杆

锻钢连杆，有很高的疲劳强度。连杆剖分瓦按配对标记装配在轴承座和轴承盖内，由定位唇定位。连杆体内钻有连接大小头孔的油道。合金钢连杆螺栓，疲劳强度高，连接可靠。

(4)十字头

锻钢十字头，表面浇注巴氏合金层，十字头销为空心结构，材料为铬钼合金结构钢，收集从连杆中心油孔送来的润滑油。十字头上钻有油孔，将十字头销内的润滑油送往十字头摩擦副。十字头与活塞杆联接后，用锁紧螺母背紧，联接牢固可靠。十字头上安装有平衡块，选配平衡块可控制相对两列往复质量差。

(5)气缸、活塞、气阀

① 主要技术参数如表4－9所示。

表4－9　气缸、活塞、气阀主要技术参数

序号	气缸直径/(mm/in)	533.4/21	304.8/12
1	气缸最大允许工作压力/MPa	1.725	5.517
2	气缸作用方式	双作用	双作用
3	有无可调余隙缸	有	有
4	气缸材料	球墨铸铁	球墨铸铁
5	气缸冷却方式	水冷	水冷
6	单缸填料数量(组)	1	1
7	单缸活塞环数量	2	4
8	气阀结构型式	网状阀	网状阀
9	单缸进/排气阀数量	6/6	4/4
10	气阀阀隙许用气体流速/(m/s)	30	30

② 气缸

水冷式气缸，气缸耐磨性能良好。宽大的阀室和气道，气体阻力小。全浮式填料，填充聚四氟乙烯填料密封环，密封性能良好，耐磨损。气缸水平安装，进、排气口上下布置。气缸设有支撑，避免了由于气缸重量引起气缸孔与十字头滑道不同轴，并能减少机组的振动。

③ 活塞

合金钢活塞杆，摩擦段表面硬化处理，具有很高的耐磨性能，两端螺纹滚压成型，疲劳强度高。活塞杆台肩与垫圈、垫圈与活塞、活塞与活塞螺母涂色检验并研磨贴合，螺母拧紧后弯曲应力小。填充聚四氟乙烯活塞环。

④ 气阀

网状气阀，钢制阀座和导向套，PEEK阀片，阻力小，能耗少，寿命长，性能可靠。弹簧力匹配合理，启闭及时迅速。有足够大的通流面积，压力损失小，气体温升小。缓冲效果好，阀片撞击速度低。非金属阀片，质量小，撞击能量小。

(6)润滑系统

两个独立的润滑系统，机体润滑系统润滑传动装置，气缸润滑系统润滑气缸和填料，由高位油箱供油至机身，然后由主油泵泵入各个润滑点，主油泵和气缸注油器由曲轴通过链轮直接驱动。

机体润滑系统润滑油路：高位油箱（通过油位控制器对机体油池补充润滑油）→机体油池→主油泵/手动预润滑油泵→油冷器→油滤器→机体主油道。

气缸润滑系统润滑油路：高位油箱→齿轮泵/手动预润滑油泵→油冷器→油滤器→注油器→无油流开关→分配器→单向阀→气缸、填料各润滑点。多余润滑油经手动调压阀流回高位油箱。

分配器定量供给每个注油点润滑油，各注油点前设单向阀。设置手动注油装置，机组启动前手动注油可预润滑各润滑点。设置气缸和填料无油流停机保护装置。

设置低油位停机保护装置。为减少加油频率，设置了补充油箱补油，补油管线与 MURPHY LM301 油位控制器上部相联，LM301 油位控制器具有自动补油功能，使机体油位控制在规定高度。

曲轴箱换油时间：2000h 或按润滑油经销商鉴定后的推荐时间。

有关压缩机的详细介绍见资料《GED 系列压缩机使用和维护说明书》。

二、电动机

机组共设四台隔爆型三相异步电动机，分别是主电动机、空冷器电动机、水泵电动机、外循环电加热器电动机。

上述隔爆型三相异步电动机使用环境条件均适合海拔高度不超过 +1500m、环境空气温度 −20 ~ 40℃、有腐蚀性气体的场所。

下面仅介绍主电动机

1. 技术参数

主电动机主要技术参数如表 4 − 10 所示。

表 4 − 10　主电动机主要技术参数

序号	型号	YB2 − 500 − 6W
1	同步转速/(r/min)	1000
2	功率/kW	500
3	电压/kV	10
4	电流/A	37
5	频率/Hz	50
6	效率/%	94
7	功率因素 COSϕ	0.83
8	堵转转矩/额定转矩	2.0
9	堵转电流/额定电流	0.8
10	最大转矩/额定转矩	6.0
11	转向	面对轴端为逆时针
12	中心高/mm	500
13	防爆等级	EXd Ⅱ BT4
14	防护等级	IP54
15	绝缘等级	F(B 级温升)
16	冷却方式	风冷
17	工作制	连续工作制(S1)
18	轴承润滑系统	可不停机加注润滑脂
19	质量/kg	6200
20	外形尺寸(长/m × 宽/m × 高/m)	2.54 × 1.08 × 1.2

2. 结构简介

(1) 电动机为卧式安装。

(2)该系列电动机采用国际流行的紧凑型结构，机座、端盖的内外表面均分布有散热筋，体积小巧，外形美观。

(3)电动机冷却方法为ⅠC411，通过风扇罩使其产生的冷风直接作用于电动机机座外部，直接对电动机外壳进行冷却。

(4)定子采用外装压结构，绝缘等级为F级，定子线圈采用带绝缘铜扁线绕制成型线圈，经绕包主绝缘并VPI整体浸漆后具有较高的电气强度、机械强度、绝缘性能、防潮性和热稳定性。

(5)转子采用鼠笼结构，经高精度校验动平衡，电动机运转平稳，振动小。

(6)电动机采用滚动轴承，采用SKF轴承。润滑脂为3号锂基脂，设有不停机注排油装置。

(7)电动机机壳内装有空间加热器，并设独立的接线盒，防爆等级ExdIIBT4，电压为220VAC，功率700W。

(8)电动机定子绕组埋设Pt100铂热电阻(三线制)6支，每相2支，其中3支备用，并设有独立的测温接线盒。

(9)电动机的每个轴承设置一个Pt100(三线制)铂热电阻，共2支，并接至独立的测温接线盒，供远传信号。

(10)主接线盒位于电动机的右侧，出线口朝下(从电动机轴伸端看)，防护等级为IP55。高压接线盒为密封结构，接线空腔大，留有电缆接头位置。

3. 主要试验项目

按照国家标准及电动机厂家企业标准规定，对电动机进行检查和试验，但不应少于下列内容：

(1)绕组直流电阻测量；

(2)绝缘电阻测量；

(3)空载试验；

(4)堵转试验；

(5)交流耐压试验；

(6)噪声测量；

(7)动平衡试验；

(8)轴径尺寸测量；

有关主电动机的详细资料见《YB2－500－6W电动机操作说明书》。

三、联轴器与防护罩

压缩机和电动机的联接采用美国TB WOODS公司的FSH60－26弹性联轴器，安装方便，运行时对中精度发生变化可以得到补偿。

联轴器护罩由5mm钢板制成，无火花型，足够刚度。

四、工艺气管路

(1)工艺气管路主要包括压缩机进气、排气管路、旁通管路、放空管路、缓冲罐、分离器、安全阀、截止阀以及支承等零、部件组成，用以实现压缩气体的安全输送和机组的启动、停机、加载、卸载、空负荷及负荷运行。

(2)一级进气、一级排气以及二级排气管路上设置安全阀，对机组起超压保护作用。

(3)每级压缩缸都配有进气和排气缓冲罐，用以稳定压缩缸的进、排气压力，减少气流脉动。

(4)压缩机每级进气前安装有进气分离器和锥型过滤器，可分离出工艺气中的固、液体杂质，能分离出95%大于5μm的液滴；分离器底部安装有气动薄膜自动排污阀和手动排污球阀。

(5)工艺气进气口、排气口、放空口、排污口均接管至撬边。

(6)进气总管设有进气自动切断阀和进气旁通切断阀，排气总管设置止回阀和排气自动切断阀、气动旁通调节阀、紧急自动放空阀，实现机组自动启动、停机、加载、卸载等操作。

五、水管路部件

对压缩缸来说，气缸内壁温度过高，将会引起润滑油的变质，从而加速气缸的磨损；气缸内温度不均匀，局部温度过高或过低，将产生较大的热应力，降低气缸的强度，同时温度过高将降低容积效率，压缩缸效率下降。此外，压缩气体冷却后可减少管道积水和避免排气管高温而发生事故。

此部分由水泵、水箱及水管路组成一个封闭循环系统，水泵通过水泵电动机驱动，将冷却后的循环水泵入水管路，再进入压缩缸夹套，冷却水由下部进入，缸体上部流出，将缸体冷却后的水汇集进入冷却管束，冷却后再返回水泵，如此循环。水箱上部安装有膨胀水箱，可向系统内加水，也可由此向外排出系统产生的水蒸汽。

冷却水应是无腐蚀的清洁水，其水质要求：pH值6.5～8.5(20℃)、硬度(以CaO计)40～80mg/L，并可根据使用地区的具体情况加入适当的防腐剂和防冻剂，防冻剂必须与冷却水混合均匀后再加入。

压缩缸夹套水温应控制在≤75℃。为此，在出水口后的水管路上安装一个节温器(温度调节器)，可自动调节循环水温度，此外，还可通过调节压缩缸进水管的截止阀来控制冷却水量，使冷却水温度控制在最佳状态。

应定期清除冷却管束外的灰尘及嵌入物，以保证其良好的冷却效果。

六、空冷器

空冷器由一级、二级冷却管束箱、水管束箱、高位水箱等部件组成；此部分的作用是冷却经压缩缸压缩的气体和循环水。本压缩机空冷器管束有一组冷却循环水，另两组冷却压缩后的气体。

管束为列管式，钢管外缠绕铝翅片，以增加换热面积。风扇为铝合金制造，具有较高的效率，风量可用手动百叶窗调节，以控制排气温度。

高位水箱设置有加水口、给冷却管束箱补水口和透气口。

七、电加热器部件

本机组设置有自动预润滑系统及手动预润滑系统。

机组较长时间停止运行的情况下启动机组时，必须对各运动副进行预润滑，防止机组启动时各运动副的拉伤。当环境温度较低时，启动压缩机前应合上预润滑电源开关，启用自动预润滑及润滑油自动预加热系统，使润滑油温度升高，观察润滑油预加热指示灯，待指示灯熄灭后方可启动机组。当环境温度较高时，自动预加热系统和自动预润滑系统就不能被启用(当润滑油温度高于某一数值时，系统不能启动，机组温度设定值是35℃±3℃)，可以使用手动预润滑系统对机组实现预润滑。

八、高位油箱部件

高位油箱为约280L，安装有油标和油管路，出油管直接与油位计相连，根据压缩机机身内的油位自动对压缩机机身内的油位进行补充，为了防止油箱内的润滑油耗完，应定期向高位油箱内补充润滑油。

高位油箱还设置有排污管路和加油管路，以方便对油箱的清洗和加油。

九、底座和机座部件

机组由主撬和冷却器两个部分组成，压缩机和电动机安装在同一刚性主撬上，冷却器安装在混凝土基础上。主底座用 H 型钢焊接而成，刚性好，强度高，不易变形。往复活塞式压缩机没有被平衡的往复惯性力、力矩和旋转惯性力、力矩会造成机组振动，这种底座结构能有效地减小机组振动并方便安装。

底座配制有地脚螺栓和调节螺栓，调节螺栓用于调整机组的水平，调整完后要松开调整螺栓。

十、电气控制

机组电气控制采用 GE 公司的可编程控制器 90－30 系列，包括 CPU、I/O 模块、模数转换模块、通信模块等，配 10″彩色触摸屏，中文操作界面。监测、显示机组温度、压力、润滑等重要工作参数，完成机组主电动机、冷却器电动机、预润滑油泵电动机的运转控制，对机组运行过程进行监控、报警和联锁停车保护。

机组控制系统包括对压力、温度、液位、振动等参量进行监测控制的各种仪表及控制柜。主要用于对机组的工作参数进行监测，对关键参数设有超限自动停车保护，以保证机组运行正常，安全可靠。压缩机仪表控制系统设有进气洗涤罐液位、进气压力、排气压力、排气温度、冷却器振动、曲轴箱振动、润滑油压力、注油器无油流等连锁保护。

控制系统在设计安装中充分考虑了煤层气爆炸危险场所的安全要求，满足本质安全防爆要求，因此，能在爆炸危险场所中安全可靠地使用。

安装和维护时，必须按照接线图正确连接各仪表导线，特别是来自电控柜接线座的导线，切不可接错。各进口仪表附有原文说明书，使用和维修人员应遵照说明书的要求正确使用和维修各种仪表。

任务二　DTY500 煤层气压缩机组的使用与维护

一、操作与运行

机组在启动运行前，操作者应认真阅读说明书和压缩机、电动机及其他附属设备说明书，只有全面了解机组的结构、原理、性能之后，才能使用好本压缩机组。

1. 初次启动前的准备和检查

新机组或检修后的机组启动前应做好充分准备，全面检查机组各部件。

(1)拿走机组上和机组周围的工具、杂物，冲洗基础和机组周围的地板，擦净全部设备，消防器材放到固定位置。

(2)检查并按要求拧紧所有螺栓、螺母，重要螺栓必须使用扭力扳手拧紧，确保各紧固件连接可靠。

(3)检查控制柜、控制仪表和安全保护装置安装和接线是否正确，模拟测试各报警点工作是否正常，控制保护是否灵敏可靠，开关按扭是否灵活。检查电器设备的安装、连接是否安全可靠。

(4)检查各润滑系统用油是否正确，油质是否符合要求，按压缩机和电动机使用和维护说明书要求进行预润滑。

(5)检查或清洗工艺气管线和管系设备，确保系统无污物、铁锈和其他杂质。

(6)检查工作现场工况是否在压缩机技术参数范围内；检查工艺气管路和阀门安装是否正确，分离器排污阀是否关闭，防止启动后液体和其他污物进入压缩机。

(7)检查和调整机组的轴向间隙和电动机与压缩机的对中。

(8)压缩机组启动前的准备和检查

压缩机组启动前的准备和检查详见《GE A 系列压缩机使用和维护说明书》，推荐按以下步骤准备和检查：

①检查或调整十字头滑道水平、气缸水平、活塞轴向间隙、十字头瓦间隙和活塞杆跳动。

②润滑系统的准备和检查。尽管压缩机组在出厂前已进行过彻底清洗，但初次启动前仍然要清洗和加油，保证润滑系统清洁对机组运行十分重要。彻底清洗曲轴箱内部，并用不起毛的绒布擦干，清洗时不得用纱布擦洗。清洗后向曲轴箱加入规定的润滑油至刻度线。启动预润滑油泵，直到所有轴承都得到充分润滑。检查注油器变速箱的润滑油油位，并调整注油器使注油量达最大值。拆下单向阀到气缸注油点的每一条润滑油管线，手动操作注油泵，直到所有的空气都排出管线，再接上单向阀和润滑油管线，继续手动操作注油器，直到气缸和填料得到充分润滑。预润滑时，盘车两转。

③检查活塞杆是否有锈蚀和损伤。

(9)电动机启动前的准备和检查：

电动机启动前的准备和检查详见《YB2 - 500 - 6W 电动机使用说明书》。

(10)确认所有防护罩已安装妥当，没有可能卡阻运动部件的工具、擦布和其他任何杂物，盘车装置上的扳手已经卸掉。

不遵守操作规程可能导致严重的人身伤亡！

(11)吹扫工艺气管系设备和管路。

(12)面对电动机飞轮逆时针方向盘动机组两转，压缩机和电动机应转动灵活，无卡阻和其他异常现象。

2. *初次启动*

新机组或检修后的机组初次启动时，操作人员应注意观察煤层气、润滑油的压力、温度，有无异常振动、异常噪声和其他异常现象。操作人员必须熟悉控制柜和仪表盘的操作过程，控制柜和仪表盘可控制机组的启动、停车，并能监测运行参数，报警或停机。初步启动时，控制柜前必须有人操作，若出现故障应立即停机，以避免机组损坏。

(1)初次启动前，从每一个气缸的每一端至少卸下一个进气阀，使压缩机气缸和进气系统连通，机组能完全无负荷启动。在气缸孔壁面涂满润滑油。为了防止外部杂物进入气缸，卸下气阀后应重新装上阀盖。并设置好机组报警保护停机参数值。

(2)再次检查是否完全做好启动前的准备，所有管线、阀门是否安装正确，压缩机是否已预润滑，确认机组成套设备均符合启动条件后方可启动机组。

(3)按以下步骤启动电动机：

①检查并合上控制柜内各断路器，关好柜门接通仪表风并按下防爆柜的“启动按钮”对控制柜换气，换气结束后控制柜内自动建立正压并保持，在柜内压力达到一定值后防爆柜自动接通控制柜的电源，此时可对机组进行各种操作。

②打开控制盘上的“电源开关”将“控制选择开关”转换开关放在“就地”或“站控”位置

后，按下“风扇电动机启动”按钮，控制系统对各气动阀的阀位进行巡检，如果各启动条件满足后，控制系统将顺序启动冷却器风机电动机、水泵电动机。

③在以上电动机运转正常后，“允许启动”指示灯亮后按下“主电动机启动”按钮即可启动压缩机。

(4)机组启动后，检查压缩机和发动机润滑油压力，注油器工作是否正常，有无异常振动、噪声和过热现象，若有异常应立即停机检查并排除故障。

(5)运行1min停机检查。触摸各轴承和十字头滑道有无过热，气缸和活塞杆填料润滑是否良好。拆卸气缸盖和气阀检查，气缸内是否有焊渣，铁锈和其他异物，若一切正常擦干净气缸内壁和气阀，装上气缸盖和气阀。

(6)机组启动和运行时若有异常情况发生而保护系统未动作时可按“紧急停机”按钮紧急停止机组运行。

3. 初次空负荷运行

机组初次启动正常后方可进行初次空负荷运行。停机后至少要间隔10min后再次启动电动机，应尽量避免频繁启停电动机。

(1)空负荷运行时每一个气缸的每一端至少卸下一个进气阀。

(2)检查压缩机润滑油压力、压缩机气缸注油器工作是否正常，润滑油管线是否有泄漏，是否有异常碰撞、振动、噪声和发热，若无异常，运行5min。

(3)停机检查，按运行1min停机检查要求进行。

(4)若无异常，运行30min停机检查，按运行1min停机检查要求进行。

(5)然后运转1h后停机检查，按运行1min停机检查要求进行，若一切正常，再次检查并拧紧各紧固件，消除各系统管路的泄漏，装入进气阀，做好加载运行准备。

4. 负荷运行

(1)检查工作现场的进气压力和排气压力，进、排气压力应在压缩机的技术参数范围内。

(2)机组加载：机组空载启动运转正常后，按“加载”按钮对机组加载。控制系统将顺序开启排气阀、进气旁通阀、进气阀后关闭旁通阀。

(3)机组加载后，若各控制保护仪表显示运行正常，机组运转平稳，则可持续负荷试车。

(4)调整注油器的供油至磨合供油量。

(5)新机组或检修后的机组初次负荷运行期间，必须多次检查和拧紧气缸、气缸盖、填料盒的螺栓、螺母以及地脚螺栓。操作一星期后再次检查这些紧固件，最初三个月每月检查一次，然后一季度检查一次，一年以后每年检查一次。

机组初次运转72h后应更换润滑油，清洗曲轴箱油池。

机组运转300 ~ 400h后，调整注油器供油至正常供油量。

(6)机组运行时若有异常情况发生而保护系统未动作时可按“紧急停机”按钮紧急停止机组运行。

5. 常规启动

(1)检查压缩机润滑油池油位，按需要添加润滑油至刻度线。

(2)启动预润滑油泵和手动注油器，预润滑压缩机轴承、气缸和填料。

(3)启动电动机，此时旁通阀和放空阀处于开启状态，进气截止阀和排气截止阀处于关闭状态，机组空负荷运行至少5min。

(4)确认机组运行正常后对机组加载，依次开启排气阀、开启进气旁通阀、开启进气阀、关闭旁通阀、关闭放空阀，压缩机加载运行。

6. 常规停机

按“卸载”按钮，机组都将依次开启旁通阀、关闭进气阀、关闭排气阀、关闭进气旁通阀、开启放空阀，延迟10s后放空结束，关闭放空阀。再按“主电动机停止”停止主电动机；之后再按“风扇电动机停止”停止空冷器电动机。机组在停止运行后，应将“控制选择开关”放在“停止”位置，以防止误操作！

7. 紧急停机

如果出现紧急情况，机组能够在带负荷状态下停机，但是为了减小作用于压缩机上的回压载荷，推荐至少要开启旁通阀。非紧急情况不得紧急停机。

通过按压控制柜上的紧急停机按钮即可实现紧急停机。机组运行时突然出现下述情况之一，需实施紧急停机：

(1)机组主要零部件或运动件损坏，突然发生异常振动或异常响声。

(2)机组安全控制参数超过规定值，或机组故障已经发生但仪表控制系统失灵未起安全保护作用。

(3)使用现场出现燃烧爆炸事故。

(4)电气设备出现火花、异常声响、异味、过热等现象。

(5)使用现场工艺流程发生故障或其他原因需要紧急停车。

紧急停机后，机组立即卸载，放空，盘车数转。

8. 自动控制保护报警、停机

(1)自动控制保护报警、停机点如表4-11所示。

(2)机组运行过程中，任何参数超过调定值时机组将自动报警、停机，按“消音”键可关闭报警音响。

(3)机组自动停机后，控制柜显示报警、停机内容，根据控制柜显示检查、排除机组故障，故障排除后按“复位”键清除自锁方可重新启动。

(4)在停机原因未查清和故障未排除前，不得将停机显示复位或再次启动。

表4-11　自动控制保护报警、停机点

序号	测控点	指示		报警	联锁
		就地安装	控制盘	控制盘	控制盘
1	压缩机进气压力(P)		◆	◆(H，L)	◆(HH，LL)
2	压缩机排气压力(每级)(P)		◆	◆(H)	◆(HH)
3	压缩机润滑油压力(P)		◆	◆(L)	◆(LL)
4	注油器无流量(开关)				◆(LL)
5	进气分液罐液位高(每级)(开关)	◆			◆(HH)
6	压缩机曲轴箱油位低(开关)	◆			◆(LL)
7	油冷却器入口温度	◆			
8	油冷却器出口温度(PT)	◆	◆	◆(H)	◆(HH)
9	润滑油压力		◆	◆(H)	◆(HH)
10	进气温度(每级)	◆			
11	排气温度(2级)(PT)	◆	◆	◆(H)	◆(HH)
12	压缩机组振动	◆		◆(H)	◆(HH)

续表

序号	测控点	指示		报警	联锁
		就地安装	控制盘	控制盘	控制盘
13	主电动机振动	◆		◆(H)	◆(HH)
14	空冷器振动	◆		◆(H)	◆(HH)
15	进气工艺气过滤器差压	◆			
16	油过滤器差压(T)	◆		◆(H)	◆(HH)
17	主电动机电流		◆		
18	仪表风压力			◆(L)	
19	正压柜压力			◆(H，L)	

二、维护与保养

良好的维护保养是压缩机、电动机和机组成套设备安全可靠运行，延长使用寿命，降低运行成本的基本保证。机组的维护保养应按正确的操作规程进行。

维护保养分为预防性维护，每班、每周、每月、每三个月、每半年、每一年维护保养。每次保养作业后认真做好保养记录。

(一)压缩机的维护保养

压缩机的维护保养见《GE A 系列压缩机使用和维护说明书》。

A 系列压缩机检查和维护周期如表 4 – 12 所示。

表 4 – 12　A 系列压缩机检查和维护周期

序号	检查和维护部位	周期
1	检查气缸润滑系统的运行情况	24h
2	检查分离器的排污	
3	检查储油箱润滑油供给	
4	检查进气和排气的压力和温度	
5	检查阀盖温度	
6	检查润滑油压力和温度	
7	检查工艺管路的所有低点排放	
8	检查曲轴箱的润滑油位	
9	检查是否有漏油、漏气	
10	检查滤油器滤芯是否被污物堵塞	
11	检查所有仪表	720h
12	检查安全控制装置	720h
13	维护保养压缩机气阀	720h
14	清洗曲轴箱呼吸器	2000h
15	检查所有外部螺栓和螺母的松紧度	2000h
16	更换曲轴箱润滑油和滤油器	2000h
17	清洗并检查活塞杆填料	4000h
18	检查十字头和滑道间隙	4000h
19	拉出活塞清洗并检查： (1)检查活塞环 (2)检查气缸壁有无磨损(记下百分尺读数)	4000h
20	清洗润滑油冷却器	8000h
21	检查润滑油调压阀	8000h
22	检查连杆轴承和主轴承	12000h
23	检查十字头、十字头销和衬套	12000h

（二）电动机的维护保养

电动机的维护保养见《YB2－500－6W 电动机操作说明书》。

（三）机组的维护保养

DTY5000ML21×12 煤层气压缩机组能够长期连续满负荷运行，有完善的控制保护装置。切勿断开控制保护装置在无保护状态下运行。搞好维护保养是保证机组可靠运行，延长使用寿命和降低使用成本的关键。机组维护保养规程应根据工作条件和操作经验制定，这样更适合现场实际情况。一般情况下（每月运行 720h），推荐按下面要求进行维护保养。

1. 每班维护保养

（1）检查并排除机组油、气泄漏，保持设备表面和环境清洁。

（2）检查各润滑油箱油位，必要时添加润滑油，以保持适当的油位。检查注油器的供油量。检查润滑油压力和温度。

（3）每小时记录一次工艺气压力和温度，观察压力和温度的变化以判断压缩机的运行情况。压缩机工作时，若排气温度和压力比较明显变化，说明某一气缸有效行程容积减小。这些现象可能是由于气阀和填料的泄漏，活塞环磨损，或气缸内的零件损坏引起的。

（4）查看填料是否泄漏，活塞杆是否过热。

（5）检查油滤器的阻力指示，按需要清洗或更换。

（6）检查并排放分离器的积液，防止液体进入气缸造成事故。分离器自动排液后，液位计中应没有液体存在。

（7）检查刮油器排污口，若液体太多，说明刮油器串油，应查明原因及时排除。

（8）排放各系统积液。

（9）机组运行时，无论有任何异常振动和异常响声，都应立即查明原因并排除。

（10）检查阀盖温度。

（11）检查控制柜内各控制仪表工作是否正常，检查电气设备工作是否正常。

2. 每周维护保养

（1）完成每班维护保养的全部内容。

（2）初次运转一周后，检查全部紧固件的拧紧情况，以后根据经验延长检查期。

（3）初次运转一周后，检查轴承间隙和活塞杆的跳动，以后半年检查一次。

3. 每月维护保养

（1）完成每周维护保养的全部内容。

（2）检查润滑油储油箱油位，适当补充新油。

（3）给各轴承加注规定牌号的润滑脂。

（4）检查控制保护装置。

（5）维护保养气阀。

4. 每三个月维护保养

（1）完成每月维护保养的全部内容。

（2）检查所有紧固螺栓和螺母的紧固情况。

（3）更换润滑油。最好按润滑油供应商的化验分析结果和推荐的换油周期更换润滑油。

（4）清洗压缩机油池和曲轴箱呼吸器。清洗油滤器，清洗或更换滤芯。

5. 半年维护保养

（1）完成每三个月维护保养的全部内容。

(2)检查轴承间隙、十字头与滑道间隙和活塞杆跳动。

(3)卸下压缩机活塞和气阀，清除气缸壁、气道、活塞、活塞环和气阀上的沉积物。检查活塞环和气缸的磨损情况，如果活塞环过度磨损应更换。清洗并检查进、排气阀，按需要修理或更换气阀零件。

(4)检查并清洗活塞杆填料，修理或更换零件。

(5)检查压缩机气缸活塞止点轴向间隙，头端间隙应为轴端间隙的两倍。

(6)检查、调整联轴器对中。

(7)检查所有控制保护装置和电气系统的工作可靠性、灵敏度。

(8)校验压力表。

6. 一年维护保养

(1)完成半年维护保养的全部内容。

(2)清洗并检查润滑系统管路、阀、油泵、润滑油冷却器等零部件，更换修理损坏件。

(3)检查分离器、缓冲罐内是否有尘土、铁锈和沉积物，必要时从机组上卸下清洗。

(4)检查活塞环、填料、气阀的磨损情况，必要时修理或更换。

(5)检查工艺气管路安全阀，安全阀至少每年调校一次。

7. 长期封存机组的维护保养

(1)排尽曲轴箱润滑油，清洗曲轴箱内部、十字头滑道等部位。在曲轴箱、十字头滑道、连杆、十字头、活塞杆及填料等各部位均匀涂抹防锈油。

(2)清洗气缸各气阀并涂抹防锈油。

(3)清洗气缸及活塞并涂抹防锈油。

(4)在余隙缸、余隙活塞和余隙活塞杆上涂抹防锈油，活塞杆外露部分涂抹润滑脂。

(5)在机组所有未涂漆的金属裸露外表面涂上防锈油脂。

(6)采取必要措施防止机组日晒雨淋及风沙或大气中有害气体的侵蚀，防止零件和工具丢失或损坏。

8. 启封后的维护保养

(1)拆下曲轴箱顶盖，检查并清洗曲轴箱，按量加入规定牌号的润滑油。

(2)擦洗气缸、气阀、十字头和活塞杆并涂抹润滑油。

(3)清洗填料并涂抹润滑油。

(4)排放注油器内的旧润滑油，加入新润滑油，拆开每一根油管，手动注油器，检查润滑油是否能顺利到达每个注油点。

(5)检查各重要螺栓、螺母是否松动。

9. 仪表控制系统的维护保养

本控制系统所有部件和仪表的可靠性都较高，维护保养工作量较小，但以下提及的维护和保养工作仍不能忽略。

(1)检测仪表的维护保养

压力表、温度表、温度变送器等按其相应标准规定的周期进行检定、调整，满足各自技术指标的要求。

(2)控制系统接地电阻的测量

控制系统接地电阻的大小应保证控制系统使用安全和工作可靠、稳定，并满足相关标准要求。

(3)控制柜每半年应由专业人员检修一次，检修时应特别注意以下事项：

① 继电器、接触器的动作和触点接触是否可靠。

② 电流互感器次级决不允许有接触不良或开路现象。

③ 安全栅的本安特性不得降低。

④ 各停车报警点的参数设置和自动启动、停止的参数设置是否正确，动作是否可靠。

⑤ 经常检查一次线路及相关电气元件，紧固螺钉是否有松动，接触是否良好，动作有无卡滞。

⑥ 对电磁阀的检查应注意保持其隔爆特性。

(4)控制系统使用维护注意事项

① 对控制系统的任何元器件进行插拨或电气连接，必须在控制柜断电的状态下进行。

② 机组停用期间，应将控制系统电源断开。

任务三　DTY500 煤层气压缩机组的故障诊断与排除

一、机身异常振动或噪声

机身异常振动或噪声故障如表 4－13 所示。

表 4－13　机身异常振动或噪声

序号	产生原因	排除方法
1	主轴瓦、连杆瓦、十字头衬套松动或磨损	检查间隙，紧固或更换轴承
2	十字头螺母或十字头销松动	拧紧或更换松动零件
3	油压低，润滑不良	提高油压，排除泄漏
4	润滑油型号不对	根据要求换用合适的润滑油
5	气缸振动	见“二、气缸异常振动或噪声”
6	地脚螺栓或其他连接螺栓松动	紧固螺栓

二、气缸异常振动或噪声

气缸异常振动或噪声故障如表 4－14 所示。

表 4－14　气缸异常振动或噪声

序号	产生原因	排除方法
1	活塞螺母松动	拆下活塞，紧固螺母
2	活塞轴向间隙太小	调整活塞两端轴向间隙
3	气阀磨损或损坏	修理或更换零部件
4	活塞环磨损或损坏	更换活塞环
5	气阀安装不当，垫片损坏	更换垫片，重新装配气阀
6	填料破损	更换填料
7	气缸、活塞磨损或拉伤	修理或更换
8	气缸积液，产生水击现象	查明原因并排除故障
9	注油器供油过量或供油不足	调节注油器供油量
10	异物掉入气缸	检查并排除故障
11	工艺气管路振动	查明原因并排除故障
12	气缸支撑不合理	调整支撑

三、排气量达不到设计值

排气量达不到设计值故障如表 4－15 所示。

表 4－15　排气量达不到设计值故障

序号	产生原因	排除方法
1	气阀、活塞环磨损或损坏，造成气阀、活塞环泄漏，特别是一级气阀、活塞环泄漏	检查一级气阀和活塞环，修理或更换损坏零件
2	气阀垫圈泄漏	检查并排除故障
3	气缸、活塞磨损或拉伤	检修或更换损坏零件
4	活塞杆填料泄漏	清洗或更换填料
5	工艺气系统泄漏	查明原因并排除故障
6	排气压力高于设计值	降低排气压力
7	可调余隙容积调节不正确	重新调节余隙容积

四、排气温度高于正常值

排气温度高于正常值故障如表 4－16 所示。

表 4－16　排气温度高于正常值故障

序号	产生原因	排除方法
1	本级进、排气阀泄漏，或下一级进排气阀泄漏，或下一级活塞环泄漏引起压力增大	修理气阀或更换气阀零件和活塞环
2	中冷器或管线结垢、堵塞	清洗中冷器或管线
3	进气温度高于正常值	清洗中冷器
4	排气压力高于正常值	查明原因并排除故障
5	润滑油不合适或润滑不足	使用合适的润滑油，增加供油量

五、气阀损坏或异常磨损

气阀损坏或异常磨损故障如表 4－17 所示。

表 4－17　气阀损坏或异常磨损故障

序号	产生原因	排除方法
1	压缩介质携带固体颗粒或液滴进入气缸	检查分离器，查明原因排除故障
2	气阀不干净	清洗气阀
3	注油器供油过量或不足	调节注油器供油量
4	积液或气缸冷却水温度低于进气温度而产生冷凝液	查明原因，排除故障
5	装配不当，气阀松动或气阀压紧不均匀	重新装配气阀

六、气缸、活塞、活塞环异常磨损

气缸、活塞、活塞环异常磨损故障如表 4－18 所示。

表 4－18　气缸、活塞、活塞环异常磨损故障

序号	产生原因	排除方法
1	压缩介质携带固体颗粒或液滴进入气缸	检查分离器，查明原因排除故障
2	润滑油不合格或润滑不良	按要求使用合适的润滑油，调节注油器供油量
3	气缸积液	查明原因排除故障
4	活塞环已超过磨损极限仍继续使用，加速了摩擦副的磨损	更换活塞环
5	气缸、活塞磨损或拉伤	修理或更换损坏零件

七、活塞杆、填料环异常磨损

活塞杆、填料环异常磨损故障如表 4－19 所示。

表 4－19　活塞杆、填料环异常磨损故障

序号	产生原因	排除方法
1	填料不干净	清洗填料
2	润滑油不合格，注油器供油不足或过量	按要求使用合格的润滑油，调节注油器供油量
3	填料环磨损或卡塞	更换填料环
4	活塞杆刮伤，有凹痕或磨损	修理或更换活塞环
5	积液	查明原因并排除故障

八、填料过热

填料过热故障如表 4－20 所示。

表 4－20　填料过热故障

序号	产生原因	排除方法
1	润滑系统故障	检修或更换单向阀和注油器
2	润滑油不合适或润滑不足	按要求更换润滑油或增加供油量
3	填料环侧隙太小	更换填料环

九、填料泄漏

填料泄漏故障如表 4－21 所示。

表 4－21　填料泄漏故障

序号	产生原因	排除方法
1	填料环磨损	更换填料环
2	润滑油不合适或润滑不足	换合适的润滑油，增加供油量
3	填料不干净	清洗
4	加载速度太快	缓慢加载
5	填料装配不正确	按要求重新装配
6	填料环的开口间隙或侧隙不符合要求	更换
7	填料排污孔堵塞	清除堵塞物
8	活塞杆刮伤	修复或更换活塞杆
9	活塞杆跳动超差	检查并排除故障

十、刮油器泄漏

刮油器泄漏故障如表 4－22 所示。

表 4－22　刮油器泄漏故障

序号	产生原因	排除方法
1	刮油环磨损	更换刮油环
2	刮油环装配不正确	重新装配
3	活塞杆磨损或划伤	修复或更换活塞杆
4	刮油环侧隙超差	更换刮油环

十一、润滑油压力过低

润滑油压力过低故障如表 4－23 所示。

表 4－23　润滑油压力过低故障

序号	产生原因	排除方法
1	润滑系统内有空气	排出空气
2	运动件撞击油面产生油沫	降低机体油池油位
3	油温低，润滑油黏度高	按要求更换润滑油
4	油滤器不干净	清洗或更换滤芯
5	润滑系统泄漏	检查油管线接头
6	轴承磨损泄漏过量	更换轴承
7	低油压保护调节不当	重新调节
8	主油泵调压阀设置压力过低	重新调节
9	油压表失灵	更换油压表

十二、异常积炭

异常积炭如表 4－24 所示。

表 4－24　异常积炭

序号	产生原因	排除方法
1	润滑油过量	减少供油量
2	润滑油不合适，残炭高	使用推荐的润滑油
3	润滑油从进气或前一级带入	检查并修理洗涤罐
4	气阀损坏，泄漏产生高温	修理或更换零部件
5	气缸压力比大，产生高温	查明原因，排除故障，降低压力比
6	活塞环磨损、卡阻或断裂	更换活塞环
7	气缸、活塞磨损或拉伤	检修或更换损坏零件

项目六　LGN20 煤层气压缩机组

任务一　LGN20 煤层气压缩机组的结构与工作原理

LGN 系列机组是由电动机驱动的喷油双螺杆式压缩机，包括橇装式螺杆压缩机组和箱体式螺杆压缩机组，由上海鲍斯压缩机有限公司生产。

鲍斯牌煤层气压缩机结构设计独特，具有结构紧凑、外型别致、效率高、能耗小、噪音低和使用寿命长等特点，属智能环保型产品。在国内处于一流水平，是完全替代国外同类产品的首选气源设备，广泛应用于冶金、机械、化工、地矿、电力、服装等领域。下面以 LGN20/0. 08 –1. 5 压缩机为例介绍。

一、压缩机特点及工作原理

1. 主要参数

LGN20/0. 08 –1. 5 压缩机主要参数如表 4 –25 所示。

表 4 –25　LGN20/0. 08 –1. 5 压缩机主要参数

序号	名　称	参　数
1	型号	LGN20/0. 08 –1. 5
2	进气压力/MPa	0. 05 ~0. 15
3	排气压力/MPa	1. 5
4	容积流量/(m^3/min)	20
5	机组尺寸	6000mm ×2200mm ×5100mm
6	电动机功率/kW	315
7	总重/kg	9000

2. 特点

鲍斯喷油式螺杆主机具有可靠性高、易损件少、动力平衡性好、振动小、噪音低、效率高、寿命长和移动性好等特点，效率提高 10% ~12%，其特点具体如下：

(1) 采用第三代非对称转子技术；

(2) 主机经久耐用：采用超大转子和超大 SKF 轴承；

(3) 主机功效显著：极小的泄漏间隙。

3. 型号

LGN20/0. 08 –1. 5 的型号含义如下所示：

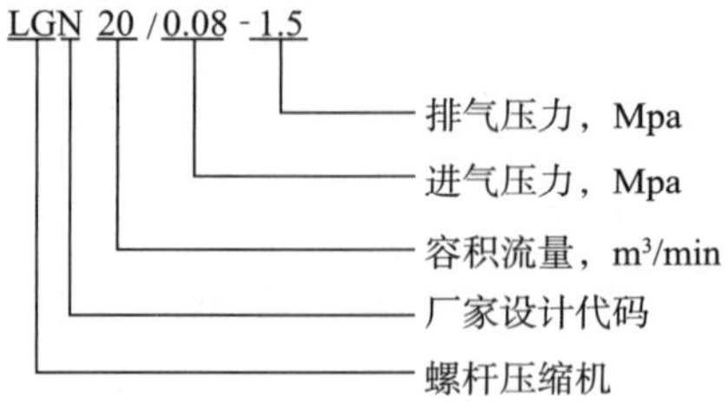

4. 结构图

LGN20/0.08－1.5 压缩机组外形图和三视图如图 4－17 所示。

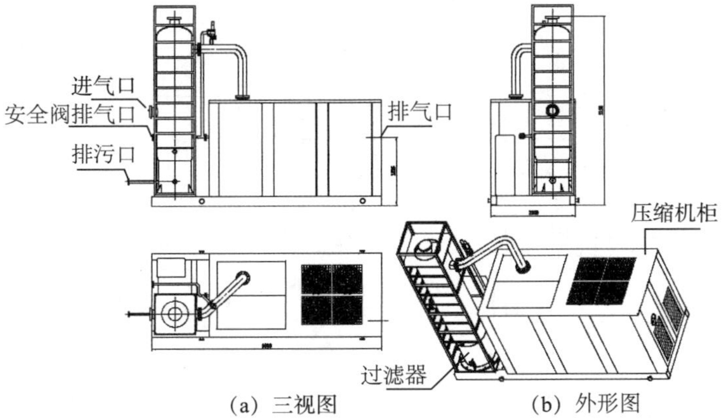

图 4－17　LGN20/0.08－1.5 螺杆压缩机组外形图和三视图

5. 工作原理

其工作原理如图 4－18 所示。

(1)吸气过程

螺杆式压缩机的进气侧吸气口设计成使压缩室可以充分吸气。当转子转动时，转子齿槽在转至进气端壁开口时，其空间最大，此时转子齿槽空间与进气口的煤层气相通，因在排气时齿槽内的煤层气被全数排出，齿槽处于真空状态；当转至进气口时，外界煤层气即被吸入，沿轴向流入转子的齿槽内；当煤层气充满了整个齿槽，随着转子的转动，阳转子齿面与阴转子齿槽开始啮合，并逐步完整，直至该齿的啮合线、齿槽间的煤层气被封闭。

(2)压缩及喷油过程

由阴、阳转子和机壳构成的封闭腔，随转子继续转动，其啮合线向排气端移动，即啮合线与排气口间的齿槽容积渐渐减小，其内的气体逐渐被压缩，而使压力逐渐提高；与此同时，润滑油喷入压缩室与煤层气混合。

(3)排气过程

当转子的啮合端面转到与机壳排气口相通时，压缩煤层气的压力达到最高，压缩煤层气与润滑油的混合气体一同被排出，直至齿槽完全脱离排气口，此时齿槽容积为零；排气终止，又将进入新一轮的吸气、压缩、排气过程。

二、煤层气压缩流程

煤层气经煤层气过滤器过滤后，从蝶阀进入压缩机主机，煤层气在压缩机主机内被压缩；与此同时，润滑油喷入压缩室与煤层气混合。压缩后的油气混合物进入油气分离器，分离后的压缩煤层气经最小压力阀排出。

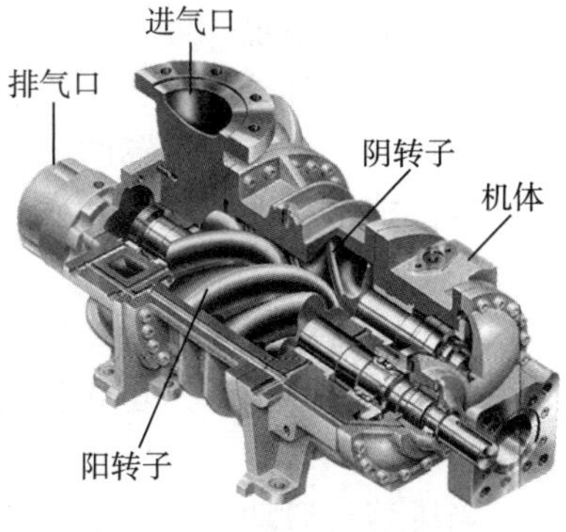

图 4－18　压缩机结构原理图

油气分离器内有一油气分离器滤芯，它是由特殊的过滤材料制成，压缩煤层气中的油经油气分离器粗分离后进入油气分离器滤芯，它把压缩煤层气中剩余部分的细小油滴几乎完全过滤掉，使压缩煤层气的含油量小于 3×10^{-6}；最小压力阀防止油气分离器内压力低于某一最小压力，其流程如图 4 – 19 所示。

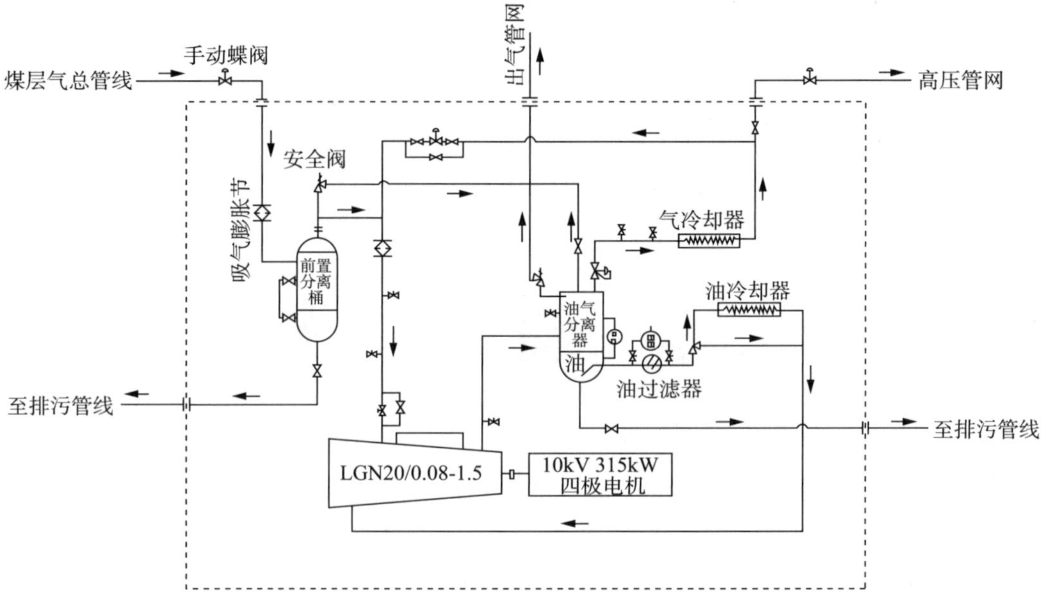

图 4 – 19　LGN20/0. 08 – 1. 5 压缩机工艺流程图

三、润滑系统

在油气分离器过程中，大部分油通过离心或碰撞方式从油气混合物中分离出来，其余的油由油气分离器滤芯分离。分离出的油收集在油气分离器的底部。

润滑系统配有温控阀。当油温低于 85℃时，温控阀关闭，切断供向润滑油冷却器的油路，润滑油冷却器被旁通，在压力作用下，润滑油经油气分离器，油过滤器喷射到压缩机机头和各润滑点。

当油温增高到上面提到的温度，温控阀开始打开，润滑油经过油冷却器。当油温达到 85℃以上时，所有的润滑油全部经过油冷却器。然后再通过油过滤器到压缩机机头和各润滑点。

四、冷却系统

风冷式冷却系统包括后冷却器和油冷却器，由轴流风机(部分机组)提供高效的冷风，无需在出热风管道上加装风扇。

水冷式机型中提供一套壳管式水冷却系统，冷却效果优于风冷式。

五、消音系统

LGN 型箱体式机组中具有独特的消音系统，机组内部设有隔震器，有效的降低由震动产生的噪音。机组隔声罩内壁贴有专用吸音海绵，把噪音有效降低到最小程度。

六、技术特性

1. 启动

当启动压缩机时，需开启进气蝶阀的旁通阀，让少量气体进入压缩腔压缩。因此压缩机在空载的情况下启动，建立腔内的压力来确保润滑油循环。

2. 加载

当压缩机启动运行数十秒后，压缩机进入加载状态，打开进气蝶阀。随着煤层气进入，进气阀全部打开，系统压力上升。

3. 满载

当油气分离筒的压力达到0.6MPa时，最小压力阀打开，压缩煤层气排出。

4. 卸载

当需要停机前，首先对压缩机组进行卸载。开启放空阀，降低油气桶内的压力，同时，关闭压缩机进气蝶阀，不再让煤层气大量进入压缩腔。卸载时，允许少量的煤层气进入压缩腔，确保润滑油的工作压力，使转子、轴承润滑。

5. 停机

当压缩机停机时，只需在卸载状态下按下停机按钮，关闭压缩机组前后阀门。

6. 进气温度

鲍斯压缩机设计操作温度为5～45℃，温度测量点在煤层气的入口处。当操作温度高于45℃时，需要选择有特殊要求的压缩机。

7. 冷凝—低温

在湿度比较高的地方，且操作温度又比较低时，冷凝水(假如煤层气中含有微量的水分)容易聚集在油内。鲍斯压缩机配有温控阀，温度设定在85℃(这是饱和蒸汽蒸发所必需的温度)，当油温高于这一温度时油才经过油冷却器。

8. 过热—高温

当环境温度在45℃以上或安装在有锅炉的房间内，使用本机时，吸入煤层气必须从外面引进。

鲍斯压缩机最高的操作温度是105℃(可在操作面板上设置该温度)，当温度高于105℃时，压缩机会自动停机。当温度一直高于105℃，必须根据手册找出故障的原因，或与鲍斯公司客户服务部联系。

9. 排气温度

压缩机排气温度的测温点设置在排气口处。排气温度是根据环境温度、冷却器的清洁度、进气过滤器的清洁度以及油过滤器的清洁情况变动。正常操作温度应在70～90℃之间。

在冷态开机时，排气温度快速上升到85℃以上，温控阀完全打开(温控阀在85℃开始动作)。当油温回到85℃以下时，这时温控阀会旁通一部分油，防止油温过低。温控阀是通过控制经过油冷却器的油量来调节排气温度。

10. 润滑油特性

(1)起泡低，不易挥发；

(2)抗乳化作用强；

(3)高抗氧化作用；

(4)运动黏度46 mm^2/s(40℃)；

(5)具有良好的抗磨润滑性、抗泡沫性和水分离性；

(6)凝点温度：－30℃，有防止固化的性能，降低能耗；

(7)闪点温度：230℃，有防止积炭形成的性能，降低能耗；

(8)高稳定性，可明显延长使用寿命，减少维修周期和换油周期，适应性好。

鲍斯螺杆压缩机专用油，是根据鲍斯螺杆机的工作原理而特配的压缩机专用油，所以为了保证压缩机的正常使用，推荐用户选用鲍斯螺杆压缩机专用油。

客户因使用其他品牌的油而引起的问题，鲍斯公司不承担任何责任。

11. 电动机轴承用油

鲍斯压缩机的电动机轴承用油推荐使用Shell Alvania RL 3油脂，要定期加注。不正确的维护会导致电动机损坏。

任务二　LGN20 煤层气压缩机组的使用与维护

一、安装和开机前须知

在安装压缩机前，要仔细检查是否因运输造成损坏。如果发现有明显的损坏，立即与鲍斯客户服务部联系。

（一）安装要求

（1）压缩机应安置在干净、无尘埃、煤层气不泄漏及通风良好的场合，并方便维修工作。

（2）鲍斯压缩机 LGN 系列箱体式压缩机组露天使用，而普通橇装式压缩机组除非该压缩机有鲍斯配备的露天安装选项外，其他的压缩机都必须安装在室内(或加棚盖)。

（3）压缩机周围必须留有一定的空间，距墙面 1m 为好，以便操作人员日常操作、维护及检修。

（4）压缩机必须安放于水平坚硬的地面上，不需螺栓固定。

（二）冷却水要求

（1）总硬度用 $CaCO_3$ 来表示应小于 100×10^{-6}（100mg/L）。

（2）pH 值在 6 ~ 8 之间。

（3）悬浮物不超过 50×10^{-6}（50mg/L），冷却水的水温设计为 32℃，水质必须符合一般工业用水才可以，避免使用地下水；若水质较差时须定期加清洗剂去除积垢。冬季在冰点以下地区，长时间停机时，必须将冷却水排放干净。

（三）煤层气管道系统的连接要求

（1）配管时，要求排气管直径至少同压缩机的排气管直径一样，所有管子和管接头应该能承受额定压力，配置合适气体的流速要求，使管路压降不得超过压缩机设定压力的 5%，线路中尽量减少使用弯头及阻力系数大的元件，管路较长时，最好选用比设计值大的管径。

（2）避免管路中的冷凝水沿管路流至工作机器或气动元件中，应在其前端设置气水分离装置及排污装置。主管路配管时，管路须有一定的倾斜度，以利管路中的内部液体排出。

（3）压缩机出口处，应安装截止阀，其后应有压力取样口、维护用的截止阀，以便接软管保养工作用。

（4）由于压缩机属于振源，没有固定的支撑，所有的外部管路都必须有自己的独立支撑。

（5）若压缩机与干燥器配套使用时，理想的配管系统是在压缩机与干燥器之间加装一个储气罐，较低温度且含水份较少的压缩煤层气输送进干燥器，可以减轻干燥器的负荷，节约能耗。

（四）电气安装要求及电气检查

（1）所有压缩机内电线都经过工厂的测试，接入压缩机的外部电线必须采用合格厂家生产的电线，根据压缩机组需用的输入功率，正确选用电源线规格。当电源线线路长时，需考虑线路损失，此时应把线径加粗，满足压缩机启动和运行。

（2）大排气量压缩机应考虑单独一套供电系统，以免在压缩机启动时影响其他设备正常工作。

（3）压缩机在上电前必须确认电源电压应与压缩机额定工作电压一致。

(4)压缩机组必须做好可靠接地，防止因漏电而造成危险。

(五)机械部件的检查

1. 螺杆机头的检查

(1)从两个不同的方向手动旋转螺杆机头的联轴器，确认螺杆机头没有被锁住。

(2)当压缩机停机超过二个月或被仓储一段时间后都必须打开进气阀，通过进气控制阀加入1L鲍斯压缩机专用油。从两个不同的方向手动旋转螺杆机头的皮带轮或联轴器，确保油都进入螺杆机头。

(3)重新接进气管时，确保管口密封。

2. 油位的检查

打开边门，可以看到油气分离筒上的油镜，油位不能低于油标下间，在运行时也一样，(最高油位受注油口限制)。

加入规定的油，确保注油口的盖子盖紧，密封圈能正确密封。

3. 传动系统的检查

直联机组，查看联轴器锁紧螺母是否松动，如有松动必须及时锁紧。

二、操作使用注意事项

(1)压缩机组应由固定人员操作，操作人员应通读并理解本说明书内容，遵循说明书的工作程序和安全注意事项及维护规范。

(2)第一次开机或电源线变动时，必须注意机组及风机的转向是否按箭头指示方向运转。

(3)新机调试时，必须由本公司指定或认可的调试人员进行。

(4)第一次开机须先检查油箱油位是否正常，各机构螺栓是否松动，各管路是否连接妥当，并及时校正。

(5)开机时应先确认机组内无人或杂物和工具，关上机组门；应及时通知机组周围人员注意安全。

(6)安装配管焊接时，需移开周围易燃物品，并注意防止焊接火花进入压缩机内，引起事故。

(7)应立刻清除飞溅出来的润滑油和其他易燃易爆物品。

(8)压缩机不能在高于铭牌规定的排气压力下工作，否则会导致电动机过载而烧坏。

(9)压缩机的零配件必须是正厂提供，其螺杆机油必须为公司指定螺杆压缩机专用油，并且两种不同品牌的油严禁混用，否则会引起系统积炭造成重大事故。

(10)清洗机组零部件时，应采用无腐蚀性的安全溶剂，严禁使用易燃易爆及易挥发的清洗剂。

(11)压缩机运行一段时间后，须定期检查安全阀等保护系统，确保其灵敏可靠，一般每年检查一次。

(12)长时间工作在压缩机旁边的操作人员必须戴耳塞。

(13)接到压缩机的电源线必须与其功率匹配并安装煤层气开关或熔断丝等安全装置，为确保电气设备的可靠安全，必须要有接地装置，有必要时加装避雷装置。

(14)在压缩机发生故障或有不安全因素存在时，切勿强行开机，此时应切断电源，并作出显著标记。

(15)压缩煤层气和电气都具有危险性，检修或维护保养时应确认电源已被切断，并在电源处挂“检修”或“禁止合闸”等警告标志，以防他人合闸送电造成伤害。

(16)严禁在机组运行时，打开任何管路、阀门、闷头、接头以及相关零件。

(17)停机维护，应在整部压缩机冷却及系统压缩煤层气安全释放后进行；维护人员尽可能避开煤层气压缩机系统中的任何排气口，并关闭相应隔离阀。

(18)操作人员应避免在不安全的条件下操作压缩机；在保养压缩机时，应标明压缩机暂时不能工作，且切断电源，这样可以防止别人的误操作而造成伤害。

(19)不要损坏或拆除安全阀。

(20)在任何情况下，不要把压缩煤层气直对着自己身体的任何部位。

(21)避免身体与热流体、热表面以及排气管接触，避免烫伤。

三、压缩机使用

1. 开机程序

(1)检查油位是否正确；

(2)确认前后管网畅通；

(3)确认截止阀打开；

(4)确认进气旁通阀打开；

(5)按启动按钮；

(6)检查压缩机主轴转向，压缩机机身上有转向箭头标识，压缩机转向须与转向箭头标识一致。若转向不对，应立即按红色紧急停车开关停止压缩机，并切断压缩机电源，将三条电线中的任意两条线调换即可。

在停机60s之内，不要启动机器，必须将油气桶内压力完全释放(防止压缩机在有背压情况下启动)。

2. 运行程序

机组开机后即进入正常运行，运行期间查看各运行参数。

(1)当运转中有异音及不正常振动时，应立即停机。

(2)运转中管路及容器均有压力，不可松开管路螺栓或接头。

(3)在长期运转中若发现油位计上的油位看不见，且排温逐渐上升时，应立即停机，停机10min后观察油位，若不足时，待系统内部没有压力时再补充润滑油。

(4)运转中每天须记录压力、温度、油位等参数，供日后检修参考。

3. 关机程序

(1)关闭进气蝶阀(保持进气旁通阀敞开)。

(2)按下压缩机停机按钮，约10～30s后压缩机停机。

(3)关闭进气旁通阀。

四、维护与保养

良好的维护与保养是机组正常运行的保证，也是减少零件的磨损和延长压缩机组寿命的前提。因此必须认真执行对机组的维护和保养制度。

(一)日常保养

(1)机器启动前，排尽油气分离筒的冷凝水，直到有油流出为止。

(2)检查压缩机润滑油油位，如油位太低，则需要加油；检查各连接处是否可靠，是否有螺栓、螺母松动或损坏等现象。

(3)机组启动后，检查液晶显示板上各显示值是否正常；检查机组是否有泄漏现象，如有应立即停机并释放所有内部压力后进行处理。

(4)维护及保养完毕后，应全面检查是否已经重新装配及设置完好，各个紧固件及密封部件是否安装到位。

(5)在停机 5min 后才可以打开排油球阀。

压缩机在运行或带压时，不要对压缩机进行任何保养和维修。

保养计划如表 4－26 所示。

表 4－26　保养计划表

检查项目	每天	每周	每月	500h	3000h	6000h
机器的运行电流、电压、温度、工作压力	△					
清洁机器和过滤网		△				
天然气过滤器		△				
油气桶(排污)		△				
油位(鲍斯压缩机专用油)		△		※	●	
皮带		△				●
冷却器			△			
油过滤器芯				※	●	
天然气过滤器芯				※	●	
油气分离器芯				※	●	
进气控制阀					△	
最小压力控制阀					△	
温控阀						△
电器端子是否紧固						△
主要螺栓、螺母、管接头是否紧固						△
安全阀						△
电机(油脂)					△	

注：△表示检查、清扫、加油。

●表示更换。

※第一次更换时间。

(二)零件的更换和调整

1. 煤层气过滤器的保养方法

(1)打开端盖；

(2)轻轻拿出过滤芯；

(3)检查煤层气过滤芯的情况(如果不好就更换)；

(4)用湿布清洁滤清器壳内侧，用 0.2～0.3MPa 压缩煤层气从内向外吹除滤芯中脏物；

(5)更换新的滤芯，安装好；

(6)盖好端盖。

2. 油过滤器的保养方法

(1)用带钳拧下旧的过滤器；

(2)清洁接触面；

(3)在新的过滤器密封圈的表面镀一层薄油膜；

(4)用手把紧新的过滤器，直到垫片密封；
(5)开机后检查是否渗漏。
3. 油气分离芯的保养方法
(1)打开机器的服务边门和顶门；
(2)松开管与最小压力阀连接的头；
(3)松开油气分离筒盖上的管路，记住确保能正确地安装；
(4)松开油气分离筒上的紧固螺栓；
(5)轻轻拿起盖板，清洁回油管；
(6)拿出油气分离筒芯；
(7)更换新的油气分离筒芯和垫片；
(8)按相反的步骤安装，注意检查回油管的长度；
(9)使用扭力扳手，紧固油气分离筒盖板螺栓。
4. 进气控制阀的特性及保养方法
进气控制阀主要由阀体、阀门、活塞、气缸、弹簧、密封圈等组成，其侧面装有控制块及控制电磁阀，集合了通断调节、减荷、消声、降压以及停机放空等功能。减荷时有小部分的气体通过阀内的小孔放掉，以平衡进气控制阀小孔的吸入气量，使分离油罐内的压力保持在0.2~0.3MPa，维持正常的润滑油循环。进气控制阀的开启关闭动作是由调节系统的压力传感器和电磁阀自动控制，进气控制阀的开启关闭动作是否灵活，对压缩机的可靠性是很重要的。因此，进气控制阀应定期保养，以维持良好的工作状态。
保养时，须将零件拆下，检查各摩擦表面的磨损情况，特别需注意检查橡胶密封圈表面，如有损坏或裂缝，则须更换新件，在重新安装时，各零件应清洗干净，金属零件的摩擦表面应涂上润滑油。
5. 最小压力控制阀的保养方法
(1)拧下盖，小心阀内的弹力；
(2)拿下盖子；
(3)检查活塞上O型圈的情况，如果磨损就更换；
(4)检查密封圈，如果损坏就更换；
(5)用高温油脂润滑，按拆时的反方向，把这些重新安装起来。
6. 润滑油的更换方法
(1)停机；
(2)接上排油管，打开球阀，将油排放到废油收集筒内；
(3)关闭排油球阀，打开注油盖，重新注入新的油，直到油位到油标中间位置；
(4)盖上注油盖，注意O型圈是否在正确的位置；
(5)开机，运行一段时间后，检查油位；如果油位低了，适当再加一些油。
当机器操作环境温度较高或多尘时，油的更换间隔要相应缩短。最高油位：压缩机停机30min，油平面在油标中间位置；最低油位：在机器运行的时候检查，油平面在油标下部位置。
7. 皮带松紧度的调整方法
(1)要更换皮带时，须所有的皮带一齐更换，不得只更换一条皮带，否则张力会不衡。
(2)注意调整或更换皮带时，不要将润滑油溅到皮带或皮带轮上。
(3)旋转调整弹簧压紧螺母，调整皮带到正确的皮带松紧度(中间下压力约30N，变形量小于5mm)；

(4)调整后，电动机轮与主机轮须在同一直线上，否则皮带易磨损及产生异响。

8. 电动机的保养方法

电动机轴承每3000h必须加润滑剂(用 shell Alvania RL3，如果没有特别指定)。

加入新的油脂，直到原有的油脂都从排油孔排出(排油孔在轴承腔下)，用抹布擦干净，防止油脂过多(油脂过多会对轴承有害)。

在确保能够组装起来的前提下，才打开最小压力控制阀。

任务三　LGN20煤层气压缩机组的故障诊断与排除

一、无法启动(电气故障)

无法启动故障及排除方法如表4-27所示。

表4-27　无法启动故障及排除方法

序号	产生原因	排除方法
1	保险丝烧毁	请电气维修人员检查
2	继电器过载动作	请电气维修人员检查
3	电压太低	请电气维修人员检查
4	主机故障	请联系鲍斯公司服务部
5	相序继电器动作	请电气维修人员检查

二、排气温度高，压缩机自动跳闸

排气温度高、压缩机自动跳闸故障及排除方法如表4-28所示。

表4-28　排气温度高、压缩机自动跳闸故障及排除方法

序号	产生原因	排除方法
1	润滑油量不足	请停机加油
2	冷却水量不足	检查进出水管流量
3	冷却水温度高	检查进水温度
4	环境温度高	增加排风，改善环境
5	油冷却器堵塞	检查进出口温度，正常温差位5~8℃，如低于5℃，可能油冷却器堵塞，拆下用药剂清洗
6	润滑油规格不正确	更换鲍斯压缩机专业用油
7	板翅式换热器不清洁	以低压煤层气清洁
8	油过滤器堵塞	更换
9	冷却风扇故障	维修更换
10	温度传感器故障	更换

三、煤层气中含油高

煤层气中含油高，润滑油添加周期短，空车时滤清器冒烟故障及排除方法如表4-29所示：

表 4－29　煤层气中含油高故障及排除方法

序号	产生原因	排除方法
1	油面太高	检查油面并适当排放
2	回油管路堵塞	拆卸清洁
3	排气压力太低	调整压力
4	油气分离器破损，失效	更换
5	压力维持阀弹簧疲劳	更换新弹簧

四、无法全载运行

无法全载运行故障及排除方法如表 4－30 所示。

表 4－30　无法全载运行故障及排除方法

序号	产生原因	排除方法
1	电磁阀故障	更换
2	进气阀动作不良	拆卸清洗后加注润滑油脂，检查控制管路是否通畅
3	压力维持阀动作不良	拆卸后检查阀座及止回阀片是否磨损，如磨损更换
4	电路板故障	更换
5	压力传感器故障	更换

五、无法空车运行

无法空车运行，空车时表压力仍保持工作压力或继续上升，安全阀动作故障及排除方法如表 4－31 所示。

表 4－31　无法空车运行故障及排除方法

序号	产生原因	排除方法
1	进气阀动作不良	拆卸清洗后加润滑油脂
2	泄放电磁阀失效或泄放管路阻塞	检修，必要时更换
3	电路板故障	更换

六、排气量减少

排气量减少故障及排除方法如表 4－32 所示。

表 4－32　排气量减少故障及排除方法

序号	产生原因	排除方法
1	进气过滤器堵塞	清洁或更换
2	进气阀动作不良	拆卸清洁后加润滑油脂
3	油气分离器堵塞	清洁或更换
4	泄放电磁阀或管路泄漏	检修，必要时更换

七、空、重车频繁

空、重车频繁故障及排除方法如表 4－33 所示。

表 4-33　空、重车频繁故障及排除方法

序号	产生原因	排除方法
1	管路泄漏	检查泄漏位置并锁紧
2	压差太小	重新设定
3	煤层气消耗量不稳定	增加储气罐容量

八、停机时，油雾从煤层气管路冒出

停机时，油雾从煤层气管路冒出故障及排除方法如表 4-34 所示。

表 4-34　停机时，油雾从煤层气管路冒出故障及排除方法

序号	产生原因	排除方法
1	进气阀关闭不严或卡死	检修，必要时更换
2	重车停机	检查原因
3	压力维持阀泄漏	检修，必要时更换
4	泄放阀未泄放	检修，必要时更换

项目七　ZTY470 煤层气压缩机组

任务一　ZTY470 煤层气压缩机组的结构与工作原理

气驱压缩机是采用煤层气作为动力驱动的压缩机，它是目前煤层气集输中常见的驱动方式之一。下面以 ZTY 系列压缩机为例进行介绍。

ZTY 系列整体式煤层气压缩机为重载、低速，压缩缸、动力缸共用一根曲轴，并分置于机身两端呈水平布置，构成卧式对称平衡型机组，由成都天然气压缩机厂生产。其型号及主要性能参数如表 4-35 所示，其外形如图 4-20 所示。

表 4-35　ZTY 系列机组型号及主要性能参数

型号	动力缸列数	动力缸缸径/mm×冲程/mm	额定功率/kW	额定转速/(r / min)	动力缸平均有效压力/MPa	动力缸允许排温/℃	压缩缸列数	压缩活塞行程/mm	压缩活塞杆允许杆载/mm	压缩活塞平均速度/(m / s)
ZTY85	1	336×406	85	360	0.395	≤400	1	279.4	97.861	3.35
ZTY170	2	336×406	170	360	0.395	≤400	2	279.4	97.861	3.35
ZTY265	2	381×406	265	400	0.433	≤400	2	279.4	133.449	3.72
ZTY310	2	381×406	310	440	0.48	≤438	1	279.4	133.449	4.1
ZTY470	3	381×406	470	440	0.48	≤438	2	279.4	177.811	4.1
ZTY630	4	381×406	630	440	0.48	≤438	3	279.4	177.811	4.1

图 4－20　ZTY 系列整体式煤层气压缩机外形图

ZTY470 煤层气压缩机组是 ZTY 系列整体式煤层气压缩机组系列产品之一。下面以 ZTY470ML23×12 整体式煤层气压缩机组为例介绍，其型号含义如下所示：

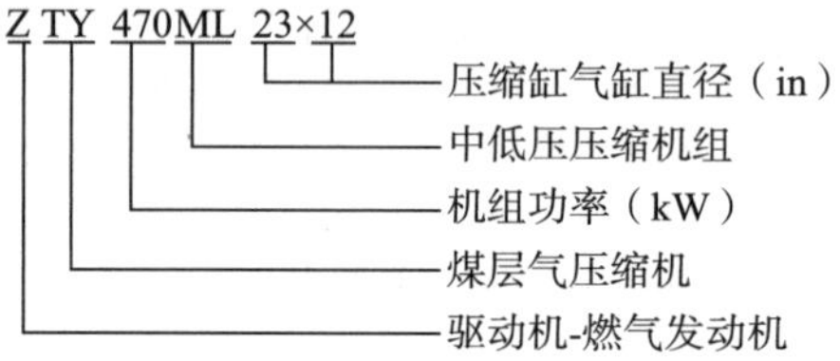

一、技术规范及主要技术数据

1. 发动机气缸

发动机气缸技术参数如表 4－36 所示。

表 4－36　发动机气缸技术参数

序　号	名　　称	参　　数
1	额定功率/kW	473
2	额定转速/(r/min)	440
3	转速范围/(r/min)	265～440
4	缸径/mm	ϕ381
5	冲程/mm	406.4
6	缸数/只	3
7	活塞杆直径/mm	ϕ63.5
8	额定转速下活塞平均速度/(m/s)	5.96
9	活塞排量/L	3×46.3
10	平均有效制动压力/MPa	0.48
11	燃气耗量/[Nm^3/(kW·h)]	0.37
12	排气温度/℃	≤420
13	缸号排序	飞轮侧 1 号缸
		中间为 2 号缸
		皮带轮侧 3 号缸
14	飞轮旋向	面向飞轮顺时针
15	点火提前角	上死点前 9°
16	注气角	下死点后 13°开启，
		持续开启角 79°

2. 压缩气缸

压缩气缸技术参数如表4-37所示。

表4-37 压缩气缸技术参数

序号	名 称	参 数
1	缸径/mm	一级：ϕ584.2
		二级：ϕ304.8
2	缸数/只	2
3	冲程/mm	279.4
4	活塞杆最大允许载荷/N	177911
5	活塞杆直径/mm	ϕ63.5
6	压缩级数	2级
7	额定转速下活塞平均速度/(m/s)	4.098
8	气缸排序	飞轮侧为一级缸
		皮带轮侧为二级缸
9	气缸冷却方式	水冷
10	进、排气阀数量/只	一缸：12
		二缸：8
11	缸头端固定余隙值/%	一缸：10.8
		二缸：14.6
12	曲轴端固定余隙值/%	一缸：10.8
		二缸：13.6

3. 余隙缸

余隙缸技术参数如表4-38所示。

表4-38 余隙缸技术参数

序号	名 称	参 数
1	缸径/mm	一级：ϕ330.2
		二级：ϕ254
2	行程/mm	219.202

4. 燃气进气系统

燃气进气系统技术参数如表4-39所示。

表4-39 燃气进气系统技术参数

序号	名 称	参 数
1	管线入口尺寸/mm	ϕ38.1
2	调压阀	Fisher630
3	调压阀最高工作压力/MPa	1.8
4	燃气入口压力(调压后)/MPa	0.056~0.14

5. 发动机进气系统

发动机进气系统技术参数如表 4－40 所示。

表 4－40　发动机进气系统技术参数

序号	名　　称	参　　数
1	空气流量/(m^3/min)	85
2	空滤压力降/mmH_2O	≤25.4

6. 缸头启动系统

缸头启动系统技术参数如表 4－41 所示。

表 4－41　缸头启动系统技术参数

序号	名　　称	参　　数
1	气源压力/MPa	1.8～2.5
2	耗气量/(Nm^3/次)	7.5

7. 仪表控制报警停车值

仪表控制报警停车值如表 4－42 所示。

表 4－42　仪表控制报警停车值

序号	名　　称		参　　数
1	23″压缩缸排气温度/℃		150
2	12″压缩缸排气温度/℃		150
3	压缩缸夹套冷却水温度/℃		80
4	动力缸夹套冷却水温度/℃		85
5	动力 1 缸排气温度/℃		438
6	动力 2 缸排气温度/℃		438
7	动力 3 缸排气温度/℃		438
8	发动机转速(超速)/(r/min)		475
9	压缩机运行时	一级进气压力(设计点)/MPa	0.256
10	压缩机运行时	一级排气压力(设计点)/MPa	0.83
11	压缩机运行时	二级排气压力(设计点)/MPa	1.76

注意：以上报警停车值为机组出厂初始设定值，具体设定值应在安装调试过程中由仪表工程师现场确定。

二、结构原理

ZTY470 煤层气压缩机组工艺流程图如图 4－21 所示。

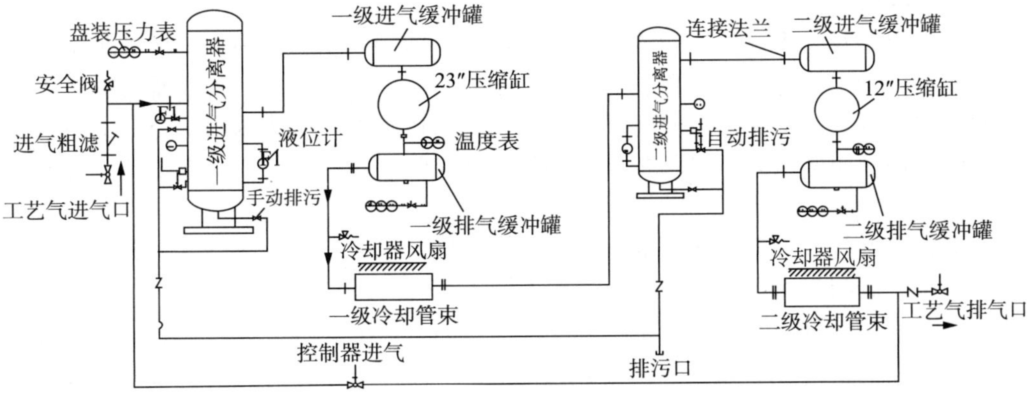

图 4－21　ZTY470ML23×12 压缩机工艺流程图

（一）主机

主要包括：动力部分、机身部分、压缩部分。

压缩机组的动力部分和压缩部分为对称平衡布置，动力缸的动力通过十字头和曲轴连杆机构传递给压缩缸作功，动力缸和压缩缸及部分配套设施安装在机座上，压力容器安装在底座及压缩缸上，燃气分离器安装在底座上，构成一台整体式撬装压缩机组。

1. 动力部分

动力部分是一个典型的二冲程发动机，曲轴每旋转一周，动力活塞就作功一次。当活塞向气缸头运动时，活塞后部内腔形成瞬时负压，混合阀靠压差打开，动力缸吸入新鲜空气，这就是进气冲程；活塞头部首先关闭进气口，然后再封闭排气口，燃气喷射阀靠液压力打开，燃气进入动力缸，活塞继续运动，这就是压缩冲程；封在活塞头部内的这部分混合气体在接近压缩冲程终点前，由火花塞点燃，混合气体燃烧膨胀作功，使动力活塞向曲轴端运动，这就是作功冲程；当活塞运动至不能封闭排气口时，燃烧后的废气就由排气口排出，这就是排气冲程。活塞继续运动，进气口被打开，这时，在压缩冲程中进入后部的空气已被压缩到具有一定的压力，形成扫气泵，再此压力下，新鲜的空气由进气口进入活塞头部的空腔，并吹扫残留在缸内的废气，有助于废气的排出，这就是进气、排气冲程，稍后，活塞又向缸头运动，又开始新的冲程。动力缸组件如图 4－22 所示。

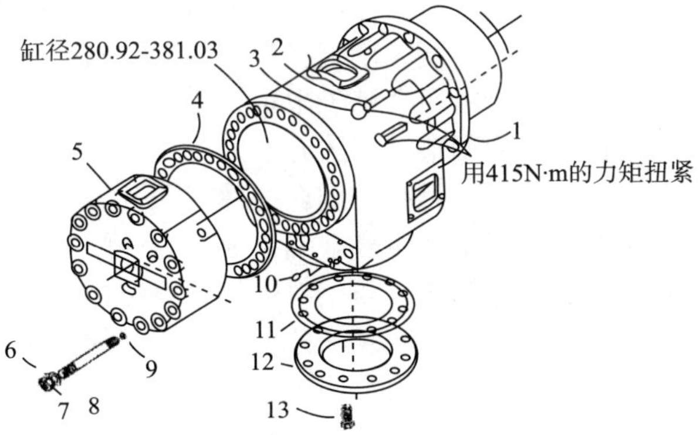

图 4－22　动力缸组件

1—动力缸；2—双头螺栓；3、7—六角螺母；4—气缸垫；5—动力缸头；6—平垫圈；8—缸头紧固螺栓；9—弹簧垫圈；10—丝堵；11—密封垫；12—法兰；13—螺栓

2. 机身部分

机身部分由机身、中体、动力连杆、压缩连杆、曲轴及轴承等构成，机身两端分别安装动力缸和压缩缸，为对称平衡布置，这种结构布置使压缩机振动小，刮油器及密封装置使动力缸与机身完全隔开，避免了燃烧所产生的废气进入机身内部，曲轴两端分别安装皮带轮和飞轮，皮带轮用于驱动水泵，飞轮主要作用是启动机组和储备能量，稳定压缩机转速。

3. 压缩部分

由压缩缸组件构成，每种压缩缸总成与中体的接口尺寸完全一致，可根据工况需要选择不同的压缩缸总成与机身组合，以构成适用不同工况的压缩机。

压缩缸组件带有可调余隙缸，余隙缸安装在压缩缸的缸头端，通过调节余隙活塞的行程可以调节余隙容积，即可实现压缩机的最大功率和最大排量的经济运行，也可满足部分变工况的要求。本压缩机一缸和二缸压缩缸都带余隙缸，通过调节一缸和二缸余隙缸容积可满足变工况的要求。

压缩活塞杆采用优质高强度合金钢并氮化处理，压缩填料密封环采用聚四氟乙烯填充料，使得摩擦最小，寿命长。

(二)燃料供给及调速系统

主要包括：卧轴传动组件、注气系统、燃气进气管路、调速系统等。

作用：根据压缩机负荷情况，保证定时适量供给动力缸燃料气，使之工作转速平稳。

1. 卧轴传动系统

此组件主要作用是驱动注气系统、调速器、注油器、磁电动机等附属机构，并直接控制燃料气定时配气。

卧轴传动系统的主要传力件是一根优质钢制的卧轴，它通过一对圆柱斜齿轮由曲轴驱动，其传动比为1∶1，卧轴上装有凸轮、圆柱斜齿轮以驱动注塞泵、调速器、磁电动机，凸轮的位置是按所需的燃料气配气定时要求在出厂前调定好，并用定位销固定在卧轴上。凸轮用优质钢表面渗碳高频淬火制成。

2. 燃气注气系统

注气系统主要由柱塞泵、注油缸、压力油管路、燃气进气转阀及喷射阀等组成，注油器及管路内充有 L－TSA 32 号汽轮机油或 L－HM 32 号抗磨液压油，此油要求其黏度及稳定性不随温度而变化，以保证注气系统的正常工作，注油缸内油面顶部通入燃料气以保持管路的油压稳定，注油缸分上下两层，可实现不停机加油；燃料气进气转阀安装在燃料气进气管路上并通过杠杆机构与调速器连接，其开度大小直接由调速器控制，转阀外的手柄与阀连接在同一轴上，手柄开、闭的极限位置可由两个销子限定，手柄上钻有几个等距的小孔，通过不同的孔与调速器操纵连杆机构来正确调整转阀的开度。

注气系统的柱塞泵和喷射阀均有一对精密配合的柱塞偶件。

喷射阀安装在动力缸盖上，气门用优质合金钢制成，与气门配合的气门座是用耐热钢制成并镶在阀上，阀体一侧设有燃料进气口，与燃料进气管路连接。喷射阀与柱塞泵是与液压油路相通，喷射阀的开启，由凸轮驱动柱塞泵来控制，喷射阀的关闭由弹簧复位，其升程大小可通过调整调节环来实现，调整时，将固定调节环的定位螺钉松开，用提供的专用喷射阀调节扳手转动调节至所需位置，右旋增加气量，左旋减少气量，从而调节进入动力缸的燃料气量，达到各缸工作温度一致。

3. 燃气进气管路

燃气进气管路由燃气进气分离器、压力调节阀、燃气电磁切断阀、进气管及球阀等组成。其流程如图 4－23 所示。

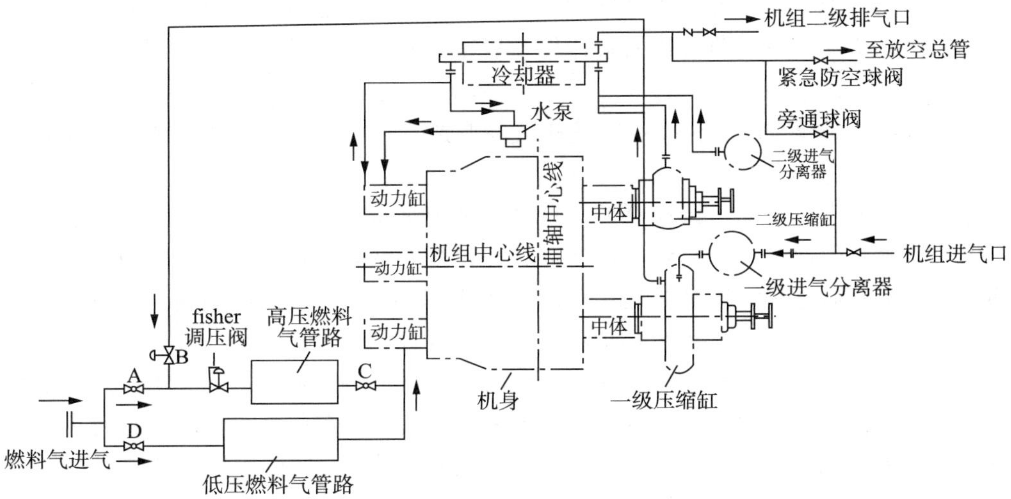

图 4－23 燃料气流程图

当燃料气压力为 0.05～0.10MPa 时，机组启动前，先关闭闸阀 A、节流截止阀 B 和球阀 C，打开闸阀 D，燃料气经低压燃料系管路进入燃气管路；机组正常加载后，当排气压力符合机组设计压力（1.6MPa）时，首先对 fisher 调压阀进行调整，尽量将压力调大，再打开节流截止阀 B，再对 fisher 调压阀进行回调，使之符合正常的调压值（0.056～0.10 MPa），检查燃气压力符合正常的燃气值，接着缓慢打开球阀 C，最后关闭闸阀 D，机组正常运行。

当燃料气压力大于 0.10MPa 时，机组启动前，先关闭闸阀 D、节流截止阀 B，打开闸阀 A 和球阀 C，燃料气经高压燃料系管路进入燃气管路；机组其他操作步骤完成后即可以加载。首先关闭一点旁通阀提高排气压力，再缓慢打开一点节流截止阀 B，同时相应对 fisher 调压阀进行调整；机组在这些步骤完成后仍正常，再连续进行几次这样的操作。直至完全关闭旁通阀和完全打开节流截止阀 B，机组正常运行，最后关闭闸阀 A。

燃气进气分离器是一个分为上、下两层的筒状压力容器，上层内装有可更换的超细玻璃纤维滤芯，能过滤掉燃气中的粉尘，该滤芯安装在中间隔板的支座上，筒体顶端装有法兰，以便更换、安装滤芯，容器下层是叶片式液体分离装置，被分离出的分别存于上、下层的底部，相互隔开，液体可通过排污管路排出，固体粉尘堆积在滤芯上，时间久了，会增加燃气的压力损失，压降可由安装在分离器上的压力表直接测得，当压降达到 0.03MPa 以上时，应将上层分离室的放空阀打开与大气相通，对滤芯进行吹扫，如该设备处于危险区，不允许将燃气放空，则应停止过滤器的工作，将滤芯由壳体内取出清洗，并同时清除筒体底部的固体杂质，经 2～3 次清洗后就需更换新的滤芯，下层分离室的液体杂质也可通过排污管路排出，两极分离室均安装有玻璃液位计，以便观察分离室内积液的多少，以便适时排放分离室的积液。燃气压力调节阀安装在分离器之后的管路上，其作用是将燃气的进气压力调整到 0.056～0.14MPa，并使进入动力缸的燃气压力稳定。

燃气电磁切断阀设在压力调节阀之后，控制燃气的进入，压缩机运转时处于开启状态，当发生异常情况时，由控制柜发出信号至燃气电磁切断阀，使之关闭，从而切断燃料气进入动力缸，迫使压缩机停机，它是压缩机所有安全停车保护的最终端执行机构；当再次启动时，应将燃气电磁切断阀手柄复位到开启位置。

4. 调速器及操纵连杆机构

压缩机在运行中，由于外部条件的变化需要，压缩缸的进气压力和排气量的变化导致功率变化，为保证压缩机在负荷变化时转速保持稳定，就必须用调速器及操纵连杆机构来完成调节过程。

本机组采用的是 Woodward - PGPL 液压气动调速器，可以在控制柜上通过转动调速旋钮对机组转速进行调节。

调速器由卧轴齿轮驱动，调速器伸缩臂通过关节轴承、拉杆与燃气控制阀摇臂相连，当转速发生变化时，则通过卧轴齿轮使调速器转速也发生变化，而调速器通过其内部的液压系统使伸缩臂运动，通过操纵连杆机构调节燃气控制阀的开度（燃气控制阀上有指针，它与调节阀阀芯轴端面上的槽方向一致，其指示位置为燃气控制阀开启量的大小。当机组停车时或停车后 10 ~ 15min，指针应在时钟的 10 点位置，这时燃气控制阀完全关闭；怠速或低速无负荷时，指针应在时钟的 10 点 30 分至 11 点的位置；满负荷高速运转时，指针应在时钟的 11 点 30 分的位置，这时燃气控制阀完全开启；指针在时钟 12 点位置，燃气控制阀开到最大；当超过时钟 12 点位置，燃气控制阀开始关闭），控制燃料气进入动力缸的气量，从而达到控制转速的目的。

（三）进排气系统

主要包括：空气进气总成、排气管及消声器和工艺气管路等。

作用：为压缩机提供清洁的空气和排出废气。

1. 空气进气总成

本压缩机配的是干式沙漠空气滤清器，当空气通过滤清器的压力损失达到 $25mmH_2O$ 时，应清洁或更换滤芯，压力损失值可通过安装在空气进气总管上的压差计读出。

空气进气总管由支架固定在机身上，与机身相连处安装有混合阀，另一端与沙漠空气滤清器相连。

混合阀安装在机身与空气进气总管之间，每个动力缸配有一个。混合阀是一种自动单向阀，阀片靠两侧气体压力差开启，靠弹簧复位关闭，阀体由铸铁制成，上部法兰与空气进气总管连接，阀体上装有数片阀片，通过固定在阀体上的限制器及弹簧将阀片压贴在阀体的密封面上。当活塞向上止点运动时阀片打开，空气被引入扫气室内；当活塞向下止点运动时，阀片关闭，使扫气室与大气隔开，并可使扫气室压力升至 0.048MPa 而进入动力缸内，空气与燃气直接在缸内混合。

2. 排气管及消声器

本压缩机发动机为两冲程发动机，其排气系数的设计及正确安装对保证发动机具有良好性能甚为关键，每一个动力缸配有一根排气管，排气管为法兰连接，在靠近动力缸体排气管上安装有一个测温热电偶，可直接测量出动力缸的排气温度，并监控三个动力缸的工作是否平衡。每根排气管上还安装有金属波纹补偿器，用以吸收排气管热胀冷缩所产生的热位移。

消声器安装在排气管末端，为新型立式降噪消声器，竖直安装于消声器安装基础上，出口倾斜 30° ~ 45°。

3. 工艺气管路

压缩机每级进气前安装有进气分离器，可分离出工艺气中的固、液体杂质，分离器下部侧向进气，上部设叶片式捕雾分离滤网，能分离出 95% 大于 5μm 的液滴。底部安装有气动薄膜自动排污阀和手动排污球阀。

每级压缩缸都配有进气和排气缓冲罐，用以稳定压缩缸的进、排气压力，工艺管路上设置有安全阀，实现工艺气管路的超压保护。

(四)点火系统

主要包括：磁电动机、电子盒、触发线圈、磁极、点火线圈、高压电缆等。

作用：定时点火和为仪表提供电源。

点火系统的工作原理：磁电动机由卧轴驱动，并将产生的电能储存在电子盒中的电容器内，当发动机转动时，嵌在飞轮上的磁极掠过一个靠近内表面附近的触发线圈，触发线圈产生感应电压，此电压促使电子盒内的可控硅导通，电容器内的能量向安装在动力缸上的点火线圈释放，线圈将此能量转变为高压，并通过高压电缆送至火花塞，在火花塞电极之间产生火花，将动力缸内的混合气体点燃。每个动力缸上设置有两个火花塞，每个火花塞配有一个点火线圈，每缸对应一个触发线圈。

各缸的点火时间由装在飞轮上的磁极和触发线圈的位置确定，磁极已在出厂前安装调试好。

飞轮上的磁极与触发线圈之间的间隙应控制在 3. 2mm 以内，火花塞电极间隙应保持在 0. 76mm 左右，火花塞必须保持清洁，应经常检查其绝缘体是否损坏，电极间是否严重积炭，电极间隙是否适当。

(五)润滑系统和预润滑系统

主要包括：注油器、高位油箱、润滑管路、手摇泵和预润滑管路等。

作用：为压缩机各运动副提供润滑油和启动前为压缩机提供预润滑油。

润滑系统采用飞溅、油浴和压力润滑三种方式。机身内部的曲轴、主轴承、十字头、十字头销、曲轴齿轮、卧轴齿轮及卧轴轴承采用飞溅式润滑，注油器和调速器采用油浴式润滑，动力缸、压缩缸及填料由注油器进行压力润滑。

本机组动力部分和压缩部分使用不同的润滑油，使用中严禁油品混用。

1. 机身内部件的润滑

在压缩机启动前，将机身顶盖打开，向机身内注入煤层气压缩机机油(推荐 Mobil 飞马 801 机油)，油面至机身上平面高度约 710mm，大约 300L 润滑油。压缩机在额定转速下运行时，机身内油位高度可由与机身相连通的油位计显示，此油位计通过油管路与油箱连通，当机身内油位过低时，油箱能自动向机身内补充润滑油，使机身油位始终保持规定高度。

为保证压缩机的正常工作，应严格注意润滑油的清洁，在工作初期，润滑油中会含有大量的金属微粒和污垢，因此必须按时更换润滑油，一般初次工作 100h 后，应进行第一次更换，继续工作 1000h 后，应进行第二次更换，以后可每工作 5000h 以上更换一次。换油时，待旧的润滑油放完后，彻底清洁机身内部后添加新的润滑油。

2. 动力缸、压缩缸及填料的压力润滑

压力润滑是通过由卧轴驱动的注油器来实现的，每个动力缸有 3 个润滑点，各级压缩缸和填料均有 1 个润滑点。注油器使用煤层气发动机专用机油(推荐 Mobil 飞马 801 机油)，其上面有管路与油箱连通，可自动补充润滑油，注油器装有浮子开关，能控制供油量，其油量由注油器上的油位计显示。

压缩机启动前，用手按动每个注油泵向各润滑管内泵油，直到管内空气全部被排出，润滑油达到各润滑点表面为止。

3. 预润滑和预热循环系统

本机组可以根据用户的要求和压缩机组现场使用条件，设置有润滑油预热循环系统及电动预润滑系统和手动预润滑系统，当外界环境温度低时，压缩机启动前，应合上电源开关，启用润滑油预热循环系统，观察外循环指示灯，待指示灯熄灭，再用手按动每个注油泵向各润滑管内泵油。

机组较长时间停止运行的情况下启动机组时，必须对各运动副进行预润滑，防止机组启动时各运动副的拉伤。使用手动预润滑系统也可实现对机组实现预润滑。

4. 高位油箱及其他各润滑部位

本机组设一只高位油箱，为动力端(含曲轴箱)和注油器补油。高位油箱为200L，安装有油标和油管路，出油管直接与注油器上的浮子开关和机身上的油位计相连，以便随时补充压缩机消耗的润滑油，应注意补充高位油箱内的润滑油。

开机前应向注油器各室内注入对应牌号的润滑油，以供传动齿轮及调速器油浴润滑。

用黄油枪向空冷器风扇的油嘴内注入普通润滑脂，用以润滑风扇轴承，一般当发动机连续工作4000~5000h加油一次。用黄油枪向燃料喷射阀油杯内注入适量7019-1抗磨润滑脂，或二硫化钼基润滑脂。

各类油品应准备相应的油壶、黄油枪，并作出标记，切不可混淆。

(六)冷却系统

主要包括：空冷器及水管路部件等。

作用：降低压缩介质的温度，提高压缩机效率，降低压缩机工作温度，提高使用寿命。

1. 冷却的必要性

对动力缸和压缩缸来说，气缸内壁温度过高，将会引起润滑油的变质，从而加速气缸的磨损，气缸内温度不均匀，局部温度过高或过低，将产生较大的热应力，降低气缸的强度，同时温度过高将降低容积效率，使动力缸功率下降，压缩缸效率下降。此外，压缩气体冷却后可减少管道积水和避免排气管高温而发生事故。

2. 水管路部件

此部分由水泵、水箱及水管路组成一个封闭循环系统，水泵通过皮带轮由曲轴驱动，将冷却后的循环水泵入水管路，再分别进入动力缸夹套和压缩缸夹套，冷却水由下部进入，缸体上部流出，将缸体冷却后的水汇集进入冷却管束，冷却后再返回水泵，如此循环。风扇通过皮带轮由冷却电动机驱动，水箱上部安装有膨胀水箱，可向系统内加水，也可由此向外排出系统产生的水蒸汽。

冷却水应是无腐蚀的清洁水，其水质要求：pH值6.5~8.5(20℃)、硬度(以CaO计)为40~80mg/L，并可根据使用地区的具体情况加入适当的防腐剂和防冻剂，防冻剂必须与冷却水混合均匀后再加入。本机组推荐直接使用防冻液。

压缩缸夹套水温应控制在32~71℃，动力缸夹套水温应控制在74~82℃。动力缸水温过低则增加热损失，使其运行经济性下降，动力缸水温过高则工作条件恶化，对整个压缩机不利。为此，在动力缸出水口后的水管路上安装有一个节温器(温度调节器)，可自动调节循环水温度，此外，还可通过调节动力缸和压缩缸进水管的截止阀来控制冷却水量，使冷却水温度控制在最佳状态。

应定期清除冷却管束外的灰尘及嵌入物，保证其良好的冷却效果。

3. 空冷器

此部分的作用是冷却经压缩缸压缩的气体和循环水。本压缩机冷却管束有二组，一组冷却循环水，另一组冷却压缩后的气体，管束为列管式，钢管外缠绕铝翅片，以增加换热面积。风扇为铝合金制造，具有较高的效率，风量可用手动百叶窗调节，以控制排气温度。

（七）启动系统

本压缩机组采用缸头直接启动方式。

作用：启动压缩机。

缸头启动主要包括：启动阀、安全阀、单向阀和管路等。

启动阀设置在卧轴箱体上，其阀杆由卧轴上的启动凸轮驱动，从而接通或断开启动气源。接通时，气源通过启动阀、单向阀、安全阀进入气缸，向缸内充气，直接推动活塞运动。安全阀上设置有一个小球阀，启动时，应将球阀关闭。启动完毕后，应打开球阀。启动气源压力为1.8～2.5MPa，如图4－24所示。

（八）仪表控制系统

主要包括：对压力、温度、转速、液位、油流、振动等参数进行监控的各种仪表。

作用：对压缩机的工作参数进行监测，超限时自动停车保护，对某些参数作自动调节，以保证压缩机运行正常、安全可靠。

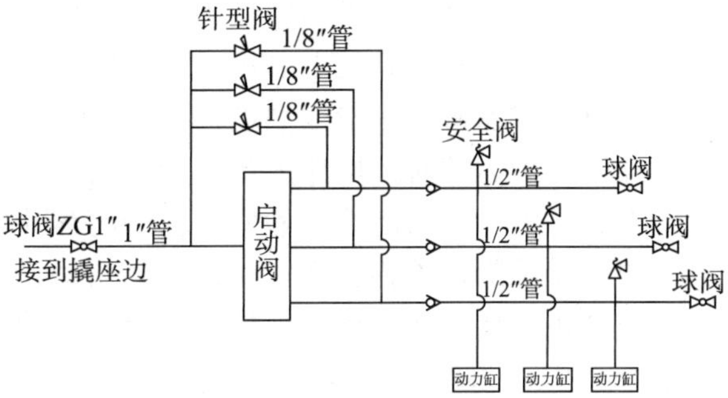

图4－24　ZTY470压缩机启动系统流程图

仪表控制系统采用西门子公司S7－200系列可编程控制器，由就地PLC控制柜完成对所有的压力、温度、转速、液位、油流、振动等参数进行监控；同时，PLC控制柜还具有就地控制和带远程监控通信接口，通过RS485通信电缆连接到中控室，用于煤层气压缩机组数据远程监控。在中控室实现对压缩机组检测的各种参数进行准确显示和对各设定点可靠的控制保护。

任务二　ZTY470煤层气压缩机组的使用与维护

一、压缩机使用安全要求

(1)在操作压缩机组前，须仔细阅读使用说明书，熟悉发动机和压缩机原理、性能、结构，掌握安全运转规范。

(2)开机前，应排出压缩机进气管道、分离器中的冷凝液。

(3)操作人员应定期温习压缩机的起车、停车和紧急停车等操作程序。

(4)使用符合要求的油、水、气，这是压缩机安全运行的必要条件。

(5)严禁压缩机超速、超温、超压、超负荷运行。

(6)电器、仪表控制系统的接地应可靠，切勿短路。

(7)压缩机运行时，请勿靠近旋转运动件，如飞轮、联轴器、皮带轮等。

(8)请勿接触压缩机的高温表面，如排气缓冲罐。

(9)禁止在压缩机组附近吸烟或使用明火。

(10)禁止在压缩机组上放置工具、杂物、棉纱、布头和其他易燃品。

(11)在检查机组之前，应在启动按扭上挂上一个“禁止操作”的警示牌，确保机组在维护、保养时不会运转起来，并卸掉机组的油压、水压、气压，所有控制开关设置在“OFF”位置，断开启动器电源以防意外的重新启动。

(12)所有压力容器需按规定进行维护、检验，安全阀按规定定期调校。

(13)各安全保护装置，如超速停机、超压停机、超温停机等要定期检查和维修，确保其可靠性和灵敏度。

(14)在任何情况下，都不应使用易燃液体清洗气阀、过滤器、气道、工艺气管道等。

(15)机组在运转前应检查油、水、气有无泄漏，确保机组的正常工作。

(16)冬季启动机组，不得通过呼吸器的孔将油加入曲轴箱。这会使油成泡沫状，引起强制润滑系统内的无油流停车。

(17)机组正常运转时，不得通过呼吸器的孔将油加入曲轴箱。这会使油成泡沫状，引起强制润滑系统内的无油流停车。

(18)保养、维护时必须使用不起毛的擦布进行擦试，保证绝对清洁。

(19)保养期间重新装上非压力位置的垫圈时，应抹上油脂以便今后容易拆卸。

(20)当压缩机的润滑油温度达30℃以上时，才允许带负荷。

(21)机组运转时，操作人员必须能清楚地看见所有警告标志与标贴。

(22)在进行机组清洗、检修或修理时先让发动机冷却至室温。

(23)正确穿戴衣物，和使用适当的防护设备。

(24)正确使用和处理清洗溶液，处理或使用不当可能导致严重的人员伤亡。清洗时禁止使用汽油、油漆稀释剂或其他高挥发液体。

(25)在维修、排放、冲洗或吹净冷却系统时须使用防护衣具，冷却剂的工作温度范围为79~91℃。

(26)除熟悉有关电气组件的合格人员，其他人员不要随意进行电气设备的安装、设定、维护或操作。

(27)在连接或检修电气系统组件前，断开所有电源。

(28)避免接触点火部件和点火线，点火系统组件能存储电能，如接触可能引起电击。

(29)在连接任何能存储电能的电气部件前应对其正确地放电。

(30)现场正确使用消防设备。

(31)确保燃气供应系统和工艺气系统没有泄漏，发动机的燃料和工艺气高度可燃，引起燃烧或爆炸。

(32)不要吸入燃料气、工艺气或者排放的废气，因为有些组分无色、无味并含有巨毒。

(33)当维修或使用带有弹簧的产品时应采用合适的防护装置。如果设备或方法使用不当，弹簧在拉伸或压缩时将会弹出。

(34)吊装机组时须考虑起吊体的质量，使用恰当的设备吊装和可靠的起吊方法。

(35)机组或部件处于悬挂状态下，不要在其下行走或站立。

(36)在机组上或周围进行焊接前应断开发动机导线和电力控制装置。

(37)在机组及周围进行焊接时，应该确保与油、可燃气的绝对隔离以免引起火灾。

下面以ZTY470ML23×12整体式煤层气压缩机组为例介绍。

二、使用条件

(一)发动机输出额定功率的标准环境条件

(1)环境温度：15.6℃。

(2)海拔高度：≤457m。

(3)当环境条件不符合标准时，功率按下述规定修正：

①海拔高度超过457m时，平均每升高305m，功率递减3%。

②环境温度超过15.6℃时，平均每升高5.6℃，功率递减1%。

（二）冷却水要求

(1)冷却水必须使用软水或蒸馏水，其pH值为6.5～8.5(20℃)，总硬度为40～80mg/L。

(2)水冷却系统为闭式循环冷却系统，其容量约为550L。

(3)冬天使用防冻液，其防冻温度应达到-40℃以下。

(4)正常工况下，动力缸出水温度应不低于74℃，不高于82℃。

(5)对压缩缸的冷却，应遵循如下原则：

①最低进水温度不低于32℃，不高于71℃。

②为保证水量，进水温度不应比吸入气体温度高16.7℃以上，除非吸入气体温度低于15.6℃。

③水的流量应以5.6℃的温升来规定。

（三）推荐润滑油牌号

(1)动力缸、压缩缸、曲轴箱、卧轴箱的润滑采用Mobil飞马801号机油。

(2)调速器、液压油罐用L-TSA 32号汽轮机油或L-HM 32号抗磨液压油。

(3)燃气注气阀用2号或3号二硫化钼锂基脂。

(4)风扇轴承、张紧轮轴承、水泵轴承、余隙活塞杆等用普通润滑脂。

(5)润滑油量：

①动力缸的润滑油量

合适的气缸润滑油量和类型号是根据具体现场多年的操作经验而得到的，许多因素如燃料气、工况等对所需的润滑油量和性能有很大的影响，正常情况下，每个动力缸每天消耗3.2L，这一耗量是动力缸所需的最大耗量。

过量的润滑是不经济的，也是造成积炭的一个重要原因。

动力缸润滑油量的估算公式：

$$Q_{缸}=0.0202\times P$$

式中 $Q_{缸}$——动力缸润滑油量，L/d；

P——发动机额定功率，kW。

②压缩缸及活塞杆盘根的润滑油量

压缩缸及活塞杆盘根的润滑油量由缸径、冲程、转速、杆径、压力决定，过多的润滑可引起积碳而降低排气阀的寿命。

压缩缸润滑油量的估算公式：

$$Q_{缸}=(0.023\times D_{缸}\times S\times n+22852\times p_{d})\times 10^{-6}$$

③ 活塞杆盘根润滑油量的估算公式：

$$Q_{杆}=(0.0345\times d_{杆}\times S\times n+5147\times p_{d})\times 10^{-6}$$

式中 $Q_{缸}$——压缩缸润滑油量，L/d；

$Q_{杆}$——活塞杆盘根润滑油量，L/d；

$D_{缸}$——气缸直径，mm；

$d_{杆}$——活塞杆直径，mm；

S——冲程，mm；

n——转速，r/min；

p_d——排气压力，MPa。

为了方便实际运用，将“L/d”换算成直观的“滴/min”，换算的粗略经验方法是大约21滴/min等于1L/d。

三、安全操作规程

(一)运行前的检查和准备

(1)清除机座及机体各部位的水分、铁屑、泥沙等污物，清理压缩机组周围和机身上的杂物、工具。

(2)检查压缩机组紧固连接情况，包括气缸螺栓、连杆螺栓、轴承螺栓、活塞杆并帽及机身与机座、底座与基础连接螺栓及其他各紧固连接部位连接是否正确，有无松动现象。

(3)检查机座、机身、主机各部件和各辅助装置，管路系统的装配、安装质量。拆开检查压缩缸气阀安装是否正确，复查压缩缸活塞前后死点间隙及活塞拉杆并帽的松紧程度，确认全部安装工作已经完成，质量符合要求。

(4)检查控制柜上压缩机组各种显示、控制仪表及安全保护装置工作是否正常，安装及接线是否正确可靠。

(5)检查润滑系统、启动系统、液压系统及空气滤清器使用的油品是否正确，油质是否清洁，应无变质，油量是否符合规定。

较长时间停用后重新启用的压缩机组，还应打开机身侧盖用油枪向十字头滑道、活塞杆等部位注入规定的润滑油，当环境温度低于5℃时，应合上电源开关，启用预润滑及体外循环系统，对压缩机组进行预热。

(6)将注油器至各压力注油点之间的压力油管在单向阀处松开，用手按动注油器柱塞泵泵油，检查各注油管路是否畅通，并使润滑油充满管路后，立即将管路接头接回原处，再分别按动注油器各柱塞泵泵油数次，使气缸及活塞杆得到预润滑。

压缩机组第一次启动的数小时中，注油器各柱塞泵的泵油量按正常油量基础上加倍，数小时后再逐步调整至正常需要的油量。

(7)检查冷却系统的水位是否在规定的位置，水应为无腐蚀的清洁软水，其水质应符合前述要求，水管路各阀门均应开启，保证系统通畅且无空气阻塞现象，环境温度低于5℃可注入热水，以利于压缩机组的启动。

(8)检查风扇和水泵皮带的松紧程度，半开冷却器百叶窗，待压缩机组启动后视压缩工艺气的温度再进行调节。

(9)检查确认燃料气杂质和燃气中H_2S含量小于0.15%，且不得含有杂质和雾状水，燃料气压力在调压阀前应为0.5～1.07MPa，燃气进气压力应为0.056～0.14MPa，并将燃气切断阀置于开启位置(即手动复位)。

(10)检查点火系统的点火线圈、火花塞、电子盒、触发线圈及线路连接情况是否良好，线路是否畅通，触发线圈与飞轮端面间隙应为3.2mm，火花塞的电极间隙应为0.76mm。

(11)检查使用现场进、出管网压力与压缩机工况和气缸工况是否相符，检查压缩机前的分离装置和压缩机的进气分离器工作是否可靠，防止开机后雾状物和其他污物进入压缩机。

(12)根据生产所需工况，检查调整进、排气管路上的阀门，使之处于正确的开关及通断位置，检查余隙值，正确安装压缩缸各进、排气阀。

(13)按使用生产工况调定仪表控制盘各自动控制及停机保护参数。

(14)检查缸头启动气源压力为1.8～2.5MPa。启动气源可采用净化煤层气或压缩空气。

(15)清除场地周围的易燃品，备齐压缩机组启动必备的检测工具、仪表、仪器，并存放在固定的地点。

(16)长期停用或压缩系统经过检修的压缩机组应打开放空阀和进气阀，用0.2MPa左右的煤层气替换压缩缸及其管路系统的空气，然后关闭进气阀及放空阀，开启旁通阀。

(17)打开动力缸头的球阀，断开火花塞接线柱，人工盘车2～4圈，应无卡阻、异响等不正常现象和感觉，然后关闭球阀，并重新连接火花塞线路。

(二)启动及空负荷运行

(1)合上各电源开关。

(2)如果环境温度高于20℃时，手摇预润滑油泵不少于25次即50个冲程，使机组运动副得到预润滑。若环境温度低于20℃，应启动外循环电加热系统。

(3)开启液压系统注油缸顶部的压力平衡阀，打开燃气喷射阀端部放空阀，排净液压管路中的空气后再关闭。

(4)将调速器上的手动调速旋钮反时针旋至最小，使机组转速处于下限位置。

注意：如果机组安装有液压—机械调速器，禁止启动机组时使用气动调节转速。

(5)手动盘车3～5圈，进行扫气。

(6)待外循环加热指示灯熄灭后，按动仪表盘上的定时开关定时至5分钟。

(7)缸头启动：

①空气启动

a. 压下动力缸头上的安全阀盖，使安全阀开启，再打开安全阀前端的小球阀给缸内卸压，然后关闭安全阀和小球阀。

b. 打开启动球阀，旋转启动阀上任一只平衡气针形阀，使飞轮转向正确后立即关闭针形阀。待压缩机转速达到100r/min左右时，打开燃气进气球阀。

c. 待缸内有点火声响后，立即关闭启动进气球阀。

②煤层气启动

a. 压下动力缸头上的安全阀盖，使安全阀开启，再打开安全阀前端的小球阀给缸内卸压，然后关闭安全阀和小球阀。

b. 打开启动球阀，旋转启动阀上任一只平衡气针形阀，使飞轮转向正确后立即关闭针形阀。待压缩机转速达100r/min左右时，关闭启动球阀，待缸内有点火声响，立即打开燃气进气球阀。

(8)机组启动后，在300～350r/min的转速下无负荷暖机，至动力缸夹套水出水温度升至54℃，再增加转速带负荷运行。

(9)空负荷运行阶段应作如下检查

①压缩机组各连接部位有无松动，对动力缸、压缩缸、压缩缸盖螺栓、机身与机座、底座与基础连接螺栓和其他重要部位(承压管线螺栓、箱体连接螺栓、运动件连接螺栓等)进行再次拧紧，并及时消除各系统及管路的跑、冒、滴、漏现象和其他不正常现象。

②检查压缩机轴承、十字头滑道、连杆大小头等部位温度不得超过70℃，活塞杆温度不得超过80℃，同时检查机油的清洁程度，必要时应进行过滤或更换新机油。

(三)负荷运行

(1)检查仪表控制盘上的启动定时器是否到零位。禁止在启动定时器工作时使压缩机带负荷。

(2)检查机油温度，禁止在机油温度小于30℃时且机身油位计液面未下降1/2～1/3时压缩机带负荷。

(3)应在300r/min以上带负荷，如果需要在300r/min以下负荷运行，则应在300r/min以上带负荷，并运行30min，然后将转速降到300r/min以下运行，最低转速不得低于标定转速的60%即265 r/min，带负荷前的30min不应在300r/min以下运行。

(4)全开压缩系统排气阀门，缓慢开启进气阀门，观察压缩机运行情况是否正常。当压缩机各部位稳定运行后，徐徐关闭进、排气旁通阀门。

(5)压缩机负荷试运行在额定负荷的75%～100%范围内最为理想，每种负荷至少运行1h，负荷试车的工况参数和压缩机运行方式应根据制造厂家随机技术文件所提供的该机运行工况或性能曲线并结合生产需要进行选定。

(6)冬季低温启动机组后应缓慢加载，并注意动力缸夹套水温是否升至71℃，应检查压缩缸活塞杆填料密封情况，必要时检查泄漏量。

(7)带负荷运行后，应注意检查压缩机有无泄漏、有无超负荷现象和其他异常情况。严禁压缩机超温、超压、超负荷运行。

(8)压缩机运行过程中应做好运行记录，妥善保存好记录资料。

(四)机组低温启动和带负荷的要求

如果机组配置有体外润滑油预加热循环和自动预润滑系统系统，在环境温度较低时，必须按照下面的要求启动和操作。

(1)机组配置的体外润滑油预加热循环和自动预润滑系统在环境温度低于20℃的情况下，启用该系统将自动给润滑油预加热，待润滑油温度升至20℃时系统停止工作，此后机组方可启动，否则机组不能被启动。

(2)低温和带负荷启动机组的要求：

① 当最低环境温度低于4℃且停车时间少于5h，应怠速(转速为300～350r/min，最低300r/min)无负荷运行30min，低负荷运行30min，检查润滑油和机身温度应在30℃以上，方可增加机组转速并带负荷。

② 当最低环境温度高于4℃且停车时间少于5h，应怠速(转速为300～350r/min，最低300r/min)无负荷运行30min，低负荷运行15min，检查润滑油和机身温度应在30℃以上，方可增加机组转速并带负荷。

③对于停车时间大于5h以上时，启动机组应按表4－43执行。

表4－43　停车时间大于5h以上启动机组的要求

最低环境温度/℃	怠速运行时间(300～350 r/min)/min	停车待热传递时间/min	重复启动次数	重载前轻负荷运行时间/min
32～21	20	0	1	15
20～10	30	0	1	20
9～5	45	0	1	20
4～0	5	5	3	无负荷
	40	0	1	30
－1～－7	3	3	3	无负荷
	7	7	3	无负荷
	50	0	1	30

（五）正常生产运行中的操作与检查

（1）检查压缩机进、排气压力是否正常，并根据现场生产需要和进、排气压力变化情况及时调整压缩机负荷和转速。

（2）压缩机负荷和转速调节应缓慢均匀，应避免突然增加或减少负荷。非特殊情况下，不得使压缩机在低速下带负荷长期运行。避免超负荷使发动机憋熄火。

（3）检查、监听压缩缸、动力缸、曲轴箱、中体、连杆以及冷却器、风扇等部位有无异常声响和异常振动，手摸机身各盖板及运动部位外壳有无不正常发热，如有异常应及时处理。

（4）检查各润滑油箱油位，压力注油器各柱塞泵泵油量及润滑部位的润滑油温是否正常。

（5）检查水冷却系统水位、水温及水泵，冷却水箱、管路工作是否正常。

（6）检查机身、机座、各进、排气系统管路。阀门、压力容器、安全阀等工作是否正常。检查各进气分离装置工作是否可靠。

禁止雾状水和机械杂质进入压缩机及发动机气缸。

（7）检查发动机燃气注气系统、液压系统、点火装置、空气滤清器和混合阀工作是否正常。

（8）检查发动机排气温度（≤420℃），注意观察排烟情况。检查排气管及消声器工作是否正常。

（9）检查、监听压缩机气阀工作情况。

（10）检查各仪表控制系统工作情况。

（11）按时做好操作记录，做到原始资料齐全、准确。

（六）停车

1. 压缩机正常停车

（1）逐步打开压缩机进、排气旁通阀门，使压缩机卸载。

（2）在压缩机卸载的同时逐步降低发动机转速至额定转速的80%以下，使压缩机空载低速运行3～5min，并检查和监听各部位运转和声响是否正常。

（3）关闭压缩机进、排气阀门。

（4）关闭燃料进气阀，使压缩机停止运转。

（5）打开压缩系统放空阀，使压缩机管路系统放空（如临时停车且不需拆检压缩系统时，可不放空）。

（6）手压注油器各柱塞手柄，向各润滑点注油少许，并盘车2～3圈。

（7）冬季较长时间停车，如环境温度低于5℃，应将机体内冷却水放掉或采取其他可靠的防冻措施。

2. 人工紧急停车

（1）当压缩机组在运行中突然发生下述情况之一时，需实行人工紧急停车：

① 压缩机组进、排气系统、燃气系统、润滑系统或水冷却系统突然损坏，严重漏气、漏水、漏油。

② 压缩机组主要零部件或运动件损坏或压缩机突然发生异常振动和异常响声。

③ 压缩机组安全控制参数超过规定值或已经发生危及设备或人身安全的故障，仪表控

制系统失灵，未起安全保护作用时。

④ 使用现场出现燃烧爆炸事故。

⑤ 进站工艺流程发生故障或其他原因需要的紧急停车。

(2)压缩机组需要紧急停车时，应立即采取下述三种方法之一，使压缩机组紧急停车：

① 按动控制盘上的紧急停车按钮(英文标记为 STOP)。

② 关闭手动燃气进气阀门。

③ 手动关闭燃气电磁切断阀。

(3)立即给压缩机组卸载、放空，并关闭手动燃气阀。

(4)立即采取措施，防止事故扩大。并检查事故原因，予以正确处理，同时将情况向上级汇报。

(5)非紧急情况不准使压缩机组带负荷紧急停车。

3. 自动控制保护停车

压缩机组设有如下自动停机保护点：

(1)动力 1 缸排温高；

(2)动力 2 缸排温高；

(3)动力 3 缸排温高；

(4)压缩 1 缸排温高；

(5)压缩 2 缸排温高；

(6)超速；

(7)水箱水位低；

(8)吸压低；

(9)排压低；

(10)机身油位低；

(11)注油器油位低；

(12)动力缸润滑无油流；

(13)压缩缸润滑无油流；

(14)一缸分离器液位高；

(15)二缸分离器液位高；

(16)动力缸水温高；

(17)压缩缸水温高；

(18)冷却器振动大；

(19)机身振动大；

(20)吸压高；

(21)吸压低；

(22)1 级排压高；

(23)2 级排压高。

压缩机组运行中当上述任何一个参数超过调定的安全运行值时，压缩机组将自动停机，压缩机组出现自动停机后，应立即检查仪表盘上的停车属何种保护停车，切断燃气进气阀门，并将压缩机组卸载、放空，手动盘车数转，查清压缩机组故障原因，予以正确处理。

在故障原因未查清之前，不得将停车显示复位或再启动压缩机组。

四、维护保养

良好的维护保养能保障压缩机组安全运行，延长使用寿命，降低压缩机组的运行成本。因此，压缩机组的维护保养应按正确的操作规程进行。

压缩机组的维护保养分为预防性维护、每班、每周、每月、半年、一年、三年维护保养，每次保养作业应认真做好保养记录。

（一）防护性维护保养

（1）在维护保养中，首先应做到清洁，润滑油和冷却水都应保持清洁。

（2）严禁使大量的冷却水突然进入热的动力缸水道内。

（3）应保证曲轴箱和储油箱内有足够的润滑油，并防止水或其他杂质进入润滑系统。

（4）冷却系统应充满冷却水，不允许有气堵或泄漏。

（5）压缩机组启动前，使活塞处于不同位置，手压注油器，以预润滑动力缸和压缩缸。

（6）对于刚启动的压缩机组，启动后不要马上加载，应使其空转，待压缩机组润滑油温度升至30℃以上后再加载。

（7）在压缩机组的运行过程中，应避免压缩机转速超过额定转速。

（8）对运转中发出的不正常响声，应查找原因，排除后方可再次启动运行。

（二）每班维护保养

（1）检查并消除压缩机组漏油、漏气、漏水现象，保持设备表面和环境的清洁。

（2）检查润滑油储油箱、注油器油箱、曲轴箱、液压缸油位、注油器泵油情况；检查冷却水箱水位，夹套水温，发动机排温、排烟是否正常。压缩机组各部位运转有无异常和振动。

（3）检查燃料气压力，压缩系统进、排气压力、温度是否正常。

（4）检查压缩机组地角螺栓和各连接部位紧固情况，压缩缸支承部位的松紧程度。

（5）检查并排除燃气分离器积液。

（6）检查仪表盘各控制仪表工作是否正常。

（三）每周维护保养（150h）

（1）完成每班维护保养的全部内容。

（2）检查润滑油储油箱油位，适当补充新油。

（3）检查动力缸与机身连接螺栓是否松动。

（四）每月维护保养（700h）

（1）完成每周维护保养的全部内容。

（2）清洗空气滤清器滤芯（如遇大风沙侵袭后，应立即清洗）。

（3）检查冷却水箱水位，适当补充冷却水，并将水箱压力帽拧紧。

（4）停机排放扫气室、十字头滑道存油池内积存的润滑油。

（5）检查燃气过滤分离器的压力降，其值应小于0.0344MPa，超过该值时应清洗和吹扫过滤器滤芯。

（6）给冷却器轴承、水泵轴承、燃气喷射阀加注规定牌号的润滑脂。

（7）检查传动皮带松紧程度和磨损情况，进行必要的调整和更换。

（8）检查十字头销、活塞杆锁紧螺钉及前后并紧螺栓的松紧程度，检查机身与中体、压缩缸与中体等重要连接螺栓的松紧程度。

（9）清洗空气混合阀，更换损坏零件。

(10)清洗燃气过滤分离器及分离器手动及自动排污设施。

(五)半年维护保养(4000h)

(1)完成每月维护保养的全部内容。

(2)检查所有安全保护装置和仪表控制系统的工作可靠性、灵敏度，并予以调校。

(3)检查点火系统电路、电器工作情况，检查或更换火花塞。

(4)检查压缩缸活塞死点间隙，使缸头端为曲轴端间隙(冷态)的两倍。

(5)清洗曲轴箱和曲轴箱盖上的通风帽，更换箱内全部机油。

(6)清洗压缩机进、排气阀，更换损坏零件。

(7)清洗燃气喷射阀，更换或修理损坏零件。

(8)清除空气冷却器散热面上的昆虫和杂物。

(六)一年维护保养(8000h)

(1)完成半年维护保养的全部内容。

(2)检查火花塞及高压电缆，检查并校验交流发电动机工作的可靠性。

(3)检查调速器及其操纵机构，更换磨损件。

(4)清洗润滑装置、润滑系统管路及阀门、泵等零部件，更换修理损坏件。

(5)清洗燃气注气系统管路、管件及阀门，更换磨损件。

(6)清洗曲轴箱和箱盖上的通风帽，检查连杆螺栓锁紧情况，拧紧连杆大头瓦盖上的油匙。

(7)清除散热器、冷却器内外的污物，检查有无泄漏并予以排除。

(8)检查动力缸、压缩缸活塞环。同时，检查动力缸的进气口和排气口，清除所有积炭。

(9)检查活塞杆磨损情况。

(10)检查活塞杆填料的磨损和密封情况，更换磨损件。

(11)检查冷却器风扇传动皮带。

(12)检查中体滑道间隙。

(13)检查水泵机械密封和水泵其他易损件。

(14)清除动力缸、压缩缸的活塞、活塞环、气缸盖及进、排口上的积碳。检查动力活塞、活塞环、气缸磨损情况以及活塞环开口间隙及侧向间隙。必要时进行修理或更换。

(七)三年维护保养(24000h)

(1)完成一年维护保养的全部内容。

(2)检查主机各主要零部件，例如轴承、轴瓦、轴颈、连杆、连杆大头及铜套、十字头、十字头销、中体滑道、活塞及活塞杆、气缸、余隙缸等磨损情况及其损坏情况，并按需要进行修理和更换。

(3)清除气缸夹套水和水冷却系统内的积垢。

(4)检查各管道系统、压力容器、阀件的腐蚀情况和损坏情况，并按压力容器安全管理规定对压力容器及其管道进行内外检查和水压试验。

(八)长期封存的维护保养

(1)放尽管路和气缸夹套的冷却水。

(2)排尽曲轴箱内润滑油，清洗箱内滑道等部位的油污，并在曲轴箱表面、连杆、十字头及中体、活塞杆及填料等部位均匀涂上优质防锈油。

(3)清洗混合阀及扫气室、压缩缸各气阀，并涂上优质防锈油。

(4)清洗动力缸、压缩缸及活塞，并涂上清洁的润滑油。

(5)给调速装置各关节轴承加注黄油。

(6)拆下空气进气总成，在混合阀各阀片和阀座上涂上优质防锈油。

(7)拆下燃气进气转阀，清洗阀体和阀芯并涂上润滑油。

(8)拆下气阀，用防锈油涂抹各零件，同时，用黄油枪注油到缸壁和活塞杆上。

(9)用油润滑余隙活塞和螺杆，螺杆外露部分用润滑脂涂抹。

(10)用润滑脂涂抹风扇轴和轴承。

(11)调整张紧轮位置，使三角皮带松开卸载。

(12)在压缩机组所有金属裸露部分外表面涂上防锈油。

(13)清洗空气滤清器。

(14)用盲板封堵压缩机的燃料气、启动气、压缩气的进、出口及压缩机放空总管的管路，使压缩机与各系统管路隔开。

(15)采取必要的措施防止压缩机组日晒雨淋及风沙或大气中有害气体的侵蚀，防止零件和工具的丢失与损坏。

(九)启封后的维护保养

(1)拆下机身的侧盖和顶盖，检查曲轴和曲轴箱是否清洁，并按定量加入规定牌号的润滑油。

(2)拆下动力缸盖，清洗气缸内孔，并涂抹清洁的润滑油。

(3)在各轴承、十字头及中体和活塞杆上注上润滑油。

(4)清洗密封环、刮油环，并涂上润滑油。

(5)检查调速器装置各关节轴承并加润滑脂。

(6)排除注油器内旧的润滑油，加入新油后，拆开每一根油管，手动注油器，检查润滑油是否顺利到达每一个注油点。

(7)拆开调速器，检查调速器是否灵活，并排除任何杂质。

(8)拆除所有盲板，使各管线连接正常，并防止泄漏。

(9)调整三角皮带并加适当的张力。

(10)检查各重要螺栓、螺母是否松动。

五、安全事项

(1)在操作维护本煤层气压缩机组前，务必仔细阅读使用说明书。

(2)用户应严格按照压缩机生产厂家提供的压力等级及要求提供与主机连接的法兰、接头、管材、阀门等，并按要求安装。

(3)使用符合要求的油、水、气，这是压缩机组安全运行的必要条件。

(4)严禁压缩机组超速、超温、超压、超负荷运行。

(5)电器、仪表控制系统的接地应可靠，切勿短路。

(6)压缩机组运行时，请勿靠近旋转运动件，如：飞轮、皮带轮等。

(7)请勿接触动力缸排气管、消声器、压缩机组排气管、缓冲罐等，以防烫伤。

(8)消声器、排气管附近勿塞放棉纱、布头等物，以防燃烧。

(9)安全阀及各安全保护设定值不得随意更改。

(10)应按规定要求调校安全阀。

(11)本机组上的各级分离器、进排气缓冲罐均是压力容器，各使用单位应根据压力容器使用管理要求，进行维护、检验等。

(12)维修时应断电、断气(放空即可实现)、断水，并在相应部位挂上警示牌。

(13)手动盘车应在确认无人操作、维修后方可进行，盘车后应立即取下盘车杆。

(14)严格按照压缩机组维护保养时间、间隔及内容进行压缩机组的维护。

任务三 ZTY470 煤层气压缩机组的故障诊断与排除

一、点火系统故障排除方法

点火系统故障及排除方法如表 4－44 所示。

表 4－44 点火系统故障及排除方法

序号	故障现象	产 生 原 因	排除方法
1	永磁交流发电动机工作不正常	1. 发电动机电压不正常； 2. 点火系统接线错误； 3. 有异常接地	1. 检查发电动机，排除故障； 2. 仔细检查点火系统接线； 3. 排除异常接地
2	电子盒工作不正常	1. 内部接线错误； 2. 内部元件损坏； 3. 电容器损坏； 4. 可控硅损坏	1. 检查错误，重新接线； 2. 检查内部元件并更换； 3. 检查电容器并更换； 4. 检查可控硅并更换
3	飞轮磁极及触发线圈工作不正常	1. 永久磁铁失磁； 2. 触发线圈断路或短路； 3. 飞轮磁极与触发线圈距离太远； 4. 启动转速过低	1. 更换永久磁铁； 2. 更换触发线圈； 3. 调整飞轮磁极与触发线圈的距离； 4. 提高启动转速
4	点火线圈工作不正常	1. 点火线圈损坏； 2. 点火线圈受潮或接线松脱； 3. 高压电缆绝缘损坏，对地放电	1. 更换点火线圈； 2. 烘干或压紧点火线圈接头； 3. 更换高压电缆
5	火花塞工作不正常	1. 火花塞受潮或电极积炭； 2. 火花塞电极间隙过大或过小； 3. 火花塞绝缘损坏	1. 拆下火花塞清除积炭并烘干； 2. 调整火花塞间隙； 3. 更换新火花塞

二、机组主要故障及排除方法

机组主要故障及排除方法如表 4－45 所示。

表 4－45 机组主要故障及排除方法

序号	故障现象	产 生 原 因	排除方法
1	机组不能启动	1. 启动气压不足； 2. 启动管路松脱及严重泄漏； 3. 曲轴位置不正确； 4. 启动阀凸轮位置不正确	1. 按规定压力值供给启动气； 2. 消除泄漏及松脱； 3. 盘车，调整曲轴位置； 4. 检查凸轮并调整

续表

序号	故障现象	产 生 原 因	排除方法
2	启动正常，动力缸不工作	1. 点火系统发生故障； 2. 燃气压力过低或过高； 3. 调速操纵机构装配不当； 4. 空气滤清器阻塞； 5. 混合阀损坏； 6. 动力缸压缩比不足； 7. 喷射阀不动作	1. 详见：点火系统故障排除； 2. 调整燃气调节阀； 3. 调整调速操纵机构； 4. 清洗滤芯； 5. 检修混合阀； 6. 检查动力缸磨损情况，并排除； 7. 调整喷射阀螺母，检查液压系统是否正常
3	运转不正常或控制紊乱	1. 火花塞损坏或间隙不当； 2. 燃气调节阀故障； 3. 永磁电动机磨损或太脏； 4. 调速器失灵或卡滞； 5. 调速操纵机构间隙过大	1. 更换或调整间隙； 2. 检修或更换； 3. 清除污物重新调整； 4. 清洗并检修； 5. 检修或更换
4	曲轴箱机油消耗过多	1. 油位过高； 2. 活塞杆填料损坏； 3. 活塞环拉伤； 4. 空气滤清器堵塞	1. 调整油位至规定高度； 2. 修理或更换； 3. 更换活塞环； 4. 清洗滤芯
5	曲轴轴承或连杆轴承温度过高	1. 机油太浓或使用时间过长； 2. 润滑油中含水； 3. 曲轴箱中缺油； 4. 轴承间隙过小	1. 及时更换机油； 2. 及时更换机油； 3. 补充机油至规定量； 4. 调整间隙至规定范围值内
6	机组转速下降以致停机(在点火正常情况下)	1. 活塞环被卡住； 2. 轴承发热以致烧瓦； 3. 燃气压力损失太大； 4. 负载过大	1. 检修或更换； 2. 检查润滑情况是否正常； 3. 排除堵塞、泄漏等故障； 4. 调节负荷至规定值以内
7	注油器不泵油	1. 注油器中有气阻现象； 2. 通向气缸的单向阀堵塞； 3. 注油器堵塞或损坏； 4. 注油器油位不够； 5. 注油器传动失灵	1. 排除注油器中空气； 2. 排除堵塞物； 3. 检修或更换； 4. 检查浮子开关或加润滑油； 5. 检查注油器传动装置并排除故障

三、动力缸主要故障及排除方法

动力缸主要故障及排除方法如表 4 –46 所示。

表 4 –46　动力缸主要故障及排除方法

序号	故障现象	产 生 原 因	排除方法
1	动力缸爆燃	1. 负载过大； 2. 润滑油太稀，并参加燃烧； 3. 燃气压力过高； 4. 点火时间过早； 5. 空气滤清器阻塞	1. 调节负荷至规定值以内； 2. 按规定使用润滑油； 3. 调整燃气调节阀； 4. 调整点火定时； 5. 清洗滤芯

续表

序号	故障现象	产生原因	排除方法
2	动力缸敲缸	1～3(同“动力缸爆燃”中第3.4.5条)； 4. 燃气中液体成分过多； 5. 连杆轴瓦或动力十字头销铜套松动或动力缸间隙过大； 6. 活塞与气缸间隙过大； 7. 缸内有异物	1～3(同“动力缸爆燃”中第3.4.5条)； 4. 清扫燃气分离器，或更换滤芯； 5. 拧紧连杆螺栓，紧固十字头销或更换新件； 6. 更换活塞； 7. 拆下缸盖检查并清除
3	动力缸熄灭	1. 点火系统发生故障； 2. 火花塞高压电缆断裂； 3. 永磁电动机传动装置损坏； 4. 燃气压力损失太大； 5. 空气滤清器堵塞； 6. 混合阀堵塞或损坏； 7. 负载过大； 8. 喷射阀不动作； 9. 燃气进气转阀卡滞	1. 详见“点火系统故障排除”； 2. 更换电缆； 3. 修理或更换； 4. 排除堵塞、泄漏等故障； 5. 清洗滤芯； 6. 清洗混合阀或更换损坏件； 7. 调节负荷至规定值以内； 8. 调整喷射阀调节螺母，检查液压系统是否正常； 9. 清洗并检修
4	两动力缸工作不平衡	1. 混合阀损坏； 2. 火花塞损坏； 3. 进气口堵塞； 4. 喷射阀动作不协调； 5. 点火系统发生故障	1. 检修混合阀； 2. 更换火花塞； 3. 排除堵塞物； 4. 调整喷射阀升程，使两缸工作达到平衡； 5. 详见“点火系统故障排除”
5	动力缸温度过高	1. 负载过大； 2. 空气滤清器堵塞； 3. 消声器或排气口堵塞； 4. 水箱损坏造成缺水； 5. 水箱或水管路堵塞； 6. 气缸及活塞环积炭过多； 7. 燃气中液体成分过多； 8. 点火时间不当； 9. 冷却水量不足； 10. 冷却水温过高	1. 调节负荷至规定值以内； 2. 清洗滤芯； 3. 排除堵塞； 4. 更换； 5. 排除堵塞物； 6. 注油量过多，检查调整注油量及填料是否泄漏； 7. 清扫燃气分离器，或更换滤芯； 8. 调整点火定时； 9. 检查原因并加注冷却水； 10. 查明原因并排除
6	动力缸活塞烧结	1. 燃气压力过高； 2. 混合气浓度太高； 3. 注油器润滑油过稀； 4. 积炭过多	1. 调整燃气调节阀； 2. 排除空气滤清器堵塞，调节燃气调节阀至正常； 3. 更换符合规定牌号的润滑油； 4. 消除积炭以及查清产生积炭过多的原因并排除

续表

序号	故障现象	产生原因	排除方法
7	动力缸转速下降	1. 负载过大； 2. 活塞和活塞环与气缸卡滞； 3. 轴承发热； 4. 动力缸进排气孔堵塞； 5. 燃气压力过低	1. 调节负荷至规定值以内； 2. 调整润滑油量； 3. 轴承间隙不当需调整； 4. 清除堵塞物，检查润滑情况； 5. 调整燃气调节阀
8	活塞环积炭过多	1. 燃气中液体成分过多； 2. 注油器供油率过高； 3. 刮油器或填料密封损坏	1. 清扫燃气分离器，或更换滤芯； 2. 调节注油器； 3. 检查并更换
9	消声器发红	1. 燃气压力过高； 2. 所用润滑油闪点过低； 3. 消声器堵塞； 4. 负载过大	1. 调整燃气调节阀； 2. 检查并更换润滑油； 3. 检查并排除堵塞物； 4. 调节负荷至规定值以内

四、动力缸排气烟色不正常

动力缸排气烟色不正常故障及排除方法如表 4 –47 所示。

表 4 –47　动力缸排气烟色不正常故障及排除方法

序号	故障现象	产生原因	排除方法
1	冒白烟	燃烧室进水	检查缸盖有无裂缝
2	冒青烟	过量的润滑油进入燃烧室	检查活塞环安装是否正常，磨损情况以及曲轴箱油位及注油器油位
3	冒黑烟	负载过大，排气温度过高	调节负载至规定值以内

五、压缩缸主要故障及排除方法

压缩缸主要故障及排除方法如表 4 –48 所示。

表 4 –48　压缩缸主要故障及排除方法

序号	故障现象	产生原因	排除方法
1	压缩缸内有尖锐冲击声	1. 阀片断裂掉入缸内或其他金属物掉入缸内； 2. 气缸内有积液或水腔漏水	1. 停机取出； 2. 拆检气缸或更换
2	压缩缸尖叫或闷声	1. 摩擦面装配间隙过小； 2. 活塞环磨损过大或断裂引起间隙不均匀； 3. 连杆轴承间隙过大或连杆螺栓松动	1. 拆开检修； 2. 更换活塞环； 3. 更换轴瓦或拧紧螺母
3	压缩缸冲击回响	十字头滑道间隙过大	十字头外径补焊巴氏合金并加工至规定间隙值

续表

序号	故障现象	产生原因	排除方法
4	气阀内响声异常	阀片或弹簧断裂	更换阀片或弹簧
5	压缩缸排温超过规定值	1. 排气阀泄漏； 2. 排气温度过高； 3. 气缸水套或水箱堵塞	1. 检修或更换； 2. 找出进气温度高的原因并排除； 3. 检修并清洗
6	压缩缸排气量不足	1. 气阀泄漏； 2. 填料漏气； 3. 活塞杆拉伤； 4. 活塞环漏气。	1. 检修或更换； 2. 检查是否因装配不良或更换； 3. 清除脏物，修复活塞杆； 4. 检修或复换
7	压缩缸发热	1. 冷却水中断或过少； 2. 气缸内有污物，气缸拉伤； 3. 气缸内润滑油过少或中断	1. 检查水冷却系统供水情况； 2. 拆检气缸并修复； 3. 检查注油系统
8	压缩缸发生不正常振动	1. 接管振动引起； 2. 填料或活塞杆磨损； 3. 气缸内落入异物； 4. 十字头滑道间隙过大； 5. 各配件配合不良	1. 消除接管振动； 2. 更换； 3. 拆修气缸并消除异物； 4. 十字头外径补焊巴氏合金并加工至规定间隙值； 5. 检查并调整

项目八　阀门

阀门是流体管路的控制装置，其基本功能是接通或切断管路介质的流通；改变介质的流动方向；调节介质的压力和流量；保护管路和设备的正常运行。

煤层气集输生产中使用了各种各样的阀门，如果阀门使用不当，会直接影响输气生产。

一、阀门的分类

阀门的种类方法有很多，结构也不一样，目前常见的分类方法有以下几种。

1. 按驱动方式分类

(1)手动阀：借助手轮、手柄、杠杆、链轮，由人力来操纵阀门动作。

(2)自动阀：不需要外力驱动，依靠介质自身的能量驱动阀门，如安全阀门、减压阀、止回阀等。

(3)动力驱动阀：可以利用各种动力源进行驱动。

① 电动阀：借助电力驱动的阀门。

② 气动阀：借助压缩空气驱动的阀门。

③ 液动阀：借助油等液体压力驱动的阀门。

此外，还有以上几种方式的组合，如气－液联动阀，电－液联动阀等。

2. 按用途和作用分类

(1)截断阀：用于截断或接通管道介质，如闸阀、球阀、蝶阀等。

(2)止回阀：用于防止管道中的介质倒流，如止回阀(底阀)。

(3)分离阀：用于改变介质的流向，起分配、分离或混合介质的作用，如三通球阀、三通旋塞阀和分配阀等。

(4)调节阀：用于调节介质的压力和流量，如减压阀、调节阀、节流阀等。

(5)安全阀：防止装置中的压力超过规定值，从而对管道或设备提供超压安全保护，如安全阀、事故阀等。

3. 按公称压力分类

(1)真空阀：公称压力低于标准大气压(0.101325MPa)。

(2)低压阀：公称压力 *PN* 不大于 1.6MPa。

(3)中压阀：公称压力 *PN* 为 2.5～6.4MPa。

(4)高压阀：公称压力为 10～80MPa。

(5)超高压阀：公称压力 *PN* 不小于 100MPa。

4. 按工作温度分类

(1)高温阀：工作温度大于 450℃。

(2)中温阀：工作温度为 120～450℃。

(3)常温阀：工作温度为 −40～120℃。

(4)低温阀：工作温度为 −100～ −40℃。

(5)超低温阀：工作温度小于 −100℃。

5. 按通用分类法

这种分类方法既按原理、作用又按结构划分，是目前国内、国际最常用的分类方法。一般分为：闸阀、截止阀、旋塞阀、球阀、蝶阀、隔膜阀、止回阀、节流阀、安全阀、减压阀、疏水阀、调节阀。

二、阀门型号编制方法

1. 编制方法

阀门型号由阀门类型、驱动方式、连接形式、结构形式、密封面材料或衬里材料类型、压力代号或工作温度下的工作压力、阀体材料七部分组成。

编制的顺序按：阀门类型、驱动方式、连接形式、结构形式、密封面材料或衬里材料类型、公称压力代号或工作温度下的工作压力代号、阀体材料。

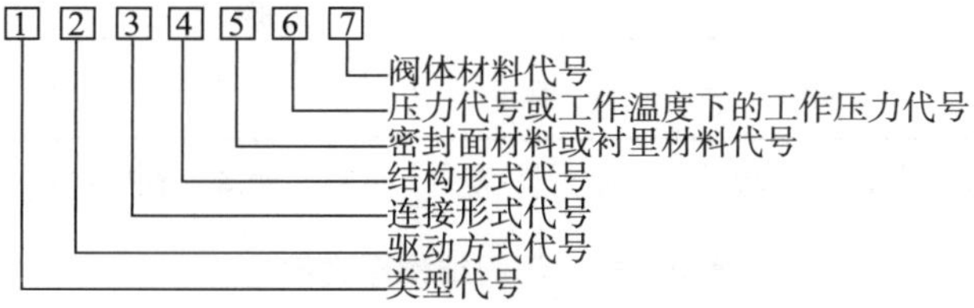

(1)阀门类型代号用汉语拼音字母表示，按表 4－49 的规定表示。

表 4－49　阀门类型代号

阀门类型	代　号	阀门类型	代　号
弹簧载荷安全阀	A	排污阀	P
蝶阀	D	球阀	Q
隔膜阀	G	蒸汽疏水阀	S
杠杆式安全阀	GA	柱塞阀	U
止回阀和底阀	H	旋塞阀	X
截止阀	J	减压阀	Y
节流阀	L	闸阀	Z

当阀门还具有其他功能作用或带有其他特异结构时，在阀门类型代号前再加注一个汉语拼音字母，按表 4－50 的规定。

表 4－50　具有其他功能作用或带有其他特异结构的阀门表示代号

第二功能作用名称	代　号	第二功能作用名称	代　号
保温型	B	排渣型	P
低温型	D[a]	快速型	Q
防火型	F	(阀杆密封)波纹管型	W
缓闭型	H	—	—

a 低温型指允许使用温度低于－46℃以下的阀门。

(2)驱动方式代号用阿拉伯数字表示，按表 4－51 的规定。

表 4－51　阀门驱动方式代号

驱动方式	代　号	驱动方式	代　号
电磁动	0	锥齿轮	5
电磁—液动	1	气动	6
电—液动	2	液动	7
蜗轮	3	气—液动	8
正齿轮	4	电动	9

注：代号 1、代号 2 及代号 8 是用在阀门启闭时需有两种动力源同时对阀门进行操作。

①安全阀、减压阀、疏水阀、手轮直接连接阀杆操作结构形式的阀门，本代号省略，不表示。

②对于气动或液动机构操作的阀门：常开式用 6K、7K 表示；常闭式用 6B、7B 表示；

③防爆电动装置的阀门用 9B 表示；

(3)连接形式代号用阿拉伯数字表示，按表 4－52 的规定。

表 4－52　阀门连接端连接形式代号

连接形式	代　号	连接形式	代　号
内螺纹	1	对夹	7
外螺纹	2	卡箍	8
法兰式	4	卡套	9
焊接式	6	—	—

(4)阀门结构形式用阿拉伯数字表示，按表 4－53～表 4－63 的规定。

表 4－53　闸阀结构形式代号

<table>
<tr><th colspan="4">结构形式</th><th>代号</th></tr>
<tr><td rowspan="5">阀杆升降式(明杆)</td><td rowspan="3">楔式闸板</td><td colspan="2">弹性闸板</td><td>0</td></tr>
<tr><td rowspan="8">刚性闸板</td><td>单闸板</td><td>1</td></tr>
<tr><td>双闸板</td><td>2</td></tr>
<tr><td rowspan="2">平行式闸板</td><td>单闸板</td><td>3</td></tr>
<tr><td>双闸板</td><td>4</td></tr>
<tr><td rowspan="4">阀杆非升降式(暗杆)</td><td rowspan="2">楔式闸板</td><td>单闸板</td><td>5</td></tr>
<tr><td>双闸板</td><td>6</td></tr>
<tr><td rowspan="2">平行式闸板</td><td>单闸板</td><td>7</td></tr>
<tr><td>双闸板</td><td>8</td></tr>
</table>

表 4－54　截止阀、节流阀和柱塞阀结构形式代号

结构形式		代号	结构形式		代号
阀瓣非平衡式	直通流道	1	阀瓣平衡式	直通流道	6
	Z 形流道	2		角式流道	7
	三通流道	3		—	—
	角式流道	4		—	—
	直流流道	5		—	—

表 4－55　球阀结构形式代号

结构形式		代号	结构形式		代号
浮动球	直通流道	1	固定球	直通流道	7
	Y 形三通流道	2		四通流道	6
	L 形三通流道	4		T 形三通流道	8
	T 形三通流道	5		L 形三通流道	9
	—	—		半球直通	0

表 4－56　蝶阀结构形式代号

结构形式		代号	结构形式		代号
密封型	单偏心	0	非密封型	单偏心	5
	中心垂直板	1		中心垂直板	6
	双偏心	2		双偏心	7
	三偏心	3		三偏心	8
	连杆机构	4		连杆机构	9

表 4－57　隔膜阀结构形式代号

结构形式	代号	结构形式	代号
屋脊流道	1	直通流道	6
直流流道	5	Y 形角式流道	8

表 4－58　旋塞阀结构形式代号

结构形式		代号	结构形式		代号
填料密封	直通流道	3	油密封	直通流道	7
	T 形三通流道	4		T 形三通流道	8
	四通流道	5		—	—

表 4－59　止回阀结构形式代号

结构形式		代号	结构形式		代号
升降式阀瓣	直通流道	1	旋启式阀瓣	单瓣结构	4
	立式结构	2		多瓣结构	5
	角式流道	3		双瓣结构	6
—	—	—	蝶形止回式		7

表 4－60　安全阀结构形式代号

结构形式		代号	结构形式		代号
弹簧载荷弹簧封闭结构	带散热片全启式	0	弹簧载荷弹簧不封闭且带扳手结构	微启式、双联阀	3
	微启式	1		微启式	7
	全启式	2		全启式	8
	带扳手全启式	4		—	—
杠杆式	单杠杆	2	带控制机构全启式		6
	双杠杆	4	脉冲式		9

表 4－61　减压阀结构形式代号

结构形式	代号	结构形式	代号
薄膜式	1	波纹管式	4
弹簧薄膜式	2	杠杆式	5
活塞式	3	—	—

表 4－62　蒸汽疏水阀结构形式代号

结构形式	代号	结构形式	代号
浮球式	1	蒸汽压力式或膜盒式	6
浮桶式	3	双金属片式	7
液体或固体膨胀式	4	脉冲式	8
钟形浮子式	5	圆盘热动力式	9

表 4－63　排污阀结构形式代号

结构形式		代号	结构形式		代号
液面连接排放	截止型直通式	1	液底间断排放	截止型直流式	5
	截止型角式	2		截止型直通式	6
	—	—		截止型角式	7
	—	—		浮动闸板型直通式	8

(5)用字母表示。

除隔膜阀外，当密封副的密封面材料不同时，以硬度低的材料表示。阀座密封面或衬里材料代号按表 4－64 规定的字母表示。

表 4－64　密封面或衬里材料代号

密封面或衬里材料	代号	密封面或衬里材料	代号
锡基轴承合金(巴氏合金)	B	尼龙塑料	N
搪瓷	C	渗硼钢	P
渗氮钢	D	衬铅	Q
氟塑料	F	奥氏体不锈钢	R
陶瓷	G	塑料	S
Cr13 系不锈钢	H	铜合金	T
衬胶	J	橡胶	X
蒙乃尔合金	M	硬质合金	Y

注：①隔膜阀以阀体表面材料代号表示。

②阀门密封副材料均为阀门的本体材料时，密封面材料代号用“W”表示。

(6)压力代号用阿拉伯数字表示。

①阀门使用的压力级符合 GB/T 1048 的规定时，采用 GB/T 1048 标准 10 倍的兆帕单位(MPa)数值表示。

②当介质最高温度超过 425℃时，标注最高工作温度下的工作压力代号。

③压力等级采用磅级(lb)或 K 级单位的阀门，在型号编制时，应在压力代号栏后有 lb 或 K 的单位符号。

④公称压力小于等于 1.6MPa 的灰铸铁阀门的阀体材料代号在型号编制时予以省略。

⑤公称压力大于等于 2.5MPa 的碳素钢阀门的阀体材料代号在型号编制时予以省略。

(7)阀体材料代号用表 4－65 的规定字母表示。

表 4－65　阀体材料代号

阀体材料	代号	阀体材料	代号
碳钢	C	铬镍钼系不锈钢	R
Cr13 系不锈钢	H	塑料	S
铬钼系钢	I	铜及铜合金	T
可锻铸铁	K	钛及钛合金	Ti
铝合金	L	铬钼钒钢	V
铬镍系不锈钢	P	灰铸铁	Z
球墨铸铁	Q	—	—

注：CF3、CF8、CF3M、CF8M 等材料牌号可直接标注在阀体上。

2. 阀门的识别

在缺少阀门图纸的情况下，根据阀门上的铭牌和标志以及阀门上的涂漆颜色，可以直接识别阀门的类别、结构形式、材料、公称直径、公称压力(工作压力)、适应介质、温度及关闭方向等。

(1)铭牌

铭牌固定在阀体或手轮上。铭牌的数据比较全，反映了阀门基本特征。根据铭牌的生产厂、出生日期参考修理的内容，向生产厂索取该阀易损件图纸和资料。根据铭牌上提供的使用条件，确定更换垫片、填料的材料和形式，以及确定更换其他阀件的材料等。

(2)标志

用铸造、打印等方法在阀体上标示阀门公称压力、工作压力、公称直径和介质流向，阀门上还有一种开度指示标志，为开启的标尺刻度线或表示开闭的箭头等。节流阀、暗杠闸阀上端安装有开度指示器，在手轮上标有箭头指向表示关闭方向。在阀杆端面部位上刻有直线沟槽的与阀门通道一致表示开启，沟槽与通道成90°时为关闭。

三、阀门的结构特点及应用

(一)闸阀

闸阀是指关闭件(闸板)沿通路中心线垂直方向移动的阀门。即丝杆连接着闸板，旋转阀盘使闸板上下移动，即可改变通道大小，使流体的流速改变或截断通道。

1. 闸阀的优、缺点

(1)优点

① 能平稳较准确地调节流量，流体阻力小。

② 流体能在两个方向流动，即介质的流动方向不受限制。

③ 开闭时所用的力较小。

④ 全开时，密封面受工作介质的冲蚀比截止阀小。

⑤ 体形比较简单，铸造工艺性较好。

⑥ 结构长度较小。

(2)缺点

① 外形尺寸和开启度较大，因此安装的空间较大。

② 在开闭的过程中，密封面间有相对摩擦，磨损量大，甚至容易产生擦伤现象。

③ 闸阀一般都有两个密封面，给加工、研磨增加了一些困难。

2. 闸阀的分类

根据闸板的构造不同，闸阀可分为：

(1)平行式闸板阀

如图4－25所示，密封面与垂直中心线平行。

(2)楔式闸板阀

如图4－26所示，密封面与垂直中心线成某一角度，即两个密封面成楔形的闸阀。倾斜角度有2°52′、3°30′、5°、8°、10°等。角度的大小主要取决于介质温度的高低。温度高角度就大，以免因温度变化时发生闸板楔住的可能。

目前国内生产的闸阀的性能参数范围如下：公称通径 *DN* 为15～1800mm，公称压力 *PN* 为1～32MPa，工作温度不超过550℃。

3. 闸阀的应用范围

闸阀是截断阀，仅供截断介质通路用，不宜用作调节介质压力和流量。因为它的调节性能不好，不能进行微调，若是长期用于调节，密封面将被冲蚀，影响其密封性能，同时管路中的闸阀可安装于水平管路或垂直管路，其介质流动方向不受限制。双闸板闸阀应安装于水平管路，且需保证手轮位于阀门上方，不允许手轮朝下安装。

对于大口径或高压闸阀，可安装一个旁通阀，以便减小主闸阀启闭力矩。旁通阀可安装在阀体外部，它的进出口弯管分别与闸阀的进出口侧相连通。主闸阀开启前，先开启旁通阀，介质通过旁通阀从阀前进入阀后，以减小主阀闸板两侧的压力差，从而以较小的力矩即可以开启主闸阀。旁通阀的口径应根据主阀通径和使用要求选用。

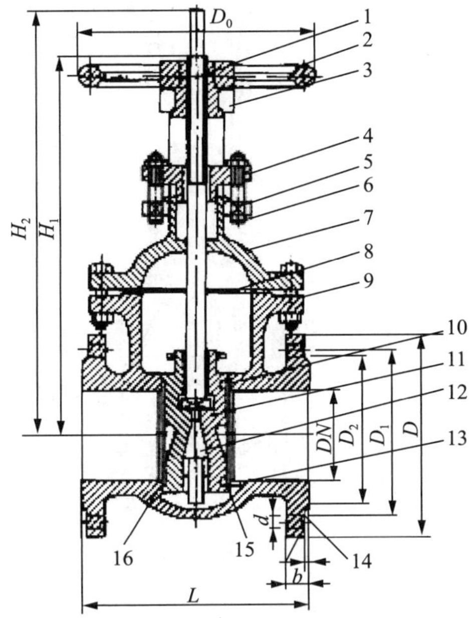

图 4－25　平行式双闸板闸阀

1—阀杆；2—平轮；3—阀杆螺母；4—填料压盖；5—填料；6—J 形螺栓；7—阀盖；8—垫片；9—阀体；10—闸板密封圈；11—闸板；12—项楔；13—阀体密封圈；14—法兰孔数；15—有密封圈型式；16—无密封圈型式

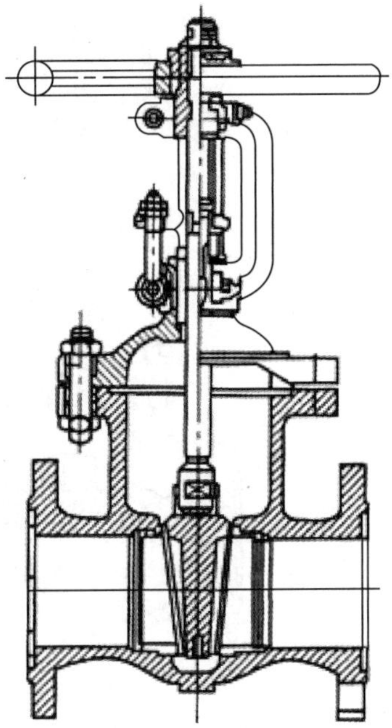

图 4－26　楔式闸板阀

（二）截止阀

1. 组成

截止阀也是一种常用的截断阀，主要由阀体、阀盖、阀杆、阀瓣及驱动装置等组成，如图 4－27 所示。它的启闭件（阀瓣）沿着阀座通道的中心线上下移动。

2. 特点

(1) 与闸阀比较，截止阀结构较简单，制造与维修都较方便。

(2) 密封面磨损及擦伤较轻，密封性好。启闭时阀瓣与阀体密封面之间无相对滑动（锥形密封面除外），因而磨损与擦伤均不严重，密封性能好，使用寿命长。

(3) 启闭时，阀瓣行程小，因而截止阀高度较小，但结构长度较大。

(4) 启闭力矩大，启闭较费力。关闭时，因为阀瓣运动方向与介质压力作用方向相反，必须克服介质的作用力，所以启闭力矩大。因此截止阀通径受到限制，一般 DN 不大于 200mm。

(5) 流动阻力大，阀体内介质通道比较曲折，流动阻力大，动力消耗大。在各类截断阀中截止阀的流动阻力最大。

(6) 介质流动方向受限制。介质流经截止阀时，在阀座通道处应保持由下向上流动，所以介质只能单方向流动，不能改变流动方向。

目前国内截止阀参数范围是：公称通径 DN3～200mm，公称压力 $PN=6～32$MPa；工作温度不超过 550℃。

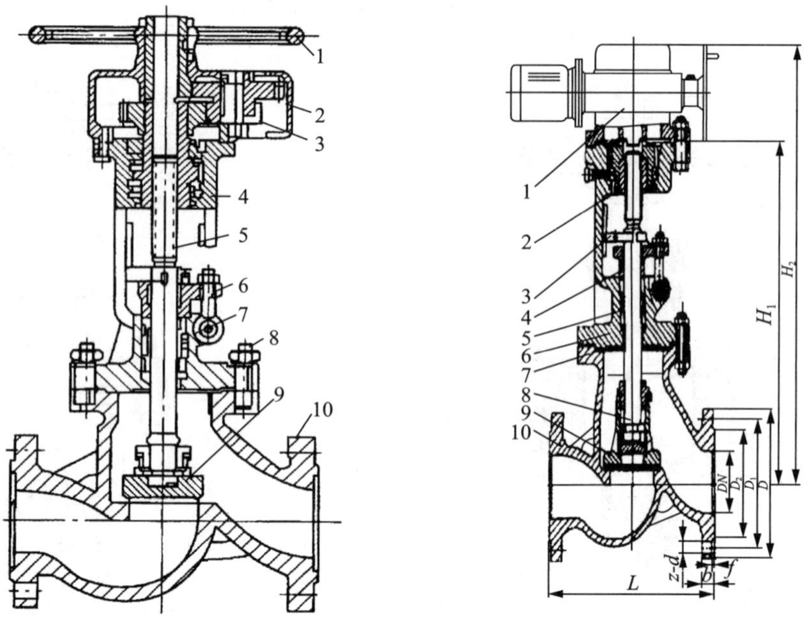

(a) 手动截止阀

1—手轮；2—齿轮箱；3—齿轮；4—阀盖；5—阀杆；6—填料压盖；7—填料；8—双头螺栓；9—阀瓣；10—阀体

(b)电动截止阀

1—电动装置；2—阀杆螺帽；3—导向块 4—填料压盖；5—填料；6—阀盖；7—垫片；8—阀杆；9—阀瓣；10—阀体

图 4－27　截止阀结构图

3. 截止阀应用范围

截止阀是一种截断阀，仅供截断或接通管路中的介质，不宜用来调节介质的压力或流量。如果长期用于调节，密封面会被介质冲蚀，不能保证其密封性。经常需要调节压力或流量的部位应选用节流阀或调节阀。

直通或直流式截止阀应安装于水平管路，阀瓣对中性较好的截止阀也可安装于垂直管路，角式截止阀安装于垂直相交的管路转折位置上。

安装时应特别注意截止阀的进出口方向，使管路中的介质按阀体表面上箭头标志所指的方向流动，切勿装反。

（三）球阀

球阀的启闭件是一个球体，围绕着阀体的垂直中心线作回转运动，故取名为球阀。

1. 结构

球阀主要由阀体、球体、密封圈、阀杆及驱动装置等组成。

按照球体在阀体内的固定方式，球阀可分成浮动球式和固定球式两种。浮动球式球阀如图 4－28 所示。球体是可以浮动的，在介质压力作用下球体被压紧到出口侧的密封圈上，从而保证密封。它的特点是结构简单，单侧密封，密封性能较好，但由于球面与出口侧密封圈之间压紧力较大，所以启闭力矩也大。一般适用于较小口径和较低压力的场合。

固定球式球阀，如图 4－29 所示。球体被上下两端的轴承固定，只能转动，不能产生水平位移。为了保证密封性，它必须有能够产生推力的浮动阀座，使密封圈压紧在球体上。因此它的结构复杂，外形尺寸大。由于球体被轴承固定，介质对球体的压力是由轴承来承受的，因而密封圈不易磨损，使用寿命长。密封圈与球体间的摩擦力小，因而启闭也较省力。一般适用于较大口径、较高压力的场合。

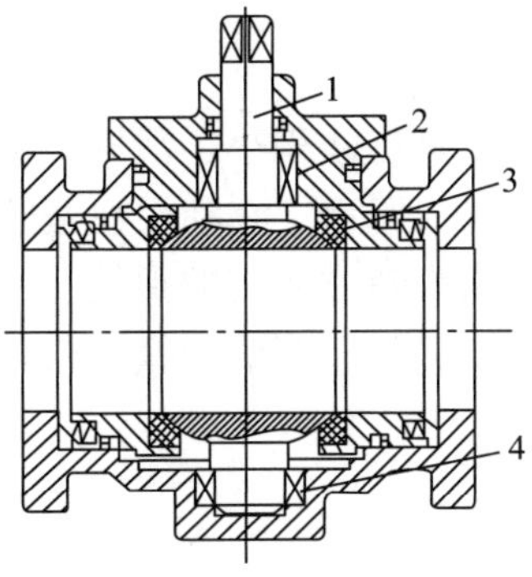

图 4－28　固定式球阀

1—阀杆；2—填料密封；3—球阀；4—轴承

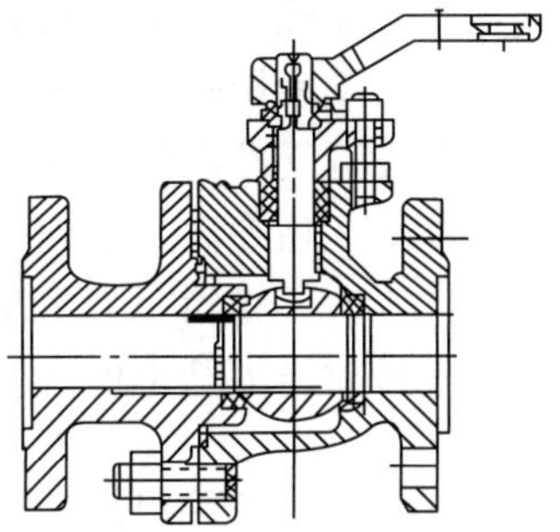

图 4－29　浮动球式球阀

2. 球阀的特点

(1)优点

① 中、小口径球阀，结构较简单，体积较小，重量较轻，特别是它的高度远小于闸阀和截止阀。

② 流动阻力小。全开时球体通道、阀体通道和连接管道的截面积相等，并且成直线相通，介质流过球阀，相当于流过一段直通的管阀或流过一段直通的管子，所以在各类阀门中球阀的流体阻力最小。

③ 启闭迅速，介质流向不受限制。启闭时只需把球体转动 90°，比较方便而且迅速。

④ 启闭力矩较小。球阀阀座密封圈与球体相接触，所以接触面积较小，启闭力矩也小。

⑤ 密封性能好。球阀皆采用具有弹性的软质密封圈，所以密封性能好；球阀全开时密封面不会受到介质的冲蚀。

(2)缺点

① 球体加工和研磨均较困难。

② 目前国内球阀密封圈一般采用尼龙、塑料等软质密封材料，因而不能用于较高温度和高压的场合，应用范围受到限制。

球阀的性能参数范围：公称通径 *DN* 为 15～700mm、公称压力 *PN* 为 1.6～32MPa，工作温度一般不超过 150℃。

3. 球阀的应用范围

球阀的介质流动方向不受限制。直通球阀用于截断介质，多通球阀可改变介质流动方向或进行分配，球阀通路最多可做到五通，国外已有生产。由于球阀的通道截面为圆形，且与连接管路的通径相等，这就使清除管壁积垢的扫线器，以及当管路中同时输送几种不同油品时用来分开油品防止掺混的隔离球，都可以从中顺利通过，并且球阀启闭迅速，便于实现事故紧急切断，因而广泛应用于长输管线。

(四)安全阀

输气站管线、阀门、仪表、容器等虽然在设计中进行了强度校核，施工后进行了强度试压和严密性试压，并规定了最大操作压力，但在生产中，往往会由于管线堵塞、用户突然停止用气、操作者失误等原因，造成设备管线的压力急剧增大而超过允许压力，发生事故。为了防止这种事故的发生，输气站中受压设备均需装设安全阀，其作用原理是基于力平衡，一旦阀瓣所受压力大于弹簧设定压力时，阀瓣就会被此压力推开，安全阀自动排放煤层气泄压报警。

安全阀有爆破式、杠杆式和弹簧式三种。

输气站主要使用弹簧式安全阀。这类安全阀由于具有体积小、泄压灵敏和调节保养方便等优点，故在输气站广泛采用，如图 4－30 和图 4－31 所示。它利用弹簧的预紧力平衡管内流体对阀瓣的上顶力。当管内压力升高到对阀瓣上顶力超过调定的弹簧压力值时，顶开阀瓣排放煤层气压力。管内压力下降到给定压力以后阀瓣关闭。调节弹簧的松紧程度可以获得不同的煤层气排放压力给定值。

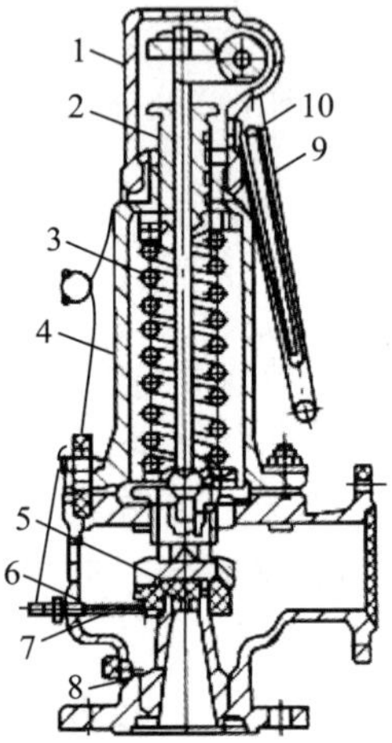

图 4－30　A44Y 弹簧全启式安全阀

1—保护罩；2—调节螺丝；3—弹簧；4—阀盖；
5—阀瓣；6—阀体；7—密封面；8—阀座；
9—扳手；10—锁紧螺母

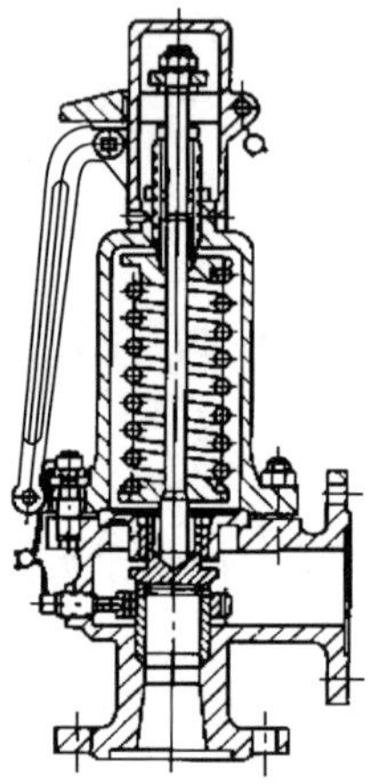

图 4－31　A47H 弹簧微启式安全阀

（五）止回阀

止回阀过去曾称作逆止阀或单向阀，它的作用是防止管路中介质的倒流。

止回阀属于自动阀类，其启闭动作是由介质本身的能量来驱动的。

1. 组成

止回阀可分为升降式、旋启式和蝶式止回阀。煤层气常用升降式止回阀。

升降式止回阀是一种截止型止回阀，它的结构与截止阀有很多相似之处，其中阀体与截止阀阀体完全一样，可以通用。阀瓣形式也与截止阀阀瓣相同，阀瓣上部和阀盖下部都加工出导向套筒，阀瓣导向筒可在阀盖导向套筒内自由升降。采用导向套筒的目的是要保证阀瓣准确地降落在阀座上。在阀瓣导向筒下部或阀盖导向套筒上部加工出一个泄压孔，当阀瓣上升时，排出套筒内介质，以减小阀瓣开启的阻力。升降式止回阀，如图 4－32 所示，它的启闭件（阀瓣）是沿阀座通道中心线作升降运动的，动作可靠，但流动阻力较大，适用于较小口径的场合。

国内止回阀的参数范围：公称通径 *DN* 为 10～1800mm，公称压力 *PN* 为 0.25～32MPa，工作温度不超过 550℃。

2. 止回阀的应用范围

止回阀的使用范围也很广，凡是不允许管路中介质倒流的场合大都需要安装止回阀。

(六)节流阀

节流阀属于调节阀类，它通过改变通道截面积来调节介质流量和压力。

1. 组成

节流阀分为截止型节流阀和蝶式节流阀两种。

通常所说的节流阀指的是截止型节流阀(下面简称节流阀)。这种节流阀在结构上除了启闭件及相关部分外，均与截止阀相同。阀杆通常与启闭件制成一体。节流阀与截止阀一样也有直通式和角式之分，分别安装在水平管路和垂直相交的管路上。图 4-33 所示为管道系统常用的节流阀。

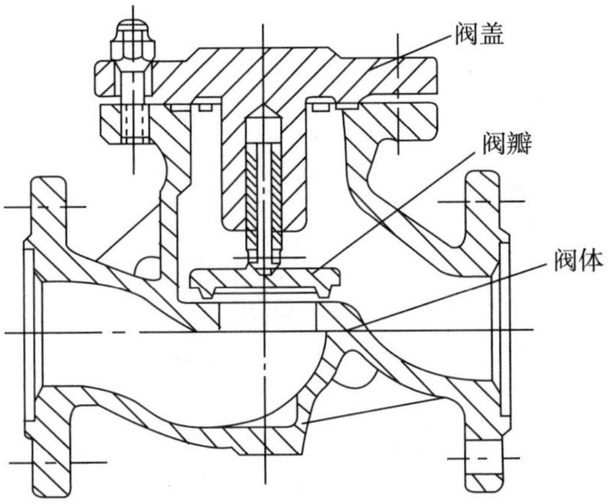

图 4-32　升降式止回阀

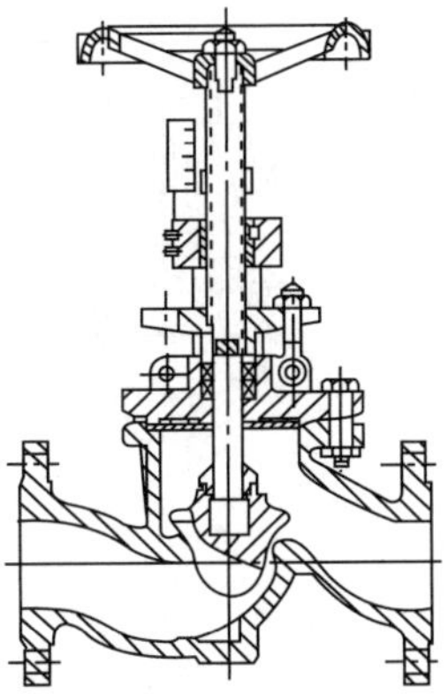
图 4-33　节流阀

节流阀的启闭件有针形[图 4-34(a)]、沟形[图 4-34(b)]和窗形[图 4-34(c)]三种形式。它们的共同特点是：阀瓣在不同高度时，阀瓣与阀座所形成环形通路面积也相应地变化。所以只要细致地调节阀瓣的高度，就可以精确地调节阀座通道的截面积，从而也就可以得到确定数值的压力或流量。节流阀阀杆螺纹的螺距比截止阀小，以便可以进行精确的调节。

当介质流过节流通道时，以很高的速度冲击阀瓣，会使其产生偏斜和振动，而影响调节的精确性，所以必须有导向装置。

阀瓣与阀座密封面受到高速介质的冲蚀作用，因而必须用耐冲蚀和磨损的材料来制造。

节流阀的连接尺寸和结构长度均与截止阀相同。

国产节流阀多采用截止型，其参数公称通径 *DN* 为 3～200mm，公称压力 *PN*≤32Mpa，工作温度不超过 450℃。煤层气常用针形节流阀。

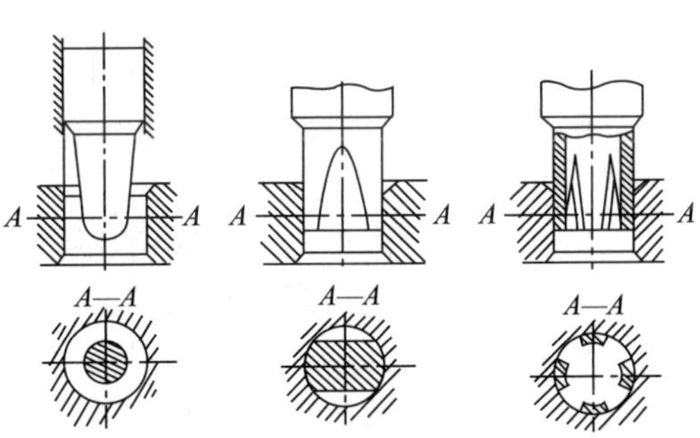

(a) 针形　(b) 沟形　(c) 窗形

图 4-34　节流阀瓣形式

2. 节流阀的应用范围

截止型节流阀能够在较大的范围内调节，也能进行精确调节，但口径较小，节流旋塞适用于中、小口径，蝶式节流阀适用于大口径。节流阀不宜作为截断阀用，节流阀若是长期用于节流，其密封面必然会被冲蚀，而不能保证其密封性。

（七）蝶阀

蝶阀的组成如图4－35所示。蝶阀的蝶板安装于管道的直径方向。在蝶阀阀体圆柱形通道内，圆盘形蝶板绕着轴线旋转，旋转角度为0°～90°之间，旋转到90°时，阀门则是全开状态。蝶阀结构简单、体积小、重量轻，只由少数几个零件组成。而且只需旋转90°即可快速启闭，操作简单。蝶阀处于完全开启位置时，蝶板厚度是介质流经阀体时唯一的阻力，因此通过该阀门所产生的阻力很小，故具有较好的流量控制特性，可以作调节用。

蝶阀有弹性密封和金属的密封两种密封型式。弹性密封阀门，密封圈可以镶嵌在阀体上或附在蝶板周边。采用金属密封的阀门一般比弹性密封的阀门寿命长，但很难做到完全密封，金属密封能适应较高的工作温度，弹性密封则具有受温度限制的缺点。

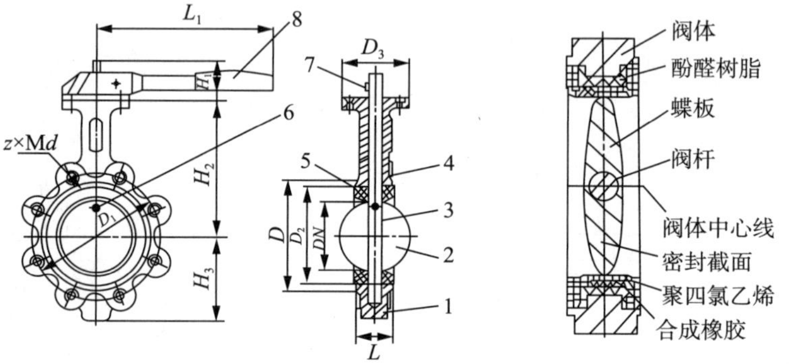

图4－35　中线蝶阀

1—阀体；2—蝶板；3—阀杆；4—滑动轴承；5—阀座密封套；6—圆锥销；7—键；8—手柄

四、阀门操作和日常维护要求

（1）不能利用管钳和加长套管去开关阀门，以免损坏手轮和阀杆，必要时可用特制的阀门扳手。

（2）阀门开足后应回转半圈，以便于开关。

（3）当打开带有旁通阀的大口径阀门时，要先开旁通阀，以减少阀瓣两端的压力差。

（4）输气管道阀门的电动机要防爆。非自控泵站电动阀启动前，应将离合器手柄由手动位置移到电动位置，启动完后再由电动位置移回手动位置。

（5）长期很少启动的阀门，启动前应先检查电动机及电器线路是否完好，启动后应检查阀门是否凝油。

（6）电动阀的限位开关、阀门及零部件，必须齐全灵准好用，材质应符合实际要求。

（7）球阀、闸阀、截止阀只准全开全关，不准半开半关。

（8）检查阀门完好无损，阀门进出口法兰、管路完好无泄漏，盘根压紧紧固无泄露。

（9）手握手轮或手柄确定开、关方向。逆时针旋转手轮为开阀，顺时针为关阀。

（10）旋转手轮或手柄开阀时，用力应该平稳，不可冲击。

（11）根据工艺要求或阀的类型确定开阀程度。

（12）如发现操作过于费劲，应分析原因，作相应处理。

（13）对明杆阀门，要记住全开全关时的阀杆位置，避免全开时撞上死点，以便于检查全闭时是否正常。

学习情境五 煤层气集输操作

煤层气集输有关操作是煤层气输气工必须掌握的基本操作技能，在煤层气集输生产过程中，员工规范操作，有利用延长设备的使用寿命，确保操作安全。

项目一　清管器发球与收球操作

一、基本知识

1. 清管作业的目的

(1)清除管线低洼处积水，降低 H_2S、CO_2、水在管道内的腐蚀，延长管道的使用寿命。

(2)改善管道内部的光洁度，减少摩擦阻力损失，增加通过量，从而提高管道的输送效率。

(3)扫除输气管道内存积的腐蚀产物。

(4)进行管道内检查。

2. 清管的基本原理

如果输气管线中积累的水和污垢较多，会造成煤层气输气管线的流道面积减少，过流能力下降，影响煤层气的工常输送。因此，通过定期对煤层气输气管线通球，排出管线中的积水和污垢，恢复正常的煤层气输气管线的输送能力非常必要。对于管道的清理，一般采用管道物理清洗技术。

所谓管道物理清洗技术，即采用各种经特殊设计的清管器对管道进行清洗、疏通，在国外称为 pig 清洗。

通球时，将清管器放入管道内，以管道输送介质作为动力，把管道内部的污垢物推出，是管道物理清洗的基本原理。

由于管道多埋在地下，且距离很长，施工偏差、施工遗留物、地形地貌变迁、腐蚀结垢及泥沙等很可能使清管器在管道中运行受阻，如果没有特殊技术保障，一旦清管器卡在管道里，要想在地面找到它受卡的确切位置，是非常麻烦的事。为克服金属物质对电磁波的屏蔽吸收，把无线电发送、接收技术应用于地下管道清洗，涂敷和其他维护管理作业当中，这是现代电子技术一个新发展和管道技术的新突破。

国外科学家在 20 世纪 60 年代末发明了电子定位清管技术，使 pig 清洗有了长足发展。我国 70 年代末也研制出电子定位清管器及其成套测试仪器，推动了我国管道物理清洗技术飞速发展，其结构原理如图 5－1 所示。

应用电子定位清管器对长距离煤层气管道进行除水、除垢清洗，是目前解决该问题最行之有效的方法。

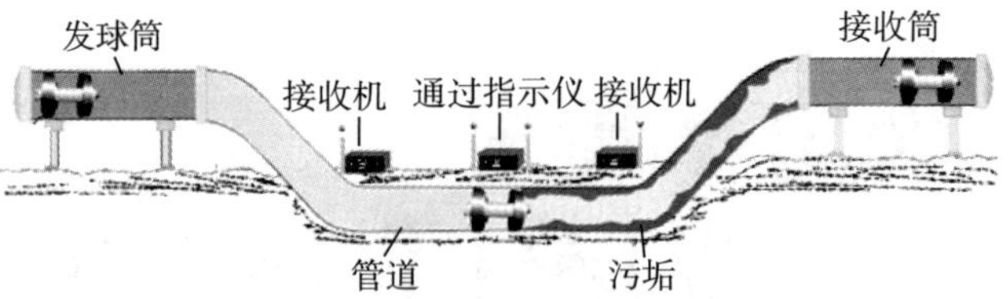

图 5－1　物理清洗示意图

3. 清管器收、发球筒结构

本设备由沈阳鑫联石化设备有限公司制造，它由快开盲板、筒体、异径接头(大小头)、鞍座、压力表口、放空口、排污口、介质进出口、安全阀口(可不设置)等几部分组成。所有类型接收筒与发射筒相比，只是异径接头为同心大小头，其余完全相同，其结构如图5－2所示。

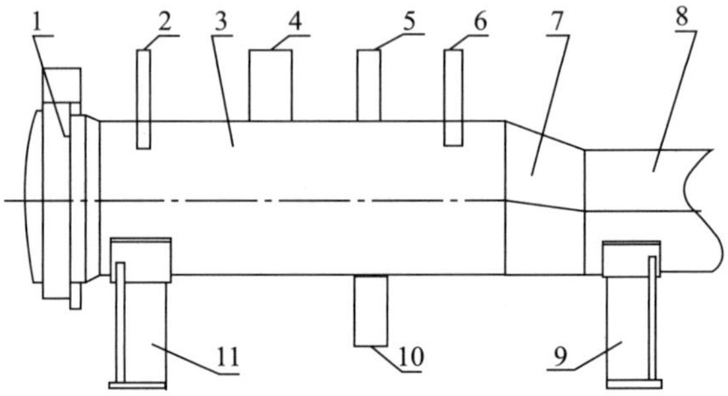

图 5－2　发球筒结构示意图(B 型)

1—锁环式快开盲板；2—压力表接管；3—筒体；4—进气接管；5—安全阀接管；6—放气阀接管；7—异径管；8—接管；9—固定鞍座；10—排污阀接管；11—滑动鞍座

4. 收发球工艺流程

清管工艺流程分为两种，一种是利用运行中的管道内部流体作为动力源进行管道清理，属于运行中管道的定期清理，占多数情况。另一种是利用外部动力(如空压机)进行管道清理，属于新建管线投运之前的清理。

(1)发球工艺流程

发球工艺流程如图 5－3 所示。

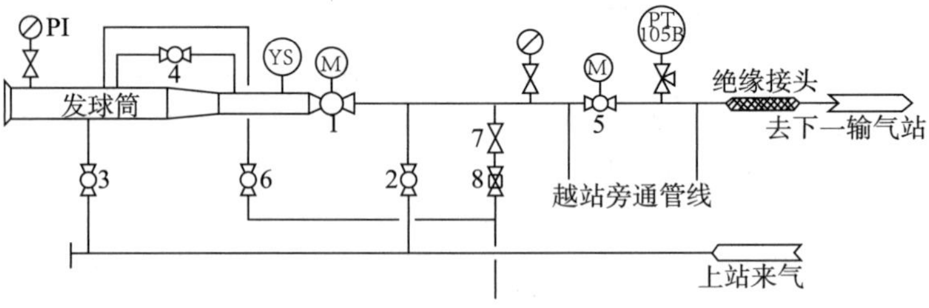

图 5－3　发球筒操作流程示意图

1—发球筒出口阀；2—输气管主进气阀；3—发球筒进气阀；4—平衡阀；5—输气管主气阀；6—发球筒放空阀；7、8—输气管放空阀

(2)收球工艺流程

收球工艺流程如图 5－4 所示。

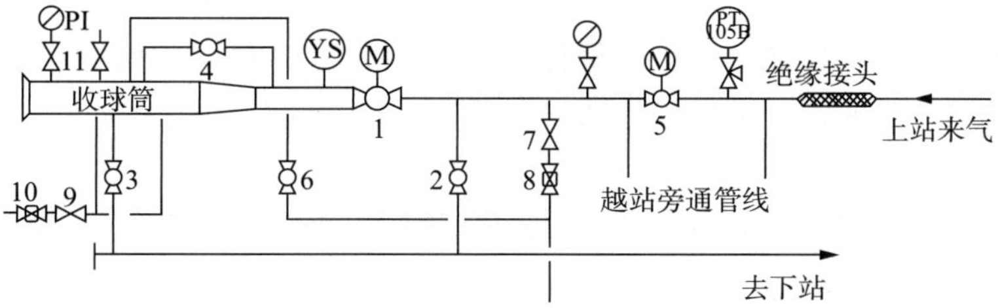

图 5－4　收球筒操作流程示意图

1—收球筒进口阀；2—输气管主进气阀；3—收球筒出气阀；4—平衡阀；5—输气管主气阀；6—收球通放空阀；7、8—输气管放空阀；9、10—收球筒排污阀；11—收球筒注水阀

5. 发球筒主要参数

由沈阳鑫联石化设备有限公司生产的发球筒主要参数如表 5－1 所示。

表 5－1　主要参数

序 号	名 称	参 数	备 注
1	型 号	*PN*1.9MPa，*DN*500mm 清管器发球筒	
2	容器净重	1325 kg	
3	容积	0.9 m^3	
4	设计压力	1.9 MPa	
5	最高工作压力	1.9 MPa	
6	耐压试验压力	2.4 MPa	
7	设计温度	50 ℃	
8	工作介质	煤层气	

6. 接收筒主要参数

由河北华北石油工程建设有限公司金属结构厂生产的接收筒主要参数如表 5－2 所示。

表 5－2　主要参数

序 号	名 称	参 数	备 注
1	型 号	*PN*2.5MPa，*DN*250mm 清管器接收筒	
2	容器净重	673 kg	
3	容积	0.382 m^3	
4	设计压力	2.5 MPa	
5	最高工作压力	1.6 MPa	
6	耐压试验压力	3.125 MPa	
7	设计温度	40 ℃	
8	工作介质	煤层气	

二、准备工作

(1)劳保用品准备齐全，穿戴整齐。

(2)工用具准备：

①发球工具

吊装带2条；1t的手拉葫芦2个；捅杆1根；600mm、375mm活动扳手各1把；长毛铜线刷1把；起子1个；油盆1个；机油适量；毛毡1块；棉纱0.3kg。

②收球工具

“F”型扳手1把；375mm活动扳手1把；1m撬杠1根；水桶2个；毛毡1块；钩球杆1根；棉纱0.3kg。

(3)选用适合该管线直径的清管器1套。

(4)制订清管方案和卡球应急处理预案。

(5)通球或收球时，与有关单位取得联系。

三、操作步骤

1. 发球操作步骤

(1)通球前，与生产调度室、末站联系好。

(2)通球时，首先打开发球筒放空阀门，待压力落零后，卸防松楔块，打开发球筒快开盲板。

(3)检查发球筒密封垫子是否完好，将清管器按前后顺序放置发球筒内，用清管器推杆推至发球筒平衡管之间，将清管器在大小头处塞紧，关闭发球筒快开盲板，装好防松楔块。

(4)关闭发球筒放空阀门，将清管器接收器放置外输管线边。

(5)缓慢打开平衡管阀门，待压力升高正常值后，依次打开发球筒进气上游阀门，打开下游阀门，关闭外输阀门，关闭平衡管阀门。

(6)观察出站压力变化。(通过信号接收装置检测清管器是否发出)

(7)清管器发出后，将流程倒回正常外输流程。

(8)清洁发球装置，收拾工具 。

(9)观察清管器运行情况，通知生产调度发出时间、压力等情况。

2. 收球操作步骤

(1)接到上游发球通知后，计算到达时间，清管器到达前30min缓开球筒平衡阀，平衡筒压。

(2)全开收球筒出气阀门，全开球筒收球阀门，关闭输气管线生产阀门。

(3)确认球筒收到清管器后，打开输气管线生产阀门。

(4)关闭球筒收球阀门，关闭球筒出气阀门，关闭平衡阀。

(5)打开收球筒排污阀门进行排空泄压，然后打开放空阀门。

(6)确认收球筒压力为0MPa，关闭排污阀门及放空阀门。

(7)卸防松楔块，打开快开盲板。

(8)取出清管器，清除收球筒内污物，关闭快开盲板装好防松楔块。

(9)检查测量清管器直径，描述外观，填写清管记录。

四、注意事项

(1)发球操作阀门顺序应遵循先开后关原则，清管器在发球筒内进压时不宜过快，避免进压过快伤到阀芯。

(2)根据首、末站压差、通球水量及季节变化制定合理的通球周期。

(3)清管器发出前，记录外输流量计底数(作为出现卡球时计算找点方法之一)、流量计显示温度、外输压力。

(4)清管球过盈量一般控制在1% ~4%。

(5)通球期间要注意首、末站压力变化，避免因压力过高造成压缩机停运、卡球事故。

五、风险提示

(1)预防机械伤害：收球筒压力为零后，方可打开快开盲板，操作人员严禁正对盲板站立操作。

(2)预防环境污染：在放空和排污时，妥善处理清除的水和污垢，防止对环境造成污染。

项目二　卧式分离器操作

一、基本知识

从井中开采出来的煤层气，常常带有一部分水和固体杂质(如煤粉、管线腐蚀产物)等。这些杂质不仅腐蚀管道、设备、仪表，而且还可能堵塞阀门管线、损害设备、影响正常生产。因此，从井场来的气液混合物必须在集气站进行脱除机械杂质和液体处理，然后才能进入输气干线。

1. 煤层气分离的方法

(1)相分离

在一定的压力和温度下，气液混合物将形成一定比例和组成的液相和气相，即相分离。

(2)机械分离

用机械分离的方法把液相(或固相)和气相分开，称之为机械分离。

卧式分离器通常用于除去煤层气中的液体和大颗粒固体，属于预过滤设备。

2. 结构原理

其工作原理如图5-5所示。煤层气进入分流器，其流向、流速和压力都有突然的变化，气液得以初步分离，经初步分离后的液相在重力作用下进入集液部分；气相进入重力沉降部分，其中，重力沉降部分是分离器的主体，由于有较大的体积，使得气液两相在分离器内有一定的停留时间，液滴沉降至液面，进入液相，达到一定液面高度后排入污水池；接着气流通过整流板，紊乱的气流变成直流，更小的液滴与整流板壁接触，聚积成大的液滴而沉降。最后气相经除雾器进一步除液后，通过压力控制阀进入粉尘过滤器。

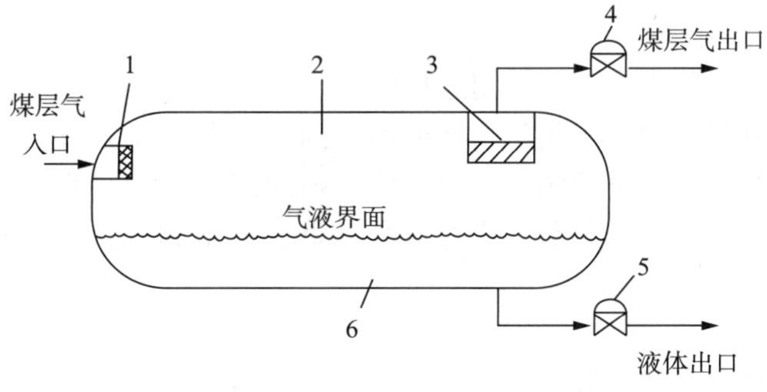

图5-5　卧式分离器工作原理示意图

1—分流器；2—重力沉降部分；3—除雾器；4—压力控制阀；5—出液阀；6—集液部分

3. 主要参数

由河北华北石油工程建设有限公司金属结构厂生产的卧式分离器主要参数如表5－3所示。

表5－3　主要参数

序号	名称	参数	备注
1	型号	*PN*1.0MPa，*DN*1500mm卧式分离器	
2	容器净重	4211 kg	
3	容积	9.454 m^3	
4	设计压力	1.0 MPa	
5	最高工作压力	0.9 MPa	
6	耐压试验压力	1.375 MPa	
7	设计温度	45℃	
8	工作介质	煤层气	

二、准备工作

(1)劳保用品准备齐全，穿戴整齐。

(2)检查工艺流程、附件是否齐全，仪器仪表是否完好。

(3)注意观察分离器的压力、液位。

三、操作步骤

1. 投运操作

(1)缓慢打开过滤分离器进口阀门，对分离器进行充压，防止充压过快导致容器出现振动、爆炸等事故。

(2)当分离器内的压力与进站汇管压力平衡后，缓慢打开分离器出口阀门，将分离器投入使用。

(3)按先后顺序分别打开分离器液位计的上、下进液阀门。

(4)缓慢打开差压表的前后腔进气阀门，观察差压表，压差不能大于0.02MPa。

(5)观察分离器压力、液位是否在规定范围内，法兰连接处、阀门处是否漏气。

2. 停运操作

(1)先关闭分离器出口阀门，后关闭进口阀门。

(2)缓慢打开分离器手动排污阀门，将分离器内的污水排放干净。

(3)关闭液位计的上、下进液阀门，将液位计内的污水排放干净。

(4)对于长期停运的过滤分离器，应打开分离器的放空阀门，进行放空、泄压，然后关闭放空阀门。

四、注意事项

(1)排污池附近禁止一切火源。

(2)进入卧式分离器内保养设备，必须先检查罐内氧气含量是否符合要求。

(3)严禁超压使用，以防超压引起爆炸。

(4)及时排污，严格控制分离器内的液面高度。

五、风险提示

(1)预防煤层气中毒、窒息：如果发生煤层气中毒、窒息事故，对伤者立即进行应急救护，伤势严重者立即送往就近医院抢救或拨打120急救电话。

(2)预防火灾、爆炸：如果发生火灾、爆炸事故，应立即切断相应流程，组织人员灭火，同时拨打119报警，如有人员受伤拨打120就近治疗。

项目三　粉尘过滤器操作

粉尘过滤器由河北华北石油迪威尔石化设备厂制造。

一、基本知识

集输系统未加装粉尘过滤分离器前，由于煤层气中携带大量粉尘，接连发生粉尘堆积在锥形滤网、气阀内，并进入气缸的情况，频繁造成滤网堵塞，进排气阀片及弹簧断裂，活塞环、缸套磨损等故障，甚至导致设备事故出现，严重影响到煤层气稳定外输。因此，粉尘过滤器专门用于去除煤层气中的粉尘、铁锈等固体颗粒，以保护压缩机、阀门以及流量计等的安全运行。

1. 结构原理

煤层气从入口进入过滤器，滤芯支撑管均匀分布气流，流速大大降低，大的杂质被粗分离沉降到过滤器底部。气流经过滤芯后，大于分离精度的杂质被滤芯捕获，净化后的气流从出口流出过滤器，粉尘过滤器工作原理如图5－6所示。

过滤器的一端使用快开盲板，在更换滤芯时开启或关闭。使用快开盲板能够快速开启并关闭，节省更换滤芯的时间。

目前，煤层气集输站过滤分离器采用纤维型滤芯为聚酯过滤管结构。该纤维滤芯具有除尘效率高、阻力损失小、耐高温、耐腐蚀等优点，特别适用于精细过滤场所，粉尘过滤器滤芯结构如图5－7所示。

通过运行实践，粉尘过滤分离器存在清洗、更换滤芯工作量大，滤芯清洗后过滤效果不佳，需频繁更换滤芯，运行费用高等缺点。

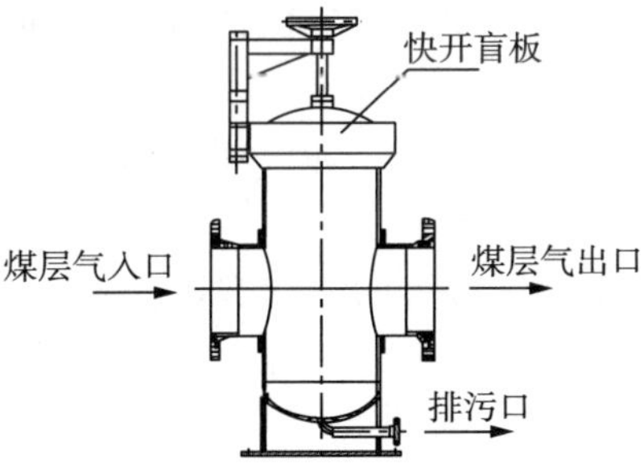

图5－6　工作原理示意图

图5－7　粉尘过滤器滤芯

2. 主要参数

主要参数如表5－4所示。

表 5-4 主要参数

序号	名称	参数	备注
1	型号	DP-GFS500×3000-1.2/C	
2	容器净重	960 kg	
3	容积	0.37 m^3	
4	设计压力	1.2 MPa	
5	工作压力	0.15 MPa	
6	液压试验压力	1.5 MPa	
7	设计温度	50℃	
8	工作介质	煤层气	

二、准备工作

(1)劳保用品准备齐全，穿戴整齐。

(2)工用具准备

600mm、375mm 活动扳手各 1 把；毛毡、塑料布各 1 块；新滤芯若干；长毛铜线刷 1 把；起子 1 个；棉纱 0.3kg。

(3)检查工艺流程、附件是否齐全，仪器仪表是否完好。

三、操作步骤

粉尘过滤器使用后，应定期对滤芯进行清洗或更换，方法如下：

(1)关闭粉尘过滤器进气、出气阀门，打开放空阀门进行放空。

(2)待粉尘过滤器内压力降至零后，再将快开盲板安全联锁装置的安全螺钉松开并缓慢取下，使快开盲板内的余压排出。再旋开排污孔将筒体内的残余介质排出。

(3)将防松板从卡槽中拿出来，用加力杆插入支座，逆时针方向转动盲板盖，转至开启挡销处，再转动快开盲板手轮，将盲板盖完全从筒体中提起，由于有立轴的支撑，可将盲板盖推移到一侧，至此快开盲板被打开。

(4)取出过滤分离器内滤芯进行清洗(如滤芯有破损或污物太多，也可更换滤芯)；清洗完毕后，重新将滤芯装入过滤分离器内。

(5)安装前，检查安全联锁装置密封圈及快开盲板密封圈是否完好，若损坏，应更换；快开盲板密封圈及密封槽内应涂抹润滑脂。

(6)推动盲板盖到快开盲板筒体正上方，转动快开盲板手轮，将盲板盖落入筒体中，用加力杆插入支座顺时针方向转动盲板盖，转至关闭挡销处。

(7)将防松板插入卡槽中，再将快开盲板安全联锁装置的安全螺钉拧紧。

(8)关闭放空阀，缓慢打开进气阀，待压力稳定后，再打开分离器出口阀，恢复输气。

四、注意事项

(1)为确保过滤精度，建议在工作压差达到 0.02MPa 时进行清洗或更换滤芯。

(2)快开盲板开启前，必须先打开安全联锁装置的安全螺钉排气。

(3)由于清洗只能去掉过滤芯表面尘粒，而在压差作用下进入过滤层的尘粒就无法清除，所以当过滤芯清洗 1~2 次后需进行更换处理。

(4)为了保证过滤分离器过滤效率，过滤芯在安装时端面必须压紧，压紧力不得小于

0.15MPa，端盖与过滤芯胶垫接触而平整，不得有凹凸和裂纹。

(5)过滤器经过一段时期使用后，对于已锈蚀的螺栓、螺母应及时更换。

(6)排污区、分离器区附近，必须禁止一切火源。

五、风险提示

(1)预防煤层气中毒、窒息：如果发生煤层气中毒、窒息事故，对伤者立即进行应急救护，伤势严重者立即送往就近医院抢救或拨打120急救电话。

(2)预防火灾、爆炸：如果发生火灾、爆炸事故，应立即切断相应流程，组织人员灭火，同时拨打119报警，如有人员受伤拨打120就近治疗。

项目四　低压过滤分离器更换滤芯操作

本设备由北京三川世纪技术有限公司研制。根据所装滤芯材质、数量、精度的不同，适用于不同流量、不同组分的煤层气过滤与聚结脱液。其特点是操作简单、脱液充分、过滤精度高，广泛适用于煤层气处理厂、压气站、管输末站、城市门站等场合，除去煤层气中的液体和大颗粒固体，属于预过滤设备。

一、基本知识

1. 结构原理

煤层气进入进料布气腔部分，气体首先撞击到支撑滤芯的支撑管上(避免气流直接冲击滤芯，造成滤材的提前损坏)，较大的固液颗粒被初步分离，并在重力作用下沉降到容器底部(定期从排污口排出)。接着气体从外向里通过聚结滤芯，固体颗粒被过滤介质截留，液体颗粒则因过滤介质聚结功能，而在滤芯的内表面逐渐聚结长大。

当液体到达一定尺寸时，因气流的冲击作用从内表面脱落出来，进入滤芯内部流道，而后进入汇流出料腔。在汇流出料腔内，较大的液珠依靠重力沉降被分离出来；此外，在汇流出料腔，还设有分离元件，它能有效的捕集液滴，以防止出口液滴被夹带，进一步提高分离效果；最后洁净的气体流出过滤分离器，其外形如图5－8所示。

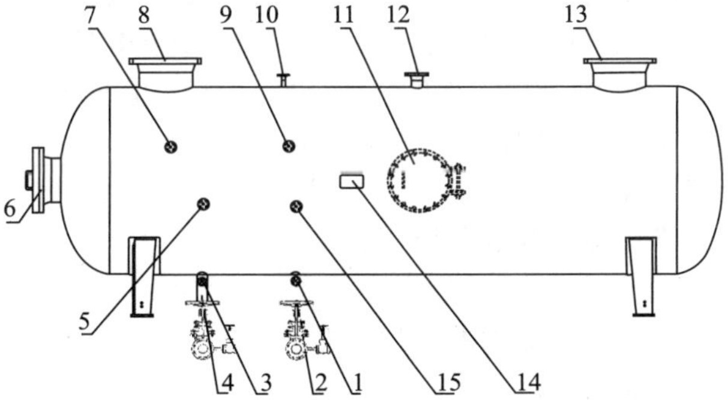

图5－8　SCFS－H300A/1.8过滤分离器外形图

1—液位计口；2—排污口；3—液位计口；4—排污口；5—液位计口；6—人孔；7—差压计口；8—气体出口；9—差压计口；10—压力表口；11—人孔；12—放空口；13—气体进口；14—铭牌；15—液位计口

2. 主要参数

SCFS－H300A/1.8过滤分离器主要参数如表5－5所示。

表 5-5 主要参数

序号	名称	参数	备注
1	初始压差	≤0.02 MPa	
2	设计温度	60 ℃	
3	最大允许工作压差	<0.1 MPa	
4	过滤精度	1 μm	

3. 运行

(1)运行前关闭过滤分离器排气阀、排污阀及过滤分离器进口阀门，打开过滤分离器出口阀门。

(2)慢慢打开过滤分离器进口阀门，让气体缓慢进入过滤分离器内，直至过滤分离器进入正常工作状态。

(3)可在过滤分离器前后取样，对气体组分进行分析。

(4)观察差压表，当差压表指针达到 0.1MPa 时说明滤芯已被堵塞，需要更换滤芯。

4. 设备维护

(1)差压计及压力表需定期进行校验，确保压差和压力的准确性。

(2)设备需定期观察和记录液位计的积液情况，并及时打开排污阀进行排污，以确保设备正常工作。

二、准备工作

(1)劳保用品准备齐全，穿戴整齐。

(2)工用具准备：

准备好新滤芯或清洗后的滤芯若干；275mm 扳手 1 把；毛毡、塑料布各 1 块；长毛铜线刷 1 把；起子 1 个；棉纱 0.3kg；水桶 1 个。

(3)检查工艺流程、附件是否齐全，仪器仪表是否完好。

三、操作步骤

(1)打开备用过滤分离器的出口阀门，再打开备用过滤分离器的进口阀门让气体走备用过滤分离器，这样两台并联运行。然后关闭正在运行过滤分离器进口阀门，再关闭出口阀门，打开顶部的排气阀，将过滤分离器内的气体排空，打开过滤分离器底部的排污阀，将过滤分离器内的液体排空(如没有备用设备，可走旁通管路)。

(2)打开过滤分离器人孔。

(3)依次取下花板、锥形垫圈及滤芯压盖。

(4)取出滤芯。

(5)用干净的气体将过滤分离器内部吹扫干净。

(6)安装新滤芯，并注意清洁。

(7)依次装好滤芯压盖、锥形垫圈及花板。

(8)关闭过滤分离器人孔，关闭排气阀及底部排污阀，至此完成滤芯更换，可以进行正常运行。

四、注意事项

(1)排污区、分离器区附近必须禁止一切火源。

(2)安装：为了保证过滤分离器过滤效率，过滤器滤芯在安装时端面必须压紧，压紧力不得小于 0.15MPa，端盖与过滤芯胶垫接触而平整，不得有凹凸和裂纹。

(3) 使用：为确保过滤精度，建议在工作压差达到 0.02MPa 时进行清洗或更换。

(4) 更换：由于清洗只能去掉过滤芯表面尘粒，而在压差作用下进入过滤层的尘粒就无法清除，所以当过滤芯清洗 1 ~2 次后需进行更换。

(5) 过滤器快开盲板操作时，快开盲板正面和侧面不得站人。

五、风险提示

(1) 预防煤层气中毒、窒息：如果发生煤层气中毒、窒息事故，对伤者立即进行应急救护，伤势严重者立即送往就近医院抢救或拨打 120 急救电话。

(2) 预防火灾、爆炸：如果发生火灾、爆炸事故，应立即切断相应流程，组织人员灭火，同时拨打 119 报警，如有人员受伤拨打 120 就近治疗。

项目五　高压过滤分离器更换滤芯操作

一、基本知识

1. 结构原理

过滤分离器主要由快开盲板、壳体、过滤组件(由管板、过波管、滤芯以及滤芯支撑件组成)、集液包、各功能开口接管和法兰等组成，设备外形如图 5 -9 所示。管板将壳体分成两段，二个差压计接口和二个排污连通管分别与两段相通；集液包中的隔板也将集液包分成两段，四个液位计接口分别与这两段相连。

被分离介质煤层气从进气口进入第一段，大的颗粒在碰到过渡管后落下，气体由外向内通过滤芯时，固体杂质和液体微粒被分离，干净的气体从过渡管内部通过进入第二段后，从出气口进入下游管道。

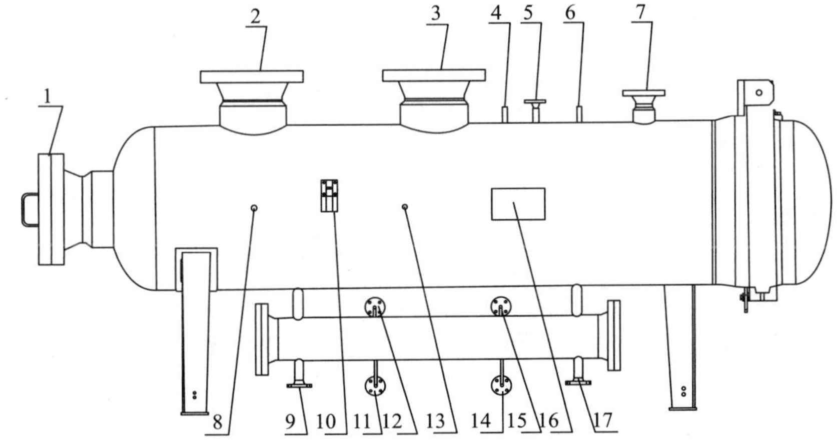

图 5 -9　SCFS - H450A/6.85 过滤分离器外形图

1—人孔；2—出气口；3—进气口；4—压力表口；5—放空口；6—压力表口；7—安全放空口；8—差压计口；9—排污口；10—表支架；11—液位计口；12—液位计口；13—差压计口；14—液位计口；15—液位计口；16—铭牌；17—排污口

2. 主要参数

SCFS - H450A/6.85 过滤分离器主要参数如表 5 -6 所示。

表 5－6 主要参数

序 号	名 称	参 数	备 注
1	初始压差	≤0.05 MPa	
2	设计温度	60 ℃	
3	最大允许工作压差	<0.1 MPa	
4	过滤精度	1μm	

3. 运行

(1)运行前关闭过滤分离器排气阀、排污阀及过滤分离器进口阀门，打开过滤分离器出口阀门。

(2)慢慢打开过滤分离器进口阀门，让气体缓慢进入过滤分离器内，直至过滤分离器进入正常工作状态。

(3)可在过滤分离器前后取样，对气体组分进行分析。

(4)观察差压表，当差压表指针达到0.1MPa时说明滤芯已被堵塞，需要更换滤芯。

4. 维护

本设备基本免维护，操作简单，但有几点需要注意：

(1)差压表和压力表需定期进行校验，确保计量的准确性。

(2)过滤分离器需定期观察液位计并打开底部排污阀排污，以确保过滤分离器正常工作。

二、准备工作

(1)劳保用品准备齐全，穿戴整齐。

(2)工用具准备：

准备好新滤芯或清洗后的滤芯若干；275mm 扳手1把；毛毡、塑料布各1块；长毛铜线刷1把；起子1个；棉纱0.3kg；水桶1个。

(3)更换滤芯前的准备工作：

①确保进、出口阀门已经关闭，目的是使过滤分离器从工艺管线上隔离开。

②打开放空阀，确保煤层气已经被排除干净。

③打开排污阀，将容器内液体排除干净。

三、操作步骤

(1)打开备用过滤分离器的出口阀门，再打开备用过滤分离器的进口阀门让气体走备用过滤分离器，这样两台并联运行。然后关闭正在运行过滤分离器进口阀门，再关闭出口阀门，打开顶部的排气阀，将过滤分离器内的气体排空，打开过滤分离器底部的排污阀，将过滤分离器内的液体排空(如没有备用设备，可走旁通管路)。

(2)打开过滤分离器快开盲板。

(3)依次取下花板、锥形垫圈及滤芯压盖。

(4)取出滤芯。

(5)用干净的气体将过滤分离器内部吹扫干净。

(6)安装新滤芯，并注意清洁。

(7)依次装好滤芯压盖、锥形垫圈及花板。

(8)关闭过滤分离器快开盲板，关闭排气阀及底部排污阀，至此完成滤芯更换，可以进行正常运行。

四、注意事项

(1)过滤分离器严禁超压、超温使用，需严格按照要求的工作压力及工作温度进行操作。

(2)过滤分离器不得反循环，反循环会使滤芯内的高速气流造成纤维断裂穿孔。

(3)从气体中滤除的固体与空气混合后易燃烧，应先将过滤分离器注满水后再排掉，才能打开快开盲板。

(4)过滤分离器投入使用后，不允许敲击和碰撞各主要承压部件。

(5)设备及管线外表面应保持油漆完整光洁。

(6)操作人员应该根据差压计显示的差压值，决定更换滤芯的时间。

五、风险提示

(1)预防煤层气中毒、窒息：如果发生煤层气中毒、窒息事故，对伤者立即进行应急救护，伤势严重者立即送往就近医院抢救或拨打120急救电话。

(2)预防火灾、爆炸：如果发生火灾、爆炸事故，应立即切断相应流程，组织人员灭火，同时拨打119报警，如有人员受伤拨打120就近治疗。

项目六　空气压缩机启、停操作

一、基本知识

在煤层气集输过程中，空气压缩机主要用来为压缩机组的控制柜、气动阀和燃气发动机启动阀等提供气源。所用空气压缩机有活塞式空气压缩机和螺杆式空气压缩机两种，其结构原理与煤层气压缩机组相类似，请查阅学习情境四：煤层气集输技术知识的相关内容。

1. 活塞式空气压缩机主要参数

本空气压缩机由南京尚爱机电有限公司生产，主要参数如表5－7所示。

表5－7　主要参数

序号	名称	参数	备注
1	型号	VM－0.75/30	
2	排气量	0.75 m^3/min	
3	转速	800 r/min	
4	额定压力	3.0 MPa	
5	外形尺寸	1500mm×900mm×800mm	
6	电动机功率	9.0 kW	
7	重量	380 kg	
8	工作介质	煤层气	

2. 螺杆式空气压缩机主要参数

本空气压缩机由博莱特(上海)压缩机有限公司制造，其主要参数如表5－8所示。

表 5－8　主要参数

序号	名称	参数	备注
1	型号	BLT 60A/12	
2	排气量	5.70m^3/min	
3	额定压力	1.2 MPa	
4	额定电压	380 V	
5	外形尺寸	1200mm×1060mm×1400mm	
6	额定功率	45 kW	
7	净重	830 kg	
8	工作介质	煤层气	
9	频率	50 Hz	

二、准备工作

(1)劳保用品准备齐全，穿戴整齐。

(2)空气压缩机操作前，检查润滑油的油量在1/3～2/3。

(3)检查各运动部位是否灵活，各连接部位是否紧固，润滑系统是否正常，电动机及电器控制设备是否安全可靠。

(4)空气压缩机操作前，应检查防护装置及安全附件是否完好齐全。

(5)检查排气管路是否畅通。

三、操作步骤

1. 启机操作

(1)打开空气压缩机排气阀。

(2)按下启动按钮，启动空气压缩机。

(3)观察空气压缩机压力、油温是否正常。

(4)设备状态牌拨到“运行”状态，做好运行记录、填写报表。

2. 停机操作

(1)使空气压缩机空载运行。

(2)按下空气压缩机停机按钮。

(3)关闭排气阀。

(4)设备状态牌拨到“备用”状态，做好运行记录。

四、注意事项

(1)定期排放储气罐及干燥器中的凝结水。

(2)空气压缩机应停放在远离蒸汽、煤气迷漫和粉尘飞扬的地方。进气管应装有过滤装置。空气压缩机就位后，应用垫块对称楔紧。

(3)经常保持储气罐外部的清洁。禁止在储气罐附近从事焊接或热加工。储气罐每年应做水压试验一次，试验压力应为工作压力的1.5倍。气压表、安全阀应每年作一次检验。

(4)操作人员必须经过专门培训，必须全面了解空气压缩机及附属设备的构造、性能和作用，熟悉运转操作和维护保养规程。

(5)空气压缩机运转过程中，随时注意仪表读数(特别是气压表的读数)，倾听各部位音响，如发现异常情况，应立即停机检查。储气罐内最大气压不许超过铭牌规定的压力。空气压缩机长期运转后，禁止用冷水冲洗。

五、风险提示

(1)预防机械伤害：如果发生机械伤害，立即使伤者脱离伤害源，进行应急包扎后送往医院救治。

(2)预防触电：如果发生人员触电，立即切断相关电源使伤者脱离电源，并对伤者进行救护，严重时送往医院救治。

项目七 DTY500 压缩机启、停操作

一、基本知识

具体内容请查阅学习情境四：煤层气集输技术知识的相关内容。

二、准备工作

(1)劳保用品准备齐全，穿戴整齐。

(2)检查高位油箱的阀门、循环水路上的阀门是否开启。

(3)检查高位油箱油位、曲轴箱油位、注油器的油位、膨胀水箱水位是否在1/2~2/3处。

(4)启动预润滑油泵，运行5min以上，预润滑压缩机气缸和填料。

(5)手压注油器30次，向各润滑点注油，直到无油流开关指示灯闪烁为止。

(6)检查进气阀、排气阀、放空阀和旁通阀是否按照要求开关到位。

(7)检查仪表风压力是否在0.6~0.8MPa。

(8)检查并清除PLC柜上的显示故障，按钮复位。

三、操作步骤

1. 启机操作

(1)确认PLC柜无人操作，手动盘车2~3圈。

(2)合上PLC控制柜上的电源开关，按下“风扇电动机启动”按钮，控制系统检测气动阀的阀位，正常后依次启动空冷器电动机、水泵电动机。

(3)“允许启动”指示灯亮后，按下“主电动机启动”按钮启动主电动机。

(4)空负荷运行5min以上，待机组油温达到40℃，水温30℃时，加负载。

(5)观察PLC上各参数显示是否正常。

2. 停机操作

按“卸载”按钮，放空后空载5min，依次停止主电动机、风扇电动机。

四、注意事项

(1)如果出现紧急情况，机组可以在带负荷状态下紧急停机，条件允许时，至少开启旁通阀，紧急停机后，机组立即卸载，放空，盘车数转。

(2)通过按压控制柜上的紧急停机按钮即可实现紧急停机，非紧急状态不准紧急停机。

(3)操作人员在每次操作前要熟悉操作规程。

五、风险提示

(1)预防煤层气泄漏：如果发生煤层气泄漏，应立即停机并切断相应工艺流程上的阀门，然后放空处理泄漏位置。

(2)预防触电：如果发生人员触电后，应立即切断相关电源使伤者脱离电源，并对伤者进行救护，严重时送往医院救治。

(3)预防机械伤害：如果发生机械伤害，立即使伤者脱离伤害源，进行应急包扎后送往医院救治。

项目八　DTY1000 压缩机启、停操作

一、基本知识

1. 结构特点

DTY1000ML21 ×21 ×12 ×12 煤层气压缩机组是由成都天然气压缩机厂生产的成套往复活塞式压缩机组。主机为美国通用电气公司 ES604 压缩机，驱动机为南阳防爆集团有限公司 YB710M2 –6 1000kW 防爆电动机。橇装结构，压缩机通过弹性联轴器由电动机驱动。对称平衡型往复压缩机，4 列 4 缸，两级压缩。

DTY1000ML21 ×21 ×12 ×12 煤层气压缩机组主要由压缩机、电动机、联轴器、工艺气管路系统、冷却系统、润滑系统、仪表控制系统、空冷器、高位油箱部件、电加热器部件、底座等部件组成。

机组型号含义：

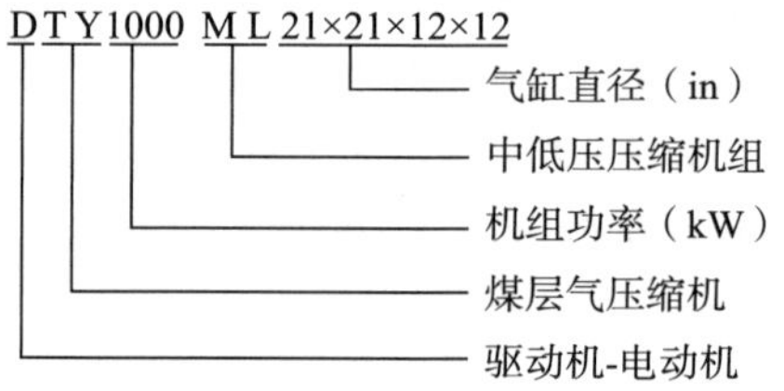

2. 主要技术参数

压缩机组主要技术参数如表 5 –9 所示。

表 5 –9　主要技术参数

序号	名称	参数
1	机组型号	DTY1000ML21 ×21 ×12 ×12
2	压缩机型号	ES604
3	压缩机行程	152.4 mm
4	进气压力	0.05 ~0.15 MPa
5	进气温度	3 ~25 ℃
6	排气压力	1.2 ~1.4 MPa
7	排气量	(19 ~23) ×10^4 Nm^3/h
8	排气温度(冷却后)	≤ 50℃
9	冷却方式	水冷
10	转　　速	991 r/min
11	机组最大轴功率	1000 kW

3. 日常维护保养内容

(1)检查并排除机组油、气泄漏，保持设备表面和环境清洁。

(2)检查各润滑油箱油位，必要时添加润滑油，以保持适当的油位。检查注油器的供油量。检查润滑油压力和温度。

(3)每小时记录一次工艺气压力和温度，观察压力和温度的变化以判断压缩机的运行情况。压缩机工作时，若排气温度和压力比明显变化，说明某一气缸有效行程容积减小。这些现象可能是由于气阀和填料的泄漏，活塞环磨损，或气缸内的零件损坏引起的。

(4)查看填料是否泄漏，活塞杆是否过热。

(5)检查油滤器的阻力指示，按需要清洗或更换。

(6)检查并排放分离器的积液，防止液体进入气缸造成事故。分离器自动排液后，液位计中应没有液体存在。

(7)检查刮油器排污口，若液体太多，说明刮油器串油，应查明原因及时排除。

(8)排放各系统积液。

(9)机组运行时，无论有任何异常振动和异常响声，都应立即查明原因并排除。

(10)检查阀盖温度。

(11)检查控制柜内各控制仪表工作是否正常，检查电气设备工作是否正常。

二、准备工作

(1)劳保用品准备齐全，穿戴整齐。

(2)检查高位油箱的阀门、循环水路上的阀门是否开启。

(3)检查高位油箱油位、曲轴箱油位、注油器的油位、膨胀水箱水位是否在1/2～2/3处。

(4)启动预润滑油泵，运行5min以上，预润滑压缩机气缸和填料。

(5)手压注油器30次，向各润滑点注油，直到无油流开关指示灯闪烁为止。

(6)检查进气阀、排气阀、放空阀和旁通阀是否按照要求开关到位。

(7)检查仪表风压力是否在0.6～0.8MPa。

(8)检查并清除PLC柜上的显示故障，按钮复位。

三、操作步骤

1. 启机操作

(1)确认PLC柜无人操作，手动盘车2～3圈。

(2)合上PLC控制柜上的电源开关，按下“风扇电动机启动”按钮，控制系统检测气动阀的阀位，正常后依次启动空冷器电动机、水泵电动机。

(3)“允许启动”指示灯亮后，按下“主电动机启动”按钮启动主电动机。

(4)空负荷运行5min以上，待机组油温达到40℃，水温30℃时，加负载。

(5)观察PLC上各参数显示是否正常。

2. 停机操作

按“卸载”按钮，放空后空载5min，依次停止主电动机，风扇电动机。

四、注意事项

(1)如果出现紧急情况，机组可以在带负荷状态下紧急停机，条件允许时，至少开启旁通阀，紧急停机后，机组立即卸载，放空，盘车数转。

(2)通过按压控制柜上的紧急停机按钮即可实现紧急停机，非紧急状态不准紧急停机。

(3)操作人员在每次操作前要熟悉操作规程。

五、风险提示

(1)预防煤层气泄漏：如果发生煤层气泄漏，应立即停机并切断相应工艺流程上的阀门，然后放空处理泄漏位置。

(2)预防触电：如果发生人员触电后，应立即切断相关电源使伤者脱离电源，并对伤者进行救护，严重时送往医院救治。

(3)预防机械伤害：如果发生机械伤害，立即使伤者脱离伤害源，进行应急包扎后送往医院救治。

项目九　DTY1600 压缩机启、停操作

一、基本知识

1. 结构特点

DTY1600ML23. 5″×23. 5″×13″×13″煤层气压缩机组是由成都天然气压缩机厂成套的往复活塞式压缩机组。主机为美国通用电气公司 ES704 压缩机，驱动机为西门子(中国)有限公司 1SB45606JE80 – Z 1600KW 正压通风防爆电动机。橇装结构，压缩机通过弹性联轴器由电动机驱动。对称平衡型往复压缩机，4 列 4 缸，两级压缩。

DTY1600ML23. 5″×23. 5″×13″×13″煤层气压缩机组主要由压缩机、电动机、联轴器、工艺气管路系统、冷却系统、润滑系统、仪表控制系统、空冷器、高位油箱部件、电加热器部件、底座等部件组成。

机组型号说明：

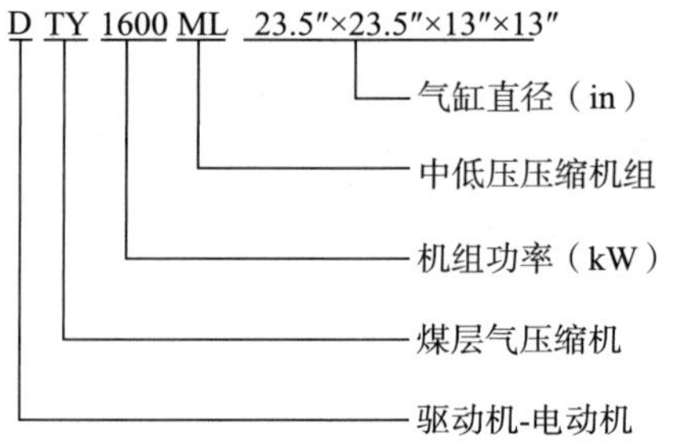

2. 主要技术参数

压缩机组主要技术参数如表 5 – 10 所示。

表 5 – 10　主要技术参数

序号	机组型号	DTY1600ML23. 5″×23. 5″×13″×13″	备注
1	压缩机型号	ES704	
2	压缩机行程	177. 8 mm	
3	进气压力	0. 05 ~ 0. 15 MPa	
4	进气温度	3 ~ 25 ℃	
5	排气压力	1. 3 ~ 1. 65 MPa	

续表

序号	机组型号	DTY1600ML23.5″×23.5″×13″×13″	备注
6	排气量	$(27\sim32)\times10^4 Nm^3/h$	
7	排气温度(冷却后)	≤50 ℃	
8	冷却方式	水冷	
9	转速	991 r/min	
10	机组最大轴功率	1600 kW	

3. 日常维护保养内容

(1)检查并排除机组油、气泄漏，保持设备表面和环境清洁。

(2)检查各润滑油箱油位，必要时添加润滑油，以保持适当的油位。检查注油器的供油量。检查润滑油压力和温度。

(3)每小时记录一次工艺气压力和温度，观察压力和温度的变化以判断压缩机的运行情况。压缩机工作时，若排气温度和压力比明显变化，说明某一气缸有效行程容积减小。这些现象可能是由于气阀和填料的泄漏，活塞环磨损，或气缸内的零件损坏引起的。

(4)查看填料是否泄漏，活塞杆是否过热。

(5)检查油滤器的阻力指示，按需要清洗或更换。

(6)检查并排放分离器的积液，防止液体进入气缸造成事故。分离器自动排液后，液位计中应没有液体存在。

(7)检查刮油器排污口，若液体太多，说明刮油器串油，应查明原因及时排除。

(8)排放各系统积液。

(9)机组运行时，无论有任何异常振动和异常响声，都应立即查明原因并排除。

(10)检查阀盖温度。

(11)检查控制柜内各控制仪表工作是否正常，检查电气设备工作是否正常。

二、准备工作

(1)劳保用品准备齐全，穿戴整齐。

(2)检查高位油箱的阀门、循环水路上的阀门是否开启。

(3)检查高位油箱油位、曲轴箱油位、注油器的油位、膨胀水箱水位是否在1/2~2/3处。

(4)启动预润滑油泵，运行5min以上，预润滑压缩机气缸和填料。

(5)手压注油器30次，向各润滑点注油，直到无油流开关指示灯闪烁为止。

(6)检查进气阀、排气阀、放空阀和旁通阀是否按照要求开关到位。

(7)检查仪表风压力是否在0.6~0.8MPa。

(8)检查并清除PLC柜上的显示故障，按钮复位。

三、操作步骤

1. 启机操作

(1)确认PLC柜无人操作，手动盘车2~3圈。

(2)合上PLC控制柜上的电源开关，按下“风扇电动机启动”按钮，控制系统检测气动阀的阀位，正常后依次启动空冷器电动机、水泵电动机。

(3)“允许启动”指示灯亮后，按下“主电动机启动”按钮启动主电动机。

(4)空负荷运行5min以上，待机组油温达到40℃，水温30℃时，加负载。

(5)观察 PLC 上各参数显示是否正常。

2. 停机操作

按“卸载”按钮，放空后空载5min，依次停止主电动机，风扇电动机。

四、注意事项

(1)如果出现紧急情况，机组可以在带负荷状态下紧急停机，条件允许时，至少开启旁通阀，紧急停机后，机组立即卸载，放空，盘车数转。

(2)通过按压控制柜上的紧急停机按钮即可实现紧急停机，非紧急状态不准紧急停机。

(3)操作人员在每次操作前要熟悉操作规程。

五、风险提示

(1)预防煤层气泄漏：如果发生煤层气泄漏，应立即停机并切断相应工艺流程上的阀门，然后放空处理泄漏位置。

(2)预防触电：如果发生人员触电后，应立即切断相关电源使伤者脱离电源，并对伤者进行救护，严重时送往医院救治。

(3)预防机械伤害：如果发生机械伤害，立即使伤者脱离伤害源，进行应急包扎后送往医院救治。

项目十　WG66 压缩机启、停操作

一、基本知识

1. 结构特点

WG66－2－4800－6 往复式煤层气压缩机组主要由：压缩机系统(包括：机身、中体、曲轴、连杆、十字头、气缸等部分组成)，驱动系统(主要包括电动机组件)，工艺气系统，预润滑及润滑系统，冷却系统，仪表控制及安全保护系统，排污系统，橇座，电控及通信监测系统等组成。压缩机部分结构特点如图 5－10 所示。

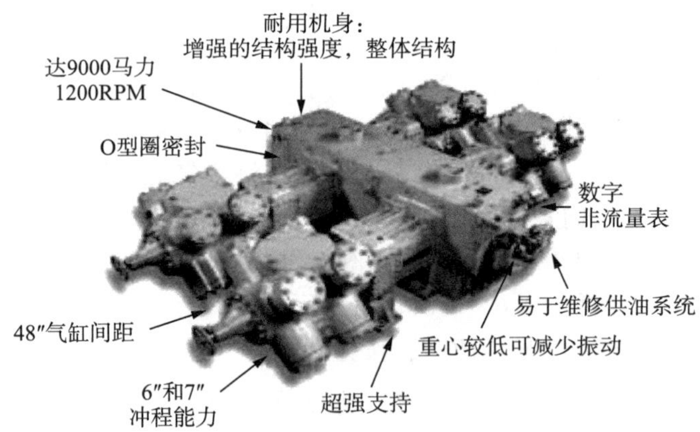

图 5－10　压缩机部分结构特点

本压缩机组为分体结构，机组的驱动机为防爆电动机，由西门子(中国)有限公司制造，驱动机通过弹性膜片联轴器来驱动压缩机，由美国卡麦龙(CAMERON)公司制造。电动机和压缩机安装在刚性橇座上。

膜片联轴器将来自电动机的动力，传递给压缩机，实现压缩机的增压。膜片联轴器的传动效率高，振动小，具有自动对中补偿能力。

压缩机为往复活塞式，对称平衡型，结构紧凑，振动小。

2. 主要参数

主要参数如表 5－11 所示。

表 5－11　主要参数

序号	名称	参数	备注
1	型号	WG66－2－4800－6	
2	进气压力	0.8～1.0 MPa	
3	进气温度	3～20℃	
4	排气压力	5.8～6.1 MPa	
5	单机设计排量	$150^3 10^4 Nm^3/d$	

3. 日常维护保养

(1)检查并消除压缩机漏油、漏气、漏水现象，保持设备表面和环境的清洁。

(2)监视检查润滑油储油罐、曲轴箱、液压缸油位情况。检查压缩机各部位运转有无异常和振动。

(3)检查压缩系统进、排气压力、温度是否正常。

(4)检查压缩机地脚螺栓和各连接部位紧固情况，压缩缸排气缓冲罐支承的松紧程度。

(5)检查并排除分离器积液。

(6)检查仪表盘各控制仪表工作是否正常。

4. 润滑油、冷却液性能要求

(1)润滑油

① 润滑油选用 SAE30 或 40 油品；

② 机组运转第一个 400h 后更换润滑油和过滤器滤芯。正常运行 2000h 时取样，此后每 500h 取样，以油质化验分析结果为依据更换。

(2)冷却液

① 冷却液应经过软化或去离子处理；

② 要保持热交换器表面无锈、无垢和无腐蚀；

③ 环境温度低于 0℃时，加入适当浓度的乙二醇或丙醇或使用符合设备要求的防冻液；

④ 每 2000 小时检测冷却液，确保其保持适当的抗腐蚀、气蚀能力。

5. 设备运行中的检查

(1)每两小时进行巡检。主要检查压缩机各级气缸进排气温度、压力、振动、声音、泄漏及注油器注油情况，检查盘根放空和隔离室排污。检查机油过滤器压差，引压管线、仪表及电源线无破损，冷却水泵运转情况。

(2)每两小时对主要参数运行录取

① 电动机参数：电压、电流、三相绕组温度；

② 压缩机参数：机油温度、一二级气缸进气温度、一二级气缸排气温度、后冷温度、主轴瓦温度、机油压力、一级进气压力、一二级排气压力、电机和机体振动、累计小时等。

二、准备工作

(1)劳保用品准备齐全，穿戴整齐。

(2)检查高位油箱的阀门、循环水路上的阀门是否开启。

(3)检查高位油箱油位、曲轴箱油位、注油器的油位、膨胀水箱水位是否在1/2～2/3。

(4)手压注油器40次左右向各润滑点注油，观察油流指示灯是否闪烁。

(5)检查仪表风压力在0.6～0.7MPa之间，检查各气动阀位置状态。

(6)检查触摸屏“主画面”，确认“主机允许启动”、“电动机吹扫完成”、“放空阀开”三个灯亮(绿)，其余灯灭(白)。

(7)将“手动/自动”开关切换到“手动”，进入触摸屏“手动控制”界面，启动预润滑油泵，建立油压到0.15MPa以上，启动润滑油加热器，使油温上升到20℃，需要时手动打开吹扫阀、放空阀为机体置换。

三、操作步骤

1. 启机步骤

(1)若环境温度低于10℃，应加热机身油池内的润滑油0.5h以上，并保证油温各个测点的温差小于3℃。

(2)确认电源切断，盘车2～3圈。

(3)将“手动/自动”开关切换到“自动”状态。

(4)按“复位”按钮2～3s，按下“启动”按钮，55s后机组启动，空载运行。

(5)点击触摸屏进入“显示”界面，观察各动态参数是否在正常范围内。

(6)检查PLC各参数显示、空冷器电动机、水泵电动机、注油器、油流指示等是否正常。

(7)待油温升至40℃时，按下“自动加载”按钮并确定，为机组加载。

(8)检查机组各部位振动情况以及是否有渗漏。

2. 停机步骤

(1)逐步打开压缩机进、排气旁通阀门，使压缩机卸载。

(2)关闭压缩机进、排气阀门。

(3)切断电动机电源，使压缩机停止运转。

(4)打开压缩系统放空阀，使压缩机管路系统放空(如系临时停车且不需拆检压缩系统时，可不放空)。

(5)手动压注油器各柱塞手柄，向各润滑点注油少许，并盘车2～3圈。

四、注意事项

(1)用户应严格按照压缩机生产厂家提供的压力等级及要求提供与主机连接的法兰、接头、管材、阀门等，并按要求安装。

(2)使用符合要求的油、水、气，这是压缩机安全运行的必要条件。

(3)严禁压缩机超速、超温、超压、超负荷运行。

(4)电器、仪表控制系统的接地应可靠，切勿短路。

(5)压缩机运行时，请勿靠近旋转运动件，如：飞轮、皮带轮等。

(6)请勿接触压缩机排气管、缓冲罐等，以防烫伤。

(7)压缩机排气管附近勿塞放棉纱、布头等物，以防燃烧。

(8)安全阀及各安全保护设定值不得随意更改。

(9)安全阀应按规定定期调校。

(10)本机组上的各级分离器、进排气缓冲罐均是压力容器，使用单位应根据压力容器使用管理要求，进行维护、检验等。

(11)维修时应断电、断气(放空即可实现)、断水，并在相应部位挂上警示牌。

(12)手动盘车应在确认无人操作、维修后方可进行，盘车后应立即取下盘车杆。

(13)严格按照压缩机维护保养时间间隔及内容进行压缩机的维护。

五、风险提示

(1)预防煤层气泄漏：如果发生煤层气泄漏，应立即停机并切断相应工艺流程上的阀门，然后放空处理泄漏位置。

(2)预防触电：如果发生人员触电，应立即切断相关电源使伤者脱离电源，并对伤者进行救护，严重时送往医院救治。

(3)预防机械伤害：如果发生机械伤害，立即使伤者脱离伤害源，进行应急包扎后送往医院救治。

项目十一　4RDSA 压缩机启、停操作

一、基本知识

1. 结构

该机组主要由驱动机、联轴器、压缩机、冷却器、洗涤罐、进、排气缓冲罐、控制盘、冷却水泵、底座、管线等组成，如图 5－11 所示。

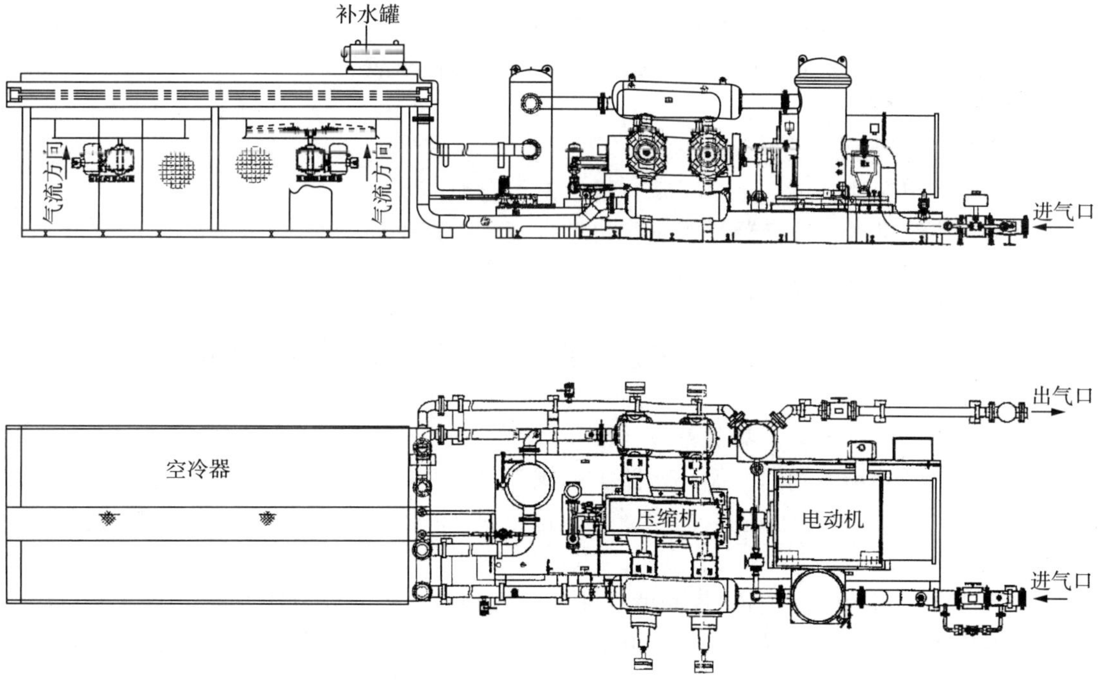

图 5－11　4RDSA 压缩机结构图

2. 主要参数

4RDSA 压缩机主要参数如表 5－12 所示。

表 5－12　主要参数

序　号	名　称	参　数	备　注
1	压缩机行程	139.7 mm	
2	活塞杆直径	64 mm	
3	压缩机列数	2	
4	额定功率	1600 kW	
5	主油泵排量	87 L/min	
6	最高转速	1200 r/min	
7	最低转速	600 r/min	
8	最大气体力	27000 kg	
9	最大活塞力	27000 kg	

3. 日常保养内容

(1)检查机体油池油位，必要时添加润滑油，以保持适当的油位。

(2)按要求充满注油器，决不允许油箱中的油位太低。检查每分钟泵出的润滑油滴数。各泵应工作正常。

(3)坚持每小时记录一次水温、气体的温度和压力。

(4)检查填料是否泄漏、活塞杆是否过热。

(5)按时排放罐内积液，防止液体进入气缸引起机械事故。

4. 正常巡检内容

(1)检查机组温度，压力是否正常。

(2)监听机组振动，声音是否正常，机组是否有泄漏。

(3)检查机组进气，洗涤罐是否正常自动排液，否则手动排液。

(4)检查润滑油液位，冷却液液位。

(5)检查排污管线是否畅通。

(6)检查仪表盘显示是否正常以及油水系统，空冷器电动机工作是否正常。

二、准备工作

(1)劳保用品准备齐全，穿戴整齐。

(2)检查高位油箱的阀门、循环水路上的阀门是否开启。

(3)检查高位油箱油位、曲轴箱油位、注油器的油位、膨胀水箱水位是否在1/2～2/3 处。

(4)手压注油器 30 次左右向各润滑点注油，直到流量指示灯闪烁为止。

(5)机体置换：打开先导阀进气到 0.2 MPa，打开二级放空阀放空，确认机体压力为零后关闭。

(6)检查仪表风压力是否在 0.6～0.8MPa。

(7)检查并清除 PLC 柜上的显示故障，按钮复位。

三、操作步骤

1. 启机步骤

(1)确认电源切断，手动盘车 2 ~ 3 圈，确认机组无卡滞现象。

(2)将 PLC 仪表柜上的动力电源开关及控制面板上的电源开关合上。

(3)打开进气阀、排气阀，按下 PLC 控制柜上的启动按钮，这时预润滑指示灯亮，等压缩机油压上达到 0.28MPa 后，机组自动启动。

(4)待机组油温 30℃，水温 50℃以上时(约 10min)，准备实施加载。

(5)缓慢关闭旁通阀。

(6)观察仪表盘上各仪表参数显示是否正常。

(7)机组带负荷运行时，检查机组有无泄漏，有无超负荷和其他异常情况，严禁机组超温、超压、超负荷运行。

2. 停机步骤

(1)缓慢打开机组旁通阀使机组卸载。

(2)按停机按钮停机。

(3)先关闭排气阀，后关闭进气阀。打开机组放空阀，使机组放空，放空后关闭放空阀。

四、注意事项

(1)电动机在冷态状态下允许启动 2 次，启动时间间隔不小于 10min。

(2)电动机在热态状态下只允许启动一次，下次启动时间间隔不小于 1h。

五、风险提示

(1)预防煤层气泄漏：如果发生煤层气泄漏，应立即停机并切断相应工艺流程上的阀门，然后放空处理泄漏位置。

(2)预防触电：如果发生人员触电后，应立即切断相关电源使伤者脱离电源，并对伤者进行救护，严重时送往医院救治。

(3)预防机械伤害：如果发生机械伤害，立即使伤者脱离伤害源，进行应急包扎后送往医院救治。

项目十二　ZTY470 压缩机启、停操作

本设备由成都天然气压缩机厂制造。

一、基本知识

具体内容请查阅学习情境四：煤层气集输技术知识的相关内容。

二、准备工作

(1)劳保用品准备齐全，穿戴整齐。

(2)检查高位油箱的阀门、循环水路上的阀门是否开启。

(3)检查高位油箱油位、曲轴箱油位、注油器的油位、膨胀水箱水位是否在1/2 ~ 2/3 处。

(4)环境温度高于 20℃时，手摇预润滑油泵不少于 25 个手柄即 50 个冲程；低于 20℃时，启用预润滑电加热，对压缩机润滑油预热。

(5)手压注油器30次向各润滑点注油，直到无油流开关指示灯闪烁为止。

(6)检查进排气阀、放空阀、旁通阀是否按照要求开关到位。

(7)燃气进气压力应为0.056 ~ 0.14MPa；启动气压力在2.0MPa以上。

(8)检查并清除PLC柜上的显示故障，按钮复位。

三、操作步骤

1. 启机操作

(1)确认PLC柜无人操作，手动盘车2~3圈。

(2)合上PLC柜上电源开关，压下动力缸头上的安全阀盖，使安全阀开启，再打开安全阀前端的小球阀给缸内卸压，然后关闭安全阀和小球阀。

(3)打开启动球阀，旋转启动阀上任一只平衡气针形阀，使飞轮转向正确后立即关闭针形阀。

(4)空负荷运行5min以上，待机组油温达到40℃，水温30℃时，加负载。

(5)观察PLC上各参数显示是否正常。

2. 停机操作

(1)逐步打开压缩机旁通阀门，关闭进气阀门，使压缩机卸载。

(2)关闭压缩机进、排气阀门，关闭燃料气阀，使压缩机停止运转。

四、注意事项

(1)禁止在机油温度小于30℃时且机身油位计液面未下降1/2~1/3时，压缩机带负荷运转。

(2)冬季启机按冬季启机操作规程操作。

(3)压缩机负荷和转速调速调节应缓慢均匀，应避免突然增加或减少负荷。

五、风险提示

(1)预防煤层气泄漏：如果发生煤层气泄漏，应立即停机并切断相应工艺流程上的阀门，然后放空处理泄漏位置。

(2)预防触电：如果发生人员触电后，应立即切断相关电源使伤者脱离电源，并对伤者进行救护，严重时送往医院救治。

(3)预防机械伤害：如果发生机械伤害，立即使伤者脱离伤害源，进行应急包扎后送往医院救治。

项目十三　LGN20螺杆式压缩机启、停操作

一、基本知识

具体内容请查阅学习情境四：煤层气集输技术知识的相关内容。

二、准备工作

(1)劳保用品准备齐全，穿戴整齐。

(2)压缩机操作人员在开机前，应仔细阅读使用说明书，弄懂说明书中各项规定和要求。各岗位应配备专业工作人员，认真负责，密切配合。

(3)机组开车前，应严格检查各管路及机械设备连接面是否紧固可靠，各阀门是否处在规定位置。

(4)检查仪表管线及导线，调节并校正仪表，检验联锁控制。

(5)检查油箱的液位(不低于油箱液位计 2/3 刻度)。

(6)启动盘车电动机，盘动齿轮箱和主机，观察是否正常。

三、操作步骤

1. 启机操作

(1)打开压缩机机组排污阀排污，确认无污液。将机组入口阀门开启(开度保持在 1/3～1/2，以保证机组在低负荷启动后，有少量气体吸入)，出口阀门全部关闭，机组旁通阀全部开启。

(2)开启补液泵，此时补液阀处于关闭位置。

(3)在现场 PLC 柜上，允许合闸指示灯绿色的情况下，点击“允许合闸”按钮启动主机。主机启动 10s 后，完全打开入口阀门，同时打开补液阀(如果先开补液阀，则可能由于延缓启动，机内会因进液过多造成启动困难)。

(4)假如分离器内有较高液位可开启喷液阀，而关闭补液阀(然后关闭补液泵)。此时机组冷却是由分离器内的液体进行冷却，并保证机组温度不要过高。

2. 停机操作

(1)缓慢打开出口旁通阀，使之完全打开。

(2)缓慢关闭出口阀。

(3)现场停下主机(点击“主机分闸”)，手动关闭喷液阀，防止主机停机后分离器中的液体压入压缩机内。(如此时正在补液，关闭补液阀和补液泵)

(4)打开压缩机组排污阀，排出压缩腔内的液体。

四、注意事项

(1)如果出现紧急情况，机组可以在带负荷状态下紧急停机，条件允许时，至少开启旁通阀，紧急停机后，机组立即卸载，放空，盘车数转。

(2)通过按压控制柜上的紧急停机按钮即可实现紧急停机，非紧急状态不准紧急停机。

(3)机组在停止运行后，应将“控制选择开关”放在“停止”位置，以防止误操作！

五、风险提示

(1)预防煤层气泄漏：如果发生煤层气泄漏，应立即停机并切断相应工艺流程上的阀门，然后放空处理泄漏位置。

(2)预防触电：如果发生人员触电后，应立即切断相关电源使伤者脱离电源，并对伤者进行救护，严重时送往医院救治。

(3)预防机械伤害：如果发生机械伤害，立即使伤者脱离伤害源，进行应急包扎后送往医院救治。

项目十四　LGN77 螺杆式压缩机启、停操作

一、基本知识

1. 结构特点

LGM77/0. 08－1. 6 主机为两级喷液螺杆压缩机，主电动机通过叠片挠性联轴器和齿轮箱输入端直接连接，齿轮箱两个输出端分别与两个主机阳转子连接。气体进口设在压缩机上方，出口设在分离器后端。为确保主机运行，机组布置有气液系统、润滑油系统、冷却器、

密封、电气及自控等系统。

型号含义如下所示：

LGM 77/ 0.08- 1.6

- 1.6 —— 出口压力1.6MPa
- 0.08 —— 入口压力0.08MPa
- 77 —— 入口状态下的容积流量$77m^3/min$
- LGM —— 螺杆煤层气压缩机的缩写

2. 主要参数

主要参数如表5－13所示。

表5－13　主要参数

序　号	名　称	参　数	备　注
1	型号	LGM77 / 0.08－1.6	
2	进气压力	0.08 MPa	
3	容积流量	$77\ m^3/min$	
4	机组尺寸	6500mm×2500mm×5200mm	
5	压缩介质	煤层气	
6	排气压力	1.6 MPa	
7	电动机功率	1120 kW	
8	总重	12000 kg	

3. 机组运行时的检查

(1)分离器液位正常。

(2)排气压力上升并稳定在工艺指标以内。

(3)排气温度上升并稳定在工艺指标以内。

(4)过滤后机油压力大于机组排气压力。

二、准备工作

(1)劳保用品准备齐全，穿戴整齐

(2)机组开车前，应严格检查各管路及机械设备连接面是否紧固可靠，各阀门是否处在规定位置。

(3)检查仪表管线及导线，调节并校正仪表，检验联锁控制。

(4)检查油箱的液位(不低于油箱液位计2/3刻度)。

(5)启动盘车电动机，盘动齿轮箱和主机，观察是否正常。

三、操作步骤

1. 启机操作

(1)打开压缩机机组排污阀排污，确认无污液。将机组入口阀门开启(开度保持在1/3～1/2，以保证机组在低负荷启动后，有少量气体吸入)，出口阀门全部关闭，机组旁通阀全部开启。

(2)开启补液泵，此时补液阀处于关闭位置。

(3)在现场PLC柜上，允许合闸指示灯绿色的情况下，点击“允许合闸”按钮启动主机。主机启动10s后，完全打开入口阀门，同时打开补液阀(如果先开补液阀，则可能由于延缓启动，机内会因进液过多造成启动困难)。

(4)确认机组运行正常后对机组加载，依次开启排气阀、开启进气旁通阀、开启进气阀、关闭旁通阀、关闭放空阀，压缩机加载运行。

(5)观察 PLC 上各参数显示是否正常。

2. 停机操作

(1)缓慢打开出口旁通阀，使之完全打开。

(2)缓慢关闭出口阀。

(3)现场停下主机(点击“主机分闸”)，手动关闭喷液阀，防止主机停机后分离器中的液体压入压缩机内(如此时正在补液，关闭补液阀和补液泵)。

(4)打开压缩机组排污阀，排出压缩腔内的液体。

四、注意事项

(1)如果出现紧急情况，机组可以在带负荷状态下紧急停机，条件允许时，至少开启旁通阀，紧急停机后，机组立即卸载，放空，盘车数转。

(2)通过按压控制柜上的紧急停机按钮即可实现紧急停机，非紧急状态不准紧急停机。

(3)机组在停止运行后，应将“控制选择开关”放在“停止”位置，以防止误操作！

五、风险提示

(1)预防煤层气泄漏：如果发生煤层气泄漏，应立即停机并切断相应工艺流程上的阀门，然后放空处理泄漏位置。

(2)预防触电：如果发生人员触电后，应立即切断相关电源使伤者脱离电源，并对伤者进行救护，严重时送往医院救治。

(3)预防机械伤害：如果发生机械伤害，立即使伤者脱离伤害源，进行应急包扎后送往医院救治。

项目十五　安全阀拆装操作

一、基本知识

请查阅学习情境四：煤层气集输技术知识的相关内容。

二、准备工作

(1)劳保用品准备齐全，穿戴整齐。

(2)工用具准备

600mm 活动扳手 2 把；安全阀 1 个；垫片 1 个；起子 1 把；棉纱若干。

(3)准备合适的防爆工具。

(4)高处作业办理高处作业票。准备安全带，检查安全带是否完好。

(5)检查梯子、护栏、平台是否结实、无缺陷。

(6)检查放空管线压力是否达到拆装要求。

(7)检查绳索是否结实，使用是否符合安全要求。

三、操作步骤

1. 拆卸操作

(1)停机、关闭安全阀控制阀门。如果安全阀前没有控制阀门，必须关闭容器进出口阀门。

(2)确认已泄压，拆松螺栓，将余压放净。

(3)拆下安全阀。

(4)将安全阀从操作平台上运到安全地带。

2. 安装操作

(1)将安全阀运到操作平台上。

(2)侧身安装螺栓。

(3)更换垫子，装上安全阀。

(4)缓慢打开控制阀门，达到全开状态。

(5)安全阀进口控制阀门打铅封。

四、注意事项

(1)五级风以上不允许进行户外高处作业。

(2)有专人进行全过程监护。

(3)对施工人员进行安全交底。

五、风险提示

(1)预防机械伤害：如果发生砸伤、挤伤(高压刺伤)等机械伤害，立即使伤者脱离伤害源，严重者立即就近送往医院或拨打 120 急救电话。

(2)预防煤层气中毒：如果发生煤层气中毒，应立即将中毒者移至空气流通处，就近送往医院或拨打 120 急救电话。

(3)预防高处坠落：如果发生高处坠落，应及时对伤员进行包扎，严重时送往医院进行救治。

(4)预防着火、爆炸：如果出现着火、爆炸，应立即组织人员疏散逃生，拨打 119 报警，同时向值班领导汇报。

项目十六　无压锅炉操作

一、基本知识

1. 结构

(1)组成

其组成如图 5－12 所示。

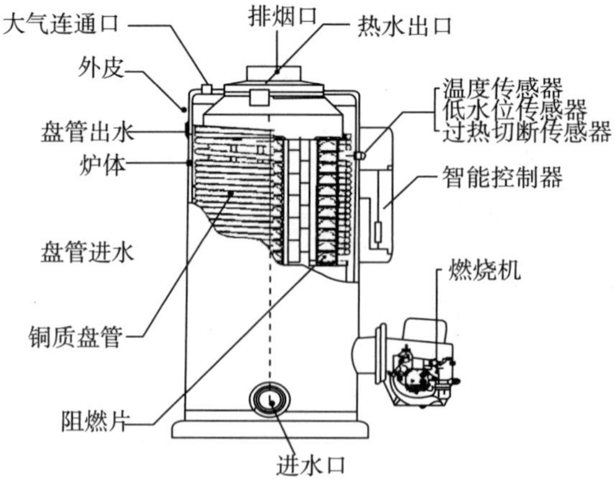

图 5－12　无压锅炉结构图

(2)型号

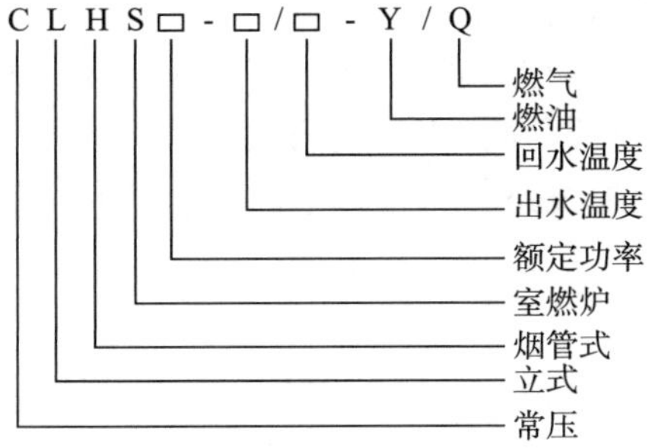

(3)结构特点

① 该种锅炉分为取暖型、兼用型、温水型(镀锌)，煤层气主要用于冬季取暖。

② 炉体设计优化，受热面积大，热效率高，升温快，供应热水充足。配置优质燃烧器，燃料燃烧充分，噪音低。

③ 采用新一代智能型电脑控制器，功能齐全，有过热保护、缺水保护、自检功能等多重保护功能，安全可靠。

④ 自动化程度高，具有自动补水、燃烧、循环控制等自动控制功能。

⑤ 外观造型新颖，色泽明快、优雅。整体布置紧凑，占地面积少，安装方便。

2. 技术参数

本设备由山东骏马石油设备制造集团有限公司制造，其主要参数如表 5－14 所示。

表 5－14　主要参数

序号	名称	参数	备注
1	额定热功率	0.24 MW	
2	额定出水压力	常压	
3	额定热水出口温度	85 ℃	
4	锅炉回水温度	65 ℃	

3. 维护保养

(1)锅炉烟筒定期进行清扫。

(2)控制器或燃烧器配线应避免受潮或进水，如受潮或进水应干燥处理后再运行。

(3)燃料过滤器要定期进行清洗。

(4)每日要用干净的抹布对光电管受光面进行擦拭。

(5)锅炉长时间不用时，应切断电源，检修时应切断电源。

(6)锅炉使用压力必须符合铭牌上指定的使用压力。

4. 故障显示

(1)低水位指示灯亮时，表示锅炉缺水，应排放空气，及时补充水。

(2)过热指示灯亮时，表示锅炉水超温，等待锅炉水温降至所设定温度，重新启动。

(3)超温指示灯亮时，表示锅炉水温超过设定值 15℃，此时应查明原因，待温度下降后重新启动锅炉。

二、准备工作

(1)劳保用品准备齐全，穿戴整齐。

(2)运行前的检查：

①锅炉运行时，锅炉给水箱应有水；

②确认所有电源必须符合锅炉电气装置所需要的额定电压和功率；

③检查确认锅炉和管路安装正确，所有阀门及开关无异常；

④认真检查锅炉运行系统中气路、水路和电路等，应使其保持正常状态。

三、操作步骤

1. 锅炉的启动

(1)通过膨胀水箱将水输送到锅炉及其管路中，配管和散热器的空气排净，使锅炉处于满水状态。

(2)接通电源，打开开关，设定所需的温度值。

(3)按运行/停止键，锅炉进入运行状态。

(4)排净燃烧管线中的空气。

(5)调节风量。通过窥视镜观察燃烧器燃烧情况，适当调节风门，使燃烧处于最佳状态，火焰呈桔红色最佳。

(6)炉水被加热到设定的温度时，燃烧器停止运行，循环泵启动，热水开始在系统中循环。当炉水温度下降到比设定温度低5℃时，循环泵停止，燃烧器重新开始工作。这样燃烧器和循环泵在设定温度和温差之间循环往复自动工作。

2. 锅炉的停运

(1)按运行/停止键，使锅炉处于待机状态。

(2)关上电源开关，数码窗显示熄灭，锅炉停止工作。

3. 运行时的参数调整

(1)出水温度：85℃。

(2)回水温度：65℃。

(3)燃气压力(减压后)：0.05～0.15MPa。

四、注意事项

(1)在对锅炉进行维护保养前，必须切断主电源。

(2)保养炉体时，必须待炉体冷却后进行。

(3)所有对电路部分的作业，应由专门电气人员进行。

(4)保证锅炉房内通风设备完好。

五、风险提示

(1)预防煤层气泄漏：如果发生泄漏，应立即熄火停炉，切断气源阀门，打开门窗进行通风，然后放空处理泄漏位置。

(2)预防烫伤：如果出现烫伤，将伤者迅速抬至安全地带救治，必要时送医院救治。

项目十七　处理厂放空火炬点火操作

一、基本知识

1. 结构原理

地面爆燃是指燃料气与空气按一定比例混和，进入爆炸范围后，遇火产生微小爆炸，产生的火焰以亚音速沿密闭管道传至火炬头顶部，如图5－13所示。

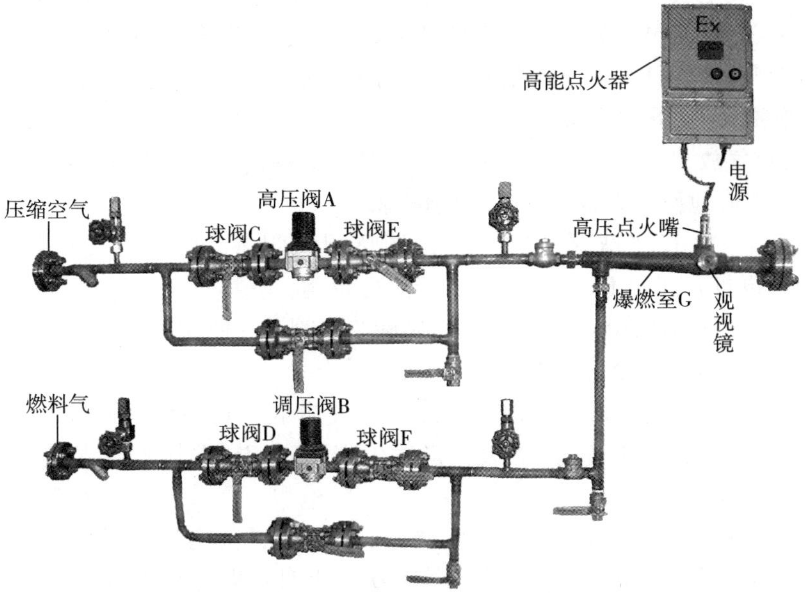

图5－13　地面爆燃点火装置

2. 点火模式

高低压火炬分别具有三种操作模式：手动模式和自动模式、DCS远程点火模式。

（1）手动模式

手、自动转换开关开到手动位置，按下点火按钮，可编程控制器（PLC）会自动打开吹扫电磁阀XV－301吹扫30s，同时5s后引火筒管线电磁阀被打开和启动点火器点火15s，此时引火筒中燃料气被点燃，会引燃长明灯中的燃料气或火炬燃烧器中的放空气，为了保证点火的可靠性，控制箱暂停10s后再次启动引火筒电磁阀，点火器点火15s热偶检测到长明灯火焰，检测到主火炬放空气被点燃，此时面板上的火检指示灯亮，控制系统处于待机状态。

（2）自动模式

手、自动转换开关开到自动位置，当点火系统接收到来自安装在长明灯上的热电偶TT－1001/02检测到火焰意外熄灭时或接收到放空管线的压力变送器和流量计信号时，控制系统会产生一个点火触发信号，会自动打开吹扫电磁阀XV－301吹扫30s，同时5s后打开引火筒电磁阀，启动点火器接着点火15s，点火完后停10s，再接着再次重复点火15s，热偶检测到长明灯火焰，检测到主火炬放空气被点燃，此时面板上的火检指示灯亮，控制系统处于待机状态。如果此次还没有检测到火焰，系统会再次执行点火一次，此次点火过程中若检测到有火焰，将立即停止点火，如果还没检测到有火焰，将提示“点火故障报警”。提示操作人员去现场检修。

（3）DCS远程点火

本控制系统专设“DCS远程点火功能”，可以在控制室实现远程点火功能。

当控制箱检测到“DCS点火信号”时，会自动打开吹扫电磁阀吹扫，引火筒电磁阀，启动点火器点火15s停10s，再点15s。

二、准备工作

（1）劳保用品准备齐全，穿戴整齐。

(2)检查各连接法兰有无漏气现象。

(3)检查放空火炬底部排液阀是否完好，有无漏气现象，并打开放尽火炬内的残余油。

(4)检查各阀门是否灵活好用，周围闲杂人员是否退到安全距离以外。

(5)合上控制箱内的开关，电源指示灯亮，使控制系统处于待机状态。

三、操作步骤(地面爆燃点火)

(1)当有煤层气放空时，首先保证进入地面爆燃盘的燃料气、压缩空气的管路畅通，并有足够的压力。接通地面爆燃盘点火器上的电源。

(2)打开压缩空气管路球阀C(全开)，调整调压阀A，使净化气阀后压力确规定为0.35～0.4MPa，再打开球阀E。

(3)打开燃料气管路路球阀D(全开)，调整调压阀B，使阀压力显0.1～0.15MPa打开调压阀后球阀F，使其处于全开位置。

(4)压缩空气和燃料气在爆燃室混合，等混合气体全部充满爆燃管道后(约30s)，然后按下“点火器”面板上的“点火按钮”点火，当发生震动时，说明压缩空气和燃料气配比已调节好，爆燃管已被点着。

(5)点火若不成功，用手微调燃料气管线上的球阀F，使之达到爆燃混合比例。点火成功后关闭两路自立式调节阀前球阀C、D，等下次点火时只需打开球阀C、D。

四、注意事项

(1)要保证接入爆燃点火装置的压缩空气和燃料气是干燥、干净的气体，以防长期使用堵塞管路。

(2)每两个月对Y型过滤器进行清理，保证爆燃点火装置的正常使用。

(3)自动点火模式如果没有检测到火焰，将提示点火故障报警，提示操作人员去现场检修。

(4)点火前和火炬燃烧状态下一定要保证燃气压力、燃气管线畅通，使燃气正常进入分子封，作为密封气以防回火。

五、风险提示

(1)预防泄漏着火：由于煤层气泄漏，点火时引起周围杂物着火时，应立即停止点火炬操作，关闭火炬放空，用灭火机进行灭火。

(2)预防触电：如果发现人员触电后，立即关断相关电源或使伤者脱离电源，然后对伤者进行救护，严重时送往医院。

项目十八　三甘醇充装操作

一、基本知识

1. 结构原理

在管输的温度和压力下，煤层气内含有饱和水汽。由于水汽的存在，煤层气管输过程中往往会因温降造成管道积液，降低输气能力及降低热值，加速煤层气中H_2S和CO_2对管道和设备的腐蚀。即使在煤层气的温度高于水的冰点时，水也可能和气态烃形成烃类的固态水合物，引起管道阀门堵塞，严重影响平稳供气。

煤层气脱水的方法有很多种，压缩冷却是常用的降低煤层气中水含量的方法。但大型煤层气田集输与净化厂使用的煤层气脱水方法主要是三甘醇溶剂吸收法。

三甘醇凝固点低，热稳定性好，易于再生，蒸气压低，携带损失小，吸水性强。

三甘醇脱水是一个物理过程，利用三甘醇的亲水性，在吸收塔中煤层气与三甘醇充分接触，煤层气中水份被三甘醇吸收，降低了煤层气中含水量。吸收了水分的三甘醇(富甘醇)进入再生系统加热再生，除去吸收的水份成为贫甘醇而循环使用。

三甘醇吸收塔结构如图 5－14 所示。塔下部为气液分离段，因煤层气进塔前已经通过过滤分离器分离，塔下部分离段只能分离出自过滤器至吸收塔间因沿程温降，从湿煤层气中析出的很少量气体。因此分离段只设就地液位显示及手动排污。分离段设置丝网捕雾器，进塔煤层气经过丝网捕器后，从升气管进入吸收段。经过规整填料床层，被三甘醇吸收掉水份后从塔顶出塔，塔顶设丝网捕雾器捕捉可能被煤层气携带的三甘醇微滴。

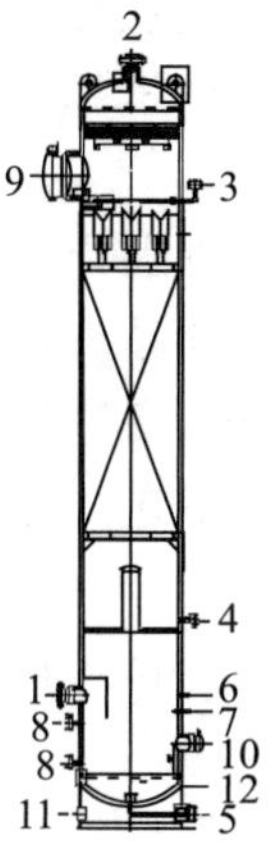

图 5－14　三甘醇吸收塔

1—进气口；2—出气口；
3—三甘醇贫液进口；
4—三甘醇富液出口；5—排污口；
6—压力表接口；7—温度计套管口；
8—液位计口；9—人孔；
10—手孔；11—观察孔；
12—通气孔

三甘醇从塔上部三甘醇贫液进口进入吸收塔，经过规整填料下降至升气管腔，由三甘醇富液出口出塔。

2. *主要参数*

三甘醇吸收塔主要工艺参数如表 5－15 所示。

表 5－15　主要工艺参数

序号	名称	参数	备注
1	设计压力	6.8 MPa	
2	设计温度	60 ℃	
3	塔型式	填料塔	
4	总高	10160 mm	
5	塔内径	ϕ1200 mm	
6	塔壁厚	28 mm	
7	质量	11.2 t	
8	材质	筒体及封头 16MnR	
9	接管及法兰	20#	

二、准备工作

(1)劳保用品准备齐全，穿戴整齐。

(2)检查充装三甘醇管是否完好，无泄漏。

(3)检查充装三甘醇管路各连接部位有无渗漏。

(4)将三甘醇桶摆放到合适的位置。

三、操作步骤

(1)打开缓冲罐上部灌注口(由此灌入三甘醇溶液)。

(2)将煤层气充入吸收塔，保持约4.0MPa的塔压。

(3)开启开米尔泵，打开回流阀门，关闭进塔阀门，将缓冲罐内三甘醇由缓冲罐打入重沸器。

(4)待重沸器内溶液灌满后由贫液汽提柱下溢时，打开进塔阀门，关闭回流阀门。

(5)继续向缓冲罐内灌液，并由开米尔泵将溶液打入吸收塔。

(6)启动闪蒸罐液位控制器及液位控制阀，控制闪蒸罐在一定液位。

(7)当溶液进入滤布过滤器及活性炭过滤器时，分别打开各自的放空阀门放掉过滤器内的气体。

(8)当缓冲罐内液位维持在1/2时，停止灌液，系统充装三甘醇完毕。

四、注意事项

(1)工艺巡检岗要对设备、容器、工艺流程等进行全面检查，做好充装前的各项准备工作。

(2)调校好各类仪表使其灵敏可靠。

(3)充装时劳保穿戴整齐，佩戴防护用品。

(4)充装时使用防爆工具。

(5)容器放空进入整体放空系统。

(6)定期校验安全阀、压力表。

五、风险提示

(1)预防摔伤、烫伤：如果发生摔伤、烫伤事故，将伤者迅速抬至安全地带进行救治，必要时送医院救治。

(2)预防着火：如果发生着火，根据火势情况采取不同措施进行扑救，必要时打119报火警。

项目十九　离心泵启、停操作

一、基本知识

1. 结构原理

离心泵由六大部分组成，其结构如图5-15所示：

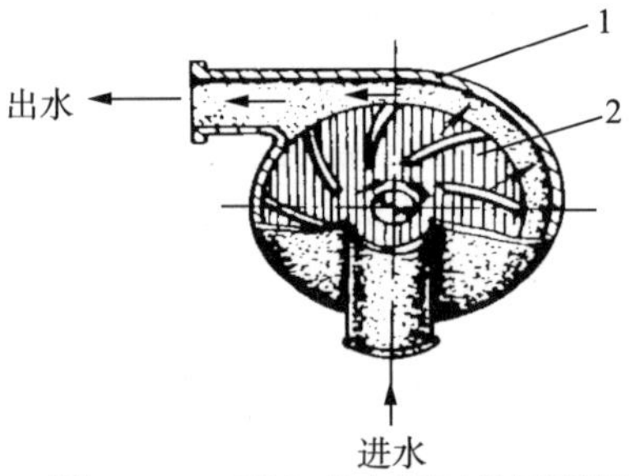

图5-15　离心式水泵工作原理图

1—水泵体；2—水泵叶轮

(1) 转动部分：包括叶轮、泵轴和轴套。

(2) 泵壳部分：包括泵壳与泵盖，多级泵包括吸入段、中段、压出段和导翼。

(3) 密封部分：包括密封环和填料函。

(4) 平衡部分：包括平衡盘、平衡鼓和其他平衡装置。

(5) 轴承部分：包括滚动轴承和滑动轴承。

(6) 传动部分：包括弹性联轴器等。

离心泵工作时，叶轮在泵壳内高速旋转，产生离心力。充满叶轮的液体受离心力的作用，从叶轮的四周被高速甩出，高速流动的液体汇集在泵壳内，其速度降低，压力增大。根据液体总是要从高压区向低压区流动的原理，泵壳内的高压液体进入了压力低的出口管内(或下一级叶轮)。在叶轮将液体甩向四周的同时，在叶轮的吸入室中心处形成低压区，液体在外界大气压(或进口压力)的作用下，源源不断地进入叶轮，补充于叶轮的吸入口中心低压区，使泵连续工作。

2. 巡回检查

(1)检查泵压、管压、电流各参数是否正常，保证电动机实际电流不超过额定电流。

(2)检查电动机温度是否正常，最高不超过80℃，盘根漏失量不超过15滴/min。

(3)各仪表指示(泵压、干压、电流、电压等)是否正常。

(4)检查各部管路阀门是否有漏失现象，特别要注意吸入管路不准进气，以免影响泵正常工作。

(5)倾听泵的各部位声音，如有特别噪音及不正常声音立即停泵检查。

(6)及时准确填写记录、报表。

3. 维护保养

(1)要经常检查泵和电动机的温升情况，轴承的温升不应大于35℃，极限温度不应大于75℃。

(2)在运转过程中，发现有不正常的声音或其他故障时，应立即停车检查，待排除故障后才能继续运转。

(3)绝不允许用吸入管路上的阀门来调节流量，以免产生气蚀。

(4)泵一般不宜在低于30%额定流量下长期运转，如果必须在该条件下使用时应在出口管路上安装旁通，使泵的流量达到规定的使用范围。

(5)在出口阀门关闭的情况下，泵连续运行时间不得超过3min。

(6)经常检查紧固件有无松动，如有松动，应立即紧固。

二、准备工作

(1)劳保用品准备齐全，穿戴整齐。

(2)启动前的准备工作。

①检查离心泵和电动机是否完好备用。

②检查泵的传动、连接、固定各部位是否紧固。

③打开泵的进口闸门，检查进口阀门是否畅通。

④检查电动机、泵周围有无杂物。

⑤盘泵3~5圈，看转动是否灵活自如，细听泵内有无杂音。

⑥润滑是否良好，压力表是否灵活好用。

⑦泵出口阀门是否关闭。

⑧打开泵出口放空阀门、将泵内空气放净，随后立即关闭。

⑨检查消防水罐液位。

⑩供电电压在380V±10%之间，供电设备完好。

三、操作步骤

1. 启动操作

(1)合上电源闸刀开关。

(2)按启动按钮待电流下降，泵压上升稳定后，再慢慢开启泵的出口闸门，调到所需要的泵压。

(3)泵启动后必须按照听、看、摸、闻的方法，对机泵进行全面检查，如发现异常情况，立即停泵检查并排除。

2. 停泵操作

(1)将泵出口阀门慢慢关闭。

(2)注意干线压力，并保持压力稳定。

(3)按停止按钮停泵。

(4)记录停泵时间。

3. 倒泵操作

(1)关小待停泵的出口阀门。

(2)按启动前的检查和启动操作步骤启动备用泵。

(3)待启动泵运转正常后，关闭待停泵的出口阀门，按以上停泵步骤将要停的泵停下。

四、注意事项

(1)及时检查泵的压力、温度，电动机的温度、电流、电压等相关参数。

(2)冬季停泵应将泵内的液体排空。

(3)有变频启停的以变频启停操作规程为准。

五、风险提示

(1)预防机械伤害：如果发生机械伤害，立即使伤者脱离伤害源，进行应急包扎后送往医院救治。

(2)预防触电：如果发生人员触电后，立即关断相关电源或使伤者脱离电源，然后对伤者进行救护，严重时送往医院。

(3)预防烫伤：如果出现烫伤，应立即用冷水冲淋降温，然后送往医院进行处理。

项目二十 外输流量计倒运操作

一、基本知识

具体内容请查阅学习情境二：煤层气排采技术知识的相关内容。

二、准备工作

(1)劳保用品准备齐全，穿戴整齐。

(2)确保交接双方人员在场。

(3)确保要投运流量计及其流量计算机供电正常。

(4)检查要投运流量计各参数是否正常，上位机采集流量计参数是否正常，并记录此时标况累积流量。

三、操作步骤

(1)上位机远程开启要投运流量计上游电动阀门。

(2)压力平衡后，现场缓慢开启流量计下游手动阀门，上位机观察流量计是否有瞬时，及累积流量是否增加，如正常则完全开启阀门，如无瞬时及累积变化，关闭手动阀门，查找原因。

(3)本着先开后关原则，待要投运流量计前后阀门完全开启运行正常后，依次关闭要停运流量计前后阀门。

(4)记录各流量计投运和停运时间，记录停运流量计此时累积流量。

四、注意事项

(1)开关阀门时要侧身，需加力时必须用防爆“F”扳手。

(2) 供气压力、流量不得超过管线和流量计量装置允许的规定值。

五、风险提示

(1)预防机械伤害：由于使用工具不当或切换流程时丝杆打出伤人应立即救护伤者，必要时送医院救治。

(2)预防煤层气泄漏：由于密封垫老化或连接部位密封不严造成泄漏、着火，应立即扑救，必要时拨打 119 报火警。

项目二十一 处理中心正常开车和停车操作

一、基本知识

1. 系统工艺流程

气井低压煤层气经解吸后由套管采出，通过井场智能旋进流量计计量后进入采气管线；各单井间通过井间串接管线汇集到采气干管，最后通过集气干管进入集气站，在集气站煤层气经过气液分离后，进入增压区，增压至 1.4MPa 经外输计量后进入集气支线，各支线最后通过集气干线进入煤层气处理中心，在煤层气处理中心经集中增压脱水后，以 5.7MPa 的压力输往西气东输管线。煤层气集输系统流程图如图 5－16 所示。

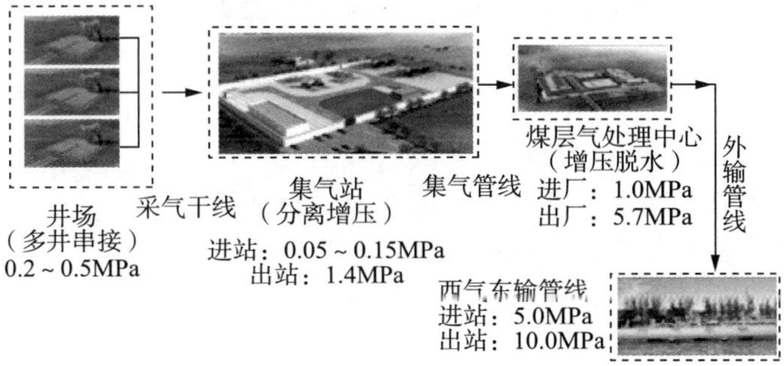

图 5－16　煤层气集输系统流程图

2. 处理中心流程

各区块集气干线来的煤层气，首先进入集配气装置，在清管作业时负责清管器的接收；再进入过滤分离器，负责对煤层气进行气液分离；然后进入增压装置增压，压力由 0.9MPa 增压至 6.0MPa；之后进入三甘醇脱水装置脱水，确保外输气的水露点；最后经计量后输往西气东输管道。处理中心工艺流程如图 5－17 所示。

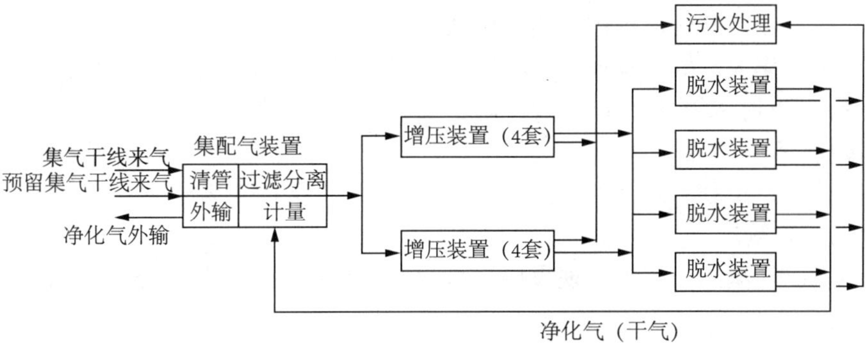

图 5－17　处理中心工艺流程图

二、准备工作

(1)劳保用品准备齐全，穿戴整齐。

(2)正常开车准备

①检查电力供应是否正常。

②检查消防水系统是否能够正常工作。

③检查各阀门、设备、仪表是否完好。

(3)正常停车准备

①通知上游各集气站、下游各用户准备停止供气。

②汇报煤层气分公司调度室准备停车。

三、操作步骤

1. 正常开车操作

(1)启动空压机，供仪表风。

(2)当仪表风压力达到正常后，投运装置控制仪表。

(3)倒通全站流程，打开总进气阀，系统进气。

(4)按照增压机操作规程启增压机。

(5)当高压系统压力达到要求时，投运三甘醇脱水装置。

(6)检查脱水装置出口气是否达到商品气参数要求。

2. 正常停车操作

(1)通知上游各集气站准备停止供气。

(2)将仪表调节器打到手动位置，对所有容器进行压液。

(3)按增压机正常操作规程停增压机，关闭其进出口阀门。

(4)待所有容器液位压到一定程度，关闭压液阀。

(5)停三甘醇再生装置。

(6)按空压机操作规程停空压机。

(7)打开各相关容器的停产排污线进行排液。

(8)必要时打开各容器的放空阀，进行放空泄压。

四、注意事项

(1)各岗位对设备、容器、工艺流程等进行全面检查，做好开车前的各项准备工作。

(2)调校好各类仪表，使其灵敏可靠。

(3)操作时，使用防爆工具。

(4)停车时，按照顺序逐项进行销项确认。

(5)各岗位操作人员要熟练设备、容器、工艺流程的操作规程。

(6)冬季停车时，要吹扫系统管线，防止设备、管线冻裂。

五、风险提示

(1)预防摔伤、烫伤：如果出现预防摔伤、烫伤，应将伤者迅速抬至安全地带进行救治，必要时送医院救治。

(2)预防煤层气泄漏：如果出现煤层气泄漏发生火灾后，立即按照着火爆炸事故预案进行处理。

(3)预防触电：如果发生触电事故，应立即切断相关电源使伤者脱离电源，并对伤者进行救护，严重时送往医院救治。

项目二十二　PSA 制氮设备操作

一、基本知识

1. ZSN－300 型制氮装置工作原理

ZSN－300 型变压吸附制氮装置采用优质碳分子筛为吸附剂，利用 PSA（全称 PRESSURE SWING　ADSORPTION）变压吸附原理，直接从压缩空气中获取氮气。

在一定压力下，由于动力学效应，氧、氮在碳分子筛上的扩散速率差异较大，短时间内氧分子被碳分子筛大量吸附，氮分子气相富集，达到氧氮分离的目的。由于碳分子筛对氧的吸附容量随压力的不同而有明显的差异，降低压力即可解吸碳分子筛吸附的氧分子，以便碳分子筛再生，得到重复循环使用。采用两个吸附塔流程，一塔吸附产氮，一塔解析再生，循环交替，连续产生高品质氮气，其工作原理如图 5－18 所示。

2. 维护保养

（1）每天定时检查排污系统（高效除油器、精密过滤器、冷冻式干燥机、缓冲储气罐），每班（8h）至少排放 4 次，若遇天气潮湿或压缩空气含水量较高时，可适当增加排放次数。

（2）风冷型冷干机应该保持风冷凝器清洁，定期用干燥的压缩空气吹扫风冷凝器翅片。

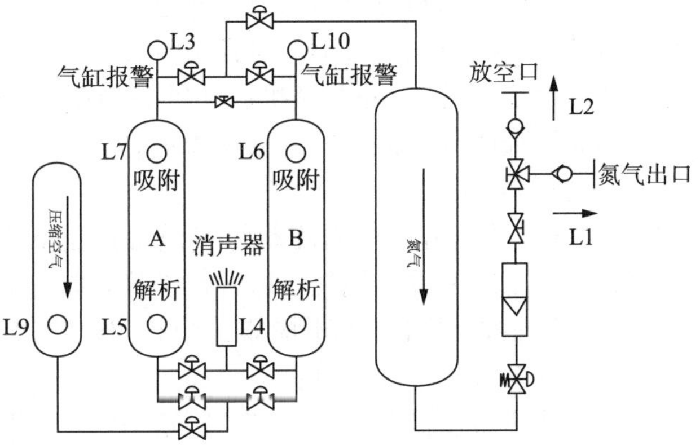

图 5－18　制氮装置工作原理

（3）电器系统保养。定期检查各接口有无脱线或松动，若有应及时处理；上述过程必须在断电状况下进行。定期检查电源电压是否正常（AC220V ±15%）。

（4）消声器与放空系统。消声器废气与自动放空废气应接至室外，以免氮气设备排气带来较大噪声。为避免消声器的堵塞，在消声器上部应有防雨部件，定期检查消声器是否堵塞。

（5）气缸压紧装置。当气缸上的报警指示灯亮时，应及时添加分子筛，拆开盖板上的螺丝，拿出气缸活塞即可添加。

二、准备工作

（1）劳保用品准备齐全，穿戴整齐。

（2）启动前的准备工作

①用户在开机之前应先检查氮气设备气路及电路（保证接线紧固），检查电源电压是否正常（AC220V ±10%）。

②缓慢打开净化设备进气阀，系统通入压缩空气，然后检察电磁阀控制气路前的过滤减压阀压力值，是否在角座阀控制动作压力范围内（0.45～0.7MPa），若不正常，用户自调节，一般设备出厂时厂家已调好。

③打开控制箱，合上空气开关，系统上电。

三、操作步骤

1. 启动操作

(1)开关 SB2 旋至“远程”位置，SB1 开关失效，SB2 旋至“手动”位置。可远程控制制氮机的起停，监视运行状态。

(2)检查冷冻式干燥机运行是否正常，确认冷媒低压在 0.35 ~ 0.55MPa 范围内，高压在 1.2 ~ 1.7MPa(< $10m^3$ 冷干机无冷媒压力表)范围内为正常运行。检查其他设备如高效除油器、精密过滤器排污是否正常(如是手动排污需每两小时手动排污一次)。

(3)氮气分析仪启动，打开氮气分析仪电源开关即可。

(4)控制面板显示方式。

启动时，首先 L9 亮，表示空气净化系统启动运行。延时 3 分钟后启动制氮系统，当制氮系统 A 塔吸附、B 塔再生时，指示灯 L7(篮)、L4(红)亮；当 B 塔吸附、A 塔再生时，指示灯 L6(篮)、L5(红)亮；均压时 L4、L5 、L6 、L7 全灭。

刚开机或运行中氮气纯度不合格时，自动放空指示灯 L2 亮，此时不合格氮气放空阀自动打开；当纯度达到设定要求时，放空指示灯 L2 灭，出口指示灯 L1 亮，此时自动关闭放空阀，打开氮气出口阀，自动输送合格氮气(用户可根据使用要求设定放空控制点，设定氮气分析仪报警值即可)。如制氮机启动后 2h 纯度仍达不到要求，则纯度报警指示灯 L8 闪烁提示。如需添加碳分子筛时气缸报警指示灯 L3、L10 亮(小立方制氮设备无气缸压紧装置)。

2. 停机操作

(1)氮气设备停机只需旋动氮气设备控制器面板上启动/停止开关，再断开配电箱内的空气开关，系统断电。如处于远程控制状态时可通过远程停机信号关机。

(2)冷冻式干燥机(或干燥器)停机，按下(旋动)控制面板上的停止开关，再切断配电箱中的空气开关，系统断电；

当净化设备连接至氮气设备控制箱中“净化设备控制输出”时，净化设备自动联锁停机，无需单独停止净化设备。

(3)关闭净化设备进气阀门。

四、注意事项

(1)定期检查消声器是否堵塞。

(2)每班(8h)至少排放 4 次排污系统，若遇天气潮湿或压缩空气含水量较高时，可适当增加排放次数。

(3)风冷型冷干机应该保持风冷凝器清洁，定期用干燥的压缩空气吹扫风冷凝器翅片。

五、风险提示

(1)预防触电：如果发生触电，立即关断相关电源或使伤者脱离电源，然后对伤者进行救护，严重时送往医院。

(2)预防窒息：注意加强室内通风，防止氮气出现泄漏在有限空间聚集使人窒息，如果发生人员窒息晕倒，立即将伤者抬到空气流通的地方，并实施急救。

学习情境六　煤层气采输自动化控制技术知识

煤层气采输自动化控制技术是对传统采输技术的有效补充和提升，本部分内容主要介绍了自动化作业工的岗位职责，自动控制的基础知识，煤层气自动控制系统、故障诊断与排除，以及煤层气计量方法和配件管理工作。通过本部分内容的学习，能够更好地理解煤层气的采输自动化控制过程，更清楚地了解到煤层气采输自动控制技术的发展趋势，进而对煤层气的整体工作能够有个理性认识。

项目一　自动化作业工的岗位职责

一、岗位责任制

自动化仪表工负责本作业区仪表设备检修、维护工作，保证作业区仪表设备及控制系统稳定、可靠工作。

(1)熟悉煤层气处理中心、集气站、单井生产工艺流程。

(2)认真执行《计量法》及有关仪器仪表检验规程及油田公司其他相关标准。

(3)负责各种仪器仪表，包括测温仪表、测压仪表、气体分析仪、流量变送器、电动执行器、气动执行机构、等所有仪器仪表的全面巡检、维护与维修工作。

(4)负责对出现故障的仪器仪表设备进行处理或提出处理意见，并及时、认真、准确地填写当班值班记录，按照要求完整地、准确无误地填写当班所校验或标定的气体分析仪校验记录等相关的专用记录。

(5)根据设备运行情况，提出仪器仪表设备的检修及整改意见。

(6)发现有危及仪器仪表设备及人生安全的征兆或隐患，应立即向有关领导或相关人员报告，情况紧急时可采取一些应急措施，再向有关领导或工作人员及时报告。

二、日常巡回检查制度

据所辖责任区仪表分布情况，选定最佳巡回检查路线，每天至少巡回检查一次。巡回检查时，仪表工应向当班工艺人员了解仪表运行情况。

(1)查看仪表指示、记录是否正常，现场一次仪表(变送器)指示和控制室显示仪表、调节仪表指示值是否一致，调节器输出指示和调节阀阀位是否一致(通常需两位仪表工同时观察。若工艺生产变化不大，生产现场和控制室观察有一个时间差是正常的)。

(2)查看仪表电源(若电动Ⅲ型仪表用24V DC电源，要检查电源电压是否在规定范围内)、气源压力(0.14MPa)是否达到额定值。

(3)检查仪表保温、伴热情况。

(4)检查仪表本体和连接件损坏和腐蚀情况。

(5)检查仪表和工艺接口泄漏情况。

(6)查看仪表完好状况。仪表完好状况可参照化学工业部颁发的《设备维护检修规程》进行检查。

三、交接班制度

(1)坚持提前30min到岗接班。

(2)交接班要交清本班检修情况及存在问题，交清工具和各种记录、报表。

(3)接班要检查维修工具是否齐全完好，检查各种记录是否已填写且工整。

(4)发现接班人有喝酒或精神不正常情况，应拒绝交接班，并及时向有关领导汇报。

(5)到接班时间接班人员未到，要向有关领导汇报，并坚守岗位，不得擅离职守。

(6)设备及室内卫生无打扫，应拒绝交接班。

(7)交接班双方经检查确认无问题后，在交接薄上签字，下班人员方可离开工作岗位。

四、HSE岗位职责

(1)遵守国家及生产施工所在地地方政府有关法律法规、规定及相关标准，执行上级的HSE管理规定及其要求。

(2)负责本作业区井控技术管理及技术培训，负责施工过程中的技术安全工作，严格按照施工设计，操作规程及相关标准指导施工。

(3)编写施工设计中要有相应的HSE内容，对风险要有提示，并制定出相应技术控制措施。

(4)参与制定HSE培训计划，协助作业区主任按计划进行培训，参与HSE管理工作。

(5)参与同员工、相关方的HSE信息交流工作。

(6)参与施工项目在健康、安全与环境方面危害因素的辨识和评估，参与制定风险削减控制措施及应急处置程序，并落实实施。

(7)参与HSE检查，及时发现和消除隐患，对不能立即整改的隐患及时上报，协助作业区主任制定技术监控措施，必要时制定应急处置程序，并落实实施。

(8)参加本单位HSE会议，协助作业区主任解决本单位HSE管理中存在的问题。

(9)遵守HSE管理规定，拒绝违章指挥，要求按章指挥，对他人违章施工进行劝阻和制止。

(10)对作业区及上级HSE管理工作提出合理化建议或意见。

(11)完成领导交办的其他工作。

项目二　自动化控制基础知识

任务一　自动化仪表概述

一、自动化仪表分类

1. 按照使用的场所不同分类

常常把自动化仪表分为一次仪表和二次仪表。

(1)一次仪表

有压力、物位、流量、温度等现场测量变送仪表和执行单元类仪表。

(2)二次仪表

有调节、操作、显示、报警、运算、转换、隔离、配电等控制室仪表。

随着计算机技术在工业应用中的大规模普及，二次仪表的地位日趋减弱，调节、计算、给定等单元类仪表的功能均可由计算机来完成，甚至显示、报警功能也能在计算机系统内实现。所以，很多控制室内已看不到常规的盘装仪表。

部分转换单元类和辅助单元类仪表的功能是计算机无法替代的，如电量变送器、手动操作器、安全栅、配电器、直流电源、隔离器等。

一次仪表在控制回路中始终处于首要地位，没有了一次仪表，其余的任何二次仪表都会失去意义。

一次仪表中的执行单元类，包括了电动角行程执行器、电动直行程执行器、电气转换器、气动阀、气动调节阀和阀门定位器。

电动执行器在锅炉、热电等行业中应用得比较普遍，而气动执行器因其安全防爆的特点，在化工行业中是首选的。

2. 按照驱动方式不同分类

自动化仪表可分为气动仪表和电动仪表。

(1)气动仪表

气动仪表早在20世纪20、30年代就已经问世了，40年代以后在工业过程中得到广泛应用，使用的是0.02～0.1 MPa的统一气信号。

气动单元有：

① 气动变送单元(气动差压变送器、气动沉筒式液位变送器、气远传转子流量计等)；

② 气动调节单元(气动调节器)；

③ 气动显示单元(气动记录仪、气动色带指示仪、气动积算器)；

④ 气动计算单元和其他单元(气动加减器、气动乘除器、气动比值器、电－气转换器等)；

⑤ 气动执行器(气动阀、气动调节阀、阀门定位器)。

至今，气动仪表除了气动执行器(气动阀、气动调节阀、阀门定位器)仍在使用外，其余已基本不选用。

(2)电动仪表

电动仪表经历了DDZ－Ⅰ型、DDZ－Ⅱ型、DDZ－Ⅲ型的发展。

① DDZ－Ⅰ型采用分立元件，仪表笨重，体积大，使用的时间不长，但为其后的Ⅱ型仪表的设计提供了借鉴，积累了使用电动仪表的经验。

② DDZ－Ⅱ型仪表以晶体管作为主要放大元件，不但扩充了品种，而且改善了仪表性能、缩小了仪表体积、减轻了仪表重量，开发了隔爆技术。

③ DDZ－Ⅲ型仪表不仅采用了最新的集成电路作为线路中的核心组件，而且采取了安全火花型防爆措施。

二、煤层气常用仪表

1. 温度仪表

(1)热电阻

热电阻是根据金属导体的电阻值随目标温度变化而变化的原理，热电阻测温主要应用于非高温场合。一般：

① 测温范围在 -50～100℃时，选择铜热电阻(WZG)，分度号为 Cu50；

② 测温范围在 -200～400℃时，选择铂热电阻(WZP)，分度号为 Pt100。

(2)热电偶

热电偶测温主要应用于高温场合，其热电势值随温度变化而变化。通常：

① 测温范围在 0～600℃时，选择镍铬 - 铜镍热电偶(WRE)，分度号为 E；

② 测温范围在 0～1000℃时，选择镍铬 - 镍硅热电偶(WRK)，分度号为 K；

③ 测温范围在 0～1300℃时，选择铂铑 10 - 铂热电偶(WRS)，分度号为 S，或选择铂铑 13 - 铂热电偶(WRR)，分度号为 R；

④ 测温范围在 0～1600℃时，选择铂铑 30 - 铂铑 6 热电偶(WRB)，分度号为 B。

2. 压力/差压变送器

(1)BPS 扩散硅压力变送器

工作原理是：介质压力通过不锈钢隔离膜片、密封硅油，传输到扩散硅膜片上。在膜片两边因差压产生一个应力，使膜片的一侧压缩，另一侧拉伸，两个应变电阻片位于压缩区内，另两个应变电阻位于拉伸区，它们连接成一个全动态惠斯登电桥，惠斯登电桥检测出电阻的变化后，经过放大、变换，输出与输入信号成线性关系的 4～20mA DC 标准信号。

(2)电容式压力/差压变送器

被测介质的两种压力进入高、低两压力室，作用在敏感元件两侧的隔离膜片上，通过隔离膜片和敏感元件内的填充液传送到预张紧的测量膜片两侧。测量膜片与两侧绝缘体上的电极各组成一个电容器，在无压力进入或两侧压力相等时，测量膜片处于中间位置，两侧电容器的电容量相等。当两侧压力不一致时，致使测量膜片产生位移，其位移量和压力差成正比，两侧电容量不等，通过检测、放大，转换成 4～20mA DC 标准信号。

(3)单晶硅谐振压力/差压变送器

单晶硅谐振变送器是 20 世纪 90 年代中期最新推出的产品，采用真正的数字化传感器——单晶硅谐振式传感器，产品具有更高的精度(可达 0.075%)和稳定性，温度、静压的影响和零漂可忽略不计，还可实现双向通信功能(BRAIN/HART 协议，FF 现场总线)，是目前世界上最先进的变送器。典型的如日本横河的 EJA 智能变送器。

对于结晶、结疤、堵塞、黏稠及腐蚀性介质，应选择法兰式变送器。

3. 液位变送器

(1)单法兰液位变送器

一种直接安装在管道或容器上的现场变送器。由于隔离膜片直接与液相介质相接触，无须将正压侧用导压管引出，因此可以测量非密闭场合下高温、高黏度、易结晶、易沉淀和强腐蚀性等介质的液位。

适用于密闭场合下的下列工况：

① 被测介质对变送器接头和敏感元件有腐蚀作用时；

② 需要将高温被测介质与变送器隔离时；

③ 被测介质由引压管引出，由于环境温度变化，易固化或结晶时；

④ 被测介质中有固体悬浮物或高黏度易堵塞变送器接头；

⑤ 被测介质易冷凝或挥发，以致导管内的液柱经常变化，从而使变送器的零点漂移不定等。

(2)浮球液位变送器

浮球液位变送器是以磁浮球为测量元件，通过磁耦合(干簧管吸合断开)作用，使传感器内电阻成线性变化，再由转换器将这个电阻变化转化成 4～20mA 标准电流信号输出，其结构如图 6－1 所示。

浮球液位变送器适用于污水处理及各类常压和承压容器内介质液位的测量，尤其对于地下储槽、储罐的液位测量最为理想。

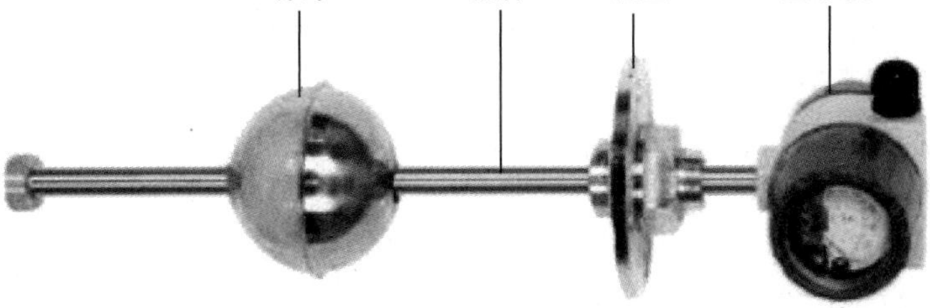

图 6－1　浮球液位变送器

(3) 超声波(雷达)液位变送器

超声波液位计是利用压电陶瓷产生超声波，超声波遇到物体或液体的界面产生反射，液位计测量反射时间来计算液、物位，实现对物位和液位的非接触测量和控制。适用于各种恶劣和危险环境下的液体和浆体，如图 6－2 所示。

4. 执行器

(1) 执行器的作用

执行器接受控制器的输出信号，经执行机构将其转换成相应的角位移或直线位移，去操纵调节机构，改变被控对象进、出的能量或物料，以实现过程的自动控制。

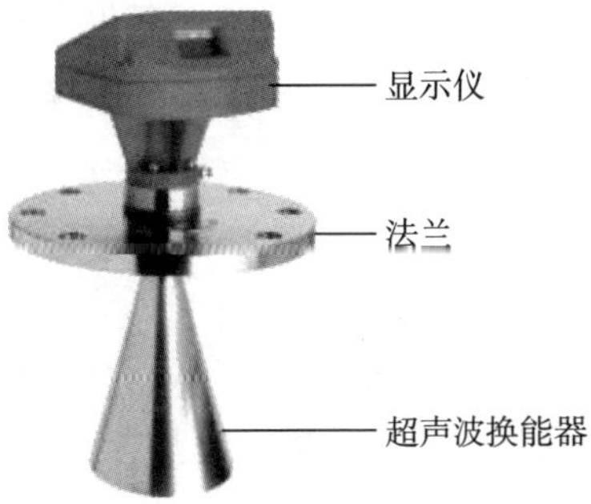

图 6－2　超声波液位变送器

(2) 执行器的组成

执行器由执行机构和调节机构两部分组成。

① 执行机构：执行器的推动部分，它按照控制器所给信号的大小，产生推力或位移；

② 调节机构：执行器的调节部分，最常见的是控制阀，它接受执行机构的操纵，改变阀芯与阀座间的流通面积，调节工艺介质流量。

(3) 执行器的分类

根据执行机构使用的能源种类不同，执行器可分为气动执行器、电动执行器和液动执行器。

① 气动执行器

结构简单、工作可靠、价格便宜、维护方便、防火防爆等优点，因而在工业控制中获得最普遍的应用。

气动执行器一般是由气动执行机构和控制阀两部分组成，根据需要还可以配上阀门定位器和手轮机构等附件。

单作用气动执行器如图 6－3 所示。当气源压力从气口“2”进入气缸两活塞之间中腔时，使两活塞分离向气缸两端方向移动，迫使两端的弹簧压缩，两端气腔的空气通过气口“4”排出，同时使两活塞齿条同步带动输出轴(齿轮)逆时针方向旋转，如图 6－3(a)所示。在气源压力经过电磁阀换向后，气缸的两活塞在弹簧的弹力下向中间方向移动，中间气腔的空气从气口“2”排出，同时使两活塞齿条同步带动输出轴(齿轮)顺时针方向旋转，如图6－3(b)所示(如果把活塞相对反方向安装，弹簧复位时输出轴即变为反向旋转)。

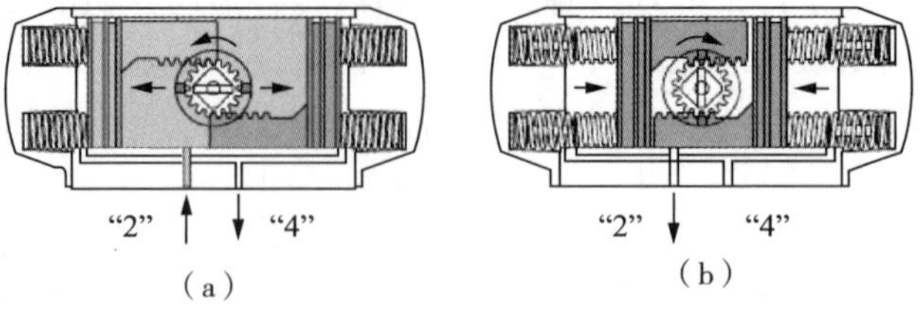

图6－3　单作用气动执行器

双作用气动执行器如图6－4所示。当气源压力从气口“2”进入气缸两活塞之间中腔时，使两活塞分离向气缸两端方向移动，两端气腔的空气通过气口“4”排出，同时使两活塞齿条同步带动输出轴（齿轮)逆时针方向旋转，如图6－4(a)所示。反之气源压力从气口“4”进入气缸两端气腔时，使两活塞向气缸中间方向移动，中间气腔的空气通过气口“2”排出，同时使两活塞齿条同步带动输出轴(齿轮)顺时针方向旋转，如图6－4(b)所示(如果把活塞相对反方向安装，输出轴即变为反向旋转)。

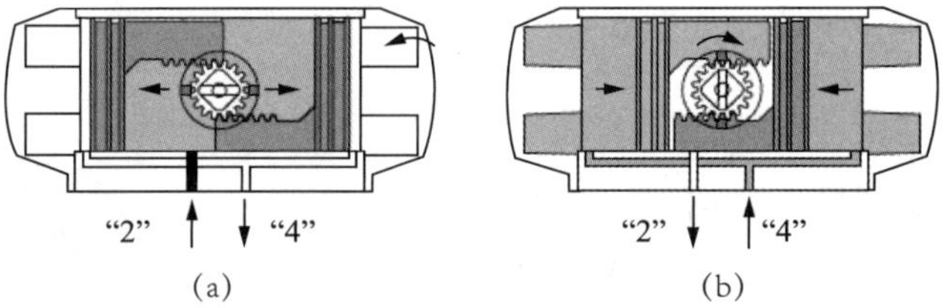

图6－4　双作用气动执行器

② 电动执行器

电动执行器的优点是能源取用方便、信号传输速度快和传输距离远，缺点是结构复杂、推力小、价格贵，适用于防爆要求不太高及缺乏气源的场所。

③ 液动执行器

液动执行器的特点是推力最大，但目前工业控制中使用不多。

5. 控制阀

(1)控制阀分类

根据不同的使用要求，控制阀的结构有很多种类，如直通单座，直通双座、角型，隔膜阀、阀体分离阀、蝶阀、球阀、凸轮挠曲阀、笼式阀、三通阀、小流量阀与超高压阀等。

(2)控制阀选型的原则

① 根据工艺条件，选择合适的结构形式和材料。

② 据工艺对象的特点，选择控制阀的流量特性。

③ 根据工艺操作参数，选择合适的控制阀口径尺寸。

④ 根据工艺过程的要求，选择所需要的辅助装置。

⑤ 合理选择执行机构。执行机构的响应速度应能满足工艺。

(3)控制阀口径的确定

① 根据生产能力、设备负荷确定出最大流量 Q_{vmax}。

② 根据流量特性及系统特点选定 S 值($S=\Delta p_v/\Delta p$)，然后计算压差(即阀门全开时的压差)。

③ 根据流通能力计算公式，求得最大流量时的 K_{vmax}。

④ 根据已求得的 K_{vmax}，在所选用的产品型号的标准系列中选取大于 K_{vmax} 并最接近的 K_v 值，从而选取阀门口径。

⑤ 保证控制阀开度和可调比，一般要求最大流量时阀开度不超过 90%，最小流量时阀开度不小于 10%。

⑥ 根据 K_v 确定控制阀的公称通径和阀座直径。

(4)安全原则

万一输入到气动执行器的气压信号由于某种原因(例如气源故障、堵塞、泄漏等)而中断时，应保证设备和操作人员的安全。如果阀处于打开位置时危害性小，则应选用气关阀，以使气源系统发生故障，气源中断时，阀门能自动打开，保证安全。反之阀处于关闭时危害性少，则应选用气开阀。

任务二　通信原理

一、数据通信的基本概念

从广义上讲，通信是指用任何方法通过任何介质将信息(Information)从一地传送到另一地。通信的目的就是交换信息。信息是笼统的概念，其载体可以是数字、文字、语音、图形图像等。

数据通信关心的是数据的表示方式和传输方法。数据一般可以用数字信号或模拟信号这两种方式来表示。于是出现了数字通信系统和模拟通信系统。

1. 数据

数据可分为模拟数据与数字数据两种。

数据是不能直接传输的，必须把它转换成适合某种具体介质传输的光或电信号，这个过程叫编码。

2. 信号

信号简单地讲就是经过编码的信息在介质传输。

根据信号参量取值的不同，信号可分为数字信号和模拟信号，或称为离散信号和连续信号，如图 6－5 所示。

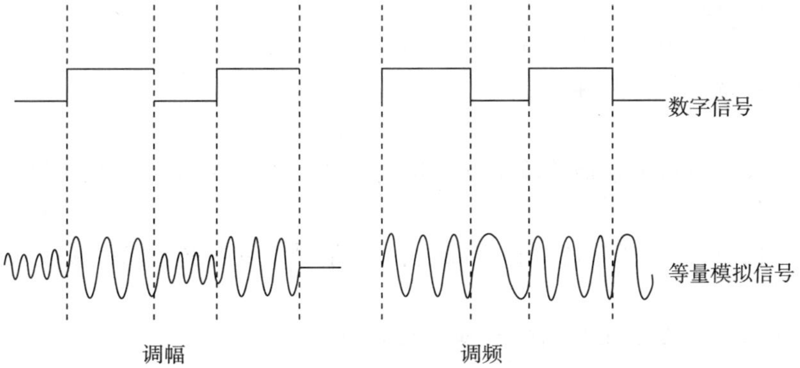

图 6－5　数字信号和模拟信号

3. 信道

传输信息的必经之路称为“信道”。在计算机中有所谓物理信道和逻辑信道之分通信系统的基本组成，如图 6 –6 所示。

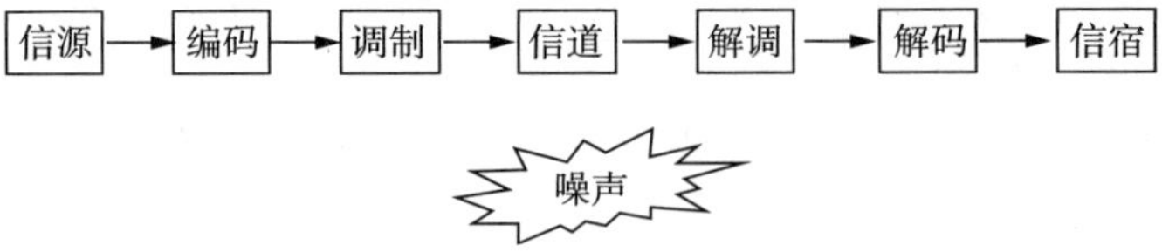

图 6 –6　信息传输过程

4. 信号处理器

(1)编码器

将数据变为适合传输的信号——便于识别、纠错。

(2)调制器

将信号变为适合传输的形式——频率、幅度、相位变化。

(3)解调器

接收波形、数字信号序列。

(4)解码器

传输信号、原始数据。

二、通信系统的分类

1. 按传输媒质分类

(1)有线通信系统

常见明线、电缆、光缆三种。

(2)无线通信系统

常见中/长波、短波、微波三种。

2. 按调制方式分类

(1)基带传输通信系统。

(2)调制传输通信系统。

3. 按传输信号种类分类

(1)模拟通信系统。

(2)数字通信系统。

三、数据通信方式

1. 根据数据在通信信道上的信号类型划分

有基带传输和宽带传输两种。

(1)基带传输

指在通信电缆上原封不动地传输由计算机或终端产生的“0”或“1”数字脉冲信号

(2)频带传输

在远距离通信时，需要将数字信号调制成音频信号再发送和传输，接收端再将音频信号解调成数字信号 。

2. 根据同时在通信信道上传输的数据位数划分

有并行传输和串行传输两种。

(1)串行传输

指一位一位地传送数据，从发送端到接收端只要一根传输线即可 。

(2)并行传输

一次可以传送一个字节(8 位)，发端到收端用 8 根线。

3. 根据信号传送的方向与时间的关系划分

有单工通信，半双工通信和全双工通信三种。

(1)单工数据传输

两站之间只能沿指定方向传输数据，反向传联络信号，如图 6 –7 所示。

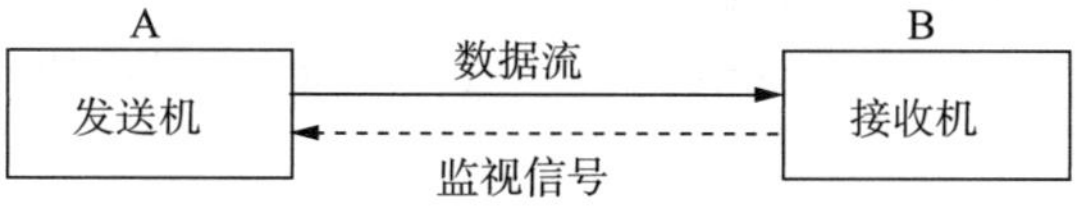

图 6 –7　半工数据传输示意图

(2)半双工数据传输

两站之间可以沿两个方向传输数据，但两个方向不能同时传输，如图 6 –8 所示。

(3)双工数据传输

两站之间可以同时两个方向传输数据，如图 6 –9 所示。

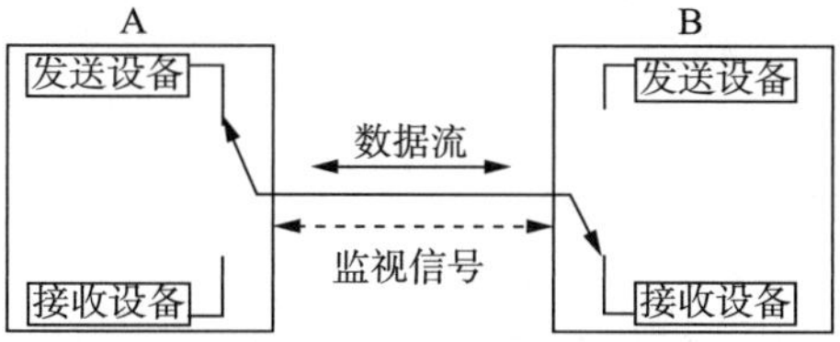

图 6 –8　半双工数据传输示意图

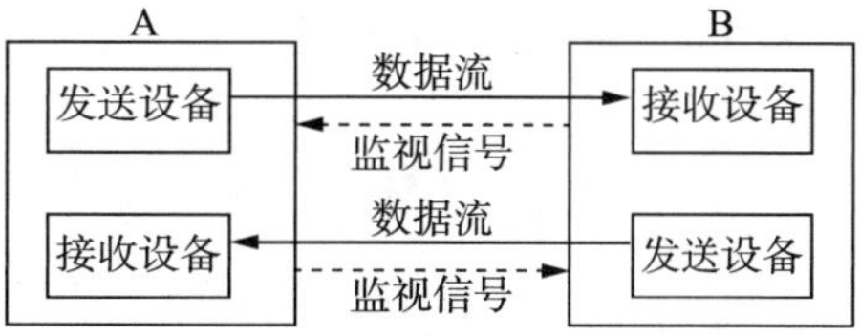

图 6 –9　双工数据传输示意图

4. 按同步技术分

有异步传输和同步传输。

四、数据通信的主要技术指标

1. 带宽

在模拟信道中，常用带宽表示信道传输信息的能力，带宽即传输信号的最高频率与最低频率之差。

2. 比特率

在数字信道中，比特率是数字信号的传输速率，它用单位时间内传输的二进制代码的有效位(bit)数来表示

3. 误码率

误码率指在数据传输中的错误率，错误比特数/传输比特总数。通信网络中一般要求数字信号误码率低于 10^{-6}。

五、传输介质

传输介质是网络中传输信息的媒体(Media)。传输介质的性能特性对传输速率、通信的距离、可连接的网络结点数目及数据传输的可靠性等均有很大的影响。在架设网络时要根据具体要求选择合适的传输介质。

传输介质分为有线介质和无线介质两大类。有线介质包括双绞线、同轴电缆和光纤。无线传输介质主要有无线电、地面微波、卫星微波、红外线以及移动通信等。下面简单介绍有

线介质。

1. 双绞线

双绞线由两根相互绝缘的铜线以均匀的扭矩对称扭绞在一起形成，如图 6－10 所示。

绞合的目的：

(1) 减少线对之间的相互干扰；

(2) 增强了机械和电气稳定性 。

2. 同轴电缆

同轴电缆由内导体，绝缘层外导体和塑料保护外套组成，如图 6－11 所示。

内外导体组成一组线对，外导体同时起到屏蔽外界电磁干扰的作用。

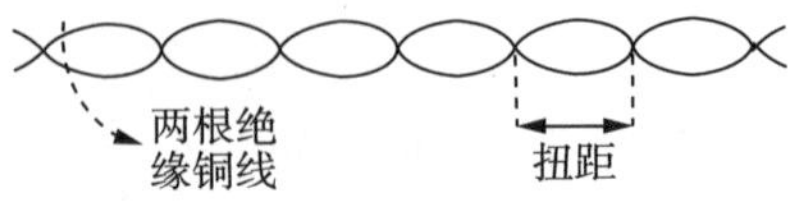

图 6－10 双绞线示意图

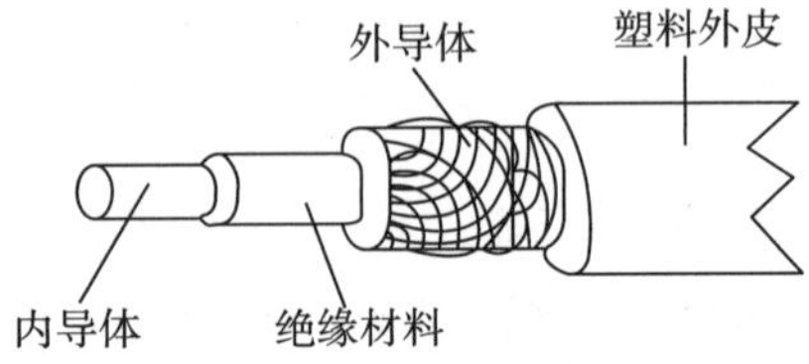

图 6－11 同轴电缆结构示意图

(1)基带同轴电缆

阻抗为 50Ω，用于局域网 10Base－2 标准数据传输等。

(2)宽带同轴电缆

阻抗为 75Ω，CATV 网以及 PSTN 局间传输。

3. 光纤

光纤可以由超纯硅、合成玻璃甚至塑料制造，其结构如图 6－12 所示。

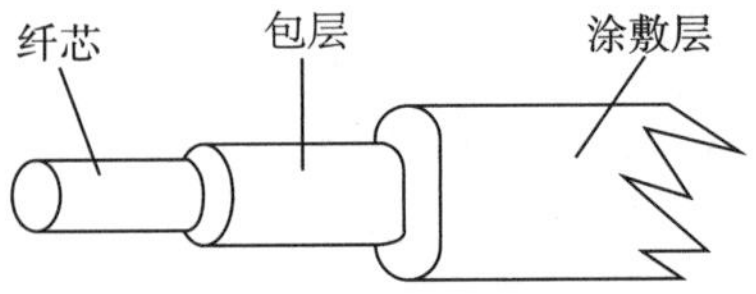

图 6－12 光纤结构示意图

光纤有单模光纤和多模光纤两类，前者具有较宽的频带，传输损耗小，后者频带较窄、传输衰减也比较大，其信号传输过程如图 6－13 所示。

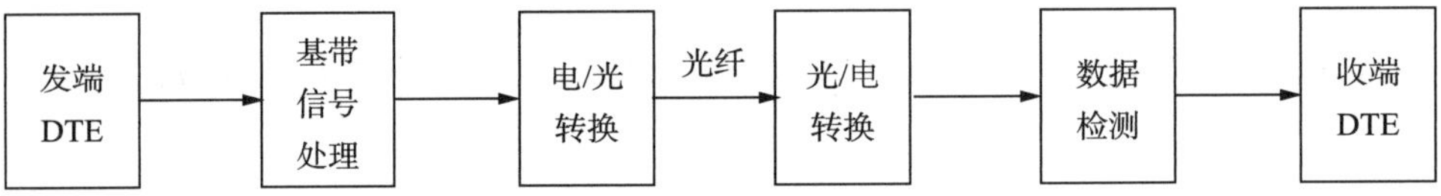

图 6－13 光传输过程

任务三 计算机监控系统

一、定义

1. 数据采集与监视制控系统(supervisory control and data acquisition)

是以计算机为基础的生产过程控制与调度自动化系统。它可以对现场的运行设备进行监视和控制，以实现数据采集、设备控制、测量、参数调节以及各类信号报警等各项功能。

2. 集散控制系统(distributed control system，DCS)

中文全称为集散型控制系统。DCS 在模拟量回路控制较多的行业中广泛使用的，尽量将控制所造成的危险性分散，而将管理和显示功能集中的一种自动化高技术产品。DCS 一般由五部分组成：控制器、I/O 板、操作站、通信网络、图形及遍程软件。

3. 火灾及气体监测系统(fire and gas system)

由可燃气体检测与报警系统、火灾检测与报警系统组成，通过对可燃气体泄漏、烟雾和火灾监测，传输到系统中，并同时显示出火灾发生的部位，自动或手动发出指令，启动相应的防火灭火装置。

4. 安全仪表系统(safety instrumented system)

也称之为紧急停车系统(ESD)、安全停车系统(Safety Shutdown System)等等。是由国际电工委员会(IEC)标准 IEC 61508 及 IEC 61511 定义的专门用于安全的控制系统。它就是指设计出来用于对设备可能出现的故障进行动作的控制系统，它必须能够迅速、正确的对事故做出响应，最终能够完全避免事故的发生或者至少能减少事故给设备、环境和人员造成的危害。

5. 可编程控制器(programmable logic controller)

是一种数字控制专用电子计算机，它使用了可编程序存储器储存指令，执行诸如逻辑、顺序、计时、计数与演算等功能，并通过模拟和数字输入、输出等组件，控制各种机械或工作程序。经过 30 多年的发展，PLC 已十分成熟与完善，并具有强大的运算、处理和数据传输功能。

6. 远程终端单元(remote terminal unit)

放在现场，实现遥测、遥信、遥控、遥调四遥功能。

(1)遥测是指现场的交流或直流模拟量信号，相当于采集模块的 AI；

(2)遥信是指现场的开关量状态，相当于采集模块的 DI；

(3)遥控是指现场的开关控制，相当于采集模块的 DO；

(4)遥调是指现场的设备调节，相当于采集模块的 AO 或 PO。

7. 组态软件(configuration)

人机界面/监视控制和数据采集软件。目前组态软件的发展迅猛，已经扩展到企业信息管理系统，管理和控制一体化，远程诊断和维护以及在互联网上的一系列的数据整合。人机界面生成软件又叫工控组态软件。

8. 人机界面(human - machine interface，HMI)或(man and machine interface，MMI)

实现人与机器信息交互的数字设备(触摸屏)，由硬件和软件两部分组成。HMI 其实广义的解释就是“使用者与机器间沟通、传达及接收信息的一个接口”

9. I/O 驱动程序(I/O drivers)

传感器或控制器将数据送入 PLC 或其他过程硬件的寄存器中。可以将数据从寄存器中读出的接口软件称做 I/O 驱动程序(I/O driver)。高性能的 I/O 驱动程序有许多功能，诸如自动通信错误检测、信号调节、报告、恢复、支持冗余通信等功能。

10. 动态数据交换协议(dynamic data exchange)

在 Windows 环境下，两个 Windows 应用程序，其中一个作为服务器(server)，另外一个作为客户机(client)。服务器是数据的提供者，客户是数据的请求和接受者。客户请求数据时应同时指明应用程序名、主题名和项目名。服务器应用程序根据该信息作出应答，从而实现两个程序之间的数据交换。应用程序名(application)、主题名(topic)、项目名(Item)是 DDE 中三个最基本的概念。

项目三　煤层气自动化控制系统

煤层气自动控制系统是指在无人直接参与的情况下，利用监控装置对单井、集气站、中央处理厂生产过程的物理状态、参量进行采集、控制和集中处理，实时监测，完成对生产过程的监视、控制、优化、调度、管理和决策等的自动化单元系统和各种生产信息集成于一体的综合系统。

任务一　概述

一、SCADA 系统原理

SCADA(supervisory control and data acquisition)系统，中文全称为数据采集与监视控制系统。

SCADA 系统是以计算机为基础的生产过程控制与调度自动化系统。它可以对安装在远距离现场的运行设备进行中央控制和监视，以实现数据采集、设备控制、测量、参数调节以及各类信号报警等各项功能。

20 世纪 60、70 年代在国外提出，当时主要应用于：

(1)人们难于接近的区域，比如输油管道，长距离、穿越复杂；

(2)海上平台上，处于海洋中、气候恶劣，想登上平台极其困难。

使用 SCADA 的主要目的：对于上述这些难以接近的设施提供连续监测，并从中央控制室对这些边远设施进行操作控制。

二、煤层气 SCADA 系统结构

煤层气自动控制系统是一个二级 SCADA 自动化监控管理系统，如图 6－14 所示。

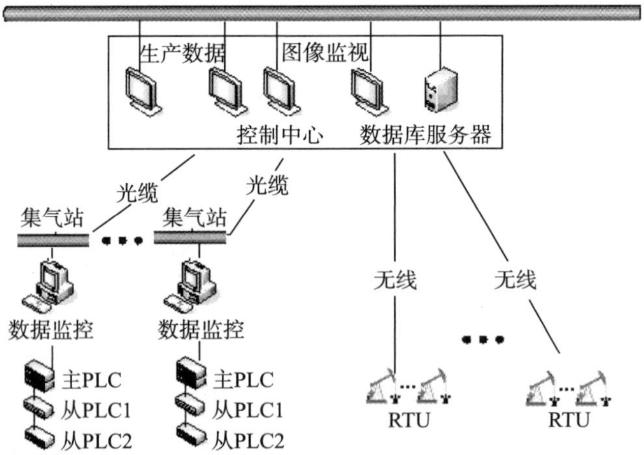

图 6－14　煤层气田井站数据采集与监控系统结构示意图

第一级中心控制级。设在处理厂中心控制室的调度中心，负责对全区域各集气站、气井进行调度管理、监控和优化运行等功能。

第二级就地控制级。以气井的远程终端装置、集气站和处理厂的自动控制系统为二级单

元，是该SCADA系统的基础部分。它可实现站内数据采集、处理及工艺设备的控制。

正常情况下，中心控制室可利用人机对话或自动控制方式，向站控系统发出调度指令，由站控系统完成控制功能，使各站场主生产系统达到有人监护、自动控制的管理水平；当数据通信系统发生故障或主计算机系统发生故障时，站控系统对站内生产工艺过程进行全面监控，并建立相关的生产数据库(数据库容量按生产实际确定)待系统正常后，可将该部分数据自动恢复至中心控制系统数据库。

远程监控站与中心控制室之间通过计算机网络连接。

中心控制室可以直接参与生产现场的监视和调度，实现整个煤层气生产过程的集中调度，并负责数据的存储和网络管理。各个作业区值班室具有对气井、集气站远程控制的权限。

三、系统功能简介

1. 单井监控功能

(1)实现抽油机井的远程启停。

(2)抽油机生产数据的自动检测。如管压、套压、流量、井底流压、三相电流、三相电压、冲次等。

(3)实现抽油机转速、液面就地闭环控制。

(4)自动判断抽油机工作状况。

(5)报警功能，抽油机卡泵、曲柄销子退扣、电机过流、过压等故障报警并对故障原因进行相应提示。

2. 集气站监控功能

(1)站内生产数据自动检测。

(2)过滤分离器自动放水控制。

(3)压缩机自带监控系统通信。

(4)紧急关断。

(5)重点岗位和设备运行状态的图像监视。

3. 数据管理功能

(1)图形方式实时显示压力、温度、液位、电流、电压等各种生产参数及集气站泵、阀、仪表压缩机等生产设备运行状态。

(2)实现生产参数超限报警及设备故障报警，预测故障位置和故障原因并进行相应提示。

(3)采用监控中心数据库系统对各种生产数据进行实时储存，自动生成系统报警记录和设备运行日志。

(4)通过对生产参数的采集、过滤和处理，根据生产需要自动生成各种生产报表和生产曲线。

4. 日常生产管理功能

根据气井和集气站各种检测数据和设备运行记录分析，可自动进行单井提示、参数调整提示、设备保养提示、设备运行异常提示等。

5. 优化决策功能

根据检测数据，进行生产井参数优化设计、在线诊断及优化设计、抽油机井系统效率分析等。

6. 生产流程控制

(1)根据生产管理要求和采气工作流程，实施抽油机的定时启停控制。

(2)根据气井流量工作流程，可实施自动计量和手动远程计量控制。

7. 数据存储功能

(1)监控系统中发生的各种类型的告警信息自动存储到数据库中。

(2)监控用户的所用告警处理和配置修改操作会被自动存储。

(3)使用者可根据需要指定采集监控点的统计资料存储，如小时最大值、最小值、平均值，日最大值、最小值、平均值等。

(4)用户可以根据数据库管理需要编制数据库维护计划，由数据管理模块按照计划自动实施数据定期转存、数据定期删除等操作。

8. 报表查询功能

根据采集的监控资料，生成各种生产统计报表。提供多项统计功能：

(1)井数的统计。

(2)产量的统计。

(3)压力的统计与分析。

(4)泵效分析。

(5)抽油设备能力利用率分析。

(6)系统效率统计等等。

(7)根据使用者的要求输入各种形式的数据报表。

(8)提供查询结果文件存储功能，将查询的结果以 Excel 表格形式存成文件，以便于复制和存档。

9. 系统自诊断功能

(1)监控系统具有自诊断功能。

(2)监控软件中配置完整的监控网络拓扑结构图，从全局到细节非常直观表现监控网络结构。

(3)画面中的监控网络节点可用动画方式显示该监控网络节点的工作状态。

(4)监控网络设备从传感器，到数据采集器，到监控服务器，当出现故障时都将在监控画面中及时显示告警信息，提示维护人员及时检修。

10. 系统扩展和兼容能力

监控系统的构成，从前端硬件到中心软件，都采用模块式结构，为不同规模的系统构成提供了很好的配置空间。

监控系统的扩展灵活方便、平滑过渡，监控设备和软件的升级能够做到向下兼容，不会造成投资的浪费。

提供通用的通信接口和开放的数据接口，能够与任何计算机系统互连，与其他监控厂家共同构建完整系统。

11. 其他功能

(1)提供操作员的管理

采用身份认证和授权机制，包括开户、权限定义、恶意使用追查、销户但不消历史记录等。对操作员进行分级授权。

(2)应用系统权限管理

对系统的管理、参数分配、业务处理、统计、查询等操作划分为不同的操作权限等级，对应不同的操作等级可以限定查看、报警确认、组态、报表输出、操作控制等不同的责任范围，系统可以记录所有的设备操作执行过程，能查询出谁在哪台计算机上在什么时间操作了什么按钮，当时数值的变化等历史操作记录。该记录将永久存储在历史数据库中，不会随着使用者的注销而消除(操作记录追查机制)。

(3)定期资料整理

对不同的数据表可以灵活的设置不同的保留期限，系统定期自动将数据整理到固定的服务器硬盘上。

(4)历史资料恢复

所有的历史归档数据、操作记录数据和报警数据都可以定时、定容量或按照条件备份，可以根据需要能够快速的将备份的资料恢复。

(5)系统配置及组态的备份和恢复

系统能够在线的备份现有正常运行的系统，一旦发生故障如计算机硬盘故障可以快速的由备份的系统手动恢复并正常运行。恢复操作只需要具备基本的计算机知识按照操作步骤执行即可。

(6)日志管理

系统可以对所有发生的事件进行记录并以文本的形式按照时间顺序记录系统运行各个进程的描述。这个日志不仅记录正常的启动停止及连接建立断开等信息还记录故障的信息，能对所有发生的故障进行问题描述和定位。日志可以开启调试功能方便对故障发生的全过程进行详细分析和故障报告。

操作的日志包括操作人、操作时间、操作事件、操作类型和操作的数据。

按照交接班记录查询相应的日志。

日志的存储和备份都可以在运行系统中指定存储大小、存储时间长短、存储位置等。

四、各级控制室主要功能

(1)作业区值班室对整体生产运行实行统一调度管理(包括各单井实时数据显示、监视、历史数据存储、数据整理分析、报表打印、单井启停、调速控制等等)。

(2)集气站监控室对所属压缩机及站内工艺流程及设备进行采集、数据监控、报表打印等。

(3)中央处理厂中心控制室对各生产流程及生产设备、单井、集气站进行数据显示、监视、存储、历史数据查询、数据发布等。

任务二　单井自动控制系统

一、主要采集参数

1. 抽油机生产参数

如管压、套压、瞬时气量、日累计气量(折算)、流量、冲次、井底流压。

2. 电量参数

如三相电流，上行程最大电流，下行程最大电流。

3. 设备参数

如今日运行时间，昨日运行时间，最近启井时间，最近停井时间，停井前参数记录。

4. 状态参数

显示抽油机运行，抽油机停止。

二、工作流程

煤层气井流量、压力、井底流压、冲次信号经有线/无线方式传输到井场 RTU 装置中，RTU 将采集到的有线、无线数据进行量化运算后，通过无线 MCWILL/GPRS 模块发送至中控室。中控室与抽油机井间通过无线通信，进行一点对多点分时、分址数据通信。

正常工作时由中控室监控计算机轮巡发出数据采集命令(可设置时间间隔)，当抽油机井 RTU 接收到数据采集命令时，只有符合该命令要求的一口井，按要求返回所有采集的参数，其他井只接收，但条件不满足(地址不对)，不返回任何数据；当抽油机井 RTU 检测到优先报警(卡泵、曲柄销子退扣)信号时，由 RTU 主动向值班室监控计算机发出报警信号。

每口单井一次上传的数据量大约为 300 字节，一口井一次上传的示功图数据量大约为 2000 字节。

三、远程终端控制单元(RTU)

RTU(remote terminal unit)，是一种远程终端控制单元装置，负责对现场信号、工业设备的监测和控制。RTU 具有以下特点：

(1)通信距离较长，存储容量大；

(2)用于各种恶劣的工业现场；

(3)模块结构化设计，便于扩展；

(4)具有遥信、遥测、遥控功能。

(5)正是由于 RTU 完善的功能，使得 RTU 产品在 SCADA 系统中得到了大量的应用。

四、煤层气井用 RTU 装置

煤层气井现场 RTU 装置主要采用华北油田科达公司的产品，该公司产品主要可分为三代。

1. 第一代 RTU

(1)主要产品型号

采用 KD－RTU－1，该类 RTU 主要可实现一对一数据采集，即一面 RTU 柜采集一口气井的生产参数。

(2)主要技术指标

① PLC

采用西门子 S7－200 CPU224XP CN。

② 输入电源

85～264V AC 、47～63Hz 、73/35mA。

③ 数字输入/输出

14DI、10DO。

④ 模拟输入/输出

4～20mA(或 0～10V)2AI，1AO。

⑤ 通信方式

2 个通信接口。

⑥ 保护方式

电机过流、过热、过压、缺相等。

⑦ 技术水平

国内领先，不低于国外同类产品的性能和质量水平。

⑧ 适应环境

工作时，-35~55℃，≤95%无凝露；储存时，-35~65℃，≤95%无凝露，海拔小于2000m，具有数据采集、数据远传功能。

⑨ 控制方式

远程启停，远程调节参数，PID控制调节。

2. 第二代RTU

(1)主要产品型号

第二代RTU，采用KD-PSC/RTU-1柜，在第一代的基础上，融合了抽油机配电控制与数据采集控制，集配电控制与数据采集测试于一体，主要针对一口井的配电和参数采集。

(2)主要技术指标

① PLC

采用AB 1766-L32BWAA。

② 输入电源

100~240V AC，50~60Hz，120VA MAX。

③ 数字输入/输出

20DI、12DO，可扩展至48路。

④ 模拟输入/输出

4~20mA(或0~10V)4AI，2AO，可扩展至24路。

⑤ 通讯方式

具有RS-232/485通信端口、1个以太网端口和1个非隔离的RS-232通信端口；支持MODBUS、以太网。

⑥ 保护方式

电机过流、过热、过压、缺相等。

⑦ 技术水平

国内领先，不低于国外同类产品的性能和质量水平。

⑧ 适应环境

工作时，-35~55℃，≤95%无凝露，储存时，-35~65℃，≤95%无凝露、海拔小于2000m。

⑨ 控制方式

远程启停，远程调节参数，PID控制调节。

3. 第三代RTU

(1)主要产品型号

采用KD-RTU/1-7C，该类RTU可实现一对多数据采集测试控制，即一面RTU柜可采集多口(1~7口)井的生产参数。主要是针对煤层气丛式井，在一个丛式井场只需安装一面RTU控制柜即可实现对多口丛式井生产参数的数据采集控制。

(2)主要技术指标

① PLC

采用AB 1766-L32BWAA。

② 输入电源

100～240V AC，50～60Hz，120VA MAX。

③ 数字输入/输出

20DI、12DO，可扩展至48路。

④ 模拟输入/输出

4～20mA(或0～10V)4AI，2AO，可扩展至24路。

⑤ 通讯方式

具有RS－232/485通信端口、1个以太网端口和1个非隔离的RS－232通信端口；支持MODBUS、以太网 。

⑥ 保护方式

电机过流、过热、过压、缺相等。

⑦ 技术水平

国内领先，不低于国外同类产品的性能和质量水平。

⑧ 适应环境

工作时，－35～55℃，≤95%无凝露；储存时，－35～65℃，≤95%无凝露，海拔小于2000m，具有数据采集、数据远传功能。

⑨ 控制方式

远程启停，远程调节参数，PID控制调节。

4. RTU主要功能

(1)数据采集存储传输功能

单井各种资料如压力、温度、流量、液位、载荷、冲程、冲次、电参量等经现场仪表传输，或有线或无线均可采集到RTU中，再通过MCWILL无线传输上传到中控室，实现数据、指令的收发传递工作。

(2)遥启、遥停与调速控制功能

抽油机、螺杆泵、多通计量阀、计量站、集气站等的远程无线启动或停止均可通过上位机经RTU实现操作。

内嵌电磁调速器，还可实现对现场设备的调速控制。

(3)保护与报警功能

当电机过流、过热、浪涌过压时，RTU断路器或接触器将跳脱予以保护。无论系统在进行何种运行或操作(如进行控制、采集、存储、传输等)，某一部位(如单井电流、井口套压、可燃气体浓度超限等)发生故障，报警信号会通过一体机优先在控制室内发出声、光报警信号。屏幕上可显示报警部位、数据、性质，使操作人员能及时采取措施，排除故障。

五、单井自动化仪表设备

1. 流量计

流量计选择防水密封性好、性价比高，最成型、可靠的产品。

单井流量计用于煤层气生产流量的测量，每口井在井场的输气管线上安装一台流量计，丛式井组在汇管处安装一台流量计。

流量计在无线发射模式下需安装一台无线流量传感器发射模块。

煤层气井主要安装的流量计类型有旋进旋涡流量计、涡轮流量计、标准孔板流量计、容积式流量计、超声流量计等。

单井计量一般采用标准口径为 *DN*32 的流量计，如图 6－15 所示。

（a）单井流量计连接图

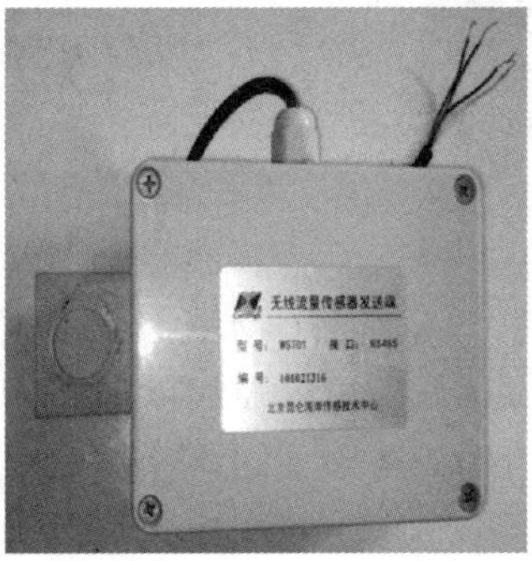

（b）单井无线流量传感器发送端

图 6－15　单井流量计

2. 压力表

压力表用于测量煤层气井管压和套压。每口井需安装两块压力表，一个用于套压采集，另一个用于管压采集。

每块压力表对应安装一块压力变送器(无线发送模式)，压力表测量的压力值通过压力变送器转换成电流或电压信号，并把信号传到井场 RTU，进而在上位机显示压力值，如图 6－16所示。

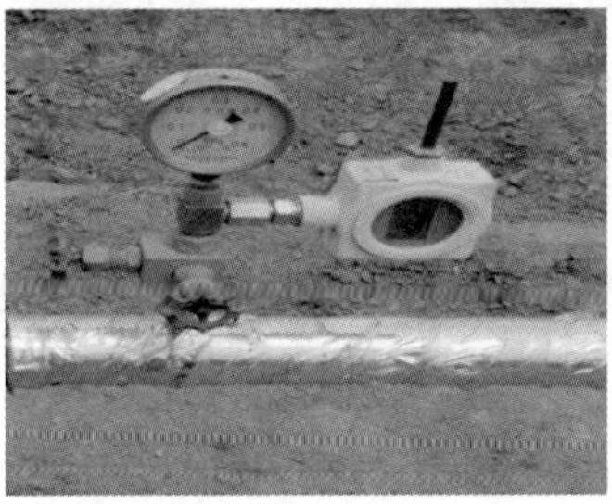

（a）单井压力表连接图

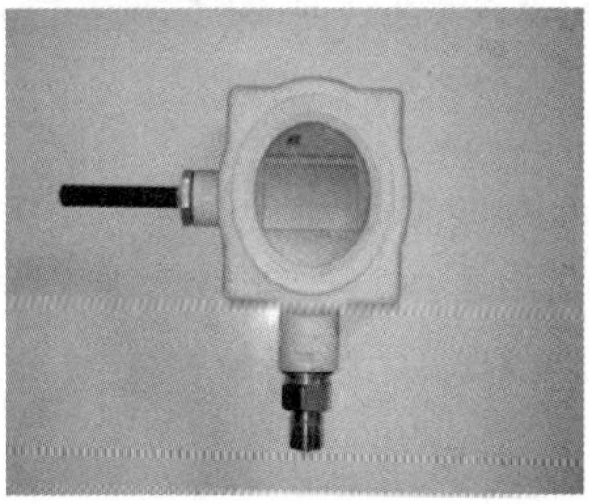

（b）单井压力变送器

图 6－16　单井压力表

3. 接近开关

当抽油机平衡块经过接近开关时，接近开关会有一次通断动作。接近开关通过电缆传输该信号到 RTU 柜内，用于计算抽油机冲次。

接近开关安装在抽油机底座上，磁钢吸附在抽油机平衡块上，接近开关与磁钢之间的距离，距离控制在 1.5cm 以内，如图 6－17 所示。

图 6－17　接近开关

4. 井下压力计

排采过程中井下压力计长期处于恶劣的环境中，对压力计的精度和密封性要求比较严格。

根据煤层气生产经验和现场需求，在部分煤层气重点井或水平井下安装一台井下压力计，一般安装在泵的下

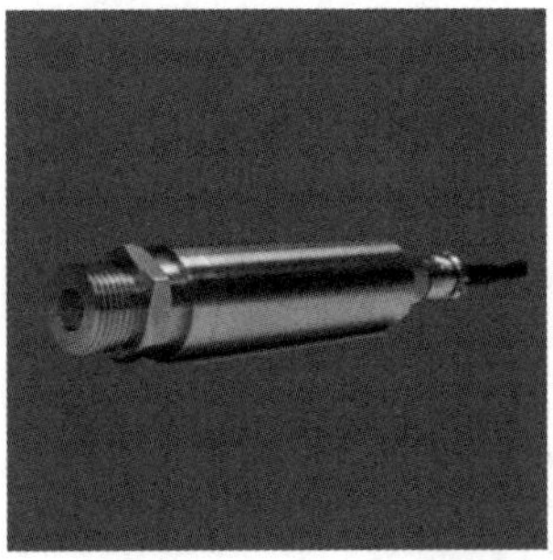

图 6 – 18　井下压力计

面，压力计通过测井钢缆连接把压力信号通过有线方式从井下传输到井口的地面显示仪器上，地面显示仪器通过电缆将采集到的井下压力信号接入 RTU 柜内，实现上位机显示，如图 6 – 18 所示。

5. *液面自动测试仪*

液面自动测试仪是利用声波脉冲在气体介质中传播时，遇到障碍物就产生反射脉冲，如果知道声波脉冲传播速度和反射脉冲的反射时间就可以知道障碍物与脉冲声源之间的距离。

回声法就是利用上述原理来探测出井下液面深度，如果回声仪已测出声波脉冲在油套环形空间传播速度以及传播时间，则可以得到液面深度，如图 6 – 19 所示。

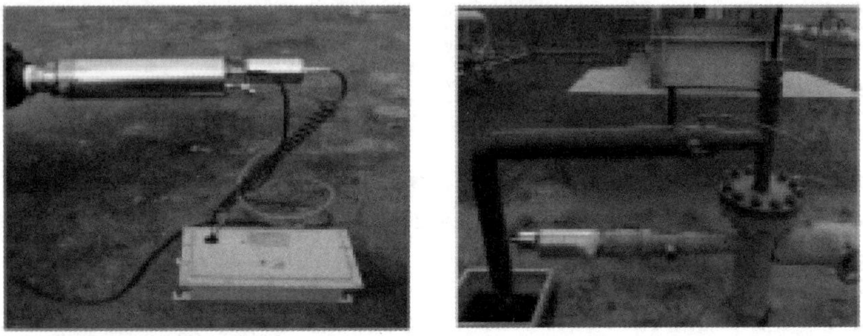

图 6 – 19　液面自动测试仪

六、煤层气井数据采集方式

根据煤层气生产需要，需实现井口套压、管压、流量、冲次等信号的采集和传输。煤层气井 RTU 采集数据主要有有线和无线两种方式。

1. *有线方式*

在有线方式下煤层气井需安装管压压力表 1 块、套压压力表 1 块、流量计 1 台。

一次仪表信号均采用有线方式(埋地电缆)传送到现场 RTU 柜中的 PLC 中，完成数据采集。经现场 RTU 采集的数据通过 RTU 柜中的 MCWILL 模块发送到中心监控室，完成现场所有信号的采集与发送。

仪表供电电源全部由 RTU 提供，确保仪表供电稳定，如图 6 – 20 所示。

(1) 主要优点

① 数据采集比较稳定，RTU 内部电源模块直接供电，确保供电质量，避免使用电池造成仪表工作不稳定。

② 没有电池消耗，减少单井频繁更换仪表电池，降低维护费用。

(2) 主要缺点

① 仪表维修不方便，需要拆卸电缆与仪表的连接管。

② 施工量较大，需挖电缆沟。

2. *无线方式*

在无线方式下，仪表需采用无线仪表或在仪表上加无线流量发射模块。

如图 6 – 21 所示为无线方式下压力和流量采集装置安装图。压力采集利用无线压力表采集套压和管压，流量采集利用流量计加无线流量发射模块。

发送模块采集的参数主要有套压、管压、流量及压力计等仪表数据通过无线方式传输到井场 RTU 内，仪表依靠电池供电，无外接电源。

图 6－20　有线方式下压力和流量数据采集

图 6－21　无线方式下压力和流量采集装置

(1)主要优点

施工方便，安装简单。

(2)主要缺点

① 供电可靠性较差，常因电池寿命及电池性能等因素影响传输稳定性，造成数据传输中断。

② 由于采用电池供电，需要频繁的更换仪表电池，加大工作量。

任务三　集气站自动控制系统

一、集气站功能简述

(1)集气站设监控值班室。

(2)集气站控制系统由集气站监控系统和压缩机组自带的监控系统两部分组成。

(3)对集气站生产流程进行监控，根据运行工况对流程的生产运行参数进行调节和控制，确保生产的平稳运行。包括生产工艺流程、运行状况、生产工况参数等工控组态信息接口和图像监视信息。

(4)在集气站值班室内设计紧急关断按钮。

值班室操作员根据现场运行工况，对流程和生产参数进行调节和控制；在值班室内设有紧急关断按钮，自动控制无法操作的情况下，按下紧急关断按钮关断进出口阀和停运压缩机。

二、集气站检测和过程控制

1. 检测参数

在每个集气站控制室设 1 套站控系统，对站内的工艺参数进行数据采集和处理；其主要监控内容有：

(1)井场来气汇管的压力监测及超限报警。

(2)分离器的液位、差压监控。

(3)外输煤层气计量。

(4)出站管线紧急切断、压缩机组紧急停车，外输煤层气压力监测。

（5）污水罐的液位监测及超限报警。

（6）压缩机组、高压配电柜的控制由其自配套的控制系统（UCS）独立完成，UCS 对装置进行启动、停车、监视、控制和保护。

（7）站内可燃气体浓度监测、报警及记录。

2. 系统配置

站控系统主要由过程控制单元、操作员工作站、数据通信接口设备、计算机网络系统等构成。

过程控制单元采用 PLC，操作员工作站采用工业计算机作为人机界面。

（1）硬件配置

PLC 主要由处理器 CPU、存储器、I/O 系统、网络通信系统、电源及安装附件等构成；操作员工作站。

（2）软件配置

① 操作系统软件 Windows，PLC 控制器编程组态软件，PLC 监控软件；

② 人机界面 HMI 组态软件，HMI 监控软件；

③ 通信管理软件，用户应用软件。

3. 设备选型

（1）设备选型的原则

性能稳定、可靠性高、性价比高，满足准确度要求、工艺条件要求、现场环境以及环保，并根据煤层气公司已建工程的实际运行情况，选择最成型、可靠的产品等要求。

（2）主要设备要求

① 分离器液位指示采用防爆电热液位计，污水罐液位指示采用顶装式浮球液位计。

② 可燃气体浓度检测探头选用催化燃烧式。远传信号的检测仪表的输出一般为 4～20mA/24V DC 二线制标准信号。开关型仪表的输出接点选用无源接点，接点容量不小于 24V DC，1A。

③ 现场电动仪表均选用隔爆型仪表，防爆等级为 Exd IIBT4。仪表防护等级为 IP65。

④ 气动球阀的阀体选用高性能的国产球阀，配套气动执行机构。

⑤ 可燃气体浓度检测变送器选用催化燃烧式，由 SCS 进行报警和记录。

任务四　中央处理厂自控系统

一、自控系统功能

煤层气分公司已经在中央处理厂建有全公司的 SCADA 中心系统，对全公司的生产过程进行监控、调度与管理，各站、场将工艺生产过程参数上传到 SCADA 中心，并接受其发送的指令。达到以下技术水平：

（1）主要生产过程全面监控，安全防范系统灵敏、可靠。即在生产调度中心实现全线各重点设备及主要生产工艺过程的实时监测；关键生产点实现图像监视；在生产调度中心声光报警、生产指挥和现场情况反馈等同步传送。

（2）生产数据自动采集，如现场温度、压力、液位、煤层气流量、电流、电压、阀位、压缩机工作数据、可燃气体浓度和火灾报警等信号参数，全部采集至生产调度中心，进行实时显示、报警和控制。

(3)井场定期巡检，实现无人值守操作要求。

(4)在生产调度中心建立完整的生产数据库和应用数据库，自动生成生产日报、月报等各类生产报表。

(5)生产指挥和调度迅捷、高效。生产调度中心与各井口、集气站、处理厂同步，实时显示各生产过程的数据信息，同步报警。各级指挥层面均能够迅速、准确地掌握生产过程信息，全面掌握生产动态；生产组织单位和配合单位通过网络实现同步传送，缩短传达时间，减少中间环节，提高生产效率。

(6)中心控制室与远程监控站之间通过计算机网络连接。

二、自控流程

1. 自控系统组成

中央处理厂自控系统包括 DCS 系统和独立的 SIS、FGS 系统。

(1)DCS 集散控制系统

在煤层气控制系统中的应用为：

① 生产运行参数自动检测；

② 压缩机组、火炬放空等自带监控系统通信；

③ 远程启停压缩机，自动均衡各压缩机的压缩量和各脱水装置的流量，过滤分离器自动放水，压力控制调节放空量等各种逻辑控制和联锁保护。

(2)SIS 安全仪表系统

在煤层气控制系统的作用为：实现系统的紧急关断，降低各类危害。

(3)FGS 火灾及气体监测系统

在煤层气控制系统中的应用为：

① 可燃气体、火焰实时监测；

② 装置区设置人工报警按钮，实现现场人工报警。

2. 集配气装置监控内容

(1)DCS 监控内容

① 过滤分离器压力监测。

② 监测各分离器的液位，设置两位排液阀，实现液位自动控制。

③ 为部分工艺阀门配套电动执行机构，实现远程遥控。

④设置超声波气体流量计，配套专用流量计算机自动完成流量的计算和显示，并通过 RS485 接口、MODBUS for RTU 协议，将计量数据传送至 DCS。

(2)SIS 监控内容

① 为旋风分离器进站管线设置单作用气动执行机构，实现异常情况远程快速切断。

② 为过滤分离器出口汇管工艺阀门配套单作用气缸执行机构，实现远程遥控，实现异常情况远程快速切断。

③ 为计量超声波流量计进出口工艺阀门配套电动执行机构，实现远程遥控。

(3)FGS 监控内容

为工艺装置区设置可燃气体浓度变送器，对其燃气体浓度进行实时监测。

3. 增压装置监控内容

(1)DCS 监控内容

① 压缩机出口温度、压力监测，超限报警。

② 压缩机进口流量监测，采用均速管流量计。

③ 为压缩机进口设置流量调节阀，以平衡各压缩机组的流量。

④ 监测油水分离器、防冻液罐、废润滑油罐的液位并报警。

⑤ 为部分工艺阀门配套气缸执行机构，实现远程遥控。

⑥ 压缩机组的控制由配套的控制器（USC）独立完成，其对压缩机组进行启动、停车、监视、控制和保护。

（2）SIS 监控内容

① 为压缩机组进口汇管、每台压缩机进口管线设置单作用气缸执行机构，实现远程遥控，实现异常情况远程快速切断。

② 压缩机组的紧急联锁保护功能由配套的安全仪表系统独立完成，在控制盘设手动停机按钮，通过硬线与压缩机组的安全仪表系统连接，紧急关停压缩机组，信号为硬接点。

（3）FGS 监控内容

① 为每台压缩机设置 2 个火焰探测器实时监测火灾。

② 压缩机厂房煤层气浓度监测及报警，当厂房煤层气浓度超过设定值时，自动启动屋顶 30 台风机，并监测风机启停状态。

4. 脱水装置监控内容

（1）DCS 监控内容

① 进脱水吸收塔煤层气温度、压力监测。

② 脱水吸收塔压力控制。

③ 脱水吸收塔出口流量监测。

④ 装置出口产品气温度、压力监测。

⑤ 出装置产品气在水露点监测。

⑥ 装置出口汇管设置超压放空。

⑦ 三甘醇再生装置的生产运行控制由其自配套控制系统完成，其主要生产运行参数传送至中控室 DCS。

（2）SIS 监控内容

为出口汇管放空工艺阀门配套单作用气缸执行机构，实现远程遥控，实现异常情况远程快速放空。

（3）FGS 监控内容

① 为工艺装置区设置 2 个火焰探测器实时监测火灾。

② 为工艺装置区设置可燃气体浓度变送器，对其可燃气体浓度进行实时监。

5. 辅助装置区监控内容

（1）空氮装置监控内容

碳素钢非净化空气储罐出口压力、碳素钢净化空气储罐出口压力、碳素钢净化空气储罐出口压力、碳素钢非净化空气储罐出口气体流量、碳素钢净化空气储罐出口气体流量、碳素钢净化空气储罐出口气体流量。

（2）燃料气区监控内容

燃料气来气压力、来气流量，供水、消防、燃气系统。

（3）供水消防区监控内容

消防水罐和生活水罐的液位。

(4)放空分液及放空火炬区 DCS 监控内容

① 高压放空分液罐压力监测。

② 高压放空分液罐液位监测。

(5)放空分液及放空火炬区 FGS 监控内容

为工艺装置区设置可燃气体浓度变送器，对其可燃气体浓度进行实时监。

三、操作平台

1. 操作系统组成

中控室内的操作系统主要包括：2 套数据库服务器(互为备用)，1 套工程师站(兼操作员站)，3 套操作员站，1 套应用站，1 套 PCS 冗余控制器，1 套 SIS 控制器，1 套 SIS 工程师站(兼操作员站)，1 套 SIS 辅助操作台，1 套 FGS 控制器，1 套 FGS 工程师站(兼操作员站)，1 套 FGS 模拟控制盘，3 台打印机，10/100MB 冗余局域网络等构成。

监控系统的实时数据库和历史数据库只设一套冗余数据库服务。

两台数据库服务器采用高性能的工作站或服务器，其基本配置要求为：双 CPU 2.8GHz 以上至强处理器，内存 3GB，3 块 SCSI 硬盘 73GB，可读写光驱 DVD/RW，支持 1280 × 1024 精度和 32 位颜色的 21″液晶显示器，双电源及鼠标、键盘等其他标准配置。硬盘其中两块安装成镜像影射，第三块作成 GHOST 硬盘，存放备用。

操作站、工程师站及应用站等设备采用高性能工业级 PC，其基本配置要求为：CPU 2.8GHz 以上，内存 2GB，硬盘 80GB，可读写光驱，支持 1280 × 1024 精度和 32 位颜色的 21″液晶显示器，及鼠标、键盘等其他标准配置。历史数据备份采用光盘刻录设备定期备份。

2. 操作界面

系统应具有良好的人 – 机接口，具有可同时支持中文和西文的语言环境，可采用标准简体中文输入法进行文字编辑。有汉字提示、汉字打印和屏幕显示等功能；操作简单，具有操作帮助和系统维护提示功能；具有多信息复合窗口功能、多画面显示功能，可以任意选择画面、选择控制方式、选择报警组、报警确认，指定和选择趋势记录和输出各类报表。

3. 应用软件

(1)上位机检测、监控应用软件，采用 Wandeware 公司的 InTouch 人机组态软件包编制；

(2)集气站下位机 PLC 采集控制软件采用梯形图语言编程；单井 RTU 数据采集控制软件采用汇编语言编程；

(3)数据通信及数据库接口应用软件，采用 VC、VB 等软件开发系统语言编制；

(4)中控室及系统网络数据库，采用 In SQL Server 数据库系统；

(5)值班室及系统网站数据管理应用软件，采用 VB、VB. net 等网络软件开发系统编制。

4. 上位机监控软件

(1)InTouch 软件介绍

SCADA 系统监控软件采用 InTouch 软件。

InTouch 是一种工业自动化组态软件，是 Wonderware 公司产品。Wonderware 英国 Invensys plc 公司的一个子公司，成立于 1987 年，是在制造运营系统率先推出 Microsoft Windows 平台的人机界面（HMI）自动化软件的先锋。世界第一家推出组态软件的公司.

InTouch HMI 软件用于可视化和控制工业生产过程。它为工程师提供了一种易用的开发环境和广泛的功能，使工程师能够快速地建立、测试和部署强大的连接和传递实时信息的自动化应用。InTouch 软件是一个开放的、可扩展的人机界面，为定制应用程序设计提供了灵活性，同时为工业中的各种自动化设备提供了连接能力。

(2)中央控制室 InTouch 服务器主要功能

① 实时检测功能

抽油机井采集电压、电流、载荷、冲次、冲程、井口压力及运行时间等生产参数并自动存储数据。

② 远程控制功能

抽油机井实现人工远程启停控制和自动调速控制。

③ 数据管理功能

实时显示压力、液位、流量、电流、电压等各种生产参数。

预测故障位置和故障原因并进行相应提示。

对生产数据进行实时储存，自动生成系统报警记录和设备运行日志。

根据生产需要自动生成各种生产报表和生产曲线。

④ 单井实时检测功能

抽油机井采集电压、电流、载荷、冲次、冲程、压力、流量及运行时间等生产参数，并自动定时采集油井示功图。

单井参数汇总。

压力闭环控制。

集气站工艺流程画面。

集气站日报表。

分公司综合日报。

(3)系统软件功能说明

① 中央控制室 InTouch 客户端

中央控制室 InTouch 客户端被视为 InTouch 服务器的延伸，为用户提供额外的项目监控和操作终端，其功能和 InTouch 服务器功能一样。客户端支持集中和分布相统一的模式。

② 中央控制室 InTouch 工程师站/报表输出站

中央控制室 InTouch 工程师站用于对 InTouch 服务器运行项目的日常维护和更新，更新后的项目可直接在线同步更新到服务器上；同时工程师站也作为报表输出站来绘制各种形式的日常报表，满足工厂管理需要。

③ 中央控制室 InTouch Web 工作站

中央控制室 InTouch Web 工作站用来发布 InTouch 服务器上的项目到 IE 界面，用户可通过 InTouch Web 客户端上的 IE 工具来浏览服务器项目的全部功能；系统还允许通过企业内部网或局域(LAN)、Internet 来监视和操作过程系统，方便建立中央信息、门户网站，可随时浏览现场工艺流程图、实时趋势、历史趋势和管理层关心的数据报表和报警等。

任务五　自动化通信平台

一、通信网络

1. McWill 网络

宽带无线多媒体集群系统 McWill 是由国内自主开发的高速无线接入系统，具有接入带宽高、支持非视距传输、上下行带宽可调、频谱利用率高等特点。McWill 系统具有良好的非视距传输能力，可同时实现室外和室内环境的良好覆盖。同时，良好的非视距传输能力使得站址选择更加灵活，大大降低了站址选择的成本。

McWill 网络是具有覆盖性的网络，它的智能天线技术通过空间波束赋形可有效提高链路预算，从而保证较大的覆盖范围。相对于传统的无线接入技术，McWill 因其覆盖范围大的特性更容易组建大网，使得用户可在较大的范围内享受宽带，提高系统接入能力，减少建设投资。

McWill 无线宽带接入模块，工作频段 1785～1805MHz，具有上下行最大吞吐量 3Mbps 的无线数据传输能力；内置 TCP/IP 协议和 AT 指令集，可自动获取 IP 地址；提供 RS232、RJ45 等多种接口；同时支持 TCP 和 UDP 两种数据传输方式，为兼容第三方设备提供接口。

McWill 是由国内自主开发的宽带的无线接入平台。具有接入带宽高、支持非视距传输、上下行带宽可调、频谱利用率高等特点。

2. 单井数据通信

煤层气井至基站之间的采用 McWill 宽带无线接入系统作为传输通道。各气井的生产数据采集和部分井场的视频监控画面通过各自的 McWill 终端传输至基站，并由基站向上级网络转发。

中控室与抽油机井间通过 McWill 无线通信，进行一点对多点分时、分址数据通信。

正常工作时由集气站值班室监控计算机，轮巡发出数据采集命令，当抽油机井 RTU 接收到数据采集命令时，只有符合该命令要求的一口井，按要求返回所有采集的参数，其他井只接收，但条件不满足(地址不对)，不返回任何数据；当抽油机井 RTU 检测到优先报警(卡泵、曲柄销子退扣)信号时，由 RTU 主动向值班室监控计算机发出报警信号。

每口单井一次上传的数据量大约为 300 字节，一口井一次上传的示功图数据量大约为 2000 字节，如图 6－22 所示。

3. 集气站数据通信

基站至集气站之间使用光缆作为传输通道。

集气站 PLC 与值班室计算机间通信采用屏蔽双绞线进行数据通信，图像传输采用光缆，如图 6－23 所示。

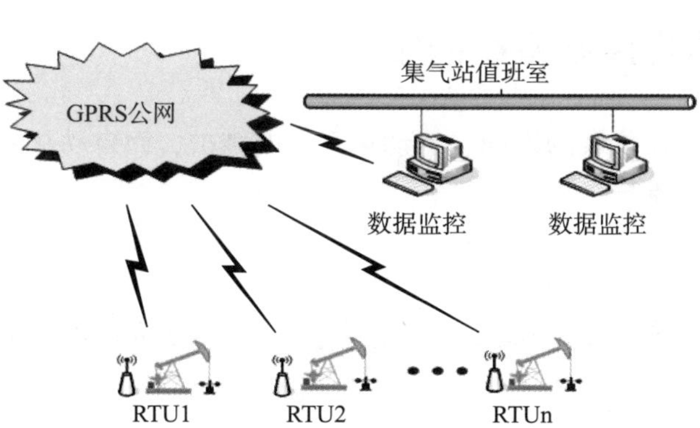

图 6－22　单井数据通讯

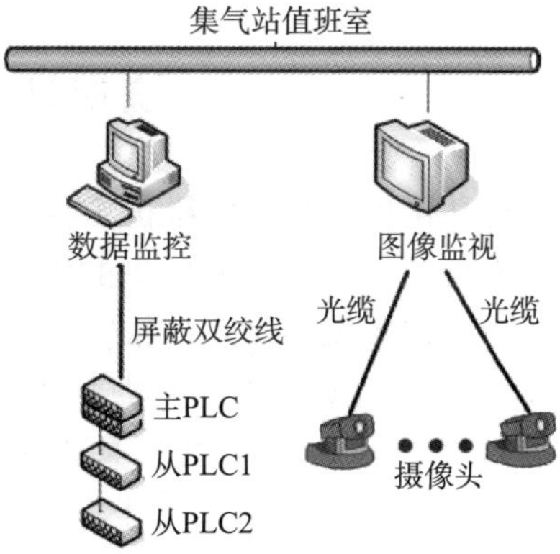

图 6－23　集气站数据通信

4. 集气站值班室与中心控制室

集气站至中央处理厂使用光缆进行传输。

在集气站之间，为了保持数据的畅通，集气站值班室计算机要求组成局域网，便于集气站间数据的交换、对比，由于集气站的光缆在中央处理厂中控室汇总，在中控室增设网络交换机，使各集气站的计算机联网，实现集气站间控制命令的畅通。

5. 通信协议

(1)单井与值班室：自定义通信协议。

(2)集气站与值班室：标准 MODBUS RTU 通信协议。

二、视频监控

1. 井场视频监控

视频监控系统主要由前端监控单元、传输通道、监控指挥中心、监控客户端组成。在重要井场或路口树立 8m 监控杆，杆上安装红外一体化摄像机 1 部、室外扬声器 1 个、室外探照灯 1 个、光控开关 1 个，网络视频编码器 1 台、三合一防雷模块 1 个和电源等设备。

摄像机主要是负责采集现场图像；网络视频编码器具备编码、智能分析等功能；室外扬声器主要用于对闯入区域的人员进行远程警告；光控开关和室外探照灯主要负责夜间对井场的照明。

监控杆上设置避雷针 1 根，采用镀锌扁铁引入地下接地极，起到防雷击放电作用，保护监控设备。

监控系统电源线及网线采用穿 PE 管地埋接入单井 RTU 内。

传输通道：为前端视频编码器至中心服务器之间的视频、音频的传输提供通道。各井场采用超五类双绞线将视频编码器与 McWiLL 模块进行连接，将数据传输至中央处理厂中心控制室

2. 站厂视频监控

集气站监控系统采用数据监控和图像监视相结合的方式。集气站内设工业电视监控系统 1 套，监控终端设在集气站值班室，监视前端(摄像头)主要安装在压缩机区，视频监控数据通过通信网络上传至中央处理厂中心控制室。

中央处理厂设置监控终端，可监控单井、集气站、处理厂内关键设备。

中央处理厂内建有红外对射联动系统，可对整个生产厂区监控。

项目四　自动化控制系统的维护

自动化控制系统的维护主要分为现场仪器仪表的维护、自动化系统的维护，而自动化系统的维护，又包括了上位机的维护和网络的维护。

一、现场仪器仪表的维护

1. 冲次为零或数据长期不变

(1)检查接近开关接线是否正确，棕色线接 24V 电源正，蓝线接 0V，黑线为冲次信号接 PLC 开关量相关输入端子。

(2)检查接近开关磁钢是否错位或丢失。

(3)检查 PLC 开关量输入点是否损坏(将黑线即信号线拆下连接到 PLC 其他开关量输入点，用磁钢人为激活接近开关，观察开关量输入点指示灯是否点亮。)

(4)以上步骤全部进行完成并确认无误后，判断接近开关损坏，建议更换新的接近开关。

2. 上位机显示全天无任何数据

(1)检查 PLC 通信端口 0 是否损坏，通信端口 0 直接与通信模块相连接，PLC 内所有数据都是通过 0 端口发送到上位机的，使用串口调试软件可直接对通信端口进行监测。

(2)使用 McWill 网络通信时，检测通讯模块供电电源 5V 是否正常。SIGNAL 信号灯是否间断闪烁(模块损坏时 SIGNAL 灯常亮)通过上位机配合检查通信模块是否在线。如果不在线，怀疑通信模块损坏或上位机通信设置错误，如果模块在线，怀疑上位机串口配置丢失或更改，建议核对上位机配置

(3)使用 GPRS 网络通信的，检查完 PLC 通信端口后，检查 GPRS 模块接线是否正确。通信线 2 脚接 RX、3 脚接 TX、5 脚接 GND。如接线正确，使用卡设置软件对 GPRS 模块及数据卡进行检查。如果 GPRS 模块能够正常读取数据，数据卡能够正常写入数据，说明 GPRS 设备没有损坏，检查所处地点手机信号强弱，如果信号无异常，与移动公司联系查询数据卡是否有欠费情况。以上检查都无误后。检查上位机虚拟串口有无丢失情况，主卡是否在线，路由接收模块是否工作正常。

3. 上位机压力正常，瞬时、累计流量长期不变或为零

压力和流量数据都是由无线接收模块统一采集的，压力数据能够正常传输，说明无线接收模块工作正常，流量计或流量发送模块出现故障。排除步骤为：

(1)使用程序检测无线接收模块接收到的流量原始数据，检测开始地址为 VB732，返回数据为“0”，通信失败。

(2)检查流量发送模块供电电池是否正常(拆下测量不低于 3.6V)。

(3)检查流量发送模块电源开关是否打开。

(4) 检查流量发送模块信道及通信地址是否设置准确。如果返回数据“F”，说明流量发送模块与无线接收模块之间通信正常。

(5)检查流量计供电电源是否正常(拆下测量不低于 3.6V)。

(6)检查流量计通信地址和协议是否设置正常。

(7)检查流量计与流量发送模块之间接线是否正确。红线接 24V +，黑线接 GND，绿线接 A，白线接 B。

以上检查均无异常后，怀疑流量计通信模块损坏，建议更换后再试。

4. 上位机流量数据正常，套压或管压无数据

(1)判断无线接收模块工作正常，无线压力变送器故障。

(2)将压力变送器重新上电，将通信间隔改为 01，等待 5s 后观查是否有数据上传。如果仍无数据：

① 检查压变内部是否进水。

② 检查压力变送器供电电池是否正常(拆下测量不低于 3.6V)。

③ 检查压力变送器通信模块是否有松动。

④ 检查压力变送器通信地址和信道设置是否准确。

以上检查完成后仍无数据，怀疑压变故障，更换新压变后重试，将拆下的压变做好标记返厂维修。

5. 压力流量均无数据，电量数据正常

压力和流量数据都是通过无线接收模块采集的，以上数据都没有，电量数据正常，说明 485 总线正常，则无线接收模块损坏或接收模块可能接线松动。

(1)检查无线接收模块电源灯是否点亮；

(2)检查无线接收模块数据等是否有闪烁；

(3)检查无线接收模块通信线接线是否正确牢靠(绿线接485+，白线接485-)；

(4)检查MODBUS主站程序编制是否正常，更换新接收模块重试。

6. 冲次数据正常，压力、流量、电量均无数据

(1)压力、流量、电量数据是通过一条485总线与PLC通信的，以上数据均没有，怀疑485总线松动或脱焊，检查接线，3脚接485+，8脚接485-。

(2)如果接线正确，使用STEP7程序软件检查PLC通信端口1是否能够正常通信。

(3)如果通信口无异常，再检查MODBUS主站程序编制是否正常

7. 压力、流量数据正常，电压电流无数据

(1)检查电量模块电源等是否点亮 ；

(2)检查电量模块接线是否正确(V24接24V电源正极，GND接电源地，DATA+接485+,DATA-接485-)。

(3) 使用电量测试软件检测电量模块通讯协议是否正确，正常应使用MODBUA RTU协议，部分电量出厂时为MODBUA ASC码协议，需要改为RTU协议后才能与PLC通信。

8. 上位机通信正常，远程启停并无效

(1)检查PLC开关量输出点Q0.1，Q0.2是否正常通断；

(2)检查RTU柜内控制启动和停止的继电器是否正常通断；

(3)使用配电柜上的启停按钮观察启停动作是否正常；

(4)检查PLC柜到配电柜的启停控制线接线是否正确；

(5)红线接停止、蓝线接启动、黑线接公共线；

(6)检查配电柜内交流接触器是否能够正常吸合；

(7)检查配电柜内交流接触器是否被短路。

9. 压变常见问题及处理步骤

(1)上位机和现场数据不合

① 检查压变输出电流，折算压力后现场和上位机是否相同，如不相同，则可能柜内压变外接电阻或压变损坏。

② 检查压变外接电阻是否烧毁或不为250Ω，如电阻完好，则压变存在问题。

(2)管线有气体，管压压变现场、上位机无数据

① 检查管线流程，针型阀处于导通位置。

② 检查压变，是否处于正常工作状态。

(3)压变进水

压力变送器工作环境恶劣，由于施工、天气问题均可能导致压变内部积水，如遇到此类问题，可采取以下措施：

① 打开压变外壳，清理内部积水。

② 放入干燥剂。

③ 找到漏气、进水点，加密封胶密封。

④ 合上压变外壳，进行恢复。

10. 流量计常见问题及解决方法

(1)流量计无数据

煤层气计量用气体流量计主要以旋进旋涡气体流量计为主，当有气体流过，流量计无数据时，可采取以下措施：

① 检查现场阀门位置是否处于导通位置。

② 看管线止回阀阀芯是否连续跳动，如跳动，则无法正常读数。

③ 拆开流量计，检查流量计的流量探头和前置放大器是否正常。

(2)流量计数据不准

① 检查流量计采集压力、温度数据是否正常。

② 检查流量计系数是否正常。

③ 拆开流量计，检查流量计探头、前置放大器是否正常工作。

④ 拆开流量计整体，检查前面旋涡发声体是否损坏。

⑤ 如维修后仍觉有问题，则送至检定中心，进行检定。

二、自动化控制系统的维护

1. 上位机软件维护

检查采集软件或通讯软件与单井 PLC 的通信是否正常，通信端口是否正常，采集数据能否正确可用，维持当前系统的稳定性。

(1)各类文件的备份

① 授权备份——wwsuite. lic；

② 应用程序备份；

③ 配置文件备份；

④ 历史数据备份——指 . lgh 和 . idx 文件；

⑤ 标记名备份——可以用 . csv 文件保存。

(2)一般程序修改内容(需要开发版授权)

① 增加画面

在开发环境中添加窗口及其图形等 。

② 增加标记名

在标记名字典中添加。

③ 增加功能

根据需要进行设置。

(3)通信故障诊断

① 定义相应指示通知是否出现通信故障

一般在开发初期已经设定，只要注意其状态。

② 利用诊断工具

Wwclient。

③ 利用 SMC 查看日志文件(一般错误会记录错误提示、相关代码等)

(4)程序的移植

① 应用程序发布器

在开发环境中进行“发布”。

② 硬拷贝

整个应用程序进行备份。

③ 程序合并

标记名合并，画面合并，脚本合并，占位符。

(5)系统的优化

① 应用程序中尽量删除没有用处的文件。

② 系统软件安装尽量精简。

③ 定期检查系统各进程占用情况。

④ 保持计算机工作环境良好。

2. 上位机故障诊断与排除

(1)上位机采集软件出现问题

① 现象

IP 能 ping 通但采集不到数据，响应时间过长，发生软件卡死现象。

② 处理方法

对软件进行重启，如仍有问题，查看通信网络是否正常。

(2)计算机通信软件出现问题

① 现象

上位机可以采集到数据，但其他计算机无法访问该上位机数据。

② 处理方法

判断数据链路是否畅通，重启通信软件。

3. 网络维护

网络维护的主要目的是检查自动化控制系统是否正常，历史数据的顺利查询及报表日报的正确生成，判断网络是否出现问题。一般网络维护的方法如下：

(1)网络的联通性测试

可以轻易获取到计算机的 IP 地址信息，通过以下的操作进一步确定网络的故障。

ping 命令的使用，如果不能上网，第一步要做的是 ping 125.218.66.1(通过 ipconfig/all 命令查看到的“Default Gateway(计算机的网关)”对应的地址)，如果无法 ping 通这就说明计算机和核心交换机或路由器的连接可能受到病毒、链路、机器故障、环路等的影响。

一般情况下在没有对网络进行较大调整，而且故障之前没有发生过无法上网的情况的话，链路连通、环路、核心交换机和路由器出现问题的可能性很低。无法 ping 通网关很大的可能性是有 ARP 病毒攻击网络或计算机本身的故障，ARP 病毒的最常见的现象就是很多机器会在同一时间无法上网，计算机本身的故障的话一般只是单台计算机无法上网。

(2)网络病毒攻击判断

在“开始”菜单中点击“运行”，在“运行”窗口中输入“cmd”点确定。弹出的 DOS 窗口中输入 arp - a 按回车键。

列表中显示出网关对应的 MAC 地址和其他计算机的 MAC 地址，如这些对应关系中，网关的 MAC 地址或计算机的 MAC 地址有相同的那就可以判断网络内存在 ARP 病毒。MAC 地址理论上是每一个网络设备在世界上是唯一的，在非特殊情况下都建议不要通过软件和硬件手段进行更改。MAC 地址如出现重复，网络的正常使用必然会受到影响。在 arp - a 命令的列表中如果发现有些 IP 地址的 MAC 和网关 IP 地址的 MAC 地址相同，也不能断定该机器就是 ARP 病毒的攻击源。对 ARP 病毒攻击源计算机的判断一般使用网络扫描软件和网络抓包软件进行判断。

(3)常用网络命令

① ping

ping 命令是利用回应请求/应答 ICMP 报文来测试目的主机或路由器的可达性，用来判定网络的连通性。

在 DOS 命令提示符下，ping 命令可以有若干参数

-t，表示连续不断地对目的主机进行测试，若使用者不人为中断(同时按 Ctrl 和 C 键，或 Ctrl 和 Break 键)会不断地 ping 下去。

-a，解析主机的 NetBIOS 主机名，如果想知道 ping 的计算机名，就要加上这个参数。

-n count，定义用来测试所发出的测试包的个数，默认值为4，count 可灵活设定为一个具体数。

Target_ name，可以是目的主机的主机名、IP 地址或域名(网址)

使用 ping 命令出现的常见错误信息：

Unkown Host(不知名主机)，表示该远程主机的名字不能被 DNS 服务器转换成 IP 地址，故障原因可能是 DNS 服务器有故障，或者其名字不正确，或者与与远程主机之间网络又故障。

Network Unreachable(网络不能达到)，表示本地有到达远程主机的路由，应检查路由器配置，如果没有路由，则可以添加。

No Answer(无响应)，远程主机没响应，可能是本地服务器没工作、本地或服务器网络配置不正确、本地或路由器没工作、通信线路有故障或本地服务器存在路由选择问题。

Request Timed Out(响应超时)，数据包全部丢失，可能是到路由器的连接问题或路由器不能通过，也可能是本地服务器已经关机或死机，也可能是对方有防火墙或已下线。

② ipconfig

ipconfig 命令可以检查网络适配器的配置，包括网络适配器的 IP 地址、子网掩码及默认网关，其后不同的参数，可以得到更多的网络信息。

键入 ipconfig/all 可获得完整 TCP/IP 配置信息，另有主机名、DNS 服务器、节点类型、网络适配器类型、MAC 地址等信息。

③ netstat

netstat 命令可以显示有关统计信息和当前 TCP/IP 网络连接情况，获得使用的端口和使用的协议等信息、收到和发出的数据、被连接的远程系统的端口等，帮助了解网络的整体使用情况。根据 netstat 后面参数的不同，可以显示不同的网络连接信息。

-a，显示所有连接和监听端口，使用该参数可以查看计算机的系统服务是否正常，判断系统是否被“种”上木马，如果发现不正常的端口与服务，要及时关闭该端口或服务，还可以作为一种实时入侵检测工具，判断是否有外部计算机连接本地计算机。

-n，可以显示本机和与本机相连的外部主机的 IP 地址。

-e，可以显示以太网统计，可与 -s 参数联合使用，-s 显示每个协议的统计。

-r，可以显示路由表的内容。

④ nbtstat

nbtstat(TCP/IP 上的 NetBIOS 统计数据)用于提供关于 NetBIOS 的统计数据，可以查看本地或远程计算机上的 NetBIOS 名字表。

-a，RemoteName 使用远程计算机的名称列出其名称表，并通过其 NetBIOS 名来查看它

当前状态。

-A IP address，使用远程计算机的 IP 地址列出其名称表。

-c，列出在 NetBIOS 里缓存的连接过的远程计算机的 NetBIOS 名称和 IP 地址。

-n，列出本地计算机的 NetBIOS 名称。

⑤ tracert

tracert 命令可以看作是 ping 命令的扩展，它不但能够显示数据包等待和丢失等信息，还能够给出数据包达到目标主机的路径图，通过路径图显示的信息可以判断数据包在哪个路由器处堵塞。

-d，表示不要将 IP 地址解析为计算机名称。

-h maximum_ hops，表示搜寻目的可经过的最大数目跳跃区段，可显示出所经每一站路由器的反应时间、站点名称、IP 地址等重要信息，从中可判断哪个路由器最影响物流访问速度。

-j host-list，表示根据 host-list 来指定宽松源路由。

-w timeout，表示根据每个回应的 timeout 所指定的微秒数来作为等候时间。

⑥ ARP

ARP 命令使用 ARP 协议(地址解析协议，用于将 IP 地址转换为物理地址的协议)，来显示和修改 ARP 缓冲区，该缓冲区内存放 IP 地址和对应的 MAC 地址。

-a，用于查看高速缓存中的所有项目。

-d，用于删除 IP 地址。

-s，用于为 MAC 地址的主机增加 IP 地址。

⑦ nslookup

nslookup 命令用于监视网络中 DNS 服务器能否正确实现域名解析。

正向解析：nslookup 域名。

反向解析：nslookup IP 地址。

4. 网络故障诊断与排除

(1)单机网络无法连接

网络无法连接一般情况下分为软件故障和硬件故障，在处理网络故障时应该遵循“先软后硬，先近后远”的原则，最先检查计算机的软件(包括操作系统和应用软件)是否存在问题，再排查离故障计算机最近的网络设备(其中包括计算机本身)，排除了本地计算机或网卡、线路的故障之后再检查接入交换机和核心交换机是否存在故障，下面将介绍几种常见故障的处理方法。

① 软件故障的排查

在计算机能够正常开机运行，但无法连通互联网的时候必须先从计算机的软件开始进行排查，其具体步骤如下：

确认 TCP/IP 属性的配置正确，大部分的网络通信都依靠 TCP/IP 协议，如果计算机在 TCP/IP 属性的配置上有误将导致通信失败，其中该属性中最需要注意的地方是 DNS 的设置。IP 地址根据分配的地址段结合子网划分填写正确的 IP 地址和子网掩码，子网掩码若填写错误会导致部分通信无法进行。

检查完机器的 TCP/IP 属性的配置信息无误后，可以先使用 ping 127.0.0.1 命令来测试机器的 TCP/IP 协议是否存在问题。如果无法 ping 通机器的回环地址也就可以判断该计算机是无法访问其他网络资源的，无法 ping 通回环地址的唯一可能性就是其他程序(可能是应用软件也可能是病毒软件)在安装或使用的时候破坏了 TCP/IP 通信的相关文件。这个问题的解决办法是使用设备管理器卸载网卡驱动，然后重新启动对刚卸载的网卡重新驱动。

能够 ping 通 127. 0. 0. 1 这个地址之后，需要对网关 IP 使用 PING 命令进行测试。如无法 PING 通网关则参照“ARP 病毒导致无法上网”中讲到的方法进行排查。

能够 ping 通网关 IP 之后，需要确定的是计算机与外部的通信是否正常。一般采用 ping www. 163. com(任意能正常访问的域名)，如果不能 ping 通就进行以下检查：使用 nslookup www. 163. com 命令检查 DNS 服务器能否解析到该域名对应的 IP 地址，如使用 nslookup 命令能解析到 IP 地址，但是无法进行访问的话就进行如下操作：记下解析到的 IP 地址，使用 TRACERT xxx. xxx. xxx. xxx 命令查看该数据经过的路由，记下在哪一个地方出现了 time out 的提示，将该信息反馈给有关信息中心。

如能够 ping 通域名但是无法访问或打开的网站与要访问的网站不同就进行如下操作进行排查：打开系统安装目录下的 C：\ WINDOWS \ system32 \ drivers \ etc \ hosts“hosts”文件，该文件没有后缀名，使用鼠标双击在弹出的“打开方式”的菜单中选择用记事本打开，如其中有 IP 地址对应域名的记录存在的话全部删除，然后保存。重起后若还是不能正常访问网站，请使用系统健康检查软件进行排查和修复。

② 硬件故障的排查除了计算机软件故障导致网络通信中断外，计算机与联网相关的设备、线路等出现故障也会导致网络通信的中断。但是发生硬件设备故障导致无法上网的可能性要比软件故障导致无法上网的可能性要低很多，所以在排除故障的时候必须以“先软后硬，先近后远”的原则。现将对网络硬件故障的排查和解决办法叙述如下。

最先需要检查计算机和网络通信的接口——“网卡”，需要检查的项目有通过设备管理器查看该计算机的网卡驱动是否安装正确。鼠标右键点击“我的计算机”— >“点击管理”— > 在弹出的对话框中点击“设备管理器”，查看该窗口右侧的“网络适配器”，如发现该项对应的设备有黄色的“？”或“！”号的话，说明该计算机网卡驱动没有正确安装或该计算机的网卡已经损坏，需要重新安装驱动或更换网卡。

如网卡驱动正确，网卡设备没有损坏，在“网上邻居”的属性中能够看到该网络连接并能够对其 TCP/IP 属性进行配置。在“网上邻居”的属性中能够看到两类图标：“本地连接”已连接上表示网卡已经插好了网络电缆。“本地连接”网络电缆被拔出表示网卡的网络电缆没有插好。

网络电缆没有插好的故障较容易排查，一般情况下是对网卡所连接的电缆进行检查，查看水晶头是否损坏，水晶头的制作是否标准，将网线重新插入网卡。如故障仍未解决，需通过跳线面板号或网线标记查找连接交换机的那个水晶头同样对线路的端点进行检查，对该线路使用“网络测线仪”进行测试，保证 8 根线路的传输信号都没有问题。

如线路测试没有问题就需要更换计算机连接的端口进行测试，如使用其他端口之后网络恢复正常则可以判断故障点为交换机端口损坏。对损坏的端口进行标记，联系维修单位或产品供应商进行维修。

网络连接是显示“已连接上”状态，操作系统没有故障，也不存在病毒、恶意软件等其他因素的干扰，也可能是由于硬件故障引起的。连接状态的图标能正常显示，能确定网卡是没有硬件故障的但是不能确定计算机与交换机之间的线路是没有故障。原因是网卡的连接感应线路和数据传输线路是不同的，所以需要对连接线路进行测试，测试工具为“网络测线仪”。网络连接正常又无法正常通信的典型案例是本地连接显示有较多的发送数据，但是没有接收到任何数据，也有只接收不能发送的。

对网卡和线路的故障进行了排除之后，余下的硬件问题就只存在于网络环路、交换机、路由器、光纤了。

(2)大面积通信故障

当大片单井持续出现通信不同的问题没有得到改善，则有可能出现网络故障。主要的诊断方法为分层法。

分层法就是对网络协议的物理层、数据链路层、网络层、传输层和应用层进行诊断，可以把故障定位到具体某一层，然后就可以分析该层可能会出现哪些问题，进行有针对性排除。

物理层主要故障有以下几个方面：在线缆方面，如电缆测试中存在不连通、开路、短路衰减等问题，光缆测试中存在熔接或光缆弯曲等问题；在端口设置方面，存在两端设备对应的端口类型不统一问题；在端口自身或中间设备方面，有集线器等硬件设备的故障等；在电源方面，故障现象表现为掉电、超载、欠压等。排查工具和措施：专门的线缆测试仪，对网络设备信号灯进行目测。

数据链路层故障主要有：数据帧的错发、重发、丢帧和帧碰撞等，流量控制问题，链路层地址的设置问题，链路协议建立的问题，同步通信的时钟问题，或数据端设备链路层驱动程序的加载问题。排查工具和措施：对于 TCP/IP 网络，可以使用简单的 arp 命令来检查 MAC 地址和 IP 地址之间的映射问题。

网络层故障主要有：路由协议没有加载或路由设置错误，IP 地址或子网掩码设置错误，以及 IP 和 DNS 不正确的绑定等。路由配置错误时，可通过 route 命令来测试路由是否正确；或用 ping 命令来测试连通性。

传输层故障主要有：数据包的重发，通信拥塞或上层协议在网络层协议上的捆绑问题，防火墙、路由器访问列表配置有误，过滤限制了服务连接等。排查工具和措施：协议分析器(如微软公司提供的网络监视器)对数据通信进行分析。

应用层故障主要有：操作系统的系统资源，如 CPU、内存、I/O、核心进程等运行状况不正常，应用服务未开启，服务器配置不合理，安全管理、用户管理存在问题等。排查工具和措施：操作系统或应用程序本身功能进行测试。

项目五　自动化控制系统的配件管理工作

一、新配件定期定量申报管理工作

新配件每季度申报一次，由作业区自动化工作人员向材料员提交给物资需求，由物资部门负责采购。

自动化控制系统的配件，主要可分为计量仪表的配件和自动化系统配件。

1. 计量仪表

主要有气体流量计和压力变送器配件。

(1)气体流量计配件主要包括：主板、流量传感器、压力传感器、前置放大器、温度传感器、电池、旋涡发生体、RS485 通信模块等。

(2)压力变送器配件主要包括：主板、压力传感器、电流模块等。

2. 自动化系统配件

主要包括单井 RTU 柜、监控机房。

(1)单井 RTU 柜

主要包括：PLC、开关电源、电磁继电器、电流互感器、浪涌保护器、GPRS/McWill 通信模块、空气开关等。

(2)监控机房

主要包括：光端机、路由器、UPS 电源等。

各生产单位根据实际情况上报物资需求。一般表格形式如表 6-1 所示。

表 6-1　物资需求申请表

序号	物资名称	生产厂家	规格型号	单位	需求数量	备注
1	PLC	AB	1766-L32-BWAA	台	20	
2	开关电源	欧姆龙	S8JC-Z05024C	台	20	
3	继电器	欧姆龙	MY2NJ-DC24V 带卡扣	台	40	
4	电量采集模块	雅达	YT2010	台	20	
5	三相电流互感器	山东力创	LCTA7DC-50A/1A	台	20	
6	接近开关	为信	VL-M40-20N1	台	40	
7	浪涌保护器	ABB	40kA 4P	块	20	
8	McWill 通信模块	信威	mem136	块	20	
9	232 转 485 模块	研华	4520	块	10	
10	*DN*32 流量计主板	浙江富马	LUY-2BR32EC	块	40	
11	*DN*32 流量计流量传感器	浙江富马	LUY-F32	个	40	
12	*DN*100 流量计主板	浙江富马	LUY-2BR100ECZ	块	2	
13	*DN*100 流量计流量传感器	浙江富马	LUY-F100BZ	个	10	

制表人：　　　　　　　　　　　　主管领导：　　　　　　　　　　　　日期：

二、旧配件定期返修使用管理

为节省开支，对于可修复的配件如流量计主板、压力变送器主板、PLC 等可以返厂维修。作业区每次维修后要找到故障点，并做好维护记录。返修的仪表均贴标签，记录损坏部位。作业区将废旧配件上交工程技术研究所，由工程所主管人员进行筛选后，将可修复配件返回厂家，进行维修。

三、紧急备用配件管理

为了预防紧急情况的发生，需要对重点部位自动化设备进行备件。

1. 计量仪表

主要有：

(1)重要单井、集气站内的气体流量计。

(2)重要单井、集气站内的压力变送器。

(3)内部交接计量的气体流量计及配套仪表。

(4)对外交接的气体流量计及配套仪表。

2. 自动化系统

主要有：

(1)通信基站内各类通信仪器、UPS 电源等。

(2)重要单井、集气站内的数据采集设备。

(3)中央处理厂中央控制室内各类设备。

(4)作业区监控机房内各类设备。

3. 紧急备用配件管理要求

(1)专件专用，不许用于其他用途。

(2)放置于专门的地方，要便于寻找

(3)定期清点，所有重要自动化仪表、设备均应配备

(4)配件申报方法同一般配件申请相同。

紧急备用配件主要分计量仪表和自动化系统的配件。

项目六　煤层气计量方法

目前已定型并经实践使用，证明可靠的流量仪表主要有差压式流量计、可变面积式流量计(转子流量计)、速度式流量计、容积式流量计、质量流量计、楔形流量计、明渠流量计等。

一、气体超声波流量计

1. 发展状况

天然气作为优质能源和化工原料使用范围越来越广，其计量也越来越被人们重视。欧美等发达国家，对天然气计量技术的研究起步比较早，投入的研发资金及科技力量较大，尤其是对贸易天然气的计量十分重视。在流量计使用上，20 世纪 70 年代形成了孔板使用高潮，80 年代形成了涡轮流量计使用的高潮，90 年代中后期则掀起了超声流量计热潮。

随着国外气体超声流量计的迅速发展，我国自 1999 年以来，由国家原油大流量计量站成都天然气流量分站牵头，对具有典型代表的美国 Daniel、荷兰 Instromet、美国 Contronlotron 所生产的气体超声流量计进行了实流测试，研究在理想安装条件、非理想安装条件、旋转不同角度安装条件、带压更换超声换能器、不同压力条件、声道故障状态的性能并进行现场应用，得出气体超声流量计干校后仍需实流检定和周期送检等重要结论。经过天然气实流测试后，部分天然气生产与输送单位已逐步引进气体超声流量，用于贸易交接的计量，口径在 $DN150\mathrm{mm} \sim DN400\mathrm{mm}$ 之间，不确定度为 0.5% ~1.0% 。

1996 年华阳计量分站建成，具备天然气流量实流检定条件。实流检定技术日趋成熟，已建立起全套天然气实流检定方法、程序、管理制度，我国实流检定逐步从室内走向现场。气体超声波流量计如图 6 –24 所示。

2. 工作原理

采用超声波检测技术测定气体流量，通过测量超声波沿气流顺向和逆向传播的声速差、压力和温度，算出气体的流速及标准状态下气体的流量，如图 6 –25 所示。

3. 误差形成主要因素

贸易交接使用较多是多声道时差式超声波流量计，具有流量比大、测量范围广、适合大

口径计量等特点。一般超声波流量计准确度受脏污、外围测量仪表、流量计算机等因素影响。

图 6-24　气体超声波流量计

(1)脏污对测量的影响

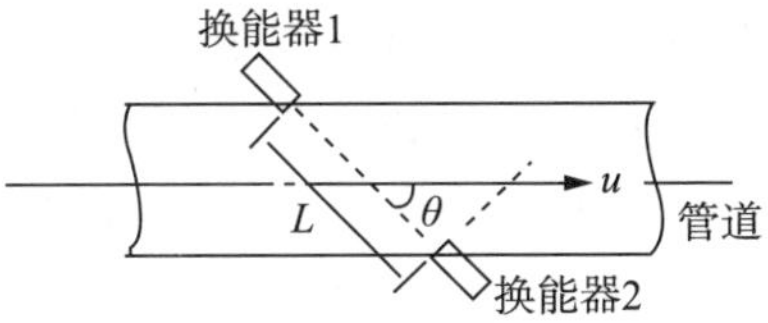

图 6-25　流量计原理示意图

煤层气处理中心的原料气主要是甲烷，由于井口采用的是排水采气的工艺，水不可避免的进入到处理中心，在处理中心使用三甘醇作为脱水媒介，就使得水、煤粉末、三甘醇等煤层气处理过程中未完全过滤的残余物，随气体流过超声波流量计时，脏污逐渐堆积在流量计表体管道内以及超声波探头上，可能会影响超声波流量计的准确度，其影响主要有以下三个方面。

① 减小了流量计表体的有效内径，流量计读数偏高。

② 脏污在超声波探头表面堆积缩短了传输时间，流量计读数高。

③ 表体内壁及上游直管段的表面粗糙度变化引起流速分布的变化，从而影响流量计的准确度和稳定性。

④ 不同厂家的超声波流量计的声道布置差异导致对脏污物堆积影响的敏感程度各不相同。脏污堆积对口径小的超声波流量计较口径大的超声波流量计的影响更大。

(2)温度、压力测量的准确度

超声波流量计计量系统一般由流量计、压力变送器、温度变送器、流量计算机及在线组分分析仪组成，通过输入组分及压力、温度，流量计算机可直接将流量计的工况流量转换为用于贸易计量交接的标准参比条件下的体积量，由此可见压力和温度的测量直接影响计量系统的准确度，如表 6-2 所示。

表 6-2　压力、温度变化对声速的影响关系

压力/MPa 声速/(m/s) 温度/℃	4.5	4.75	5.0	5.25	5.5
15	426.9204	426.5287	426.1804	425.8772	425.6209
17.5	429.2526	428.8888	428.5673	428.2898	428.0578
20	431.5524	431.2154	430.9198	430.6668	430.4581
22.5	433.8209	433.5098	433.2389	433.0097	432.8234
25	436.0593	435.7729	435.5259	435.3194	435.1547

通过数据对比，温度对声速的影响基本是每摄氏度 1m/s，为正比关系，温度越高，声

速越大；压力为反比关系，压力越高，声速越低。

(3)流量计算机

根据天然气计量系统的工作原理，天然气标况体积流量的合成相对不确定度可达到0.6%；其中流量计准确度为±0.5%，压力、温度传感器准确度均为±0.2%。由于流量计算机是将流量、压力、温度、组份等参数采集后，进行运算的，采集的电流值衰减和流量计算机模拟输入口的准确度都会给流量计算机造成误差；另外流量计算机内部对温度、压力量程的设置，也是产生误差的主要因素。

超声波流量计要求被测介质充满管道，因为显示的流量是根据管径大小按公式：流量 = $(\pi/4)D^2s$ 计算出来的，其中 D 为被测管道直径，s 为流速，如果介质不能充满管道将造成计算误差。

时差式超声波流量计只能用于清洁流体，水、粉末、黏性物质附着在探头上，改变了声速和时差，对计量的精度影响较大。

此外，噪声也是影响超声波流量计的主要因素，噪声主要是由上下游阀门、流动的高速气体、突出内壁的探头、整流器等产生的。噪声不但会影响计量精度(据国外实验室结论，对部分流量计影响可达2%以上)，对探头的性能也会造成极大影响，缩短探头使用寿命。除了加长直管段外，也可采取增加消音器的方法，消除噪声影响。

4. 安全使用注意事项

气体超声流量计的的防爆标牌应明显地标有“Ex”、“dIIBT6”或“dmIIBT4”标志，并在转换器上标有“危险场所断电源后开盖”字样，检查存在于危险场所的爆炸性混合物是否符合安全范围。

所有电缆线在安装时要检查密封圈和垫片是否在适当的位置上被压紧，应保证电缆的引出口有良好的密封。

在危险场所使用时，转换器的壳盖必须固定紧，转换器的端盖必须用专用的工具旋紧；换能器的接线端盖必须拧紧。为确保使用安全，应严格遵守安全规程，绝对不允许在未切断电源时打开启仪表盖和旋下换能器接线端盖。在安装时转换器的外壳和表体必须接地良好。

流量计的防爆结构在出厂前均经严格检验，故在开、关盖时注意保护防爆机壳的防爆结合面以防被划伤和碰毛，各防爆零件不允许自行另配，应严格按照防爆规格向制造厂订购。

流量计的安装、使用和维护还必须遵守《中华人民共和国爆炸危险场所电气安全规程(试行)》及《爆炸和火灾危险环境电力设计规范》(GB 50058－1992)的有关规定。

二、旋进旋涡气体流量计

1. 结构

以常见旋进旋涡气体流量计LUY型为例，它的主要结构由壳体、旋涡发生体、传感器(温度、压力、流量)、整流器、支架和转换器构成，如图6－26所示。

2. 工作原理

流量传感器的流通剖面类似文丘利管的型线。在入口侧安放一组螺旋型导流叶片，当流体进入流量传感器时，导流叶片迫使流体产生剧烈的旋涡流。当流体进入扩散段时，旋涡流受到回流的作用，开始作二次旋转，形成陀螺式的涡流进动现象。该进动频率与流量大小成正比，不受流体物理性质和密度的影响，检测元件测得流体二次旋转进动频率就能在较宽的流量范围内获得良好的线性度。信号经前置放大器放大、滤波、整形转换为与流速成正比的脉冲信号，然后再与温度、压力等检测信号仪器被送往微处理器进行积算处理，最后在液晶显示屏上显示出测量结果(瞬时流量、累积流量、压力、温度)。注：智能型带有压力、温度，检测的信号一起被送往微处理器进行积算处理，最后在液晶显示屏上显示出测量结果，其工作原理如图 6－27 所示。

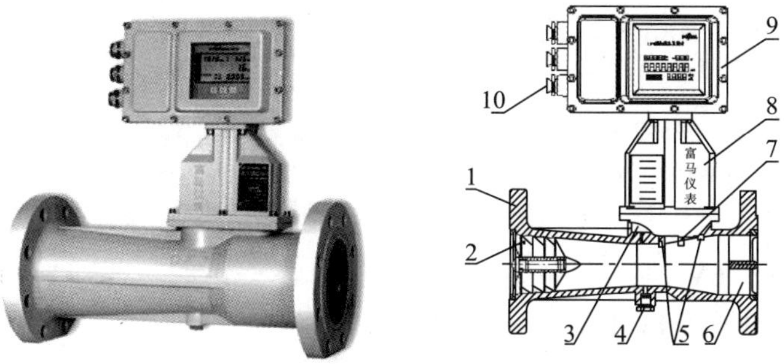

图 6－26　旋进旋涡气体流量计

1—壳体；2—旋涡发生体；3—压力传感器；4—取压孔；5—流量传感器；6—整流器

7—温度传感器；8—支架；9—转换器；10—出线接口

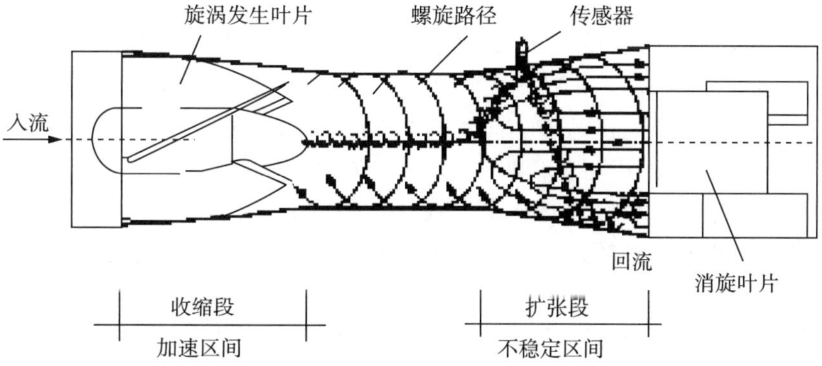

图 6－27　文丘利管工作原理

3. 流量计转换器原理图

智能旋进旋涡流量计转换器原理如图 6－28 所示。

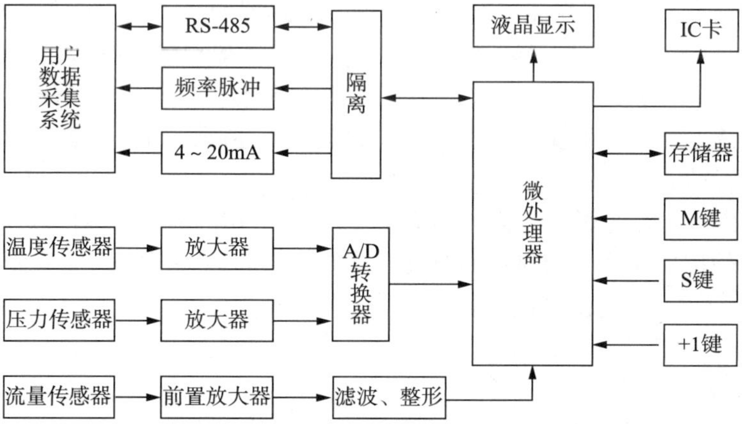

图 6－28　智能旋进旋涡流量计转换器原理

4. 技术参数

(1)使用环境条件

① 环境温度：-30～+55℃；

② 相对湿度：5%～95%；

③ 大气压力：86～106kPa。

(2)工作条件

① 介质温度范围：-20～+70℃；

② 公称压力：1.6MPa、2.5MPa、4.0MPa、6.3MPa。

(3)供电电源

① 内电池供电 3.6V DC；

② 外直流电源供电 24V DC。

(4)输出信号

① 脉冲信号输出；

② 电流信号输出 4～20 mA，二线制，三线制；

③ 通信接口 RS485。

5. 安装要求

保证其上游侧的直管段长度至少为 3D，其下游直管段至少为 2D(弯管、缩管、扩管、其上游直管段长度至少为 3D，下游直管段至少为 2D 如上游侧有阀门，那么要保证其上游侧的直管段长度至少为 5D，其下游直管段至少为 2D，D 为公称通径。

6. 安装注意事项

(1)传感器按流向标志可在垂直、水平或任意斜位上安装。

(2)当管线较长或振动源较近时，应在流量计的上游、下游安装支撑，以消除管线振动的影响。

(3)传感器的安装应有足够的空间，以便流量计的检查与维修，并满足流量计的环境要求。

(4)应避免外界强磁场的干扰。

(5)在室外安装使用时，应有遮盖物，以免烈日暴晒与雨水侵蚀，影响流量计的使用寿命。

(6)管线试压时，应注意智能流量计所配压力传感器的压力测量范围，以免过压损坏压力传感器。

(7)启用前应首先缓慢开启旁通阀，然后打开流量计入口阀，再打开出口阀，打开出口阀时一定要密切注意流量计的流速，正常工作后关掉旁通阀，如有异常应立即打开旁通阀同时关闭出入口进行检查。

(8)应注意安装应力的影响，安装流量计上游和下游管道应同轴，否则会产生剪切应力，安装流量计的位置应考虑密封垫的厚度，或在下游安装一个弹性伸缩节。

(9)安装流量计之前应先清除管道中的焊渣等杂物。

7. 现场维护及常见的故障排除

(1)表头无显示

① 检查显示主板电池供电是否正常，电源插头是否有松动或短路。

② 检查显示主板是否损坏，输出线是否有短路，更换主板。

③ 主板是否出现死机不显示，如没显示，就更换主板。

(2)流量计空管自走

① 观察流量计附近是否有大功率设备等对流量干扰，需可靠接地或屏蔽干扰源。

② 流量传感器与壳体绝缘降低，需要重新安装流量传感器。

③ 观察流量传感器外观、电流、电压是否异常，需更流量换传感器。

④ 放大器工作异常，需要更换放大器。

⑤ 主板工作异常，更换主板。

⑥ 各部件连接线是否有短路或断路，检查各部件的连接线。

(3)流量计无瞬时流量

① 观察流量计是否运行在量程范围内(流量范围见铭牌)。

② 检查流量计壳体内是否有异物堵塞，影响了流量计计量，拆下流量计整机清理壳体内异物。

③ 旋涡发生体是否损坏，更换旋涡发生体。

④ 观察流量传感器外观、电流、电压是否异常，需更换流量传感器。

⑤ 各部件连接线是否有短路或断路，检查各部件的连接线。

⑥ 放大器工作异常，需要更换放大器。

(4)流量计瞬时流量不稳定，计量不准

① 检查流量计壳体内是否有异物堵塞，影响了流量计计量，拆下流量计整机清理壳体内异物。

② 观察流量传感器外观、电流、电压是否异常，需更换流量传感器。

③ 放大器工作异常，需要更换放大器。

④ 观察流量计附近是否有大功率设备等对流量干扰，需可靠接地或屏蔽干扰源。

⑤ 管道震动过大，使流量计波动大，需要加固。

⑥ 流量计系数漂移，需要重新标定流量计。

⑦ 旋涡发生体是否损坏，更换旋涡发生体。

⑧ 流量计低于下线运行，建议在仪表的流量范围内运行。

⑨ 各部件连接线是否有短路或断路，检查各部件的连接线。

⑩ 介质流量是否稳定，待流量稳定再测。

(5)流量计通信连不上

① 检查流量计外电源供电是否正常。

② 检查仪表内通信设置是否与上位机一致。

③ 仪表附近是否有大功率变频设备干扰，通信、电源与变频设备隔开，需要可靠接地或屏蔽干扰源。

④ 检查通信连接线是否有松动或断路，重新接好连线。

⑤ 主板通信模块损坏，更换主板。

(6)智能流量计压力显示不准确，无温度显示或错误

① 检测压力传感器是否损坏，检查压力放大器是否损坏，观察传感器表面是否有凹陷，如有说明传感器损坏，因为压力传感器与压力放大器是配套使用的，所以更换时必须整体更换，可以利用万用表简单判断压力传感器是否损坏，在空管状态下测其输入、输出阻值基本一样，如相差很大，则传感器损坏。

② 压力显示漂移，需要重新标定，温度不显示检查温度传感器是否损坏，检查连接线是否短路或断路，更换传感器。

三、差压式流量计

差压式流量计是根据安装于管道中流量检测件产生的差压、已知的流体条件和检测件与管道的几何尺寸来测量流量的仪表。

1. 分类

按检测件的型式，差压式流量计可分为：

(1)标准孔板；

(2)标准喷嘴；

(3)经典文丘里管；

(4)文丘里喷嘴；

(5)非标孔板；

(6)道尔管；

(7)罗洛斯管；

(8)弯管；

(9)可换孔板节流装置；

(10)临界流节流装置等。

典型的差压式流量计有：孔板流量计、文丘里管流量计、阿牛巴流量计和速度式流量计。

2. 孔板流量计

孔板流量计由环室、节流孔板、导压管、三阀组和差压变送器等主要部件组成，适用于一般流体的流量测量，也是应用得最普遍的一种流量计，其结构如图 6－29 所示。

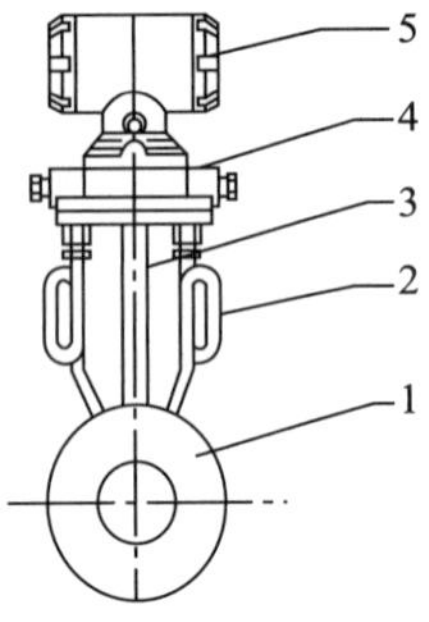

图 6－29　孔板流量计

1—标准孔板；2—取压支架；3—支撑；4—三阀组；5—智能参数变送器

标准节流孔板是国际通用的，结构简单，易于复制，牢固，性能稳定可靠，使用期限长，价格低廉，流量值毋需进行标定。但它的最大弱点是压损比较大，而且因为环节较多，影响了孔板流量计测量精度的提高。

3. 阿牛巴流量计

阿牛巴流量计则以低压损著称。它是根据皮托管测速原理发展起来的一种新型差压流量检测元件，其输出为差压信号，与差压变送器等配套使用。其最大特点是使用过程中的磨损、腐蚀以及粘附的油污灰尘等因素对阿牛巴流量计系数影响不大，能够保持长期输出非常稳定的差压信号，保证输出差压信号与管道流量的映射关系，其结构如图 6－30 所示。

阿牛巴流量计不仅适用于圆形管道，也适用于矩形管道及埋设在地面以下任何深度的管道。总的来说，差压式流量计的应用范围极广泛，至今尚无任何一类流量计可与之相比，全部单相流体，包括液、气、蒸汽皆可测量。差压式流量计主要存在以下缺点：

(1)测量的重复性、精确度在流量计中属于中等水平，由于众多因素的影响错综复杂，精确度难以提高。

(2)范围度窄，由于仪表信号(差压)与流量为平方关系，一般范围度仅 3:1～4:1。

(3)现场安装条件要求较高，如需较长的直管段(指孔板，喷嘴)。

(4)检测件与差压变送仪表之间的引压管为薄弱环节，易产生泄漏、堵塞、冻结及信号失真等故障。

(5)压损大(指孔板，喷嘴)。

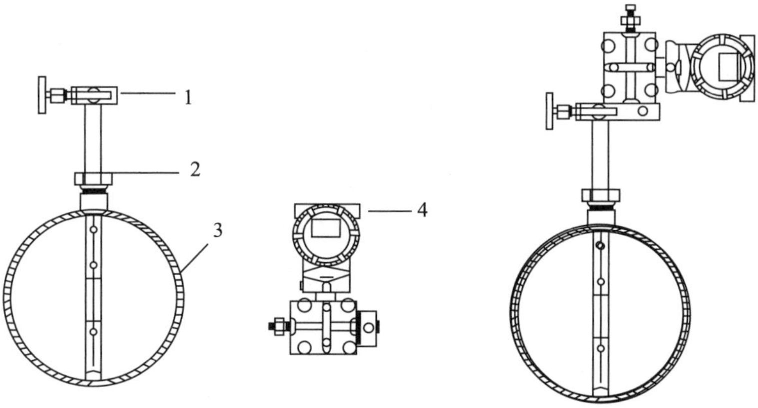

图 6-30 阿牛巴流量计

1—三阀组；2—匀速管；3—管道；4—差压变送器

四、速度式流量计

涡轮流量计是叶轮式流量计的主要品种，在各种流量计中，涡轮流量计、容积式流量计和科氏质量流量计是三类重复性、精确度最佳的产品，而涡轮流量计又有自己的特点，如结构简单、加工零部件少、重量轻、维修方便、流通能力大(同样口径可通过的流量大)和可适应高参数(高温、高压和低温)等，其结构如图 6-31 所示。

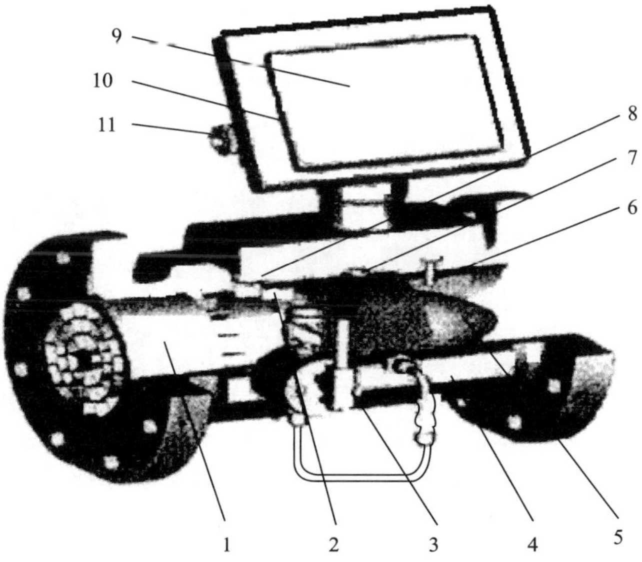

图 6-31 涡轮流量计

1—两级整流器；2—涡轮；3—加油泵；4—壳体；5—后倒流体；6—温度传感器；7—磁敏传感器；8—压力传感器；9—LCD 显示屏；10—体积修正仪；11—信号输出接口

涡轮流量计广泛应用于以下一些测量对象：石油、有机液体、无机液、液化气、天然气、煤气和低温流体等。对流体的要求为洁净(或基本洁净)、单相或低黏度的，对于腐蚀性介质，使用材质选择要注意，含杂质多及磨蚀性介质不推荐使用，如循环冷却水、河水、排污水、燃油等；也不能用于流量急剧变化的场所，如锅炉供水系统、有空气锤的供气系统等。

一般，涡轮流量计多用于因经济关系重大而要求高精确度的场合，例如作为大口径输油(输气)管线的贸易结算仪表，至于输送量不大或作为过程控制用的流量测量，选用中等精度仪表即可。

学习情境七 煤层气安全生产知识

安全生产是指在劳动过程中，要努力改善劳动条件，克服不安全因素，防止伤亡事故发生，使劳动生产在保护劳动者的安全健康和国家财产及人民生命财产安全的前提下进行。

搞好煤层气安全生产工作对于巩固社会安定，为国家的经济建设提供稳定的政治环境具有一定的现实的意义；对于保护劳动生产力，提高企业效益，减少经济损失具有实在的经济价值；对于生产员工关系到个人的生命安全与健康，关系到家庭幸福和生活质量。

项目一 HSE 管理体系基本内容

HSE 管理体系即为健康、安全与环境管理体系的简称，它将企业的健康(Health)、安全(Safety)与环境(Environment)管理纳入一个管理体系中，突出预防为主、领导承诺、全员参与、持续改进的科学管理理念。

一、HSE 管理体系的形成

20 世纪 70 年代末，由于世界范围国际竞争的需要、国家政策的要求、公司员工和社会公众的期望，世界上各种类型的组织越来越重视自己在健康、安全与环境方面的形象，并期望以一套系统化的方法来推行其管理活动，满足法律和自身方针的要求，以求得生存和发展。一些企业在成功实施质量管理标准化成功经验的启发下，发挥标准化、合理化、规范化的优势，开展了健康、安全与环境管理标准化工作，建立了健康、安全与环境的体系。

1996 年 1 月，ISO/TC 67 的 SC6 分委会发布了 ISO/CD 14690《石油和天然气工业健康、安全与环境管理体系》(标准草案)，得到了世界上主要石油公司的认可，成为石油和天然气工业各种公司进入国际市场的入场券。中国石油天然气总公司于 1997 年 6 月 27 日正式批准发布了中华人民共和国石油天然气行业标准 SY/T 6276—1997《石油和天然气工业健康、安全与环境管理体系》(1997 年 9 月 1 日起实施)，开始了中国石油企业推行 HSE 管理体系的建设步伐。

二、HSE 管理体系的模式

HSE 管理体系是按戴明模式建立的，即 PDCA 循环模式。该模式由“计划(Plan)、实施(Do)、检查(Check)和改进(Act)”四个阶段的循环组成。

戴明模式的基本指导思想是：

(1)一切为了用户；

(2)体系化综合管理；

(3)一切用数据说话；

(4)预防为主；

(5)全员参与；

(6)持续改进。

三、HSE 有关术语

1. 事故(accident)

造成死亡、疾病、伤害、污染、损坏或其他损失的意外情况。

2. 清洁生产(cleaner production)

将整体预防的环境战略持续应用于生产过程、产品和服务中，以期提高资源利用效率并减少或消除环境污染和生态破坏。

3. 环境(environment)

组织运行活动的外部存在，包括空气、水、土地、自然资源、植物、动物、人，以及它们之间的相互关系。

4. 环境影响(environmental impact)

全部或部分地由组织的活动、产品或服务给环境造成的任何有害或有益的变化。

5. 健康(health)

影响工作场所内员工、临时工作人员、合同方人员、访问者和其他人员的身体、精神、行为等方面达到良好状态的条件和因素。

6. 危害因素(health, safety and environment hazard)

一个组织的活动、产品或服务中可能导致人员伤害或疾病、财产损失、工作环境破坏、有害的环境影响或这些情况组合的要素，包括根源和状态。

7. 危害因素辨识(health, safety and environment hazard identification)

识别健康、安全与环境危害因素的存在并确定其特性的过程。

8. 健康、安全与环境管理体系(health, safety and environment management system)

总的管理体系的一个部分，便于组织对与其业务相关的健康、安全与环境风险的管理。它包括为制定、实施、实现、评审和保持健康、安全与环境方针所需的组织结构、策划活动、职责、惯例、程序、过程和资源。

9. 健康、安全与环境方针(health, safety and environment policy)

组织对其健康、安全与环境绩效的意图与原则的声明。

10. 健康、安全与环境指标(health, safety and environment target)

直接来自健康、安全与环境目标，或为实现目标所需规定并满足的具体的健康、安全与环境绩效要求(准则)，它们可适用于组织或其局部，如可行应予以量化。

11. 事件(incident)

导致或可能导致事故的情况。

12. 事故预防(prevention of accident)

采用技术和管理等措施以避免事故的发生。

13. 预防措施(preventive action)

为消除潜在不符合原因所采取的措施。

14. 安全(safety)

免除了不可接受的损害风险的状态。

四、两书一表

两书一表是指《HSE 作业计划书》、《HSE 作业指导书》和《HSE 现场检查表》。它们是实施 HSE 管理的重要作业文件，是基层组织运行 HSE 管理体系的具体体现，是预防 HSE 风险的有效措施，其最终目的就是识别风险、降低危害、防止事故发生。

项目二　安全生产管理制度

安全生产是企业管理中的一个基本原则。它要求企业的各级领导和岗位员工，在生产建设中应把安全和生产看成一个统一体，要树立生产必须安全、安全促进生产的指导思想，必须贯彻“安全第一，预防为主”的方针，只有安全生产并落到实处，才能确保各项生产和建设任务的顺利完成。

一、安全生产的概念

安全生产主要是指依靠科学技术进步和科学管理，采取技术组织措施，消除劳动过程中危及人身安全和健康的不良条件与行为，防止伤亡事故等。安全生产有两个方面的含义，一是企业必须为员工提供必要的安全生产条件和劳动保护措施；二是从业人员必须遵守企业的生产规章制度，懂得安全生产知识，生产不出事故，人身不受到伤害。

二、安全生产的基本方针

《中华人民共和国安全生产法》第三条规定，安全生产管理，坚持“安全第一，预防为主”的方针。

“安全第一”就是说，在生产经营活动中，在处理保证安全与实现生产经营活动的其他各项目标的关系上，要始终把安全特别是从业人员和其他人员的人身安全放在首要的位置，实行“安全优先”的原则，体现“以人为本，安全第一”的方针。在确保安全的前提下，努力实现生产经营的其他目标。在生产经营活动中，投资者是希望取得盈利，得到尽可能多的投资回报；从业人员是希望获得劳动报酬，增加个人收入；政府则是希望因此多提供一些就业的岗位，并增加社会需要的产品或服务的供应，促进社会的稳定和繁荣。要使生产经营活动自身所承载的这些目标能够实现，一项基本前提，就是必须保证生产安全。

“预防为主”就是说，在安全生产管理中，要谋事在先，尊重科学，探索规律，采取有效的事前控制措施，千方百计预防事故的发生，做到防患于未然，将事故消灭在萌芽状态。

当然，发生事故之后积极组织抢救，进行事故调查，找原因、追责任、堵漏洞，也是安全生产管理工作中不可缺少的重要方面，对事故预防也有亡羊补牢的作用。虽然人类在生产活动中还不可能完全杜绝安全生产事故的发生，但只要思想重视，预防措施得当，事故特别是重大恶性事故是可以减少或避免的。

三、安全生产管理制度

安全生产管理制度是企业经营管理中重要的管理制度，主要是指安全生产责任制度、安全教育制度、安全检查制度。

1. 安全生产责任制

安全生产责任制度是指由企业主要负责人应负的安全生产责任，其他各级管理人员、技术人员和各职能部门应负的安全生产责任，直到各岗位操作人员应负的本岗位安全生产责任所构成的企业全员安全生产制度。只有从企业主要负责人到各岗位操作人员，人人都有明确的安全生产责任，人人都按照自己的职责做好安全生产，企业的安全生产工作才能真正落到实处，安全生产才能得到保障。

(1)企业及各级领导的责任

企业各级领导在思想观念上要高度重视企业安全生产，在行动上要为员工创造必要的安全生产条件，提供有效的安全保障。

依照《中华人民共和国安全生产法》第五条的规定，生产经营单位的主要负责人应对本单位安全生产工作全面负责。

《中华人民共和国安全生产法》第十七条规定了生产经营单位主要负责人对本单位安全生产工作的职责，包括：

① 建立、健全安全生产责任制；

② 组织制定本单位安全生产规章制度和操作规程；

③ 保证本单位安全生产投入的有效实施；

④ 督促、检查本单位的安全生产工作，及时消除生产安全事故隐患；

⑤ 组织制定并实施本单位的生产安全事故应急救援预案；

⑥ 及时、如实报告生产安全事故。

(2)岗位员工的责任

岗位员工在企业安全生产中的责任主要有以下六个方面：

① 掌握本岗位存在的危险因素和防范措施。

② 严格执行安全生产规章制度和岗位操作规程，遵守劳动纪律。

③ 熟练掌握岗位安全操作技能和故障排除方法，按规定巡回检查，及时发现和消除隐患，自己不能处理的问题应及时上报。

④ 有权制止、纠正他人的不安全行为，有权拒绝执行违章作业的指令并可越级汇报。

⑤ 上岗时应按规定穿戴好劳动防护用品，服装要达到“三紧”；正确维护和保养安全防护装置及设施，保持其完好、齐全、灵活有效。

⑥ 积极参加各项安全生产活动，学习掌握消防设备的使用，在生产工作中应同班组其他成员一起协同配合，搞好安全生产。

2. 安全教育

(1)安全教育的基本内容

安全教育是企业为提高员工安全技术素质和防范事故的能力，搞好企业的安全生产和安全思想建设的一项重要工作，其基本内容有安全意识教育、安全知识教育(安全生产常用标志)、安全技能教育。

(2)新员工安全教育

入厂教育、作业区、班组安全教育、岗位教育以及岗位技术培训。

(3)改换工种、临时工的安全教育

如同新员工的安全教育一样，应同等重要、同等对待、同等实施教育和培训。

(4)特殊工种的教育培训

特殊工种的安全教育培训要严细抓好培训和考核，持证上岗。

3. 安全生产的监督管理

从根本上说，生产经营单位是生产经营活动的承担主体，在安全生产工作中居于关键地位。生产经营单位严格按照法律、法规以及国家标准或者行业标准的规定切实加强安全生产管理，搞好安全生产保障，是做好安全生产工作的根本所在。同样，强化内部和外部的监督管理，对做好安全工作也十分重要。因此，安全生产的监督管理是安全生产管理制度的一个重要组成部分，在安全生产中发挥着重要的作用。

安全生产的监督管理包括国家监督、社会监督和企业自身监督。

(1)国家监督

国家监督包括：县级以上地方各级人民政府的监督管理；负有安全生产监督管理职责的部门的监督管理；检察机关的监督管理。

(2)社会监督

社会监督包括：任何单位和个人的监督；安全生产中介机构的监督；基层群众自治组织的监督；新闻媒体的监督。

(3)企业监督

企业自身根据安全生产的需要成立相关的安全质量监管部门，对企业生产过程进行监督。

项目三　现场防护与急救知识

防护准确地说有两个方面的内容：一是操作者人身自我防护，即不被各种设备、火灾等威胁或伤害；二是各种生产操作场所应为操作者提供必要的安全设施。

任务一　采输过程中的主要危险及危害

一、生产过程中接触到的主要危险化学品

1. 煤层气

煤层气主要成分为甲烷，易燃、易爆，在与空气混合比例达到5% ~15%后，遇火源会引发爆炸，形成火灾和爆炸事故，造成生产设施的重大破坏和人员伤亡。

甲烷本身不是有毒气体，但当在空气中含量增加到10%时，会使人感到氧气不足，因缺氧使人窒息，直至死亡。

2. 硫化氢

硫化氢是一种无色、剧毒、强酸性气体，较空气重，在空气中硫化氢浓度达到0.02 g/m^3时，就会引发中毒，中毒者表现为恶心、头痛、胸部压迫感和疲倦，在此情况下停留5 ~8min，眼、鼻及咽喉的黏膜部分感到剧痛，口腔出现金属味。当硫化氢的浓度为0.7g/m^3 时，就会引起剧烈中毒，表现为颤抖、失去知觉、呼吸器官麻痹而中毒死亡。

3. 醇类物质

在煤层气采输过程中，常使用醇类物质来防止水合物的形成和进行煤层气脱水，醇类物质有较强的毒性，醇类蒸气能强烈刺激人的器官黏膜，它经消化道、呼吸道或皮肤摄入都会产生毒性反应。急性中毒症状有：头疼、恶心、疲倦、视力模糊以至失明，继而呼吸困难，最终导致呼吸中枢麻痹而死亡。慢性中毒反应为：眩晕、神经衰弱、视力减退、消化障碍、皮炎湿疹等。

4. 硫化铁

在含硫气田的采集气管道和站场设备检修中，常常遇到因硫化物腐蚀金属管道而产生的硫化铁粉，如果设备和管道打开时，不采取适当的措施，干燥的硫化铁粉与空气接触，便能发生自燃，如有煤层气存在，就可能引发爆炸事故。

二、设备运转过程中的主要危险因素

1. 超压运行

煤层气采输是在由管道、压力容器、阀门等各类装置组成的密闭系统内进行的，这些装

置、设备多由钢材制成，通过焊接等方式连接，具有一定的输送压力，如果超过管道、各类设备的设计压力运行，不仅会影响管道寿命，严重时会造成爆管事故，导致煤层气的大量泄精，危及人员安全。

2. 泄漏

煤层气从地下开采出来后，一般含有大量的杂质和游离态的水，对采输设备腐蚀较严重，特别在弯头、焊缝和处于低洼处的管道，易出现腐蚀穿孔现象，导致煤层气的泄漏，引发中毒、火灾和爆炸事故。

3. 漏电

采气过程中使用的各种机泵、通信、自动控制仪器仪表、照明等电气设备的线路老化、绝缘失效和短路，易引发触电和火灾事故。

4. 传动设备伤害

在采输过程中采用的带传动机构的设备，如泵、压缩机等，如防护不当，传动部位易造成人员的机械伤害。

三、雷电和静电危害

1. 雷电危害

雷电是大气中的一种放电现象，具有电流值大、冲击电压高等特点，能在附近的金属导体上感应出很高的电压，产生放电现象。采输设备多由金属制造，易与雷电相互感应，造成危害。

(1) 在采输生产现场雷电产生的高温电弧、二次放电、巨大的雷电流可直接引发火灾和爆炸，产生的冲击电压击穿电气设备的绝缘可间接引发火灾和爆炸。

(2) 金属导体产生的电流、电气设备绝缘因雷击而损坏，可使人遭到电击。

(3) 雷击产生的高电压、大电流伴随的静电力、电磁力可毁坏重要的电气装置和设备。

2. 静电的危害

因摩擦而产生的电称为静电。静电具有电压高、易积累、泄漏慢等特点，因此危害很大。

在采输生产现场，液化气体、高压气体在管道中流动或由管口喷出时，易产生静电；穿化纤布料衣服、高绝缘鞋的人员在操作、行走、起立的过程中易产生静电。

(1) 静电荷逐渐积累，就会形成高电位，达到几千伏、几万伏，在这样高的静电电压作用下，周围的空气层可能被击穿而产生强烈的电火花，形成放电现象，易引燃煤层气等易燃物质造成火灾和爆炸。

(2) 静电会对人体产生电击，一般不致命，但易引发摔倒和高处坠落等二次事故的发生。

四、人员误操作

在采输生产现场，调控运行参数、倒换流程、对设备的维护保养等都是由岗位员工进行的。员工的误操作极易引发各类事故的发生。从人为因素看，导致员工发生误操作的因素主要有：

(1) 在操作过程中员工的精神状态差、情绪不好、较疲劳时易导致误操作。

(2) 人员素质低，责任心不强。

(3) 技术水平不高，考虑不周全。

任务二　劳动保护用品

劳动保护用品是保护劳动者在劳动过程中的安全与健康所必需的一种预防性装备，是给个人使用的。

一、安全帽

安全帽分为防护物体坠落和冲击的安全帽与电气工程等应用的耐压安全帽。安全帽具有吸收坠落物和冲击物能量的功能。当坠落物体与帽体碰撞时，帽体通过局部下陷而具有减缓冲击的作用。

同时，帽体内装有缓冲垫布的顶带，由此使坠落物的冲击力尽可能分散在头部的较大范围内，以减少单位面积所承受的力。但是，如果戴法不正确，就起不到保护的作用。因此，要注意以下几个方面：

(1)垫布的松紧由带子调节，人的头顶和帽体内部的间隔一般需4.5cm左右，至少要有3cm才能使用。这样，在遭受冲击时，不仅有足够的空间可供变形，而且对人头和帽体之间的通风来说，也是必要的。

(2)使用时不要把安全帽歪戴在脑后。

(3)使用时安全帽要系结实，否则就可能在物体坠落时，由于安全帽掉落而起不到安全防护作用，或者即使帽体与头部之间有足够的间隔，也不能充分发挥作用。

(4)定期检查安全帽有无龟裂、下凹、裂痕和磨损情况，不应使用有缺陷的安全帽。

二、保险带

为防止高空坠落伤害可以采取设置保险带等措施。在进行室外和高空作业时，因为防护设施不容易实现，所以，要使用保险带防止操作人员从高空坠落。

保险带由直接系在人体上的宽带和与它连接的保险绳组成，而保险绳的首端能够牢固地拴在固定物体上。

保险绳不仅要有足够的强度，而且要有足够的长度，以便移动和操作。但是，保险绳的长度一定不能超过允许长度，因为绳子越长，落下的时间也就越长，落下的速度也就越大，这时即使系上了安全带以防止人体坠落，然而由于阻止坠落的冲击会使内脏破裂，也起不到防护的目的。安全绳必须有足够的抗拉强度，使用前要仔细检查是否断裂、磨损，缝制部分、钩环部分是否牢固，使用后应注意维护和保管。

三、护目镜、防护面具

应按不同的使用目的，适当选择护目镜。需要注意起遮光作用的并不是镜片的颜色，而是镜片的化学组成成分。遮光眼镜的颜色最好能使能使整个可见光谱范围内的光透过性能良好，因此，最好是使用橘黄色、黄色、黄绿色、墨绿色等十分鲜艳的颜色。

防护面具是为了保护面部和脖子免受溶解金属的飞沫、高温溶剂、飞来的颗粒、危险的液体喷雾等的伤害。它最好与防护眼镜同时使用。防毒面具应根据所防护的有毒气体的种类，使用不同类型的吸收罐。由于面罩内是正压，所以不存在有毒气体进入面罩的危险。

四、工作鞋

工作鞋(有的叫防砸鞋、安全鞋)的主要功能是防止坠落物砸伤脚面、脚趾。这种工作鞋具有一定的耐冲击性能，前包头空间的距离高于生活用皮鞋，前包头内有抗冲击性能好、强度大、质量轻的金属材料作包头骨架。可避免因受到重物冲击而变形，使脚部受伤。凡应当穿工鞋的各岗位人员，上岗工作必须穿工作鞋。应定期更新，确保脚部得到防护。

个人防护用品是保护职工安全与健康的一项辅助措施，不是福利待遇。因此，必须按作业的性质、防护目的正确选择合适的防护用具、用品，要按规定发放。操作者要正确佩戴，按安全操作规程要求，必须戴好防护用品方可进入生产岗位，不得借任何理由拒绝佩戴防护用品。油田安全生产特别管理规定中规定了不穿戴劳动防护用品上岗操作的，要进行批评和罚款处理。

五、劳保服

劳保服是指在工作和生产劳动中穿着的具有防护功能的服装。劳动保护服的款式结构，色彩配置和材料选择都是围绕着这一目的而进行设计的，这也正是劳动保护服区别于其他服装的个性特征所在。进一步讲，在劳动保护服的设计中，其安全和保护功能是首位的，在此基础上要考虑服装造型的合理性和舒适性，使服装对于人体的束缚力减弱到最低程度，从而提高工作效率。据有关资料记载，科学的工作服设计能使工作效率提升20%以上！

1. 作用

劳动过程中引起身体伤害的因素主要有高温作业、电磁辐射、化学药剂、静电危害及低温作业等。

(1)高温可使作业工人感到热、头晕、胸闷、烦躁、口渴、无力、眩晕等不适感，伴随着会出现一系列的生理功能的改变，严重时，会危害人的生命。

(2)电磁辐射对人体的伤害，主要表现在外周白细胞总数暂时下降。长期被电磁辐射的人员，可能发生晶体混浊，甚至发生白内障；对生殖器官、内分泌系统、免疫功能等都有不利影响。

(3)化学药剂如酸碱溶液、农药、化肥及其他可经皮肤进入人体的化学液体，可将皮肤灼伤，或可引起皮肤产生过敏性反应和毛囊炎，严重的会引起全身中毒。

(4)人体静电电击的发生，可能由带电体对人体放电，也可能由带静电的人对接触地体的放电，其结果造成电流流经人体产生电击，轻者造成指尖受伤、皮炎、皮肤烧伤等机能损伤，重者产生心理障碍、恐惧感，进而导致二次事故。

(5)低温对人体的危害主要有三种：一是皮肤组织被冻伤；二是低温金属与皮肤接触时产生皮肤伤害；三是由于低温是人体热损过多，造成全身性生理危害的不适症状，如呼吸和心率加快、颤抖，随着人的体温逐渐降低，症状逐渐加重，甚至导致死亡。

2. 分类

(1)高温工作服：用于高温、高热场所的个人防护，常见的有阻燃服、隔热服、消防服、防火服、电焊服。面料必须具有导热系数小、不易燃烧、外表反射率高的特点。

(2)防尘防油拒水工作服：采用耐油面料可分为三类，橡胶耐油、聚氨酯布耐油、透气耐油。

(3)防辐射服：用于放射性光线的个人防护，面料主要用棉布、丙纶无纺布、铅橡胶布和塑料薄膜。

(4)防毒服：用于酸碱等化学物质对劳动者的防护，污染较严重的场所穿密闭型防毒服，轻中度污染场所穿透气型防毒服。可分为胶布防毒衣、透气型防毒衣、塑料防毒衣、化纤防毒衣、纯生毛呢耐酸碱防毒衣等。

(5)防静电服：用于处在易燃易爆环境对劳动者的保护，静电产生的火花容易点燃易燃物从而造成事故。面料必须有导电系数小、不易摩擦生电的特点。

3. 选用

(1)根据现场存在的危害因素选择质量可靠的劳保服。使用者应针对作业场所或可能产生危害选择劳保服的种类。如带电作业应选用绝缘服；剧毒物接触作业应选用密闭性防毒服；炉前高温作业应选用防火服，煤层气生产员工主要使用防静电服等。

(2)购置质量可靠的产品。应通过专营劳保商店购置有专业技术部门检验过的或符合现行标准的品种。

为了预防各种危害，一般劳保服长时间以来采用棉布来制作，因棉布布纹细密并有一定强度，有预防粉尘等污染物的浸透能力，也能减轻机械、化学对人体的损伤，而且棉布材料有良好的吸湿、透气、保温性能。但棉布防水、防酸、耐碱腐蚀和阻燃性能不好。合成纤维发展成一种经阻燃处理的棉织物，有较好的耐碱、耐酸性能，但吸水吸湿性能不佳，容易积聚静电，摩擦时甚至能迸发出电火花。

在有滴水作业使用的劳保工作服，习惯上采用单、双面制，用涂料的胶布制作，透气性能差，易于导致疲劳。发展的乳胶、聚氨酯涂刷在尼龙绸等薄织物上，穿着较适应。在滴水情况不严重的作业区，可考虑采用疏水性合成纤维织物，再施以硅酮系、烷基络合物，有机氟化物等处理，所制成的织物通气性，手感、外观、手感都较好。

任务三　现场防护

与煤层气采输工作有关的现场防护内容有：防毒、防火、防爆、防机械伤害、防触电等。

一、防煤层气中毒

1. 煤层气中毒的危害。

当空气中的甲烷含量达到10%以上时，空气中氧气含量相对减少，使人感到氧气不足而产生中毒现象，虚弱眩晕，进而可能失去知觉，直至死亡。

2. 煤层气中毒的防护措施。

(1)搞好设备、仪表的维护保养，及时堵漏。

(2)进入有毒气体超标或漏气严重区域工作，要戴防毒供氧面具，戴防毒面具时间不得超过说明书规定，并且外面要有人监护。

(3)与有毒物质接触的工作，应加强防毒保护。工作人员应戴防护镜、防毒口罩和手套、穿工作服，站上风操作，工作完毕后洗澡换衣。

(4)定期体检。发现职业病及时治疗。

二、防火、防爆

1. 燃烧的必要条件

燃烧是可燃物与氧化剂作用发生的释放热量的化学反应，通常伴有火焰发烟的现象。任何物质发生燃烧，都有一个未燃状态转向燃烧状态的过程，这个过程的发生必须具备三个条件，即：可燃物、助燃物和着火源，并且三者要互相作用。

凡是与空气中的氧气或其他氧化剂起化学反应的物质称可燃物。

凡是能帮助和支持可燃物燃烧的物质，即能与可燃物发生氧化反应的物质称为助燃物。

凡能引起可燃烧与助燃物发生燃烧反应的能量来源称为着火源，如撞击、摩擦、明火、静电、火花、雷击等。

2. 燃烧的类型

燃烧可分为自燃、闪燃、着火、爆炸等几种类型。

自燃是指某些可燃物质在没有外来热源的情况下，由其本身内部的生物、物理或化学作用产生的热而引起自动燃烧的现象。

闪燃是指火焰或灼热体靠近液体表面所发生的一闪既燃的燃烧。在规定的实验条件下，发生闪燃的最低温度叫闪点。

燃烧又叫着火，是指可燃物质和空气共存的条件下，达到某一温度时与明火接触引起燃烧，在火源移去后仍能保持继续燃烧的现象。物质能被点燃的最低温度叫燃点，也叫着火点。

爆炸是指在极短时间内由于可燃物质和爆炸物发生反应而引发的瞬间燃烧，同时产生大量的热和气体，并以很大的压力向四周扩散，同时产生巨大声响的现象。

爆炸可分为物理性爆炸和化学性爆炸。物理性爆炸是由物理变化引起的，物质因状态或压力发生变化，超过容器所能承受的压力而造成的爆炸。物理性爆炸前后物质的性质及化学成分均不改变，例如压力容器因超压引起的爆炸属于物理性爆炸。这种爆炸能间接造成火灾或促使火热的扩大蔓延。化学性爆炸是由于物质发生极迅速的化学反应，产生高温高压而发生的爆炸。化学性爆炸前后物质的性质和成分均发生了改变。

爆炸极限是指可燃气体、蒸气或粉尘与空气混合形成的爆炸性混合物，遇火源发生爆炸的浓度范围。一切可燃物质与空气所形成的可燃性混合物浓度在爆炸极限范围内都有爆炸危险。煤层气空气浓度达到5%～15%时，遇明火就会爆炸，这是煤矿瓦斯爆炸事故的根源。

3. 防火措施

预防火灾就是消除产生燃烧的条件，可以按下面的措施破坏燃烧的必备条件，最终达到防火的目的。

(1)控制可燃物

对具有火灾、爆炸危险性的建筑，采取局部排风或全部通风的办法，以降低房内可燃、易燃气体在空气中的浓度，使之不超过爆炸浓度极限。煤层气比空气轻，其密度是空气的0.55倍，稍有泄漏会向上扩散，只要保持室内空气流通，即可避免爆炸和火灾。

(2)隔绝助燃物质

将易燃、易爆物质生产置于密闭的设备中进行；容易自燃的物品必须隔绝空气存储等。

(3)消除火源

一方面主要采取控温、遮阳、防雷、防爆装置等措施避免产生火源。另一方面在建筑物之间构筑防火墙，留出防火间距，在能形成可燃介质的厂房设泄压门窗、轻质屋盖，在可燃气体管道安装阻火器、安全水封等。

除了从物质上，客观环境上做好防火工作外，强化人们懂得怎样防火，并重视防火，才能自觉遵守各项防火规章制度，杜绝火源，采取必要防火措施。唯有如此，才能真正消除产生火灾的条件。

4. 常用灭火方法

根据燃烧的基本条件要求，任何可燃物产生燃烧或持续燃烧都必须具备燃烧的必要条件和充分条件。因此，火灾发生后，所谓灭火就是破坏燃烧条件使燃烧反应终止的过程。

灭火的基本原理可以归纳为冷却、窒息、隔离等。

(1)冷却灭火

对一般可燃物可言，它们之所以能够持续燃烧，其条件之一就是它们在火焰或热的作用下，达到了各自的着火温度。因此，这种灭火法的原理是将灭火剂直接喷射到燃烧的物体上，以降低温度于燃点之下，使燃烧停止；或者将灭火剂喷洒在火源附近的物质上，使其不因火焰热辐射作用而形成新的火点。冷却灭火法是一种主要的灭火方法，常用水和二氧化碳作灭火剂来冷却降温灭火。

(2)窒息灭火

各种可燃物的燃烧都需要在其最低氧浓度以上进行，低于此浓度时，燃烧不能持续。一般碳氢化合物的气体或蒸气通常在氧浓度低于15%时不能维持燃烧。

这种灭火法的原理就是阻止空气流入燃烧区，或用不燃物质冲淡空气，使燃烧物得不到足够的氧气而停止燃烧。具体方法有：用沙土、水泥、湿麻袋、湿棉被等不燃或难燃物质覆盖燃烧物；喷洒雾状水、干粉、泡沫等灭火剂，以覆盖燃烧物；用水蒸气或氮气、二氧化碳等惰性气体灌注发生火灾的容器、设备；密闭起火建筑、设备和孔洞；把不燃的气体或不燃液体(如二氧化碳、氮气、四氯化碳等)喷洒到燃烧物区域内或燃烧物上。

(3)隔离灭火

可燃物是燃烧条件中的主要因素，如果把可燃物与引火源以及氧隔离开来，那么燃烧反应就会自动中止。这种灭火法的原理就是将正在燃烧的物质与周围未燃烧的可燃物质隔离(或移开)，中断可燃物质的供给，使燃烧因缺少可燃物而停止。具体方法有：把火源附近的可燃、易燃、易爆和助燃物品搬走；关闭可燃气体、液体的管道阀门，使已经发生燃烧的容器或受到火势威胁的容器中的液体、气体可燃物通过管道导到安全区域，以减少和阻止可燃物质进入燃烧区；设法阻拦流散的易燃、可燃液体；拆除与火源相毗连的易燃建筑物，形成阻止火势蔓延的空间地带。

5. 灭火器的使用

我国目前生产的灭火器按充装的灭火剂的类型划分，主要有泡沫灭火器、卤代烷灭火器、二氧化碳灭火器、干粉灭火器、清水灭火器等，按充装的灭火剂质量和移动方式可分为手提式和推车式，按驱动灭火剂的动力来源可分为储气瓶式、储压式和化学反应式。煤层气常见灭火器有：

(1)二氧化碳灭火器

二氧化碳灭火器主要对扑灭油脂、电器及一切珍贵机件或物品及室内火灾最为有效；使用温度大于-10℃低于55℃。

① 结构组成

二氧化碳灭火器由钢瓶、虹吸管、开关、喷筒等部分组成。有鸭嘴式开关和手轮式开关两种。煤层气常用鸭嘴式开关二氧化碳灭火器，其构造及使用方法如图7-1所示。

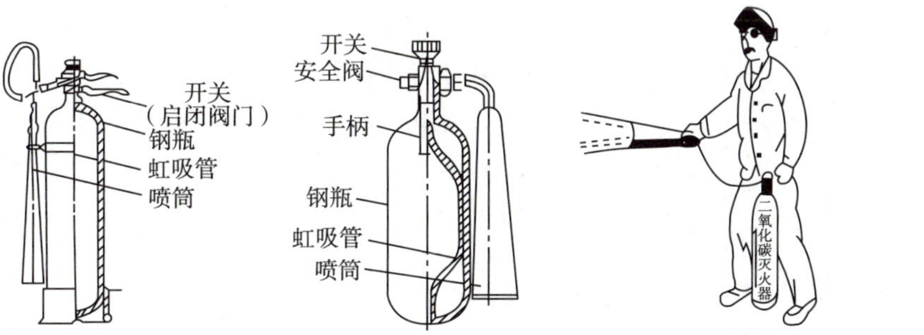

(a)鸭嘴式二氧化碳灭火器　(b)手轮式二氧化碳灭火器　(c)二氧化碳灭火器使用方法

图7-1　二氧化碳灭火器构造及使用方法

② 灭火原理

二氧化碳灭火器钢瓶内装有带高压的液态二氧化碳。使用时，打开开关，液态二氧化碳即从钢瓶内喷出。高压高速喷出的液压二氧化碳，迅速蒸发汽化，体积扩大500倍左右，温度急剧降低到 -78.50℃，吸收大量热量，使燃烧物质和燃烧区的温度大大降低。同时，由于二氧化碳相对密度大(1.529)，所以具有稀释和排除空气的作用，能够降低空气中的含氧量和可燃气体的含量。当二氧化碳浓度达到30% ~50%时，就能使燃烧停止。

③ 使用方法

灭火时需要将灭火器提到或扛到火场，在距燃烧物5m左右处放下灭火器，拔出保险销，一手握住喇叭筒根部的手柄，另一只手紧握启闭阀的压把。对没有喷射软管的二氧化碳灭火器，应把喇叭筒往上扳70 ~90℃。

推车式二氧化碳灭火器一般由两人操作。使用时，两人一起将灭火器推到或拉到火场，在距燃烧物10m左右处停下。一人快速取下喇叭筒并展开喷射软管后，握住喇叭筒根部的手柄；另一人快速按逆时针方向旋动手轮，并开到最大位置。灭火方法与手提式的相同。

④ 使用注意事项

使用二氧化碳灭火器时，一定要注意安全措施。因为空气中二氧化碳含量达到8.5%时，会使人血压升高、呼吸困难；当含量达到20%时，人就会呼吸衰弱，严重者可窒息死亡。所以，在狭窄的空间使用后应迅速撤离或带呼吸器，以防窒息。其次，在室外使用时，应选择在上风方向喷射，要注意勿逆风使用。此外，二氧化碳喷出后迅速排出气体并从周围空气中吸取大量热，因此，使用时，不能直接用手抓住喇叭筒外壁或金属连线管，防止手被冻伤。

⑤ 报废年限

二氧化碳灭火器出厂期满5年应当进行首次维修，以后每隔2年进行一次维修，但总共不超过4次，即：5 +2 +2 +2 =11，11年后的下一年报废，即二氧化碳灭火器报废期限为12年。

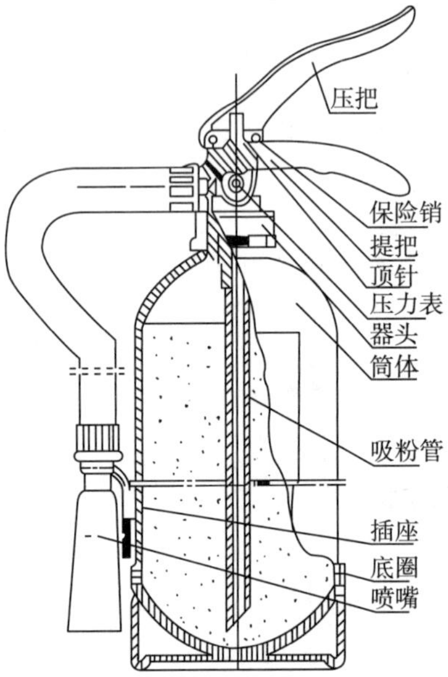

图7 -2　手提式干粉灭火器

(2)干粉灭火器

干粉灭火器主要用于扑救石油、有机溶剂等易燃液体、可燃气体和电气设备的初起火灾；使用温度大于 -10℃低于55℃。

① 结构组成

手提式干粉灭火器由干粉筒和二氧化碳钢瓶组成。主要部件有压把、保险销、提把、顶针、压力表、器头、筒体、吸粉管、插座、底圈、喷嘴、二氧化碳钢瓶及其顶部桶杆、连接螺母、铜片和出气管等，如图7 -2所示。

② 灭火原理

当用力下压压把时，捅杆便把铜片捅穿，钢瓶中的二氧化碳便迅速进入干粉筒。几秒钟后，干粉筒内的压力就上升到1.0MPa以上。瓶中干粉在压力驱动下经过筒内吸粉管，瓶外胶皮管和喷嘴成粉雾状喷出。由于干粉是用碳酸氢钠粉、云母粉、石英粉、滑石粉等制成，能覆盖在燃烧物表面，使其与空气隔开，同时喷出的二氧化碳和干粉受热分解产生的二氧化碳都笼罩在燃烧物周围，使其因缺乏助燃物而熄灭。

③ 使用方法

当遇到火灾时，手提干粉灭火器提把奔向火场，在距火场 3～4m 时，把灭火器放在地上，一手拔出保险销，一手将压把用力下压，并使喷嘴对准火焰根部左右摆动，由近及远向前推进，即可将火扑灭。

推车式干粉灭火器的使用方法与手提式干粉灭火器的使用方法相同，结构如图 7－3 所示。

④ 保养与检查

应放置在干燥通风处，不能放在露天或高温场所，防止受潮或烈日暴晒。

应保持密封，防止二氧化碳漏失。每半年检查一次二氧化碳的重量，若少于 230g，就应及时补充二氧化碳，使其达到 235～240g 方为合格。

每年抽查一次干粉，看是否保持粉状。若已经受潮结块，就应及时取出，重新装入 8kg 合格的干粉。

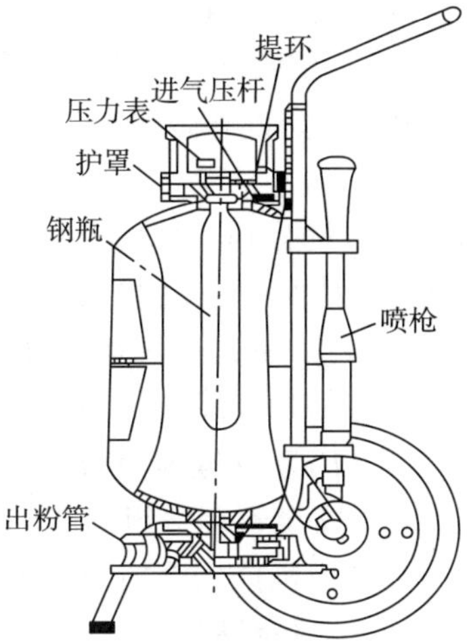

图 7－3　推车式干粉灭火器结构

⑤ 报废年限

干粉灭火器出厂期满 5 年应当进行首次维修，以后每隔 2 年进行一次维修，但总共不超过 3 次，即：5＋2＋2＝9，9 年后的下一年报废，即干粉灭火器报废期限为 10 年。

(3)泡沫灭火器

此类灭火器是通过筒体内酸性溶液与碱性溶液混合发生化学反应，将生成的泡沫压出喷嘴，喷射出去进行灭火的。它除了用于扑救一般固体物质火灾外，还能扑救油类等可燃液体火灾，但不能扑救带电设备和醇类、酮类、酯类、醚类等有机溶剂的火灾。

① 手提式化学泡沫灭火器。

使用方法：可手提筒体上部的提环，迅速奔赴火场。这时应注意不得使灭火器过分倾斜，更不可横拿或颠倒，以免两种药剂混合而提前喷出。当距离着火点 5m 左右时，即可将筒体颠倒过来，一只手紧握提环，另一只手扶住筒体的底圈，将射流对准燃烧物。使用时，灭火器应始终保持倒置状态，否则会中断喷射。

泡沫灭火器的存放应选择干燥、阴凉、通风并取用方便之处，不可靠近高温或可能暴晒的地方，以防碳酸分解而失效；冬季要采取防冻措施，以防冻结；应经常擦除灰尘，疏通喷嘴，使之保持通畅。

② 推车式泡沫灭火器。

使用方法：推车式泡沫灭火器一般由两人操作。使用时，先将灭火器迅速推到或拉到火场，在距离着火点 10m 左右处停下。一人释放喷射软管后，双手紧握喷枪并对准燃烧处；另一人则先逆时针方向转动手轮，将螺杆升到最高位置，使瓶盖开足，然后将筒体向后倾倒，使拉杆触地，并将阀门手柄旋转 90°，即可喷射泡沫进行灭火。如阀门装在喷枪处，则由负责操作喷枪者打开阀门。

灭火方法及注意事项与手提式化学泡沫灭火器基本相同。

6. 易燃易爆区消防安全管理制度

(1)认真贯彻执行国家的消防安全法规，接受消防部门监督检查、工作指导。

(2)在易燃易爆区生产作业场所，工作人员必须穿戴具有防火、防静电的工作服和工作鞋；严格控制火源，严禁吸烟，严禁动火作业和自然明火的出现。

(3)整个煤层气生产和输配系统的各种管道．应经常检查，严防跑、冒、滴、漏。

(4)当煤层气管道发生泄漏时应立即关闭气源，严禁启动电器开关和点燃明火。

(5)易燃易爆区内各种工具应轻拿轻放，严禁碰撞发生火灾。

(6)入站充装车辆必须检查登记，严禁装载易燃物品进站。除驾驶员外，其他人员不得进入站区，充气时发动机必须熄火，汽车电源必须关掉。

(7)加强站区设备、设施的维护保养，使之随时处于良好的状态。配备相应和足够的消防器材，消防设施做到专人负责保管，定期维护管理，保证灵活好用，并严禁消防设施改作他用。

(8)加强巡回检查制度，及时发现各类问题隐患，杜绝事故发生。对发生的事故决不掩盖，坚持“三不放过”的原则，及时、认真地查找原因，吸取教训。

(9)外来人员必须经过领导批准，方可进站，并作登记。

(10)建立义务消防队，定期进行消防训练。

(11)建立健全消防安全组织，明确消防安全责任，制定灭火和应急疏散预案，加强日常防火安全管理。组织岗位员工开展消防安全知识、技能的宣传教育和培训。

(12)消防安全重点部位设置明显的防火标志，并严格执行防火防爆管理规定。

三、防机械伤害

1. 机械伤害

机械伤害(事故)是指由于机械性外力的作用而造成的事故，通常是指两种情况：一是指人身的伤害，二是机械设备的损坏。

2. 防机械伤害的原则

(1)操作管理机械设备的岗位工人必须“四懂三会”，即：懂设备的性能、懂设备的结构、懂设备的工作原理和懂设备的用途，会操作，会保养，会排除故障，必须持有上岗操作证。

(2)手持工具或专用工具必须严格按操作规程使用，避免伤害自己或他人。

(3)机械设备的操作人员按规定穿戴、使用劳动保护用品。

(4)活动机械设备现场作业时，要有专人指挥，操作人员要选择合适的环境和场地停放，避免碰、撞、挤压等事故发生。

(5)对机械外露的运动部分，按设计要求必须加防护罩，以免引起伤害。

四、防触电

1. 触电伤害

触电事故是由电流形式的能量造成的事故。按照触电事故的构成方式，触电事故可分为电击和电伤。

(1)电击

当电流通过人体，人体直接接受局外电能时，人将受到不同程度的伤害，这种伤害叫做电击。电击是电流对人体内部组织的伤害，是最危险的一种伤害，绝大多数(大约85%以上)的触电死亡事故都是由电击造成的。

① 电击的主要特征：伤害人体内部；在人体的外表没有显著的痕迹；致命电流较小。

② 电击的分类：电击按照发生电击时电气设备的状态分为直接接触电击和间接接触电击。电击按照人体触及带电体的方式和电流流过人体的途径可分为单相触电、两相触电和跨

步电压触电。

直接接触电击是触及设备和线路正常运行时的带电体发生的电击(如误触接线端子发生的电击)，也称为正常状态下的电击。

间接接触电击是触及正常状态下不带电，而当设备或线路故障时意外带电的导体发生的电击(如触及漏电设备的外壳发生的电击)，也称为故障状态下的电击。

当人体直接碰触带电设备其中的一相时，电流通过人体流入大地，这种触电现象称为单相触电。对于高压带电体，人体虽未直接按触，但由于超过了安全距离，高电压对人体放电，造成单相接地而引起的触电，也属于单相触电。

人体同时接触带电设备或线路中的两相导体，或在高压系统中，人体同时接近不同相的两相带电导体而发生电弧放电，电流从一相导体通过人体流入另一相导体，构成一个闭合回路，这种触电方式称为两相触电。发生两相触电时，作用于人体上的电压等于线电压，这种触电是最危险的。

当电气设备发生接地故障，接地电流通过接地体向大地流散，在地面上形成电位分布时，当人在接地短路点周围行走，其两脚之间的电位差，就是跨步电压。由跨步电压引起的人体触电，称为跨步电压触电。

(2)电伤

当电流转换成其他形式的能量(如热能等)作用于人体时，人也将受到不同形式的伤害，这类伤害统称为电伤。电伤是由电流的热效应、化学效应、机械效应等对人造成的伤害。触电伤亡事故中，纯电伤性质的及带有电伤性质的约占75%(电烧伤约占40%)。尽管大约85%以上的触电死亡事故是电击造成的，但其中大约70%的含有电伤成分。对专业电工自身的安全而言，预防电伤具有更加重要的意义。

2. 触电防护

触电防护包括绝缘防护、屏蔽防护、安全间距防护、接地接零防护、漏电防护、安全电压。

3. 触电事故的预防措施

(1)人手潮湿不能接触带电设备和电源线。

(2)各种电器设备的外壳应按规定接上地线。

(3)开关要装在火线上，否则开关切断通路后，电器设备仍带电，仍有触电的危险。

(4)换保险丝应切断电源，并根据电路中的电流大小选择规格合适的保险丝。

(5)根据电流的大小，正确选用电线。室内线路不可用裸线和绝缘包皮损坏的线。照明线路必须采用绝缘电线，输电线路必须采用皮线或塑料硬线。

(6)在通电的电器设备上，若外面无绝缘隔离或绝缘已损坏，人体不要直接与通电设备接触。

(7)若电器设备发生火灾，应立刻断开电源并用干粉或四氯化碳灭火器灭火，且不可用水和泡沫灭火器去扑灭。

(8)定期检查电器设备、电器保护设施，发现升温过高或绝缘下降，应及时查明原因并处理，确保绝缘状态良好。

(9)发现架空电力线断落在地面上，人体要远离电线落地点8～12m，并留专人看守，迅速组织抢修。

(10)在用电设备操作和抢修时，一定要严格执行操作规程，并做到有人监护。

任务四　现场常用急救知识

一、触电急救

触电急救必须争分夺秒，不能等待。据有关资料统计，触电后1min开始救治者，90%有良好效果；触电后6min开始救治者，10%有良好效果；触电后12min开始救治者，救活的可能性就很小了。因此，当触电者脱离电源后，应根据具体情况，迅速采取对症救治。

(1)迅速使触电者脱离电源。

应立即就近关闭电源开关，切断电源；如找不到电源开关，可设法用干燥的木棍将电线挑开。

若触电地点附近有电源开关或电源插头，可立即断开开关或拔下插头。

若触电地点附近没有电源开关或电源插头，可用有绝缘柄的电工钳或有干燥木柄的刀斧切断电源，或用干木等绝缘物插入触电者身下，以隔断人地电流。

当电线搭落在触电者身上或压在身下时，可以用干燥的或绝缘的物件拉开触电者或挑开电线，使触电者脱离电源。

若触电者衣服是干燥的，又没有紧缠在身上，可以用一只手拉其衣服，使其脱离电源。由于触电者的身体是带电的，其鞋绝缘也可能遭到破坏，救护人不得接触触电者的皮肤，也不能抓他的鞋。

(2)如触电者的伤害情况不很严重，神志还比较清醒，只是有点心慌、四肢发麻、全身无力，冒虚汗，或虽一度昏迷，但未失去知觉，就应让他就地静卧休息，注意观察。

(3)如触电者伤害较重，无知觉，无呼吸，但有心跳(头部触电者易出现此症状)，应采用人工呼吸法抢救。

(4)如有呼吸，但心跳停止，则应采用胸外挤压心脏法抢救，同时应立即向就近医院紧急呼救。

(5)如触电者的伤害十分严重，心跳和呼吸都已停止，则需要同时进行人工呼吸和人工胸外挤压心脏。如现场仅有一人抢救，可交替使用这两种方法，先口对口吹气2次，再作心脏挤压5次，如此连续操作。

(6)在送往医院的途中，抢救工作也不能停止，直到医生宣布可以停止时为止。

二、煤层气中毒急救

(1)立刻将中毒者移至空气新鲜、通风良好处静卧，解开其衣扣，松开腰带，但要注意保暖。

(2)轻微中毒能喝水者，让其饮热糖茶水。

(3)中毒较重休克者。可针刺人中穴或以手指掐人中。

(4)对呼吸困难或刚停止呼吸者，应立即进行口对口人工呼吸，同时做胸外心脏挤压急救。

(5)迅速切断气源，打开门窗，切勿点火、开灯。

(6)如中毒严重者，应立即送往医院抢救。

三、外伤急救

外伤就是被伤者皮肤或体腔内黏膜破裂。大多数外伤如果治疗护理得当，很快就会治愈。然而，任何外伤都有两种危险，即严重流血和感染。

1. 外伤的主要类型

(1) 擦伤：由磨擦或擦刮皮肤或黏膜造成。

(2) 击伤：由物体击中要害部位造成，如从高处扔东西击中头部等。

(3) 刺伤：由有毒有害液体造成，如高压管线爆裂等。

2. 主要急救方法

(1) 出血轻微的外伤，可用消毒纱布扎紧即可止血。若出血严重者要先检查出血位置，再敷裹伤口。要使用消毒剂和消毒纱布及绷带。

(2) 现场救治时，若留在伤口上的异物不容易排除，则不要勉强排除。要注意防止伤口感染。按常规，暂时包扎伤口要比用不干净的手处理伤口更安全。伤口周围的异物，可用消毒纱布擦掉。

(3) 如果伤者比较严重，请及时拨打“120”与医疗部门取得联系，接受专业救助。

3. 伤员的抬运

运送伤员时，要把伤员放到担架上或者用杆子和毯子、杆子和衣服做成的临时担架上。抬起时，头先朝上，脚朝下；在臀部或腿部骨折的情况下，抬运要脚先朝上，头朝下，这样身体的重量就不会抵到受伤的部位上。

四、中暑的急救

夏天在烈日中工作，容易出现中暑。发生这种情况后，应将其抬到荫凉通风处躺下，松解衣扣，用冷水或冰水敷在头部降温。适当喝一点淡盐水，服用人丹、解暑片等药物。在病人太阳穴上擦些清凉油、风油精。

五、晕倒昏厥的急救

一旦发生这种情况，应该让患者躺下平卧，头部偏向一侧并稍放低。然后解开领口、衣服，使其呼吸畅通。若有呼吸困难的情形，可将患者置于半坐卧的姿势。若有心脏病史，可口服速效救心丸或硝酸甘油。若有高血压病史服用降压药。出现以上几种情况应立即拨打急救电话，等医护人员的到来。不可搬动，不可给予任何饮食。

六、烧、烫伤的处置

烧烫伤时马上将烧烫伤部位置于自来水下轻轻冲洗，或浸于冷水中约 10min 到不痛为止，如无法冲洗或浸泡，则可用冷敷。伤处未肿胀前，小心脱除一些束缚物，必要时可以使用敷料并加以包扎。用干净的布块将伤处水分吸干，用消毒纱布盖住包扎，送医治疗，如手脚受伤可抬高伤处减轻肿胀。

不可挑破水泡或在伤处吹气，以免污染伤处。

不可在伤处涂抹油膏、药剂。

化学药物烧伤时立刻用大量的清水冲洗化学药物，并脱除受伤部位之衣物。查看化学药物容器上是否有急救指示，如有则照着以上方法去做。如果眼睛被化学药品灼伤立刻用清水由眼睛内角向眼睛外角彻底冲洗。用消毒敷料或干净布块覆盖并包扎之。防范患者揉眼睛，立刻送医治疗。

七、食物中毒的急救

由于吃了含有细菌或含有毒物质的食物，引起发烧、恶心、呕吐、腹痛、腹泻等症状。如果病情严重，应立即设法送医院治疗。如果病情一般，应给病人卧床休息，大量喝水，腹痛时可用热水袋敷腹部，病情好转后可吃一点流食。

项目四　事故案例分析

任务一　抽油机伤人事故

一、事故回顾

(1)事故时间：2002 年 4 月 24 日

(2)事故地点：华北油田分公司第一采油厂任 29 井。

(3)事故类别：机械伤害。

(4)事故经过：因任 29 井抽油机曲柄防护装置为简易防护栏，两侧缺口大，人可以轻松进入护栏内，不符合安全要求，存在安全隐患。2002 年 4 月 24 日下午 15 时许，采油一厂人力资源中心抢险站副站长孙某，带领李某等三人前去任 29 井整改存在的问题，准备采用焊接方式，用管材封堵护栏的缺口。到现场后，孙某安排李某测量抽油机护网宽度准备下料。李某在抽油机正常运行状态下，将身体上部探入护网内侧进行测量，被抽油机曲柄挤伤，造成喉管软组织及唇齿损伤。

二、事故原因分析

1. 直接原因。

该员工未按规定进行操作，在抽油机运行状态下进行测量。

2. 间接原因。

(1)现场组织不严密，措施不到位，无人监护。

(2)单位安全教育不够，本人思想麻痹，安全意识淡薄。

(3)“三同时”制度执行不严，新安装的抽油机安全防护设施不全。

三、事故责任认定

(1)李某没有按照操作规程进行操作，在抽油机运行状态下进行测量造成事故，在此次事故中负主要责任。

(2)负责现场施工组织的副站长孙某对施工组织不严密，措施不到位，现场无人监护，在此次事故中负领导责任。

(3)中心主任、主管副主任对安全教育培训工作不够重视，抓的不深不细，在此次事故中负一定的领导责任。

四、事故处理

(1)对人力资源中心在全厂范围内提出通报批评，由中心领导在事故现场会上做出深刻检查。

(2)对人力中心主任、主管副主任罚款 200 元；对中心安全监督罚款 100 元；

(3)现场指挥的副站长孙某在厂事故现场会上作深刻检查，罚款 200 元。

(4)因李某未按操作规程办事，给予罚款 200 元。

五、事故教训及防范措施

(1)开展岗位员工安全教育和技术培训工作，认真学习安全生产规章制度和操作规程，进一步提高员工安全意识和安全技术素质。

(2)严格执行重要操作前隐患消项制度，强化措施落实，加强现场安全监督，杜绝违章操作。

(3)严格执行“三同时”管理制度，本着“谁主管、谁负责”的原则，新、改、扩建项目的项目负责人要组织有关部门进行“三同时”验收评估，堵塞漏洞。

(4)完善抽油机警示标志，在抽油机醒目位置设置安全警示牌，警示员工按章操作，提示其他无关人员不要进入生产区域。

(5)及时掌握操作员工的思想动态，发现员工情绪波动，及时问明情况，解决员工思想存在问题，合理安排工作。

任务二　大连油库火灾事故

一、基本情况

大连保税油库一期工程于2007年11月建成投产，库容规模为$60\times10^4m^3$。其中$10\times10^4m^3$外浮顶油罐6座、外输泵房1座、计量间1座，以及电力、自控、通信、热工、给排水、消防等油库配套系统，隶属于大连中石油国际储运有限公司。

2010年7月16日发生原油管线爆炸，T103储罐损毁(直径80m，高22m，$10\times10^4m^3$)。该罐拆除工程由油建一公司承担，工程需要对T103储罐罐体、浮船、内部工艺、保温、罐体喷淋消防系统及罐体基础实施拆除。

本项目采取“业主+PMC+EPC”项目管理模式。

业主为大连中国石油国际储运有限公司；

PMC为寰球工程项目管理(北京)有限公司，受业主委托负责项目管理和监理；

EPC为中油辽河工程有限公司，对该工程实行总承包。

油建一公司为施工单位。T103储罐拆除项目经理张某，现场施工人员27人，其中机组长2人，技术员、专职安全监督员、兼职安全检查员各1人，气焊切割作业人员8人，管工2人，铆工1人，起重人员4人，配合工7人。

2010年10月5日，油建一公司项目组接到T103储罐拆除任务书，编制施工方案并报审批准，于10月11日开工。储罐壁板为九圈，拆除顺序为从罐顶的第九圈依次向最低处的第一圈进行。

10月21日，项目组为后续工作赢得时间，开始排除罐内污水，此时罐内液面与浮船底板间约有1m的空间。

10月21日、22日进行第二圈壁板拆除时，由于壁板切割位置低于浮船浮顶，切割过程中熔化的铁水流入储罐壁板内壁与浮船之间，引燃罐壁沉积的焦化物，并出现火苗，均被现场监护的消防车及时喷洒泡沫予以熄灭。

截至10月23日完成第九圈至第二圈罐壁板及壁板附件拆除工作。

10月23日按照拆除计划进行油罐浮船顶板拆除作业，根据方案将浮船从圆盘外侧向圆心依次划分为一、二、三、四个区域(即外侧三个环形区域和最内侧的一个圆形区域)。由于第一个区域与壁板相邻，火焰切割存在较大风险，因此，浮船顶板拆除首先从第二个区域开始。

二、事故经过

10月24日，施工作业人员继续实施T103储罐浮船顶板火焰切割拆除作业，现场配备1

台消防车进行监护。

16 时 10 分，T103 储罐西南侧罐壁板与浮船之间缝隙冒出黑色浓烟。参会人员立即奔向作业现场(油建一公司项目部每天下午 16 时 30 分时，召开机组长以上人员参加的工作协调例会，开会地点距作业现场约 80m)，带领现场操作人员和消防值班车立即展开灭火抢救工作，将浮船上 30 余个氧气、乙炔气瓶撤至安全地带，并向业主报告火情。

16 时 30 分，T103 储罐西南侧浮船外壁与罐壁板之间出现火苗，随后浓烟和间断性明火扩展到 T103 储罐东侧、西北侧 3 处。

现场值班消防车辆在灭火无明显效果情况下，通过 119 火警请求救援。救援车辆陆续到达，在大连市委市政府、中油国际事业公司和辽河油田公司的共同努力下，24 时 20 分左右明火基本扑灭，次日 1 时 15 分火情解除。

三、事故原因分析

1. 直接原因

违章作业。第二组施工作业人员气焊工李某在切除花架过程中违章操作，擅自切割储罐浮船底板，切割所使用的氧－乙炔火焰切穿浮船底板，并引燃浮船底板下壁残留焦化物、油污等可燃物，导致储罐内起火。

2. 间接原因

(1)施工方案编制执行存在缺陷

①方案中浮船下部污水及残留物清除工序，仅偏重考虑操作人员(该罐严重损毁)进入有限空间作业对人员造成伤害的风险，而对油污、焦化物等引发事故的风险未能高度重视，未能从根本上消除着火的风险。

②对这种特殊项目没有聘请专家进行系统论证，特别是重点危害工序的预防、控制，重大风险和重要施工环节缺乏专业论证，虽层层审核签字，但层层未把住关。

(2)施工过程管理不到位

①违章指挥。当日天气预报风力 5～6 级，下午 13 时 51 分大连气象台发布大风黄色预警信号，预计未来 12h 内大连陆地偏北风风力 6～7 级，阵风 8 级，现场组织者未停止施工，严重违反了集团公司《动火作业安全管理规范》，造成起火后，火势难以控制。

《动火作业安全管理规范》规定：遇有五级以上(含五级)风不应进行室外高处动火作业，遇有六级以上(含六级)风应停止室外一切动火作业。

②未按施工方案施工。《拆除方案》程序要求先拆除浮顶后再进行污水排除。但在具体拆除作业中，在拆除壁板的同时对罐内满舱污水(总水量 9000m^3)进行排除，罐内液位从 1.8m 降至 0.8m。从而使浮船底板与罐内液面之间空间增大，罐内空气充足且与外部空气环境自然对流，在浮船底板受到火焰切割时，为污油和焦化物燃烧提供了条件。

③对事故苗头没有足够重视。10 月 21 日、22 日，在切割作业时曾发生浮船与壁板之间着火，未引起重视，对起火原因未进行深刻分析和采取有效的防范措施，未能从根本上消除事故隐患。

④生产组织不合理。T103 项目组生产协调会安排在每天下午 16 时 30 分召开，机组长以上干部包括现场管理人员、监督人员参加，造成该时段施工现场监管空位。

(3)应急保障处置不当

①应急力量不足。现场消防能力配备未按方案执行，方案要求配备 2 台消防车值班，但事故当日只有 1 台消防车值班。

②救援保障不当。现场仅有的1台消防车辆没有提前连接消防泡沫管线保持备战状态，未能在第一时间有效扑灭初期火灾，导致事态扩大。

(4)安全培训落实不到位

①施工现场人员培训有死角，未能把安全培训做到全员、全过程，未能对T103储罐拆除项目特殊作业进行专项培训。

②培训针对性和有效性不强，培训未突出风险识别、防范、控制等内容，导致岗位操作人员安全意识淡薄，对违反施工程序擅自切割浮船底板的严重后果没有认识。

③现场操作人员大部分为社会雇工，虽特种作业人员证件齐全，但普遍素质偏低。

事故虽未造成人员伤亡、经济损失以及环境污染，但事故发生在"7·16"事故储罐拆除现场，影响十分恶劣，严重损害了中国石油企业形象 。该起事故反映出我们各级领导和岗位员工对安全工作"是天字号工程、是第一要求、是硬指标"的认识不深、要求不严、执行不力，麻痹松懈，心存侥幸。这起事故再次给我们敲响了警钟，我们将认真贯彻领导指示精神，全面落实集团公司、股份公司工作要求，深刻吸取事故教训，认真查找问题，剖析原因，痛下决心，狠抓落实，扎实做好安全环保基础工作，迅速扭转安全生产被动局面。

任务三　吉林油田物体打击事故

一、基本情况

1. 事故单位基本情况

扶余综合服务公司是由以修井作业为主营业务的工程技术服务单位之一，主要承担扶余采油厂油水井大小修作业服务。现有员工1545人，下设12支大修队、35支小修队、7支带压作业队、17个辅助生产和后勤服务站队。2009年完成油水井小修8500井次、大修550口、带压作业350口。

2. 事故施工队伍基本情况

发生事故的修井X01666队是扶余综合服务公司2004年组建的小修队伍，施工能力为井深600米以内的油水井小修作业，现有员工37人，其中管理人员4人(队长1人、书记1人、副队长兼安全员1人、技术员1人)、操作员工31人(高级工13人、中级工4人、初级工12人，社会化用工2人)，其他员工2人。

死者姜某，扶余综合服务公司修井X01666队班长，男，43岁，1986年11月参加工作，高级工。发生事故时与该班员工付某在井口岗位作业，执行下抽油杆操作。

3. 施工井基本情况

施工井为扶东17－7_2油井，位于松原市宁江区罗斯屯附近，扶余采油厂采油四队队部东侧150m，1984年6月1日投产，井深433.61m，最大井斜角2°，射孔段344～412.4m，生产油层为扶余和杨大城子油层，没有套变现象。施工作业前，日产液3.6m^3，日产油0.3m^3，含水91.9%，动液面307m。

4. 本次施工主要内容

本次施工主要有三项内容：

(1)起管柱；

(2)清蜡、丈量数据；

(3)下抽油泵、管柱、抽油杆。

二、事故经过

6月10日4:50，扶余综合服务公司X01666队在扶东17－7_2井进行下生产管柱作业。作业准备完毕后，班长姜某进行班前讲话，安排当日工作，提示存在风险，然后各岗位按照HSE现场检查表进行检查。5:10，经队长李某开工验收合格后开始作业。根据班长姜某安排，司钻郭某负责司钻操作，班长姜某、井口工付某负责井口操作，场地工滕某负责场地作业。5:40起出管柱、清蜡。6:35下完抽油管柱。6:40下抽油泵活塞和抽油杆。

7:09下至第27根抽油杆(单根长9.11m，总长193.98m)时，按照规定操作程序，班长姜某上好抽油杆丝扣后，司钻上提抽油杆，当抽油杆下入井口70cm左右时遇阻停滞，抽油杆上端从提引式吊卡中脱出并向地面倾倒，随即快速向井内下落并无规则摆动，姜某闪避不及，左侧面部被抽油杆抽打，面部朝下倒在地上。

现场人员立即停止施工，拨打120急救电话，同时向队长报告，队长接到报告后立即向扶余综合服务公司应急办公室和安全环保科汇报。7:30左右，救护车到达现场，姜某经抢救无效死亡。

扶余综合服务公司领导和有关人员接到事故报告后，立即赶赴现场，并上报公司安全环保处，同时报告给松原市安全生产监督管理局。公司副总经理、安全总监、分管开发工作副总经理、总经理助理、安全副总监，安全环保处、工程技术处、开发部负责人立即赶到事故现场，调查事故情况。

松原市安全生产监督管理局接到事故报告后，有关领导和相关人员立即到达现场调查事故。

股份公司勘探与生产分公司主管安全和技术的领导及专业人员，于事故当天赶到公司，连夜听取事故情况汇报，并于6月11日早上赶赴事故现场，深入调查事故，帮助分析事故原因。

三、事故原因

事故发生后，公司立即组织有关部门和单位人员成立专家组，积极配合松原市安监局进行事故调查；组织扶余综合服务公司召开4次事故分析会，深刻剖析了事故原因。同时，针对从地面提挂抽油杆时可能存在保险圈未移至到位、提引式吊卡保险圈可能存在位移、井筒内可能存在凝油、井筒内液面可能上升、油管可能存在变形、油管内可能有落物、提引式吊卡开口和抽油杆上部台肩可能存在严重磨损等8个疑点进行了50余次现场试验。

排除了地面提挂抽油杆时保险圈未移至到位、油管变形、油管内有落物、提引式吊卡开口和抽油杆上部台肩严重磨损5个疑点，证实了提引式吊卡保险圈在特殊条件下向上位移、井筒内存在凝油和液面上升的情况。组织10个采油厂和3个修井单位对施工井井温、凝油等对安全施工造成的影响进行了论证。

7月上旬，公司专门下发了《关于开展抽油杆在吊卡中脱出现象调查的通知》，组织10个采油和修井作业单位利用一周的时间，对近三年来抽油杆在吊卡中脱出时的措施作业、操作环节、抽油杆吊卡类型、脱出次数、大概的时间或季节、脱出原因分析和造成的影响等情况行了全面调查，共调查修井作业队84支，作业班176个，调查663人，经调查此类现象三年累计发生29次。

(1)提挂抽油杆时存在保险圈未移至到位的问题

6月11日经现场模拟操作，证实在保险圈未移至到位的状态下，无法将油杆从油杆架上吊起。

(2)油管可能存在变形问题

通过用 ϕ60mm 管规检查油管通径，没有发现存在变形油管。

(3)油管内可能有落物的问题

通过起出井内深井泵活塞进行观察和测量，活塞表面无任何撞击痕迹，排除了油管内可能有落物的问题。

(4)提引式吊卡开口

(5)抽油杆上部台肩严重磨损问题

通过提引式吊卡开口(28.8mm)、抽油杆台肩(38.2mm)进行观察和测量，尺寸完全符合要求，没有磨损和损坏痕迹。

(6)提挂抽油杆时，提引式吊卡保险圈存在位移问题

经现场模拟操作，证实在抽油杆下放遇阻的状态下，会导致提引式吊卡保险圈存在位移，从而导致抽油杆脱落。

(7)井筒内凝油情况判断。

通过起出抽油杆、油管现场观察、测量，在200m左右位置，抽油杆外部、油管内外部粘挂大量凝油，凝油段大约10m。

(8)井筒内液面情况判断

根据起出抽油杆、油管存在凝油情况，证明该井作业后液面上升。

1. 直接原因

经调查确定，这起事故的直接原因是第27根抽油杆遇凝油停滞，提引式吊卡继续下行，吊卡保险圈在反作用力的作用下向上位移，抽油杆从吊卡中脱出倾倒，同时已下井抽油杆迅即通过凝油段，带动地面未进入井口部分的抽油杆回弹摆动，打击姜某面部造成死亡。

2. 间接原因

在剖析事故直接原因的同时，公司深入调查了事故主要根源和在风险管理、工艺安全和员工教育培训等方面的突出问题，查找出了三个方面的间接原因。

(1)危害因素辨识不全面，风险受控管理存在很大漏洞

发生事故的修井队使用的是提引式吊卡，尽管该吊卡符合《抽油杆吊卡》(SY/T 5235—2008)，但是没有辨识出吊卡保险圈无锁止装置、遇轴向较大震动可能向上位移脱出的潜在风险，修井作业没有达到本质安全条件，为事故发生埋下了隐患。

(2)工艺安全管理不到位，忽视了井内液面对修井作业的影响

在以往油田修井作业过程中，一直没有充分考虑到油井停井后液面上升对作业的影响，特别是井温低于区块原油凝固点时容易形成凝油段，可能给下抽油杆作业带来的影响。

(3)安全教育培训不扎实，员工自我保护和监护意识不强

这起事故暴露出，员工安全教育培训还没有从根本上提高员工风险控制、安全操作、应急处置的能力。在修井作业出现异常情况时，个别员工对保护自身和他人生命的意识不强，对可能存在的风险预见不够，闪避不及时，酿成了严重后果。

由于以上原因，最终导致了这起事故的发生。其中，设备上的问题是直接原因，管理上的问题是重要原因，思想上的问题是根本原因。如果使用安全性能更可靠的舌簧自锁式吊卡，达到本质安全要求；如果事前开展全面风险识别，采取可靠的防范措施；如果发生异常情况时，井口工能够及时闪避……，这起事故是完全可以避免的。

四、事故教训

(1)必须牢固树立“环保优先、安全第一、质量至上、以人为本”的理念，任何时候任何

情况下都不能动摇。发生这起事故表明，在抓安全生产工作的思想上存在盲目乐观的现象。对安全工作、对基层站队、对岗位员工要求多于指导，批评多于激励，检查多于沟通，没有做到一抓到底，没有把工作做到基层和生产现场；对以人为本的理解和认识还不全面、不深刻，没有真正把其落实到各个领域、各个层面、各个环节和每名领导干部心中。针对以上问题，要求所有领导干部“对号入座”，深入查找自身不足，真正把安全环保作为天字号工程长抓不懈。

（2）必须坚持不懈、深入细致、贴近生产抓好全员全方位危害因素辨识，任何时候任何情况下都不能侥幸。发生这起事故表明，我们在危害因素辨识方面还存在盲区和死角，有时还停留在表面上，有想当然的错误思想，一些威胁安全生产和员工人身安全的潜在风险尚未识别到位。特别是没有识别出长期使用的提引式吊卡保险圈可能失效带来的风险，没有识别出井温低于原油凝固点给修井作业带来的工艺安全风险，没有识别出抽油杆脱落带来的严重后果。公司将转变风险管理的思路，改进工作方式方法，提高全员危害因素辨识的能力，防患于未然。

（3）必须进一步提高基层员工的安全意识、安全操作技能和岗位履职能力，任何时候任何情况下都不能松懈。发生这起事故表明，在安全教育培训、安全文化建设方面还有很大差距，导致员工没有树立起自我保护和相互监护的意识。岗位操作员工还没有养成安全操作和遇事不慌的习惯，没有真正具备正确判断和处置异常情况的能力，引发了生产亡人事故。公司将狠抓员工安全教育和专业技能培训，把人人生产安全、人人享受安全的观念融入到每名干部员工心里，体现到具体生产操作中，真正让安全成为一种习惯、使养成的习惯更安全。

五、防范措施

6 月 18 日，公司专门召开公司安全环保形势分析会，通报“6·10”事故，对与会人员进行风险识别专业培训，并就吸取事故教训和落实防范措施作出了全面安排。

1. 加强修井作业工具管理，消除物的不安全因素

更新全部抽油杆提引式吊卡，改用舌簧自锁式吊卡和防脱提引式吊卡。全面普查自营区、合资合作区的所有修井机，摸清更换两种防脱式吊卡的型号和数量，目前所有我们修井机均更换使用了两种防脱吊卡。

2. 强化危害因素辨识评估，提高管控风险能力

从 6 月 18 日开始，针对采油、作业、工程建设、生产保障、矿区服务等系统，集中开展了一次安全环保大检查，重点检查了责任落实、制度执行、现场作业、应急管理等情况。从 6 月下旬开始，利用半个月时间，开展一次全员、全过程、全方位的危害因素辨识评估活动，对危害因素重新登记，逐一落实削减和控制措施，奖励发现或削减风险的员工；对生产作业系统重新进行一次隐患排查，重点查找直接危及人身安全的隐患，并做好监控和治理工作。

3. 细化量化岗位操作规程，确保操作安全规范

从 6 月 21 日开始，抽调专业技术人员、基层管理人员和生产一线员工，对所有岗位操作单元进行调查、分析和划分，按照“操作前准备”、“操作前检查”、“操作步骤”、“操作后检查”、“应急处置”的框架，重新修订岗位操作规程，力争 7 月末完成这项工作。从 7 月上旬开始，由公司两级 HSE 监督站牵头，加大监督检查范围、频次和处罚力度，确保各项岗位操作规程在基层得到严格执行。

4. 推进基层 HSE 培训，提升 HSE 意识和能力

把“6·10”事故案例编入经验分享教材、制作成多媒体课件，发放到基层全员学习。在

采油、修井等单位开展“需求型”HSE培训，以实际操作为主，分岗位、小范围、短时间全员轮训一遍，对考核不合格的员工重新培训，使其会控制风险、会安全操作、会应急处理，把岗位操作者转变为属地管理者，实现安全环保工作由全员参与到全员负责。

六、责任追究

为使事故处理有切肤之痛、起到教育和警示全体干部员工的作用，本着“四不放过”的原则，按照《吉林油田公司安全事故行政责任追究和经济处罚实施细则》和年初公司与各单位签订的《安全环保责任书》，共对5名相关责任人进行了严肃处理，其中处级干部2人，一般干部2人，操作员工1人，分别给予了警告、降级和记过处分。

参 考 文 献

[1] 苏现波等．煤层气地质学与勘探开发．北京：科学出版社，2001.

[2] 孙茂远等．煤层气开发利用手册．北京：煤炭工业出版社，1997.

[3] 杨申镳等．煤层气勘探与开发．北京：石油工业出版社，1994.

[4] 陈俊武等．石油替代综论．北京：中国石化出版社，2009.

[5] 陈家良等．能源地质学．北京：中国矿业大学出版社，2005.

[6] 王红岩，刘洪林．煤层气富集成藏规律．北京：石油工业出版社，2005.

[7] 石书灿，林晓英，李玉魁．沁水盆地南部煤层气藏特征．西南石油大学学报，2007，29（2）：54 ~ 56.

[8] 李培超，孔祥言，曾清红等．煤层渗透率影响因素综述与分析[J]．天然气工业，2002，22(5)：45 ~ 49.

[9] 张永红等．天然气流量计计量．北京：石油工业出版社，2001.

[10] 梁冰，孙可明等．低渗透煤层气开采理论及其应用．北京：科学出版社，2006.

[11] 余波，王蓉川，李保中，程星萍，韩敬，田爱民，张国庆等．排采与安全(合订本)．中国石油天然气股份公司煤层气企业标准，2012.

[12] 余波，王蓉川，李保中，程星萍，韩敬，田爱民，张国庆等．集输与开发(合订本)．中国石油天然气股份公司煤层气企业标准，2012.

[13] 余波，王蓉川，李保中，程星萍，韩敬，田爱民，张国庆等．地质勘探(合订本)．中国石油天然气股份公司煤层气企业标准，2012.

[14] 郑爱军．采油工程实训指导．北京：石油工业出版社，2007.

[15] 崔凯华，郑洪涛．煤层气开采．北京：石油工业出版社，2009.

[16] 宋岩，张新民主编．煤层气经济开采增产机理研究．北京：科学出版社，2011.

[17] 吴九辅等．现代工程检测及仪表．北京：石油工业出版社，2003.

[18] 王忠华等．监控与数据采集(SCADA)系统及其应用．北京：电子工业出版社，2012.